古建筑修缮保护设计
——理论与实践

杨燕　李斌　季海迪　著

化学工业出版社
·北京·

内容简介

《古建筑修缮保护设计——理论与实践》共分三篇，第一篇为木结构古建筑修缮保护设计理论篇，第二篇为木结构古建筑现状勘察报告编制案例篇，第三篇为木结构古建筑修缮保护设计案例篇。本书通过对木结构古建筑修缮保护设计流程及具体案例的系统介绍，旨在为历史建筑修缮保护设计和研究提供参考和借鉴。

本书兼具理论性、指导性和实践性，可作为高等院校和科研单位从事历史建筑保护相关工作的科技工作者、教师、学生的参考资料。

图书在版编目（CIP）数据

古建筑修缮保护设计：理论与实践 / 杨燕，李斌，季海迪著．— 北京：化学工业出版社，2025．2．

ISBN 978-7-122-46904-5

Ⅰ．TU366．2；TU746．3

中国国家版本馆 CIP 数据核字第 2024B6X585 号

责任编辑：邢　涛　　　文字编辑：林　丹

责任校对：宋　玮　　　装帧设计：韩　飞

出版发行：化学工业出版社

（北京市东城区青年湖南街 13 号　邮政编码 100011）

印　　装：北京天宇星印刷厂

710mm×1000mm　1/16　印张 17　字数 400 千字

2024 年 11 月北京第 1 版第 1 次印刷

购书咨询：010-64518888　　售后服务：010-64518899

网　　址：http：//www.cip.com.cn

凡购买本书，如有缺损质量问题，本社销售中心负责调换。

定　　价：188.00 元

前言

我国独树一帜的木结构古建筑有着极高的历史、艺术、科学等价值。它们见证了中华文明昔日的辉煌，承载着源远流长、光辉灿烂的华夏文化。但这些木结构古建筑经历了漫长时间的洗礼，在诸多外界因素的影响下，有的已经发生或正在发生着不同程度的残损，建筑本体及所承载的文化面临着威胁。党的十八大以来，国家对历史文化遗产保护工作重视的力度在逐步加强，并多次就历史文化遗产保护工作作出重要指示批示："历史文化遗产承载着中华民族的基因和血脉，不仅属于我们这一代人，也属于子孙万代。要敬畏历史、敬畏文化、敬畏生态，全面保护好历史文化遗产，守护好前人留给我们的宝贵财富。"因此，保护好前人留给我们的宝贵的木结构古建筑，使其健康永续传承，对弘扬华夏文明、提升民族自信和文化自信等均具有重要的意义。

《古建筑修缮保护设计——理论与实践》共分三篇，第一篇为木结构古建筑修缮保护设计理论篇，第二篇为木结构古建筑现状勘察报告编制案例篇，第三篇为木结构古建筑修缮保护设计案例篇。其中，第一篇包含三章，第 1 章为木结构古建筑现状勘测工作，第 2 章为木结构古建筑现状勘察报告的编制，第 3 章为木结构古建筑修缮保护方案的编制，系统地梳理了木结构古建筑修缮保护设计的基本流程。第二篇包含六章，第 4 章为杨家大院古建筑修缮项目概况，第 5 章为杨家大院古建筑本体形制特点的研究，第 6 章为杨家大院古建筑宏观残损现状勘察分析及安全评估，第 7 章为杨家大院古建筑木构件用材树种的鉴定及其配置特征的研究，第 8 章为杨家大院古建筑木构件，微观劣化程度的偏光和荧光效果的研究，第 9 章为杨家大院古建筑木构件材质劣化原因的探究，系统地对杨家大院宏观及微观双重视角下木构件材质劣化程度进行了诊断，在此基础上通过对其用材树种的鉴定，结合外部环境条件因素，对其材质劣化的原因进行了分析，为第三篇中修缮保护措施的抉择提供了科学指导。第三篇包含两章，第 10 章为木结构古建筑修缮保护措施的研究，第 11 章为杨家大院古建筑修缮保护设计说明，在对杨家大院古建筑修缮保护措施研究的基础上，系统地对杨家大院古建筑各单体建筑的修缮保护措施进行了分析。

本书由杨燕、李斌、季海迪等人撰写，其中，杨燕负责第二篇第 4 章至第 7 章、第 9 章、第三篇第 10 章和第 11 章、附录Ⅲ的撰写；李斌负责第一篇第 1 章至第 3 章的撰写；季海迪负责第二篇第 8 章的撰写，陈连龙、宋肖韩、杨晨、张文强、贾兵、徐思、李昊阳、屈熹豪、张乌托、陈嘉杰、范梦萱负责附录Ⅰ、附录Ⅱ的撰写；全书由杨燕定稿。另外，陈连龙、宋肖韩、梁清棚、吕家顺参与了杨家大院古建筑现场调研和取样、木构件用材树种的鉴定及偏光荧光分析等工作。在此向大家的辛苦工作表示衷心的感谢！

本书得到了河南省教育厅“基于材质劣化微观诊断的豫西南木结构古建筑预防性保护研究（24A560017）”、河南省科技厅“豫西南地区木结构古建筑材质劣化检测及其风险预警关键技术（242102320293）”、南阳理工学院博士科研启动项目“丹霞寺古建筑木构件材质状况及修缮研究”等项目的资助，特此感谢！文中引用了国内外学者的参考文献，在此向所有学者表示诚挚的感谢。限于著者的水平和时间，书中不足之处恳请读者批评指正。

杨燕

2024 年 7 月

目
录

第一篇

木结构古建筑修缮保护设计理论篇

第1章

木结构古建筑的现状勘察工作

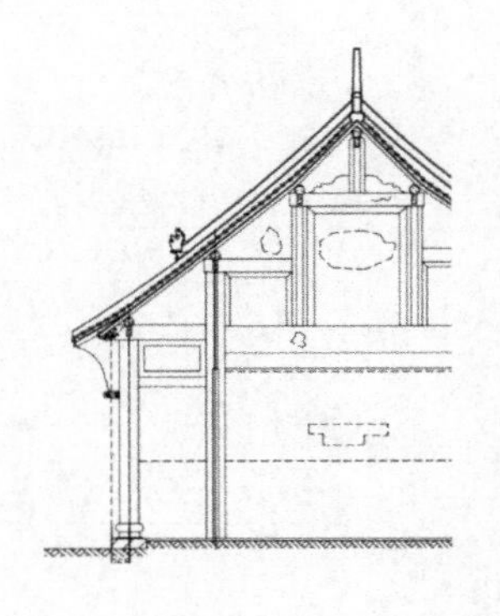

现状勘察是对古建筑现状了解、认识的过程，一方面，可以及时发现古建筑存在的问题，为制订保护维修方案、修缮工艺、工程概预算及风险评估等提供依据；另一方面，可以获取大量的历史、文化、艺术等信息，从而充实古建筑的档案资料，为古建筑价值评估提供依据。

古建筑调研方法主要包括文献调研法、实地调研法、问卷调研法与访谈调研法等。文献调研法是通过查阅古建筑相关文献以获得调研信息的调研方法。实地调研法是指调研者亲临古建筑现场，了解并掌握第一手资料的调研方法，其优点是调研全面、直观，此法适用于各类古建筑保护项目。问卷调研法是指将所需要了解的古建筑的信息以问卷的形式发放出去，然后统计收回问卷中各问题所占的百分比，来获取调研对象信息的方法，这种调研方法可以在短时间内获得大量相关调研信息，古建筑形制研究可采用此法进行调研。访谈调研法是一种研究性访谈，是指通过走访不同的专家、匠人、建筑物周边居民等，以获取调研信息的方法，其优点是调研所获得的信息准确度高，有助于深入了解问题。

古建筑的勘察通常包括以下几个方面的内容：①古建筑的测绘工作；②古建筑环境因素的勘察；③古建筑法式的勘察；④古建筑历史信息的勘察；⑤古建筑残损现状的勘察；⑥古建筑利用情况的调查等。

1.1 古建筑的测绘工作

古建筑的测绘工作是对其结构和构造进行深入了解的一个非常重要的环

节。古建筑的测绘分传统手工测绘和仪器设备测绘两种方式。传统手工测绘是借助简单的皮尺、卷尺、激光测距仪、垂线、水平尺等，并配合笔和纸张等工具在现场完成测绘工作的过程，应遵循先整后分、顺序测量、测量同构、特征优先等基本原则。仪器设备测绘是利用各种仪器设备的特性，提高测绘精度和效率的过程。仪器测绘是古建筑测绘的重要手段，其特点是数据精度高、信息量大。另外，它测绘高处人工无法测绘的区域具有显著优势。常用的测绘仪器设备有全站仪、三维激光扫描仪等。

1.2　古建筑环境因素的勘察

文物的环境因素对文物本体的保存、使用具有重要影响，在收集每一类环境数据的同时，应做好与文物本体残损病害的联系与分析，为下一步的修缮设计提供科学的支撑数据。

为做好古建筑的保护工作，应掌握下列基础资料：古建筑所在区域的地震、雷击、洪水、风灾等的史料；古建筑所在小区的地震基本烈度和场地类别；古建筑保护区的火灾隐患分布情况和消防条件；古建筑所在区域的环境污染源，如水污染、有害气体污染、放射性元素污染等；古建筑保护区内其他有害影响因素的有关资料。若有特殊需要，尚应进一步掌握下列资料：古建筑所在地的区域地质构造背景；古建筑场地的工程地质和水文地质资料；古建筑所在地区的近期气象资料；古建筑保护区的地下资源开采情况。古建筑的勘察应遵守下列规定：勘察使用的仪器应能满足规定的要求；对于长期观测的对象，尚应设置坚固的永久性观测基准点；禁止使用一切有损于古建筑及其附属文物的勘察和观测手段，如温度骤变、强光照射、强振动等；勘察结果，除应有勘察报告外，尚应附有该建筑物残损情况和尺寸的全套测绘图纸、照片和必要的文字说明资料；在勘察过程中，若发现险情或发现题记、文物，应立即保护现场并及时报告主管部门，勘察人员不得擅自处理。

（1）水文地质资料

水文地质资料包括古建筑所在地区的水文环境数据与地质特征信息。水文环境主要包括地下水水位、周边湖泊河流和人工水库的分布流向等；地质特征包括古建筑所在地区地震基本烈度、场地类别、地下资源开采情况、下层地质构造、地基承载数据等。水文地质情况会影响古建筑地基与木构架稳定。

（2）周围地坪资料

周围地坪资料包括地坪平整程度、高差范围等，可勘测周边地坪等高线图纸，来获取具体数据。地坪的平整与起伏状况会影响古建筑排水情况。

（3）周围建筑、设施及历史环境要素资料

周围建筑、设施及历史环境要素资料包括周边建筑情况、近期基础设施施工情况、城市轨道交通情况、人文环境及其他因人类活动对环境产生影响的因素。周边施工情况产生的震动、轨道交通产生的震动、周边建筑荷载变化情况等都会对古建筑地基的基础稳定性产生影响。古建筑本体与其周边历史环境要素相互和谐共生，历史环境要素是文物保护对象的重要内容。应当了解历史环境要素的保存状况、破坏因素及变化趋势。

（4）植被分布资料

植被分布资料包括古建筑所在区域的林木品种、生长季节、分布情况等。植被影响古建筑周边气候环境和景观环境，进而对古建筑产生影响。

（5）气象及大气环境资料

气象及大气环境资料包括古建筑所在区域的温度、湿度、冰冻期、降水量、雷暴天数等气象气候资料，自然灾害（风灾、火山喷发、雷击和洪水等）的频发时期与程度，气体环境（腐蚀性气体、颗粒态污染物和微生物的沉降等）的现状数据等。气候条件中的温湿度、风沙等因素会对木结构、砖石砌体、彩画的保存产生影响，严重的会导致古建筑构件产生开裂、酥碱、风化等病害。

1.3　古建筑法式的勘察

法式勘察是对古建筑的形制特征、构造特征、时代特征和地域特征等多方面的综合勘察，对于分析古建筑的形制特点、构造演变、价值高低及提供修缮建议具有重要意义。法式勘察包括对古建筑各组成部分的原形制、原做法、原材料、原工艺进行勘察，尤其是能体现建筑物时代特征、结构特征、构造特征、地域特征的部分应予以详细的记录，为后续的保护修复提供依据。在传统古建筑中，不同时代和不同地域的建筑风格有着不同的特点。北方建筑的沉稳是由其粗壮的木柱框架，厚重的墙体、屋顶组合形成的，而南方建筑则相反。

这些构造上的差异，与气候、习惯以及建筑取材等有很大的关系。而建筑形式和风格、官式建筑与民间建筑形制方面的等级差异等，则又是建筑文化内涵的体现。

法式勘察的目的就是要明确修缮中应特别注意保护的建筑形制特点和法式特征。一般勘察内容主要包括以下几个部分：建筑的整体形制，如：建筑用材大小、用材比例、建筑的平面形式、柱网布置情况、柱径与柱高、开间比例等；建筑的地基基础，如：台基形式、用材尺寸、石材用料、铺墁方式等；建筑的砌体结构，如：墙面做法、砌筑方式等；建筑的大木构架，如：梁架形式、举折情况、檐出比例、有无生起侧脚、斗拱特征及分布情况、柱头是否有卷杀、是否为包镶柱等；建筑的木基层，如：椽望铺装、连檐做法等；建筑的屋面及脊饰，如：屋顶形式、屋面做法、瓦当纹饰等；建筑的装修形制、数量、窗棂心屉的式样等；建筑油漆彩画的做法、材料构成配比，彩画的形式特征、时代特点、绘制手法等。

时代与地区特征可分别从纵向与横向两个维度进行对比研究。纵向维度是与宋《营造法式》和清《工程做法则例》等法式著作进行比较，或与历史上地方建筑以及历史上官式建筑进行比较，探索古建筑构造手法的发展与演变，挖掘其包含的共性与个性特征。横向维度是与当地同时期建筑进行比较，探索其地域构造特征、营造特点等个性特征；与官式同时期建筑比较，探索其所具有的共性特征。

法式勘察直接关系到维修保护材料和修复方法的确定。在传统建筑中，不仅从建筑形式上注重等级观念，在工艺做法上也有许多等级或习惯方面的讲究，如屋面做法、地面做法、油漆彩画做法、墙体做法等。北方官式做法的墙体砌筑分干摆、缝子、淌白、糙砌几个等级，同时由于砌筑形式的不同，墙体内部结构也不一样。在具体建筑上，砌筑方法又有一定的组合规矩，如下碱干摆做法一般上部与缝子做法相配等。因此，维修前的法式勘察非常重要，否则，无法估量修复过程中对整个墙体的扰动情况，也可能维修后改变了原有做法。

1.4　古建筑历史信息的勘察

由于古建筑年代久远，一座建筑上经常叠有不同历史时期建筑活动的痕迹，如不同时期的构件，不同时期的瓦件，不同时期的彩绘壁画、彩画、油饰，甚至各种类型的墨迹、题刻等。这些历史信息对于我们全面地认识该建筑的文物价值具有重要意义，同时也是判断建筑真实性和完整性的重要内容。因此，勘察时要特别注重历史信息方面的发现。^{14}C 和热释光方法可以测定木构件和砖瓦构件的距今年代，但是这些测定方法的精确度有年代跨度的特征，所以对建筑年代的考证还需要结合对建筑历史沿革的调查，通过对建筑结构、形式、工艺做法、彩画等的勘察，相互印证，确定现存建筑各个部分的年代和价值。

通过对历史信息的勘察，还可以了解历史上的维修情况和改动情况等，判断其存在价值，确定其保存价值和修复的参考价值，这些都是修复工程中作为保护内容的重要依据。对于建筑历史信息方面的勘察是文物建筑勘察的特殊内容，如果在勘察中忽略建筑历史信息的存在和价值，很容易将文物建筑的修缮等同于一般建筑的修缮，失去保护工程的性质。

1.5　古建筑残损现状的勘察

对残损现状的勘察，主要是对建筑物的承重结构及其相关工程损坏、残缺程度与原因进行勘察。残损勘察可自上而下或自下而上进行，如：地基、台明、地面、墙体、柱网、梁架、斗拱、木基层、屋面、门窗装修、室内小木作等不同部位。并对残损的具体部位、残损类型、面积、深度、存在的安全隐患及其变化趋势等进行记录。

对承重木结构的勘察包括：对承重结构整体变位和支承情况的勘察、对承重结构木材材质状态的勘察、对承重构件受力状态的勘察、对主要连接部位工作状态的勘察、对历代维修加固措施的勘察等。台明、地面勘察记录包括：阶条石、踏步、地面砖、柱础等。墙体勘察包括：槛墙、前后檐墙、山墙、隔墙等。屋面勘察记录包括：瓦件、苫背、脊饰等。装修部位勘察包括：门窗、隔扇、雀替、挂落等。

（1）地基与基础残损勘察

地基与基础残损情况的勘察，主要检查记录地表、院落地面有无沉降，基础有无变形、损伤等内容。结合古建筑所在地段的地质发育、地下水位及地质环境变化等因素对地基与基础进行勘察检测，必要时可采用地质雷达、钻孔勘探、开挖探沟等方式勘察古建筑地基与基础的形变，弄清是否存在上述问题，判断古建筑地基与基础的稳定性。

（2）砌体结构及构件残损勘察

砌体结构及构件残损情况的勘察，主要包含墙体、地面、台明等部分的砖石砌体，其主要残损有残缺、酥碱、裂纹、凹陷、污染物附着、缺失等现象。

墙身砌体的残损主要出现在室外墙体，包括：酥碱风化、裂缝、脱色、霉变、粉化、空鼓、歪闪、构件缺失和移位、基础沉降等情况。地面砌体的残损，又可分为室内、室外、院落等部分。室内外地面的残损主要为残缺、酥碱、泛碱、裂纹、砖体凹陷、积垢、污染物附着、缺失；室外地面因建筑的整体沉降，可能产生部分区域地面砖隆起、移位、砖缝脱开等现象；院落地面砖还会因植物根系、雨水侵蚀、地面沉降等原因产生地面砖起翘、碎裂等现象。台明的阶条石、须弥座、垂带、踏跺等部位的残损，主要为残缺、开裂、风化、积垢、污染物附着，阶条石与须弥座还易出现移位、下沉、歪闪等现象。

（3）大木结构及构件残损勘察

大木结构及构件残损情况的勘察，首先从整体上观察判断其梁架的大体情况，其次从各个构件细部进一步勘察。勘察内容包括承重结构及其相关工程损坏、残缺程度与原因，其中承重结构勘察包括结构、构件及其连接的尺寸，承重构件的受力和变形状态，主要节点、连接的工作状态，结构的整体变位和支承情况，历代维修加固措施的现存内容及其目前工作状态。

整体上，应观察梁架是否存在因台基和柱子沉陷而偏移的问题，有无部分构件存在弯垂和拔榫现象，有无因台基不均匀沉降、风雨侵蚀而导致的斗拱整体变形、错位等现象。

局部上，不同部位残损情况往往不同。柱子作为受压构件，应注意勘察其截面形状及尺寸、两端固定情况、柱身弯曲或劈裂情况、柱头位移、柱脚与柱础的错位、柱脚下陷等，其残损，如开裂、糟朽、下沉等问题，通常集中在墙内柱和檐柱，个别金柱、瓜柱也存在开裂情况。梁、檩、枋等受弯构件，应注意勘察其跨度或悬挑长度、截面形状及尺寸、受力方式及支座情况等，注意挠度变化、侧向变形（扭闪）情况，檩条滚动情况，悬挑结构的梁头下垂和梁尾翘起情况，构件折断、劈裂或沿截面高度出现的受力皱褶和裂纹等情况。梁类构件的残损，如开裂、糟朽和拔榫，通常集中在外檐部分的抱头梁、单步梁和双步梁，内檐梁架残损会较少，但也会有三架梁、五架梁等存在开裂、下坠变形等情况。檩件的残损通常为开裂和下坠变形，部分也存在错位问题。枋类构件的残损，如变形（扭转变形、下坠变形）和开裂，多集中在外檐部分的檐枋

（额枋）和平板枋，部分枋类构件存在开裂、糟朽问题；内檐部分的枋类构件主要残损是不同程度的拔榫、开裂。板类构件的残损，如变形（扭转变形、下坠变形）和开裂，多集中在走马板和檐垫板。斗拱由斗、栱、昂、枋等许多部件搭套安装而成，风雨侵蚀、台基不均匀沉降和上部荷载的偏移，会导致斗拱整体或构件连接破损等不同程度的残损情况。外檐部分斗拱的残损通常较为严重，多表现为开裂、糟朽、松动以及移位问题，个别翼角处的斗拱会出现下坠现象。

（4）木基层及构件残损勘察

木基层及构件残损情况的勘察，从整体上看，应观察木基层部分有无因梁架变形等影响，出现整体下沉或错位，从局部上看，观察构件有无因长期经受风雨侵蚀，出现糟朽、开裂、水渍等残损情况。具体来说，多数构件残损主要集中在天花以下檐口部位，天花以上亦有局部损伤。椽望构件的残损，通常为水渍、开裂、糟朽等，或因构件受压，出现挠度变化和侧向变形，大小连檐易出现糟朽、水渍，瓦口易出现糟朽、变形，闸挡板易出现歪扭、松动、开裂，偶有存在个别构件缺失现象。

（5）屋面及脊饰残损勘察

屋面及脊饰残损情况的勘察，从整体上看是否存在屋面变形、凹陷，是否有雨水渗漏，是否存在局部长草长树等问题，从局部上看瓦件、脊饰的构件残损情况，如瓦件的破损、开裂、釉面脱落、胎体风化等。屋面变形包括檐口部分屋面下沉、屋面瓦垄变形扭曲等残损现象，而雨水渗漏则是由其他方面残损如灰背层残损、捉节灰脱落、筒瓦勾头缺失等导致的。瓦件残损一般有破损、开裂、残缺、脱落、龟裂、胎体风化、脱釉等，也存在松动、尺寸大小不一、个别瓦件颜色用错、缺失等现象，脊饰除上述一般残损外，还有仙人、垂兽、戗兽局部缺失等现象。

（6）小木作残损勘察

木装修残损情况的勘察，从整体上观察内檐外檐装修大体情况，保存是否良好，从局部上勘察各部分构件的残损情况，重点勘察门、窗构件等是否存在后期改动和添加的痕迹。木装修的残损通常集中在前后檐、廊步架的天花、门扇及窗扇等部位，主要表现为下坠变形、开裂、磨损、糟朽，部分门扇及槛框磨损、缺失。细部上应勘察门窗上的团花、花卡子、棂条、岔角、心屉等构件，调查其是否有破损、松动、积尘、污染或缺失现象。此外，还应探查绷纱糟朽、装修铁件锈蚀等残损情况。

（7）油漆彩画残损勘察

油漆彩画残损情况的勘察，主要有检查记录地仗是否起甲、龟裂、脱落等，颜料层是否有裂缝、龟裂、空鼓、脱落、变色、积尘、污染物附着等。不同部位残损状况略有不同，彩画按其在古建筑上的位置及其受外界环境的影响不同，可分为内檐彩画、廊内彩画、外檐彩画，一般而言由里向外病害逐渐加重。内檐彩画因较少受到风雨、阳光的侵害，所以其残损主要为积尘、褪色，局部有龟裂、起甲现象，廊内及外檐常年经受风雨、紫外线等外部环境影响，除常见的积尘、褪色外，还伴有龟裂、空鼓、污染物附着，严重的会有面层或地仗剥落现象。

1.6　古建筑利用情况的调查

在残损现状勘察的基础上，还要对其利用情况进行调查，针对古建筑的利用现状、强度及修缮后的使用功能进行调查，为后续保护利用的干预强度提供参考。

（1）古建筑利用现状

古建筑利用现状调查是指对每一座古建筑现存利用形式和使用功能状况进行全面调研、记录与分析；古建筑修缮后将对其使用功能进行调整的，应了解其调整后的具体使用形式及使用功能。针对居住、办公、展览、民宿、餐馆、手工作坊等不同使用功能，明确每座古建筑的具体功能分区与交通流线。

（2）古建筑利用强度分析

根据古建筑的具体使用功能，调查其空间格局是否发生过改变，分析室内拆改、增减等改造信息，包括结构性改造、穿墙打洞、增减隔墙、地面改造、门窗改造、增加吊顶、管网铺设、墙面粉刷、木构油漆等。通过对古建筑的利用强度进行分析，研判该古建筑利用的破坏程度或合理性。

| 第2章 |

木结构古建筑现状勘察报告的编制

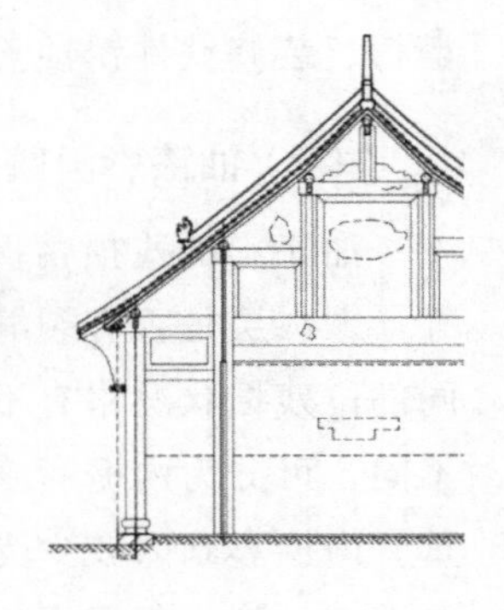

勘察报告的编制一般包括：古建筑概况、环境调查资料、历史情况调查、建筑形制及法式研究、残损现状调查、价值评估、残损原因分析及相关勘察说明资料等。

2.1 古建筑的概况

古建筑概况是对项目基本情况的综合阐述，其内容在设计文本中是不可或缺的。概况部分一般可包括：项目背景、委托单位、设计单位、项目运作时间、文物保护单位区位、主要构成、年代、特征、级别等。

2.2 古建筑周边环境分析

周边环境分自然环境和社会环境。自然环境包括：大气圈、水圈、生物圈、土圈和岩石圈等5个自然圈。社会环境是指人类在自然环境的基础上，为不断提高物质和精神生活水平，通过长期有计划、有目的的发展，逐步创造和建立起来的人工环境。古建筑修缮方案所涉及的环境既包括自然环境也包括社会环境。自然环境包括地质、气象、气候等，社会环境主要强调人类活动对古建筑自然环境的影响。对周边环境资料的分析包括古建筑所在区域的地震、雷击、洪水、风灾等史料、环境污染情况、气象气候情况等。资料收集阶段，应遵循全面、准确、详细、及时等原则，确保资料是最新、最完整的一手资料。

2.3　古建筑的历史沿革

历史情况调查重点围绕拟修缮古建筑本体展开，当所修缮古建筑是建筑群的一部分或单体建筑时，建筑群整体历史沿革及维修状况应当有所涉及，但不应作为重点。重点应当聚集在拟修缮的项目上。应当详细调查每座古建筑具体修建历史，包括：该古建筑的始建年代、历史上残毁与维修状况、现存建筑年代等。

2.4　古建筑的历次维修情况

通过查阅历史维修记录可以获得与本次修缮内容相关的信息。包括：该古建筑是否进行过修缮、何时实施的修缮、修缮中存在的问题以及拨付经费等信息，进而判断实施本次工程的必要性、本次修缮范围的合理性以及预算的可行性。如历史上存在许多任意改造、不当修缮的行为，针对不当修缮的行为，在修缮方案编制时应予以不同的处理，对轻度修缮性破坏可采取现状修整的措施，对严重修缮性破坏可采取重点修复的措施。因此，对古建筑的历史修缮情况进行评估是决定下一步修缮措施的前提条件之一，它决定了修缮的性质，进而决定了修缮的内容和方法的选择。

2.5　古建筑的形制特征

建筑形制与法式研究包括：建筑选址、整体布局、单体建筑构造及法式特征等。

（1）建筑选址

建筑选址应综合考虑建筑所处的地形地貌特点，分析其风水特色、整体空间布局特征及主要历史环境要素。《西安宣言》将古建筑周边环境纳入遗产管理控制的范围，认为紧靠古建筑的和延伸的、影响其重要性和独特性的或是其重要性和独特性组成部分的，均属于建筑的周边环境范畴。这里所指的周边环境更多是强调与古建筑重要性和独特性的关联，即古建筑保护修缮过程中应当把握的历史环境要素。

（2）整体布局

古建筑为建筑群的，应对古建筑的整体布局进行阐述。阐述方式一般可按整体到局部或按前到后的顺序展开。存在多院落格局的，可先描述中路建筑的主要建筑，再阐述东、西路辅助建筑。描述古建筑整体布局，可从整体上把握古建筑的分布情况，拟修缮项目既可以是整座院落，也可以是其中的部分建筑。无论全面修缮还是局部修缮，均应当对建筑群的整体布局进行描述，局部修缮项目应明确修缮范围，说明其与整体的关系。

（3）单体建筑构造及法式特征

应对每个建筑单体进行全面分析，可从整体到局部，从下及上或从上及下进行描述。从上及下阐述内容包括：屋顶形式（庑殿、歇山、悬山、硬山、攒尖等）、大木构架、梁架举折、翼角做法、斗拱做法、平面格局、装修及地面做法等。法式特征研究是认定古建筑价值的重要支撑，构造结构的特殊性与科学价值相关，特殊造型及工艺与艺术价值相关，构件的年代属性与历史价值相关。对法式特征的准确研究，将提高对古建筑价值评估的准确程度。

法式特征分析可采用纵向或横向比较分析的方法，纵向与《营造法式》《工程做法则例》相比较，与官式做法的契合度可反映出该古建筑的价值特色。横向与地方建筑进行对照分析，凝练地方建筑的共性特点和该建筑自身独有的特色。在进行法式特征分析研究时，主要从时代特征、结构特征、构造特征三个方面进行详细的阐述。为后续对其价值的评估、修缮保护方案的编制以及具体的施工等提供依据，具有非常重要的理论意义和现实意义。

2.6　古建筑的价值评估

价值评估是认识文物价值的过程。古建筑的价值包括历史价值、艺术价值、科学价值、社会价值和文化价值。除了历史价值、艺术价值、科学价值以及社会价值和文化价值外，根据其特殊性，古建筑的价值还可能包括军事价值、考古价值等特殊价值。古建筑价值评估并非将上述价值全部列上分析，而是具有什么价值分析什么价值即可。其中历史价值是其核心与灵魂，也是其他价值的基础。古建筑保护中的各个环节均是以价值评估为基础的，是基于价值评估体系的保护，应明确每个古建筑的核心价值，修缮措施选择的主要标准是确保遗产的核心价值不降低或缺失，措施的选择应当有利于核心价值的提升。

（1）历史价值分析

历史价值要素收集：建造年代，建造原因，与之相关的重要人物及事件，历代修建记录，与之相关的碑刻、题记，与当时社会生活的关系等。历史价值具体可以从以下几个方面分析：①古建筑建造历史信息，包括建造年代、重要修缮年代、建筑整体和局部以及主要构件的年代特征分析；②与该古建筑直接相关的历史人物信息、与该古建筑直接相关的重大历史事件以及该古建筑或构件所承载的其他历史信息等；③历史时期的见证以及该古建筑自身承载的史料价值等。

（2）科学价值分析

科学价值要素收集：建筑选址、布局、结构、工艺、技术的独特性。科学价值具体可以从以下几个方面分析：①布局特征的合理性，包括古建筑选址特征、整体布局特色等；②构造的合理性，包括古建筑本体构造特征、构件受力结构的合理性等；③材料的科学性，包括材料选择、规格大小等；④建造工艺的合理性，包括传统营造技艺及修缮技艺等；⑤体现的法式特征与地域特色，古建筑与法式进行比较和与相关地域遗产进行比较所体现的唯一性；⑥一定时期社会发展力的体现，包括建筑的规模、体量、材料尺度与稀缺性等。

（3）艺术价值分析

艺术价值要素收集：建造艺术、本身拥有的附属艺术品、艺术图案的美学意义。艺术价值具体可从以下几个方面分析：①古建筑整体形式、内部构造特征、大木构造外观形式、斗拱类型、装修艺术形式；②具有艺术价值的柱础、雀替、小木作、瓦顶吻兽、脊饰等具体构件特点的分析；③彩画、壁画、雕塑、各种纹饰线角等的分析。

（4）文化价值分析

文化价值要素收集：与宗教文化、民族文化、地域文化、非物质文化传承之间的关系。文化价值具体可以从以下几个方面分析：①载体，如：书籍、影像、曲艺等形式及物质载体；②人物及活动，如：历史名人、文人墨客及其他与文化相关的人物的记载、事迹及活动等；③与古建筑相关的营造及技艺传承；④文化流派、文化思想等意识形态。

（5）社会价值分析

社会价值要素收集：所具有的教育、情感、社会（区）发展意义。社会价值具体可以从以下几个方面分析：①具有爱国主义、优良传统、民族精神等方面的教育意义；②具有旅游、休憩、消遣等开发作用；③优良的生产生活方式。

2.7　古建筑的残损现状情况

残损状况记录是勘察报告的核心内容，包括：现状情况调查、残损状况定性、残损详细记录等内容。这部分内容对应古建筑修缮设计方案的核心内容，是修缮项目需要解决的主要问题。记录应当详细准确，包括：残损的具体部位、残损形式类型、面积深度范围、存在的安全隐患及其变化趋势等内容。

2.8　古建筑的残损原因

造成古建筑破坏的原因较多，针对某一具体古建筑而言，弄清造成其残损的原因是解决问题的关键所在。一般而言，造成残损的因素主要有外因和内因两个方面。

（1）外在环境因素分析

造成残损的外因主要包括自然因素和人为因素。人为因素又分主动性破坏和被动性破坏。主动性破坏又分主观恶意破坏和非主观恶意破坏。由于修缮保护理念把握不准确、修缮技艺不够等原因造成古建筑破坏的，属于非主观恶意破坏。由于房地产开发及其他建筑行为拆除古建筑、偷盗建筑材料等造成古建筑破坏的，属于主观恶意破坏。造成残损的自然因素较多，如洪水、地震、火灾、湿度、温度、光照、雨水等。有的因素是长期的，如湿度、温度、光照等，有的是短期的，如洪水、地震、火灾等。影响因素不同，造成的残损程度也是有差别的。

（2）材料自身属性分析

不同的材料其性能不同。如：木材密度不同、主要化学成分的含量不同、次要化学成分的种类及含量不同，导致其吸湿性不同、力学强度不同以及木材的耐腐朽能力和耐虫蛀能力等均不同，在面临复杂多变的外界环境因素时，木构件的耐久性能表现出千差万别的响应。在编制修缮方案前，对木构件进行鉴定并对其性能进行深入研究，针对耐久性能力差但还没有表现出残损现象的木材构件，如果能提前进行一定的保护处理如防腐或防虫处理，可大大降低日后进一步恶化为严重腐朽或虫蛀的可能。

2.9　现状实测图纸的绘制及残损点的标注

古建筑勘察报告中实测图纸应严格按照《古建筑测绘规范》相关要求和标准执行。利用 CAD 制图软件进行绘制。古建筑测绘图应包括区位图、总平面图、建筑单体的平面图、单体的正立面图、单体的背立面图、单体的左立面图、单体的右立面图、单体的剖面图、单体的仰视图、单体的俯视图、局部大样图、重要破坏现象和构造的详图等。现状实测图纸具体要求可参考《文物保护工程设计文件编制深度要求（试行）》(2013)。

（1）区位图

区位图反映文物所在的区域位置，比例一般为 1∶10000～1∶50000。

（2）保护范围总图

保护范围总图反映保护范围周边环境与文物本体的关系。比例为 1∶200～1∶10000。

（3）现状总平面图

① 反映建（构）筑物的平面和竖向关系，地形标高，其他相关遗存、附属物、古树、水体和重要地物的位置。

② 工程内容和工程范围。

③ 标明或编号注明建筑物、构筑物的名称。

④ 庭院或场地铺装的形式、材料、损伤状态。

⑤ 工程对象与周边建筑物的平面关系及尺寸。

⑥ 指北针或风玫瑰图、比例。比例一般为 1∶500～1∶2000。

（4）建筑单体的平面图

① 建筑的现状平面形制、尺寸。有相邻建筑物时，应将相连部分局部绘出。多层建筑应分层绘制平面图。

② 柱、墙等竖向承载结构和围护结构布置。

③ 平面尺寸和重要构件的断面尺寸、厚度要标注完整。尺寸应有连续性，各尺寸线之间的关系准确。

④ 标注必要的标高。

⑤ 标注说明台基、地面、柱、墙、柱础、门窗等平面图上可见部件的残损和病害现象。

⑥ 建筑地面以下有沟、穴、洞室的，应在图中反映并表述病害现象。

⑦ 地基发生沉降变形时，应反映其范围、程度和裂缝走向。

⑧ 门窗或地下建筑等损伤和病害在平面图中表述有困难时，可以索引至详图表达。图形不能表达的状态和病害现象，应用文字形式注明。

⑨ 比例一般为1∶50～1∶200。

（5）建筑单体的立面图

① 建（构）筑物的立面形制特征。原则上应绘出各方向的立面；对于平面对称、形制相同的立面，可以省略。

② 立面左右有紧密相连的相邻建（构）筑物时，应将相连部分局部绘出。

③ 立面图应标出两端轴线和编号、标注台阶、檐口、屋脊等处标高，标注必要的竖向尺寸。

④ 表达所有墙面、门窗、梁枋构件等图面可见部分的病害损伤现象和范围、程度。

⑤ 比例一般为1∶50～1∶100。

（6）建筑单体的剖面图

① 按层高、层数、内外空间形态构造特征绘制；如一个剖面不能表达清楚时，应选取多个剖视位置绘制剖面图。

② 剖面两端应标出相应轴线和编号。

③ 单层建（构）筑物标明室内外地面、台基、檐口、屋顶或全标高，多层建筑分层标注标高。

④ 剖面上必要的各种尺寸和构件断面尺寸、构造尺寸均应标示。

⑤ 剖面图重点反映屋面、屋顶、楼层、梁架结构、柱及其他竖向承载结构的损伤、病害现象或完好程度。残损的部（构）件位置、范围、程度。

⑥ 在剖面图中表达有困难的，或重要的残损、病害现象，应索引至详图中表达。

⑦ 比例一般为1∶50～1∶100。

（7）建筑单体的结构平面图

① 反映结构的平面关系，结构平面图可根据表达内容的不同，按镜面反

射法、俯视法绘制。

② 标注水平构件的残损、病害现象及程度、范围。

③ 比例一般为 1∶50～1∶100。

（8）建筑单体的详图

① 反映基本图件难以表述清楚的残损、病害现象或完好程度、构造节点。

② 详图与平、立、剖基本图的索引关系必须清楚。

③ 构（部）件特征及与相邻构（部）件的关系。

④ 比例一般为 1∶5～1∶20。

2.10　残损现状相关照片

① 必须真实、准确、清晰，依序编排。

② 重点反映工程对象的整体风貌、时代特征、病害、损伤现象及程度等内容。

③ 反映环境、整体和残损病害部位的关系。

④与现状实测图、文字说明顺序相符。

⑤ 现状照片应有编号或索引号，有简要的文字说明。

第3章

木结构古建筑修缮保护方案的编制

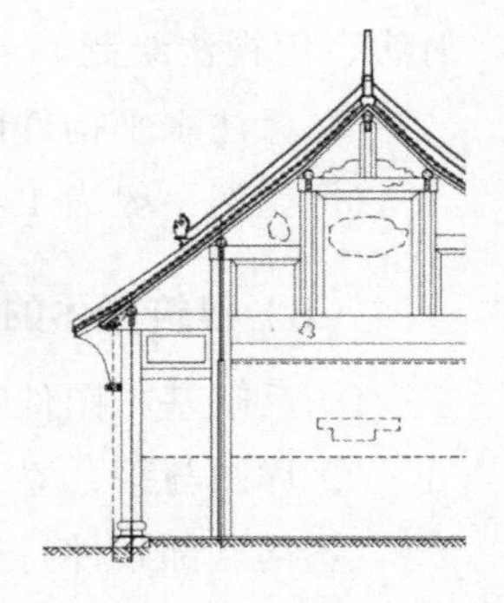

古建筑修缮保护方案的设计是古建筑保护工程的核心内容，一般由方案设计说明、方案设计图纸、工程概预算、其他辅助材料等组成。

3.1 明确修缮依据

古建筑修缮设计的依据按照与古建筑本体的关联程度，可分为直接依据和间接依据：直接依据包括项目立项文件、上级机关的批复文件、设计者基于项目实际勘察结果专门编制的勘察报告及实测图纸等；间接依据包括各类法规、准则规范、国际宪章等与设计相关的内容。

修缮设计项目涉及的法规依据一般包括：《中华人民共和国文物保护法》(2017年修订)、《中华人民共和国文物保护法实施条例》(2017年)以及国务院颁布的文物保护条例及相关的地方性法规等。

准则规范一般包括：《中国文物古迹保护准则》(2015年修订)、《古建筑木结构维护与加固技术标准》(GB/T 50165—2020)以及各类设计导则等。

国际宪章包括：《威尼斯宪章》(1964)、《马丘比丘宪章》、《雅典宪章》、《北京文件》(2007)、《奈良真实性文件》等各种国际宪章及文件。

各类法规、宪章等内容较多，编制修缮设计方案时将与项目相关性强的法规、宪章文件列为设计依据，剔除不相关文件。专家论证意见、专门会议纪要等也可列为设计依据。围绕本体保护需求与功能需求，各种直接或间接依据均应表达清晰完整，做到既不多余也不遗漏。

3.2　确定设计应遵循的基本原则

在进行文物建筑修缮的过程中，具体应遵守以下原则：

（1）不改变文物原状原则

《中华人民共和国文物保护法》（2017 年修订）第二十一条规定："对不可移动文物进行修缮、保养、迁移，必须遵守不改变文物原状的原则。"《文物保护管理暂行条例》第十一条中明确规定："一切核定为文物保护单位的纪念建筑物、古建筑、石窟寺、石刻、雕塑等（包括建筑物的附属物），在进行修缮、保养的时候，必须严格遵守恢复原状或者保存现状的原则，在保护范围内不得进行其他的建设工程。"

古建筑保护修缮的基本原则是"不改变原状原则"，这是修缮原则的总原则。原状是指一座古建筑开始建造时（以现存主体结构的时代为准）的面貌，或经过后代修理后现存的健康面貌，它是特定历史时期建筑物艺术、文明和科学价值的直接体现。

恢复原状指维修古建筑时，将历史上被改变和已经残缺的部分，在有充分科学依据的条件下予以恢复，再现古建筑在历史上的真实面貌。恢复原状时必须以古建筑现存主体结构的时代为依据。但被改变和残缺部分的恢复，一般只限于建筑结构部分。对于塑像、壁画、雕刻品等艺术品，一般应保存现状。

保存现状是指在原状已无考证或是一时还难以考证出原状的时候所采取的一种办法。保持现状可以留有继续进行研究和考证的条件，待到找出复原的根据以及经费和技术力量充足时再进行恢复也不晚；相反如果没有考证清楚就去恢复，反而会造成破坏。

总的来讲，在修缮保护过程中应遵循"四保存"原则，即保存原来的建筑形制（包括原来建筑的平面布局、造型、法式特征和艺术风格等）、保存原来的建筑结构、保存原来的建筑材料、保存原来的建筑工艺技术。

（2）真实性原则与完整性原则

真实性原则与完整性原则即保护文物建筑设计、原料与材料、应用与功能、位置与环境以及传统知识与技艺体系等信息来源的真实性和完整性，不应以追求"风格统一""形式完整"为目标。

（3）最小干预原则

最小干预原则或最低限度干预原则是指将材料、构件和彩绘表面的替换或更新降至合理的最低程度以便最大限度地保留历史原物。简单地说就是，在修缮过程中要将对古建筑的人为干预因素降到最低。

（4）可识别性原则

为了保持古文物建筑的历史真实性，在修缮文物建筑的时候，替换或补缺上去的构件或材料，在材质、工艺或形式上都要与原来保存下来的有所区别，避免“以假乱真”和“天衣无缝”的效果，要有一定的标识，要使人们能够识别哪些是修复的、当代的东西，哪些是过去的原迹，以保存文物建筑的历史可读性和历史艺术见证的真实性。最终应做到既整体和谐又能明确区分新旧为宜，换句话说，要求远看浑然一体，近看有所区别。

（5）可读性原则

可读性原则是指清楚显示建筑历次的修缮、增添和改动以及相关环境的变化，使建筑最大限度发挥其作为“史书”的作用。实践中常采用留痕的方法，即可在不明显处留下标识或记录。这一点古人的做法值得借鉴，如梁檩上的题跋、砖石上的题记等。这样的做法使大量信息得以留存，为后人留下了珍贵的史料证明。

（6）可逆性原则

可逆性原则是指新加的构件或修补均需容易拆除，同时确保在拆除时不损伤文物建筑的本身，以便以后可以采取更先进的技术和更新颖的材料来做更合理、更可靠的修缮保护工作。采用现代技术和材料进行修复时，尽量不使用水泥、改性化学药剂等不可逆材料，尽量不采用胶黏等不可逆的连接结构，不妨碍未来拆除增加的部分及采取更科学合理的修缮措施。

（7）安全为主的原则

古建筑都有百年以上的历史，即使是石活构件也不可能完整如初，必定有不同程度的风化或走闪，如果以完全恢复原状为原则，不但会花费大量的人力物力，还可能降低建筑的文物价值。因此，普查定案时应以建筑是否安全作为修缮的原则之一。安全通常包括两个方面：一是对人是否安全；二是主体结构是否安全。总之，制定修缮方案时应以安全为主，不应轻易以构件表面的新旧为修缮的主要依据。

（8）不破坏文物价值的原则

任何一座古建筑或任何一件历史文物，都反映着当时社会的生产和生活方式、当时的科学与技术、当时的工艺技巧、当时的艺术风格、当时的风俗习惯等，它们可贵之处就在于它们是历史的产物、是历史的物证。古建筑的文物价值表现在它具有一定的历史价值、科学价值、艺术价值、文化价值以及社会价值等。文物建筑的构件本身就有文物价值，将原有构件任意改换为新件，虽然会很“新”，但可能使很有价值的文物变成了假古董。只要能保证安全，不影响使用，残旧的建筑或许更有观赏价值。

（9）风格统一的原则

古建筑修缮时要尊重古建筑原有风格、手法、保持历史风貌，做到风格统一。添配的材料应与原有材料的材质相同、规格相同、色泽相仿。补配的纹样图案应尊重原有风格、手法，保持历史风貌。

以上修缮原则的选取不是绝对的。有的原则是必要的，如：不改变文物原状原则、真实性和完整性原则、最小干预原则等；有的原则是可选的，如：可读性原则、可识别性原则、可逆性原则等。在修缮的过程中可根据建筑本体的实际情况甄选，必要时还可就事论事，专门凝练或创新其他保护原则。

3.3　明确修缮的范围

明确古建筑修缮工程的范围与规模，列出清单、面积等详细数据。

3.4　明断修缮的性质

在进行全面、系统的勘察、测绘和研究的基础上，明确修缮性质是编制保护修缮方案与实施保护工程的重要环节。已经编制为文物保护规划的保护单位，其修缮性质定位应依据文物保护规划，尚未编制文物保护规划或文物保护规划定位存在错误的保护单位，可根据古建筑的残损现状、病害因素及残损变化趋势等内容酌情确定修缮性质。

《文物保护工程管理办法》（2003 年）将文物保护工程类型分为：保养维护工程、抢险加固工程、修缮工程、保护性设施建设工程和迁移工程。

《中国文物古迹保护准则》（2015年）将文物古迹保护工程类型分为：保养维护与监测、加固、修缮（现状修整、重点修复）、保护性设施建设、迁建及环境整治等。

《古建筑木结构维护与加固技术标准》（GB/T 50165—2020）将古建筑木结构维护与加固工程类型分为：保养维护工程，修缮、加固工程，抢险加固工程。

3.5　甄选适宜性修缮措施

维修按照古建筑部位的不同可分为：屋面修缮、大木构架修缮、墙体修缮、装修修缮、基础台明和地面修缮、油漆彩画修缮等。不同部位的修缮措施参考杨燕等（2023）编著的《历史建筑保护技术》。

3.6　方案设计图纸绘制及修缮措施的标注

古建筑设计方案图是用图形和文字标注反映修缮意图、工程项目实施部位与范围以及修缮技术手段的图纸。图纸绘制应能准确表达修缮工程的规模、性质、合理确定保护技术手段实施的范围。

古建筑设计方案图和残损现状图纸基本保持一致，即在残损现状图纸中各个残损点位置标注其对应的修缮措施。通常也由建筑单体的平面图、正立面图、背立面图、左立面图、右立面图、剖面图、局部大样图、重要破坏现象和构造的详图等组成。修缮设计图纸具体要求可参考《文物保护工程设计文件编制深度要求（试行）》（2013）。

建筑单体的平面图、立面图、剖面图及局部大样图等均应表达以下意图：①反映古建筑修缮工程实施后的平面、立面形态及尺寸；②反映竖向构成关系和空间形态，准确反映修缮工程设计意图；③反映原有柱、墙等竖向承载结构和围护结构的布置及修缮工程设计中拟添加竖向承载加固构件的布置；④清楚标明轴线、室内外标高和尺寸、柱身、墙身和其他砌体外墙面上采取的修缮措施和材料做法，以及门窗、屋顶、梁枋和其他构件的修缮措施和材料做法；⑤在图面上表达针对残损所采取的修缮措施，包括台基、地面、墙、柱础、门窗等图中所能反映、涵盖的修缮内容和材料做法。

（1）总平面图

① 表达工程完成后的建（构）筑物平面关系和竖向关系，反映地形标高

及相应范围内的树木、水体、其他重要地物和其他文物遗存，标示工程对象、工程范围和室外工程的材料、做法，标注或编号列表注明建（构）筑物名称。

② 表达场地措施、竖向设计，包括防洪、场地排水、环境整治、场地防护、土方工程等，标注相关主要尺寸、标高，标注工程对象和周边建（构）筑物的平面尺寸。

③ 指北针或风玫瑰图。

④ 比例一般为1∶500～1∶2000。

（2）平面图

① 主要表述的内容为台基、地面、柱、墙、柱础、门窗等平面图中所能反映、涵盖的工程内容、材料做法。

② 反映工程实施后的平面形态、尺寸，当各面有紧密连接的相邻建（构）筑物时，应将相连部分局部绘出。以图形、图例或文字形式在图面上表述针对损伤和病害所采取的技术措施，反映原有柱、墙等竖向承载结构的平面布置、围护结构的平面布置和工程设计中拟添加的竖向承载加固的构部件的布置。

③ 标注必要的室内外标高。首层平面绘制指北针。

④ 比例一般为1∶50～1∶200。

（3）立面图

① 表达工程实施之后的立面形态。原则上应绘出各方向的立面；对完全相同且无设计内容的立面可以省略。当建筑物立面上有相邻建筑时需表明两者之间的立面关系。

② 立面图要标注两端轴线、重要标高和尺寸。标注柱身、墙身和其他砌体外墙面上采取的工程措施和材料做法，标注门、窗、屋盖、梁枋和其他在立面上有所反映的构部件的工程措施和材料做法，工程内容要尽可能量化。

③ 比例一般为1∶50～1∶200。

（4）剖面图

① 反映实施工程后的建筑空间形态，根据工程性质和具体实施部位不同，选择能够完整反映工程意图的剖面表达，如一个剖面不能达到上述目的时，应选择多个剖面绘制。

② 工程内容主要表述地面、结构承载体、水平梁枋和梁架、屋盖等在平

面图、立面图上所不能反映的构部件的工程设计措施和材料做法。

③ 比例一般为1∶30～1∶100。

（5）详图

① 反映基本图件难以表述清楚的构件及构造节点。

② 详图与平、立、剖基本图的索引关系必须清楚，定位关系明确。

③ 构部件特征及与相邻构部件的关系。

④ 比例一般为1∶5～1∶20。

第二篇

木结构古建筑现状勘察报告编制案例篇：以南阳市杨家大院为例

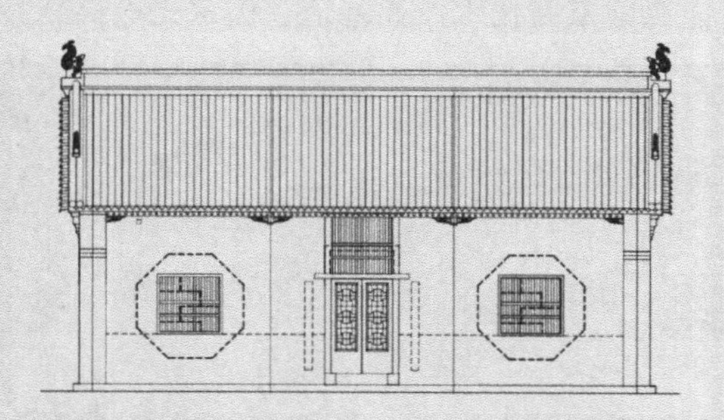

| 第4章 |

杨家大院古建筑修缮项目概况

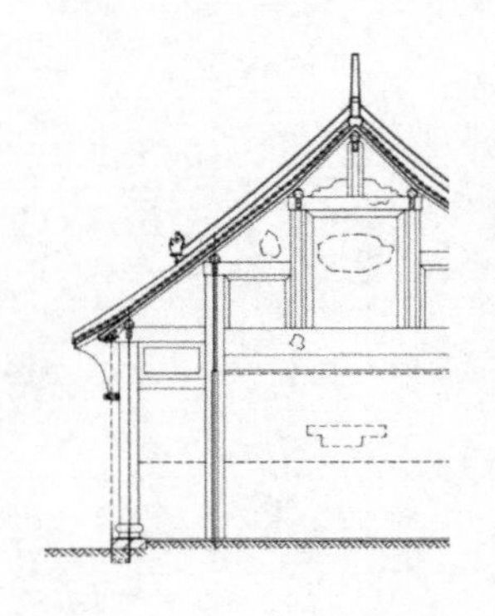

4.1 项目区位及简介

杨廷宝故居是我国著名的近代建筑大师杨廷宝先生的祖宅，位于河南省南阳市解放路南段路西（图 4-1）。南阳市是豫鄂陕交界地区区域性中心城市，是国务院首批对外开放的历史文化名城、国家生态文明先行示范区、国家创新型试点城市、新能源国家高技术产业基地、国家光电高新技术产业化基地、国

图 4-1　杨廷宝故居区位图

家科技兴贸创新基地、商贸服务型国家物流枢纽承载城市、国家跨境电子商务综合试验区和零售进口试点城市，是举世瞩目的南水北调工程渠首所在地和核心水源地。2021 年河南省第十一次党代会明确提出，支持南阳建设副中心城市，与信阳、驻马店协作互动，建设豫南高效生态经济示范区。

杨廷宝故居占地一万平方米，包括杨家大院、徐家大院和泰古车糖公司共三十余座建筑及杨家后坑（图 4-2）。

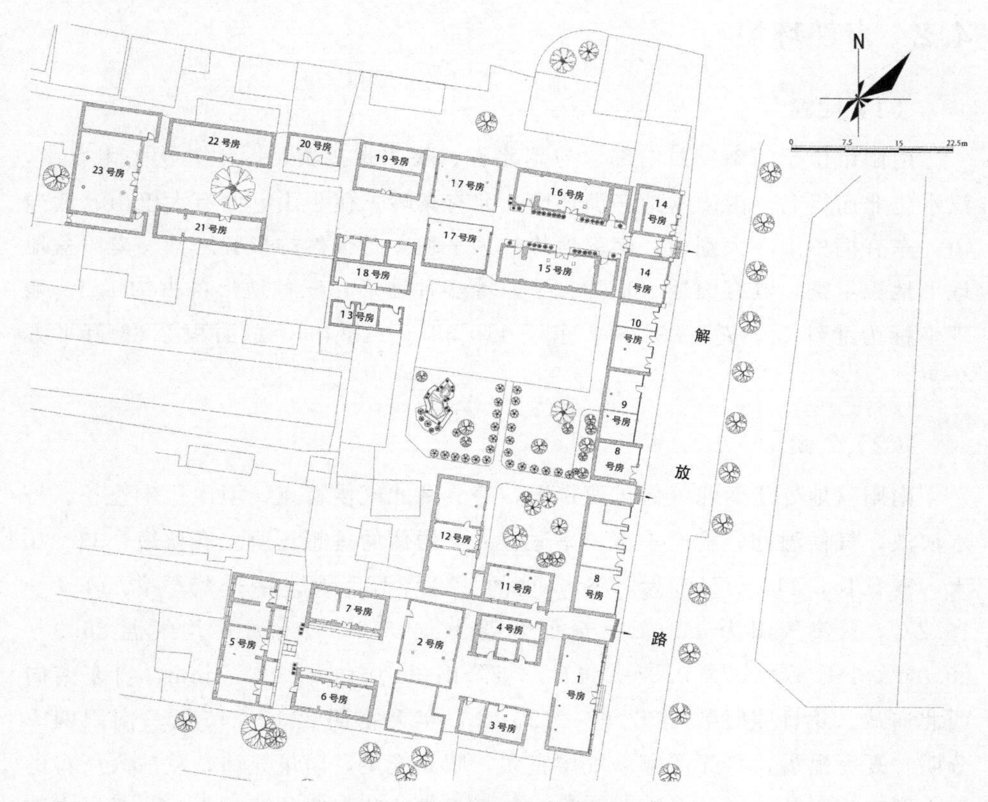

图 4-2　杨廷宝故居建筑群（1∶750）

杨家大院原有七座院落，现存五座院落，坐西朝东。杨家大院由正院和偏院两个院落组成，正院现存建筑两个进院，包括大门、一进院倒座房（1 号房）、一进院南北厢房（3 号房和 4 号房）、一进院过厅（2 号房）、二进院正院（5 号房）、二进院南北厢房（6 号房和 7 号房）等 8 座建筑；偏院现存一个进院，包括大门、南厢房（11 号房）、倒座房（8 号房）和上房（12 号房）共 4 座建筑。

徐家大院现存三座院落，其中正院现存四进院落，共有建筑十三座。北偏院现存三进院落，共有建筑10座（14号房、15号房、16号房、17号房、18号房、19号房、20号房、21号房、22号房、23号房），均为单檐硬山式建筑。南偏院现存二进院落，共有建筑6座。其他建筑均已被今人更改。

整座大院布局保存完整，具有重要的保护价值。2006年被列为第四批河南省文物保护单位。

4.2 自然环境

（1）地貌

南阳市位于河南省西南部，与湖北省、陕西省接壤，因地处伏牛山以南，汉水之北而得名。南阳盆地三面环山，北有秦岭、伏牛山，西有大巴山、武当山，东有桐柏山、大别山，南部地势较为平坦，是天然的形胜之都。南阳盆地地形地貌丰富，具有山地、丘陵、平原等多种地形，三种地形各占约1/3。地理坐标为北纬32°17′～33°48′，东经110°58′～113°49′，总面积2.66万平方公里。

（2）气候

南阳盆地处于南北气候过渡带上，兼具南北气候特点，境内伏牛苍苍、丹水泱泱，气候温和，物产丰富，是适宜人类居住的理想场所。春秋短，55～70天，夏日长，110～120天，冬季时间110～135天。年平均气温14.4～15.7℃，最高气温为41.6℃，最低气温为－15.2℃，七月平均气温26.9～28.0℃，1月平均气温0.5～2.4℃。年降雨量703.6～1173.4mm，自东南向西北递减。年日照时数1897.9～2120.9h，年无霜期220～245天。南阳四季分明，夏无酷暑，冬无严寒，气候宜人，阳光充足，雨量充沛，从前人所写的用来赞叹南阳的“春前有雨花开早，秋后无霜叶落迟”的诗句中就能看出南阳地区气候条件的优越性。

（3）水文

南阳市是南水北调中线工程水源地和渠首所在地。市内河流众多，南阳境内水系分属三大流域，即汉水流域、淮河流域、黄河流域。全市主要河流有丹江、唐河、白河、淮河、灌河、湍河，另有亚洲最大人工淡水湖——丹江口水库，水资源总量70.35亿立方米，水储量、亩均水量及人均水量均居全省第一位。

（4）植被

南阳气候湿润，地势平坦，土肥水丰，雨量适中，雨热同期，有利于各种植物生长。全市林地面积 1451 万亩，森林覆盖率达 34.3%，拥有植物资源 1500 多种。南阳是全国中药材的主产区之一，药用植物资源丰富，具有种植、加工中草药的自然条件优势和传统，盛产中药材 2340 种，产量达 2.5 亿公斤，其中地道名优药材 30 余种，山茱萸产量约占全国的 80%，居全国之冠；辛夷花产量占全国总产量的 70%以上；杜仲有 2000 多万株。

4.3　人文环境

（1）居民状况

南阳市现辖宛城、卧龙 2 个行政区，高新区、城乡一体化示范区、官庄工区、鸭河工区 4 个开发区，10 个县，即唐河、新野、镇平、方城、西峡、内乡、淅川、桐柏、南召、社旗，116 个建制镇，总面积 2.66 万平方公里，常住人口 949.70 万人（截至 2023 年末），为河南省人口最多，面积最大的一个地级市。

（2）产业状况

南阳市自然资源丰富，农业基础雄厚，素有“中州粮仓”之称，是全国粮、棉、油、烟集中产地。粮食总产量约占全省 11%；棉花占全省 20%；油料占全省 13%。南阳黄牛居全国 5 大优良品系之首，南阳月季产量居全球之冠。拥有各类工业企业逾 13 万家，天冠酒精集团、金冠电气集团、普康制药集团、南阳纺织集团、新野棉纺集团、河南油田、乐凯胶片厂等企业已进入全国 520 家主要企业行列。酒精、石油、胶片、中西药、纺织品、防爆电机、卷烟、水泥、天然碱、汽车配件等产品在全省乃至全国占有重要位置。

（3）交通状况

焦枝铁路纵贯南北，宁西铁路横穿 7 个县市区。国道 312 线、207 线、209 线和省道豫 01 线、豫 02 线分别从全市纵横穿过；许平南、南邓高速公路建成通车，实现了 2957 个行政村通柏油路或水泥路。南阳成为铁路、高速公路双“十”字交叉的交通枢纽。

南阳市地处承东启西连南贯北的优越地理位置，交通极其便利，拥有铁路、公路、航空三大运输方式。2019 年 12 月开通的郑渝高铁，正式开启了南阳市的高铁时代，现如今宁西、焦柳两条主要铁路干线穿越市区，在城市中心形成了“十”字形中心，沪陕、二广两条国家高速，兰南、绕城、内邓、焦桐等 8 条省高速，有 311、312、209 等 7 条国道构成公路网。南阳机场是河南省三大民用机场之一。

（4）人文历史资源

南阳历史悠久，有 3000 多年的城建史（图 4-3），为楚汉文化的发源地，南阳的汉文化遗存为全国第一。早在 50 万年前，南召猿人就在这里生存；西汉时期为全国五大都会之一，相当繁荣；东汉的光武帝刘秀发迹于此，因此南阳在汉代被称为“南都”“帝乡”；唐、宋、元、明、清这几朝代南阳都是全国著名的大城市，现如今，南阳老城区还保留着清朝梅花寨的格局，护城河和几个城门依然存在，老城内还有一些文物保护单位，如南阳府衙、王府山、南阳文庙等。城西卧龙岗据说是诸葛亮辅佐刘备前的躬耕地。南阳历史上曾孕育出“科圣”张衡、“医圣”张仲景、百里奚、“商圣”范蠡及“智圣”诸葛亮，更滋养了哲学家冯友兰、军事家彭雪枫、文学家姚雪垠、科技发明家王永民、作家二月河等当代名人。南阳荣获“中国楹联文化城市”称号。荆紫关镇跻身中国历史文化名镇，南阳板头曲、内乡宛梆被列入首批国家非物质文化遗产名录。目前共拥有 13 个国家级文物保护单位，94 处省级文物保护单位，不同专

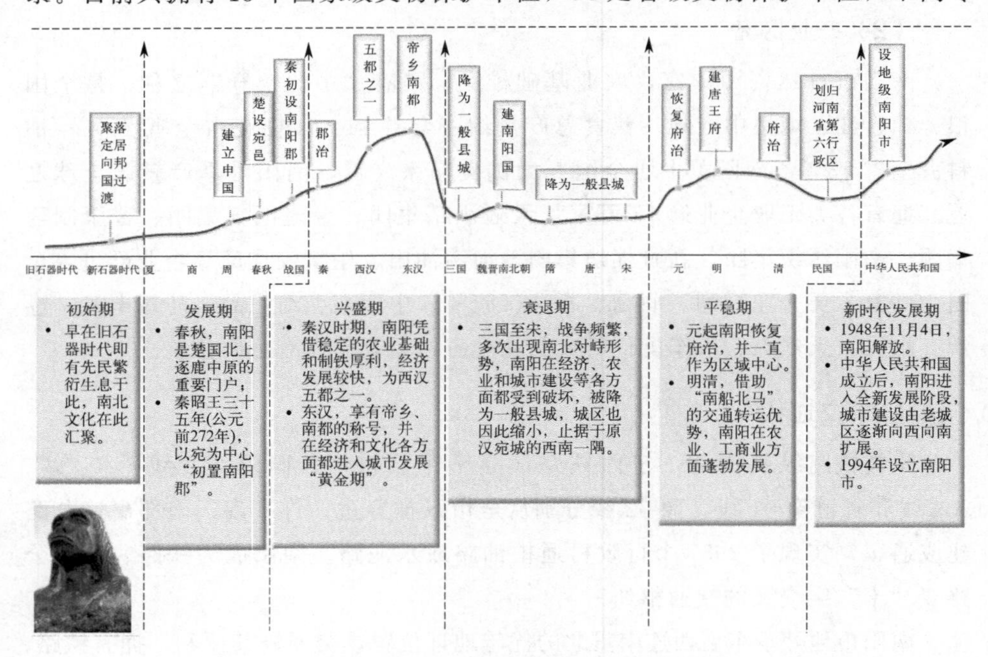

图 4-3　南阳历史沿革

题的博物院馆14处。除了物质文化外，还有民间音乐、曲艺、传统戏剧、民俗等多种非物质文化遗产。

4.4　历史沿革及历次修缮记录

杨廷宝先生的祖人于清晚期在南阳经商致富后，便在城区南关小寨门附近建造祖宅，即现在的杨廷宝故居。杨廷宝先生的父亲杨鹤汀（1877—1961）为民国南阳第一任知府、南阳现代教育的先驱、南阳同盟会重要人物，是誉满南阳的高流名士。杨鹤汀毕业于北京政法学校，求学期间，倾向孙中山先生的三民主义，毕业后回南阳创办南阳公学，并积极进行反清宣传。辛亥革命爆发后，他积极筹划南阳光复，配合革命军赶走南阳总兵谢宝胜，使南阳不战而克，并被推选为南阳知府，后因袁世凯窃权，弃官而去，被选为河南省议员。1928年回宛创办了南阳第一所女子中学，并创办林场，从事科学试验。抗日战争爆发后，他积极动员学生参军抗日。南京解放时，他毅然留下，决心为国效力，晚年从事祖国医学的研究，著有《伤寒论浅歌》《金匮浅歌》等，1961年病故。

杨廷宝（1901—1982），字仁辉，我国著名建筑学家、建筑教育家。1901年10月2日出生于河南南阳一个知识分子家庭，自幼受到绘画艺术的熏陶。杨廷宝幼年受其父奋发有为、刚直不阿性格的影响极深。基于良好的家教，还曾受业于南阳名士地理天文学家王阛白先生，遂形成了对美术和建筑设计的浓厚兴趣。1915年，入北京清华学校（清华大学前身）；1921年毕业于清华学校，留学宾夕法尼亚大学建筑系学习建筑专业。他的建筑设计和水彩画得到保尔·克芮和瓦尔特·道森的指导，学习成绩优异；1924年曾获得全美建筑系学生设计竞赛的艾默生奖一等奖；1926年，离美赴欧洲考察建筑；1927年，回国加入基泰工程司（由关颂声创办，继而朱彬、杨廷宝、杨宽麟等人加入，其后梁衍、张镈等人也参加了一段时间）。杨廷宝先生是建筑设计方面的主要负责人（他的作品都称基泰工程司而不署个人姓名）。基泰工程司业务范围开始时在以天津为中心的北方地区，20世纪30年代后，转向上海、南京一带，业务遍及全国许多城市，是当时有影响的建筑事务所之一（当时还有庄俊、沈理源、范文照、董大西、李惠伯等人的事务所，以及赵深、陈植、童寯三人合作的华盖建筑师事务所）。杨廷宝在事务所的工作直至1949年止。1940年起，他兼任中央大学建筑系教授，中华人民共和国成立后，历任南京工学院建筑系教授、系主任、副院长、建筑研究所所长，中国科学院技术科学部委员，中国建筑学会第五届理事长，1957年和1965年，两次被选为国际建筑师协会副主席，是一届至五届全国人民代表大会代表。他一生主持、参加指导设计的工程有100余项，在中国近现代建筑史上负有盛名。他主编有《综合医院建筑设计》，出版有《杨廷宝建筑设计作品集》，还有学术论文若干篇。自幼嗜画，早年课余即习画，留美时师从道森学习水彩，画风明朗舒畅，出版有《杨廷宝水彩画选》《杨廷宝素描选集》。

与杨廷宝家故居密切联系的大事记如下：

① 1877年杨鹤汀出生；

② 1912年杨鹤汀当选为南阳民国时期的第一任知府；

③ 1928年杨鹤汀创办南阳第一所女子中学；

④ 1947年杨鹤汀辞去南阳县参议长，离宛赴京；

⑤ 1901年杨廷宝出生；

⑥ 1921年杨廷宝赴美国宾西法尼亚大学建筑系学习；

⑦ 1925年杨廷宝毕业于美国宾西法尼亚大学，并于1927年回到祖国；

⑧ 1932年杨廷宝受聘于北平文物管理委员会，主持古建筑的修缮工作；

⑨ 1983年《杨廷宝建筑设计作品集》出版；

⑩ 2002年3月21日，杨家大院被公布为南阳市重点文物保护单位；

⑪ 2003年9月，由南阳市古代建筑保护研究所完成了杨家大院的划界树标工作；

⑫ 2003年9月由南阳市古代建筑保护研究所包明军、贾付军完成了杨家大院的保护档案；

⑬ 2006年9月杨家大院被公布为河南省重点文物保护单位；

⑭ 2006年9月，南阳市古代建筑保护研究所对杨家大院进行了实地的现场测量和绘图工作，制订了维修方案及整体保护规划；

⑮ 2007年3月，由南阳市房管局公房管理处自筹资金对杨家大院的临街房屋做了维修；

⑯ 2008—2022年被作为饭店、幼儿园使用，临街房屋被周围居民辟为门面；

⑰ 2022年腾空，待维修。

4.5　价值评估

（1）历史价值

杨廷宝故居是南阳辛亥革命的发源地，见证了南阳近代革命者从辛亥革命到新民主主义革命的奋斗历程，是南阳城市历史的重要实物遗存，是纪念百年党史传承的稀有实物。

杨廷宝先生，中国近现代建筑设计开拓者之一，长期从事建筑设计创作工作，为我国建筑设计事业做出了杰出贡献，并倡导建筑设计要吸取古今中外优秀建筑文化，密切结合实际，结合国情，在建筑教育上培养了大批建筑设计优秀人才，为我国建筑设计事业奠定了基础。曾多次参加、主持国际交往活动，为推动建筑方面的国际学术交流做出了重要贡献，在国际建筑学界享有很高的声誉。保护杨廷宝故居建筑群对研究中国近代历史，中国近代建筑历史有重要的价值。

（2）科学价值

杨廷宝整座大院布局保存完整，建筑品类齐全，是南阳市目前发现的保存最完整、规模最大的民居建筑群之一，也是豫西南民居建筑的典型代表，是地方民居建筑的经典作品。保护杨廷宝故居，对于研究南阳明清以来的民居建筑形制特点具有重大价值。

（3）艺术价值

杨廷宝故居建筑上的一斗三升交麻叶斗拱、木质雕刻滴水以及雕花脊保存完好，都十分具有艺术感染力。

（4）文化价值

杨廷宝故居包含了丰富的民俗文化内涵，它从侧面反映清代晚期和民国时期河南西南部地方人民的生活、居住状况以及民风、民俗状况，是民俗文化研究的第一手资料。另外，杨廷宝先生作为杰出的建筑学家、建筑教育学家，他的建筑思想和理念对后人产生着深远的影响。

（5）社会价值

杨廷宝故居是目前南阳市保存最为完整的民居建筑之一，它和南寨墙、天妃庙、万兴东大药房、大小寨门等文物保护单位，共同构成了以白河生态文化旅游带为中心的一带三区八景点，具有重要的社会价值。

4.6　建筑保护现状及存在的问题

杨家大院正院大门：面阔一间，进深一间。前面距离前墙 1.1m 处安有大门，门宽1.6m。檐部有额枋，上置一斗三升交麻叶斗拱。小青瓦屋面。

一进院倒座（1号房）：临近解放路，但门开向院内。单檐硬山式建筑。面阔五间，进深两间。前檐有墙。梁架为五架梁对前后单步梁。明间开有门，宽1.7m。屋面为小青瓦，脊为雕花脊。建筑保存基本完好。

一进院过厅（2号房）：过厅面阔五间，进深三间。室内用柱三排，前金柱间原有格扇，现已毁。两次间与稍间之间有墙体分隔。其梁架为五架梁对前后单步梁；后墙开有门。屋面为小青瓦屋面，雕花脊保存完好。屋面因内部作为伙房而开了天窗，破坏了原貌。

一进院南厢房（3号房）和一进院北厢房（4号房）：南北两座，面阔三间，进深两间。前檐为柱子。金柱间原有墙体，现已毁弃。建筑为五架梁对前单步梁。小青瓦屋面。墙体为里生外熟，并加有墙柱。南北厢房结构、尺寸相同。

二进院正房（5号房）：面阔五间，进深三间。前廊深1.5m，金柱间有墙，明间开门，宽1.7m。后金柱之间原有格扇已毁。南北两稍间用隔墙分开，略呈“明三暗五”形式。其构架仍为五架梁对前后单步梁。屋面为小青瓦，雕花脊保存完好。

二进院南厢房（6号房）和二进院北厢房（7号房）：南北两座，结构相同。面阔三间，进深一间。有前檐。明间开门，两次间开窗。梁架为五架梁。屋面保存完整。

目前，杨家大院两进院落总体较为完整，但多数木构件出现严重的腐朽、虫蛀等材质劣化现象，部分建筑的屋面出现变形位移、漏雨、部分瓦件破损和缺失，墙体出现严重的人为改动、开裂、风化酥碱等现象（详见第二篇第6章）。任由各类残损继续发展将危及杨家大院的整体安全，对其开展修缮保护研究工作已迫在眉睫。

| 第 5 章 |

杨家大院古建筑本体形制特点的研究

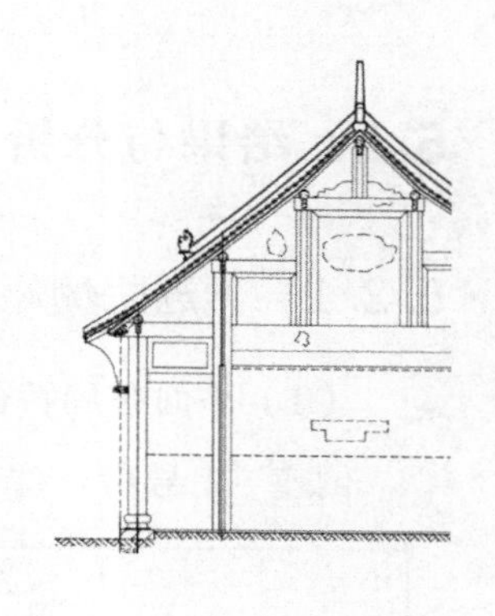

5.1 研究范围

研究范围为杨家大院正院的两进院，包括：一进院倒座（1 号房）、一进院过厅（2 号房）、一进院南厢房（3 号房）、一进院北厢房（4 号房）、二进院正房（5 号房）、二进院南厢房（6 号房）和二进院北厢房（7 号房）7 座建筑（图 5-1）。

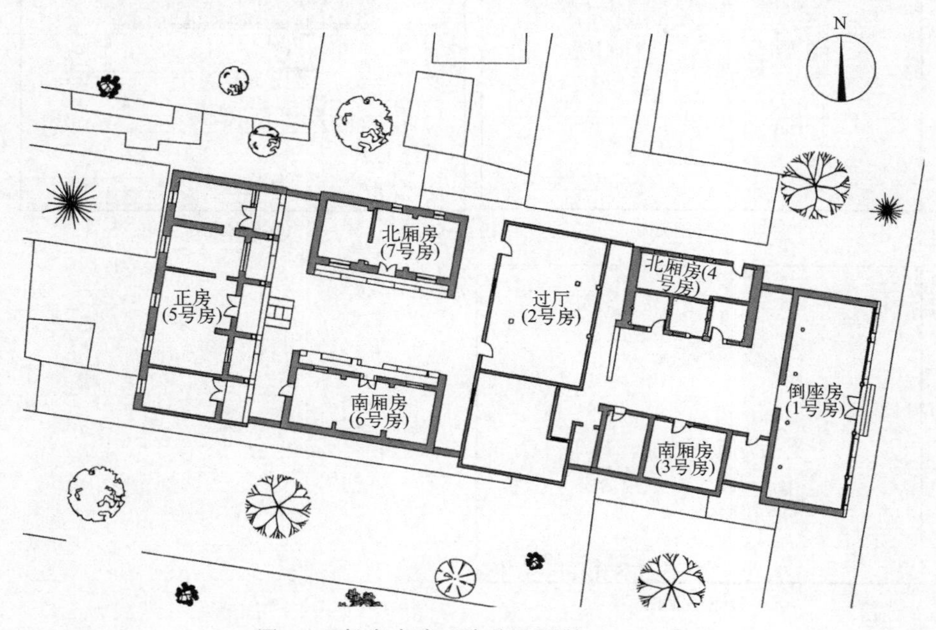

图 5-1　杨家大院正院总平面图（1∶750）

5.2　结果与分析

5.2.1　一进院倒座（1号房）形制特点

（1）平面布局特征

倒座（1号房）（图5-2）临近解放路，但门开向院内。整体坐东朝西，面

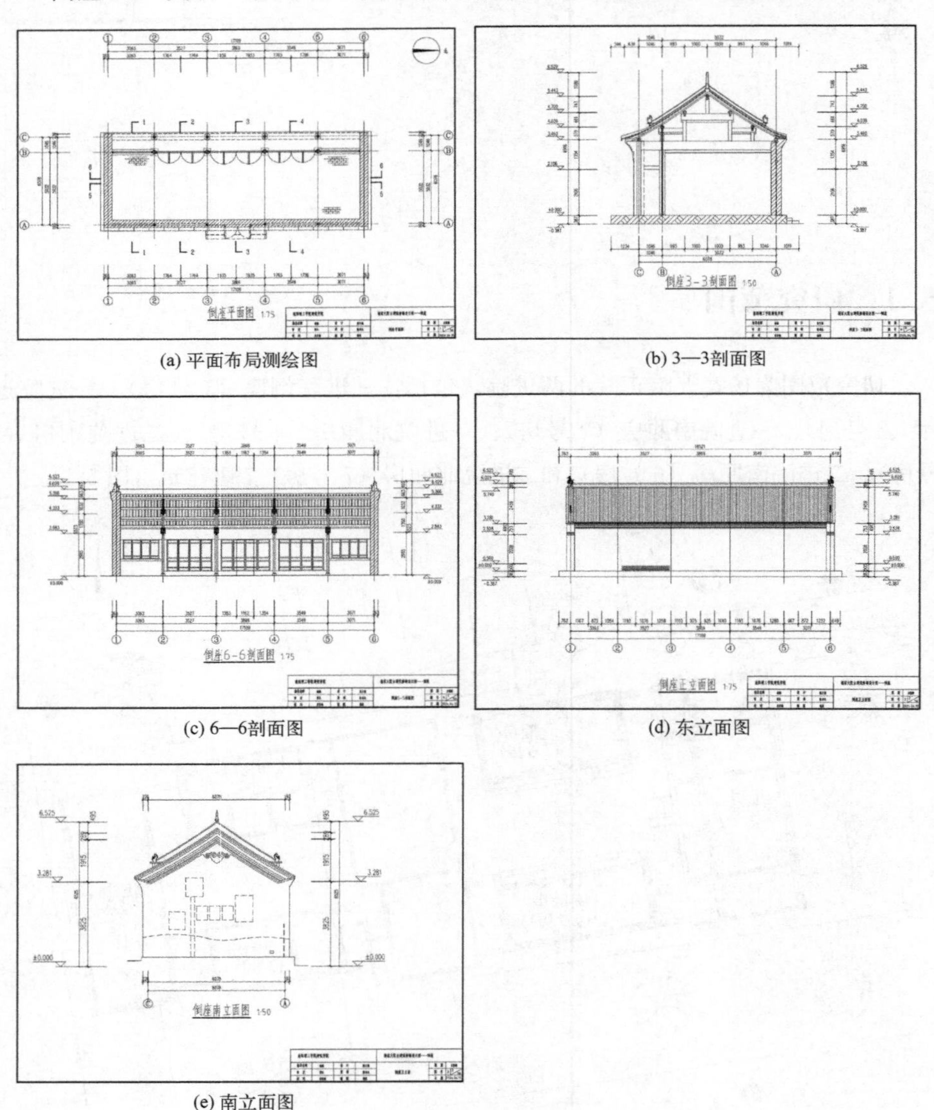

(a) 平面布局测绘图

(b) 3—3剖面图

(c) 6—6剖面图

(d) 东立面图

(e) 南立面图

图5-2　一进院倒座（1号房）结构测绘图

阔五间，进深两间，为单檐硬山式建筑，有前廊，前檐有墙。通面阔 17.635m，通进深 6.497m，其中，明间面阔为 3.869m，南北两次间面阔分别为 3.527m、3.549m，南北两稍间面阔分别为 3.093m、3.071m，前檐柱与后檐柱进深 6.078m，前檐柱与前金柱进深 1.046m，前金柱与后檐柱进深 5.032m。明间和南北两次间均设门。

（2）构造特征

① 木构架构造特征

一进院倒座（1 号房）共有四根前檐柱（A2、A3、A4、A5）、四根金柱（B2、B3、B4、B5）和四根后檐柱（C2、C3、C4、C5），均为圆柱。其中，四根后檐柱被包裹在后人砌筑的后檐墙内。金柱与檐柱柱径均为 250mm。前檐柱柱础较大，金柱柱础较小，均为鼓镜式柱础（图 5-2）。

一进院倒座（1 号房）共有 4 缝梁架（图 5-3），南次间南侧梁架（②—②）、明间南侧梁架（③—③）、明间北侧梁架（④—④）和北次间北侧梁架（⑤—⑤）。梁架结构形式为五架梁对前后单步梁。前檐柱与后檐柱设五架梁，金柱上托五架梁，后檐柱上托檐檩，前檐柱上托前檐檩和前檐枋，五架梁下设随梁枋，其上置四根瓜柱。其中，五架梁为方梁，其尺寸为 400mm×300mm；五架梁随梁枋尺寸为 70mm×130mm；檐檩直径 155mm，檐枋尺寸为 80mm×90mm，南北两稍间檐檩两端搁置在南北两山墙上。

图 5-3　一进院倒座（1 号房）木构架构造特征

五架梁东端两瓜柱间以及西端两瓜柱间分别设单步梁，其上分别托下金檩和下金枋，单步梁下置随梁枋。其中，单步梁为方梁，其尺寸为 190mm×160mm；单步梁随梁枋尺寸为 80mm×60mm；下金檩直径为 155mm；下金枋尺寸为 75mm×105mm；瓜柱直径为 150mm；南北两稍间下金檩两端搁置在南北两山墙上。

五架梁中间两瓜柱间设三架梁，其上分别托上金檩和上金枋，三架梁下置随梁枋。其中，三架梁为方梁，尺寸为 285mm×300mm；三架梁随梁枋尺寸为 95mm×65mm；上金檩直径为 155mm；上金枋尺寸为 75mm×105mm；瓜柱直径为 150mm。南北两稍间上金檩两端搁置在南北两山墙上。

三架梁上置脊瓜柱，脊瓜柱上托脊檩和脊枋，瓜柱两侧无角背，也无叉手支撑。瓜柱断面均为八角形。其中，脊檩直径 155mm；脊枋尺寸为 75mm×105mm；脊瓜柱直径为 150mm；南北两稍间脊檩两端搁置在南北两山墙上。

脊檩与上金檩间架脑椽，上金檩与下金檩间架椽，下金檩与檐檩间架檐椽，上出飞椽。椽为半圆形，其直径为 90mm，飞椽头小尾大。

② 屋面构造特征

一进院倒座（1 号房）屋面（图 5-4）用灰色青瓦覆盖，为硬山屋顶。雕花脊，正脊为实脊，实脊面布满花卉砖雕，两端有吻兽。南稍间南侧、北稍间北侧垂脊采用筒瓦铺装，垂脊面布满花卉砖雕，垂脊分兽前和兽后两段，有吻兽，但没有小兽分布。屋内部采用望砖铺装。

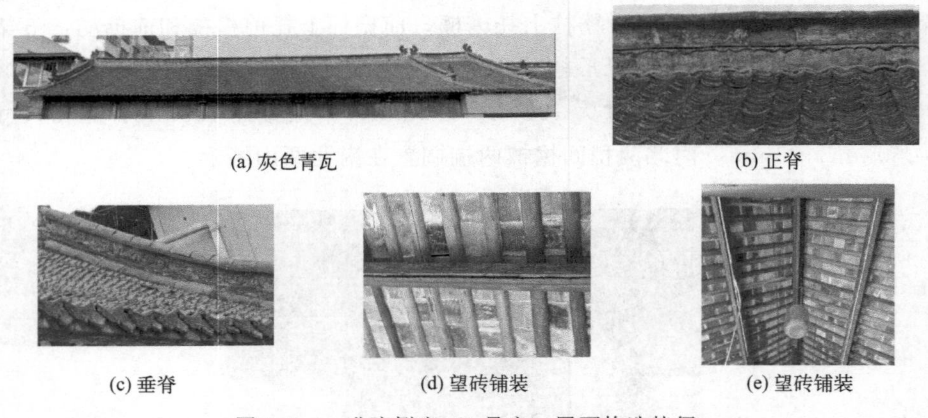

(a) 灰色青瓦　(b) 正脊　(c) 垂脊　(d) 望砖铺装　(e) 望砖铺装

图 5-4　一进院倒座（1 号房）屋面构造特征

③ 墙体及木装修

一进院倒座（1 号房）前后檐墙及南北两山墙（图 5-5）均用青砖砌筑，南北山墙和前槛墙、后檐墙用“多顺一丁”做法垒砌，山墙厚度均为 550mm，前檐墙为“封后檐”做法，南北山墙有白灰塑山花，前檐及两山墙处有墀头，墀头部分有雕刻，起装饰作用。

东立面前檐墙为倒座，原前檐墙，现已破墙开窗，其槛墙为后人按现代工艺所做。

金柱与西立面后檐柱间原为倒座前廊，现为后人在后檐柱位置按封后檐和七层冰盘檐所做砖挑檐墙，并在明间开设一个门洞，砌筑方式“五顺一丁”。

西立面明间、南次间及北次间在金柱位置设“四开六抹隔扇门”，另外，南稍间和北稍间在金柱位置设“四开四抹槛窗”，目前门窗均被拆除。

(a) 东立面前檐墙

(b) 西立面后檐墙

(c) 西立面后檐墙

(d) 南立面山墙

(e) 北立面墙体

图 5-5　一进院倒座（1 号房）墙体构造特征

5.2.2　一进院过厅（2 号房）形制特点

（1）平面布局特征

一进院过厅（2 号房）（图 5-6）整体坐西朝东，面阔五间，进深三间，为单檐硬山式建筑，有前廊。通面阔 18.127m，通进深 8.010m，其中，明间面阔为 3.921m，南次间、北次间面阔分别为 3.622m、3.671m，南稍间、北稍间面阔分别为 3.362m、3.242m，前檐柱与前金柱进深 1.297m，前金柱与后金柱进深 4.215m，后金柱与后檐墙进深 1.973m。明间和南北两次间均设门，后檐墙设实木对开门。

（2）构造特征

① 木构架构造特征

一进院过厅（2 号房）室内用柱三排，共有四根前檐柱（A2、A3、A4、A5）、四根前金柱（B2、B3、B4、B5）和两根后檐柱（C3、C4），均为圆柱，其中，四根后檐柱包裹在后檐墙内。后檐柱柱径 200mm，前檐柱柱径 280mm。柱础均为鼓镜式柱础（图 5-7）。

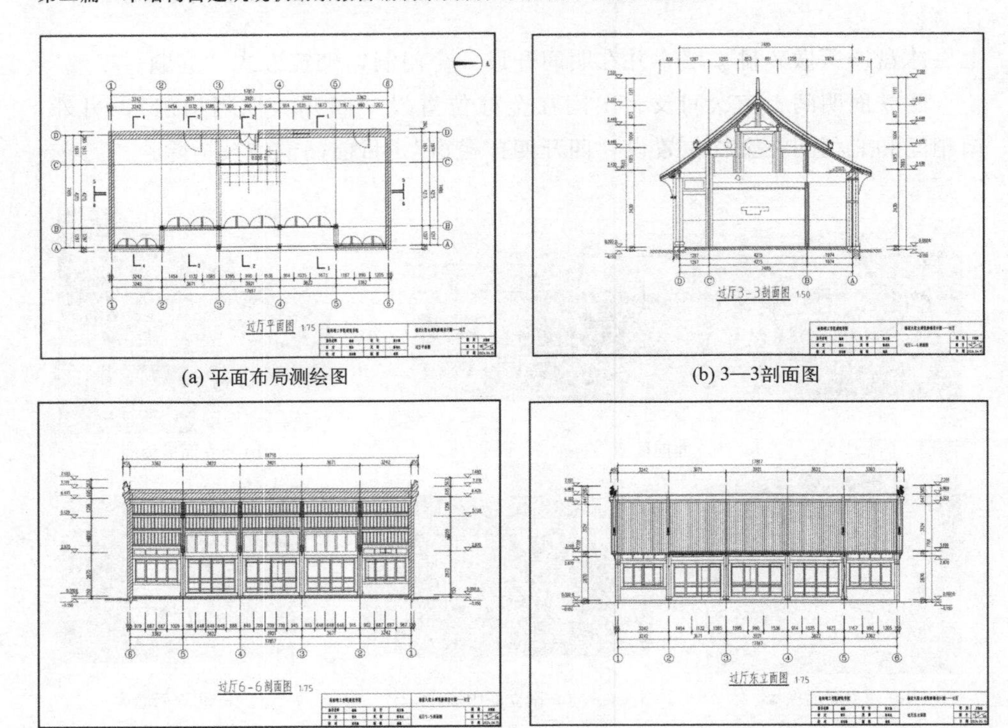

(a) 平面布局测绘图　(b) 3—3剖面图

(c) 6—6剖面图　(d) 东立面图

图 5-6　一进院过厅（2 号房）结构测绘图

(a) 木柱　(b) 木梁架

图 5-7　一进院过厅（2 号房）木柱及木构架构造特征

一进院过厅（2 号房）共有 4 缝梁架（图 5-7），南次间南侧梁架、明间东侧梁架、明间西侧梁架和北次间北侧梁架。梁架形式为五架梁对前后单步梁。前檐墙与后檐墙间设五架梁，前檐墙上托前檐檩和前檐枋，后檐墙上托前檐檩，五架梁下设随梁枋，其上置四根瓜柱；前檐柱与前檐墙间设抱头梁，抱头梁下有走马板，走马板下设穿插枋。其中，五架梁为方梁，其尺寸为415mm×415mm；五架梁随梁枋尺寸为70mm×240mm；檐檩直径为145mm，南北两稍间檐檩两端搁置在南北两山墙上；前檩枋尺寸为70mm×145mm；抱头梁直径为240mm，走马板尺寸为50mm×1225mm，穿插枋尺寸为60mm×150mm。

五架梁东端两瓜柱间和西端两瓜柱间均设单步梁，其上分别托下金檩和下金枋，单步梁下置随梁枋。其中，单步梁为方梁，其尺寸为205mm×205mm；单步梁随梁枋尺寸为80mm×60mm；下金檩直径为145mm；下金枋尺寸为70mm×145mm；瓜柱直径为135mm；南北两稍间下金檩两端搁置在南北两山墙上。

五架梁中间两瓜柱间设三架梁，其上分别托上金檩和上金枋，三架梁下置随梁枋。其中，三架梁为方梁，尺寸为205mm×270mm；三架梁随梁枋尺寸为95mm×65mm；上金檩直径为145mm；上金枋尺寸为70mm×145mm；瓜柱直径为230mm；南北两稍间上金檩两端搁置在南北两山墙上。

三架梁上置脊瓜柱，脊瓜柱上托脊檩和脊枋，瓜柱两侧有角背。其中，脊檩直径145mm；脊枋尺寸为70mm×145mm；脊瓜柱直径为230mm；南北两稍间脊檩两端搁置在南北两山墙上。

脊檩与上金檩间架脑椽，上金檩与下金檩间架花架椽，下金檩与檐檩间架檐椽，上出飞椽。椽为半圆形，其直径为90mm，飞椽头小尾大，长40mm。

② 屋面构造特征

一进院过厅（2号房）屋面（图5-8）用灰色青瓦覆盖，为硬山屋顶。雕花脊，正脊为实脊，实脊面布满花卉砖雕，两端有脊兽，但目前缺失。南稍间南北两侧、北稍间南北两侧垂脊采用筒瓦铺装，垂脊面布满花卉砖雕，垂脊分兽前和兽后两段，但吻兽目前缺失，没有小兽分布。屋内部采用望砖铺装。

③ 墙体及门窗装修

一进院过厅（2号房）（图5-9）南次间、明间以及北次间前檐柱与前金柱之间为前廊，在南次间南侧前檐柱和前金柱之间、北次间北侧前檐柱和前金柱之间分别设有一隔墙；南稍间和北稍间无前廊，其下部为槛墙，上部为设“四开六抹隔扇窗户”，“一码三箭”形制；南次间、明间以及北次间前金柱间分别设“四开六抹隔扇门”，“一码三箭”形制，目前已缺失；南次间与南稍间、北次间与北稍间之间有隔墙，室内其余均无隔墙，砌筑方式为五顺一丁，现为后人在南次间、明间以及北次间前檐柱位置新砌一堵墙体作为前檐墙，并在明间南侧的前檐柱和前金柱间、明间南侧的前金柱间和南次间南侧的前金柱间设两堵隔墙，北次间北侧前檐柱和后金柱间的隔墙缺失。西立面檐墙、南立面山墙和北立面山墙的砌筑方式为五顺一丁，其中明间西檐墙设双开实木板门，其余房间未设窗户，现为后人在北次间设窗户，南次间设单开门，北稍间设双开门。

(a) 东坡灰色青瓦　(b) 正脊　(c) 正脊和垂脊

(d) 西坡灰色青瓦　(e) 望砖铺装　(f) 望砖铺装

图 5-8　一进院过厅（2 号房）屋面构造特征

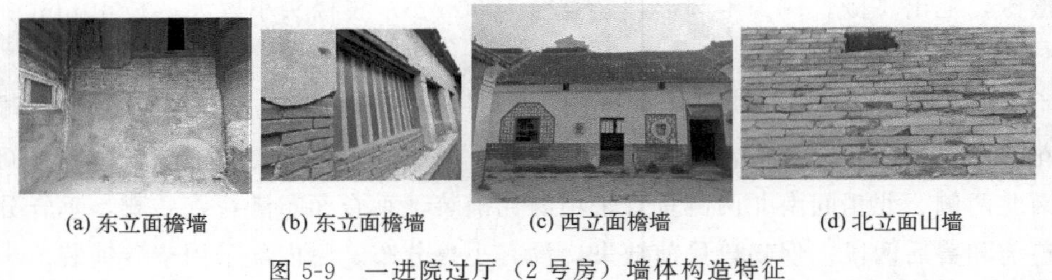

(a) 东立面檐墙　(b) 东立面檐墙　(c) 西立面檐墙　(d) 北立面山墙

图 5-9　一进院过厅（2 号房）墙体构造特征

5.2.3　一进院南厢房（3 号房）形制特点

（1）平面布局特征

一进院南厢房（3 号房）（图 5-10）整体坐南朝北，面阔三间，进深两间，为单檐硬山式建筑，有前廊。通面阔 9.860m，通进深 5.741m，其中，明间面阔为 3.146m，南次间、北次间面阔分别为 2.943m、3.092m，前檐柱与前金柱进深 1.000m，前金柱与后檐墙进深 5.292m。明间设门，东西两次间均设窗户。

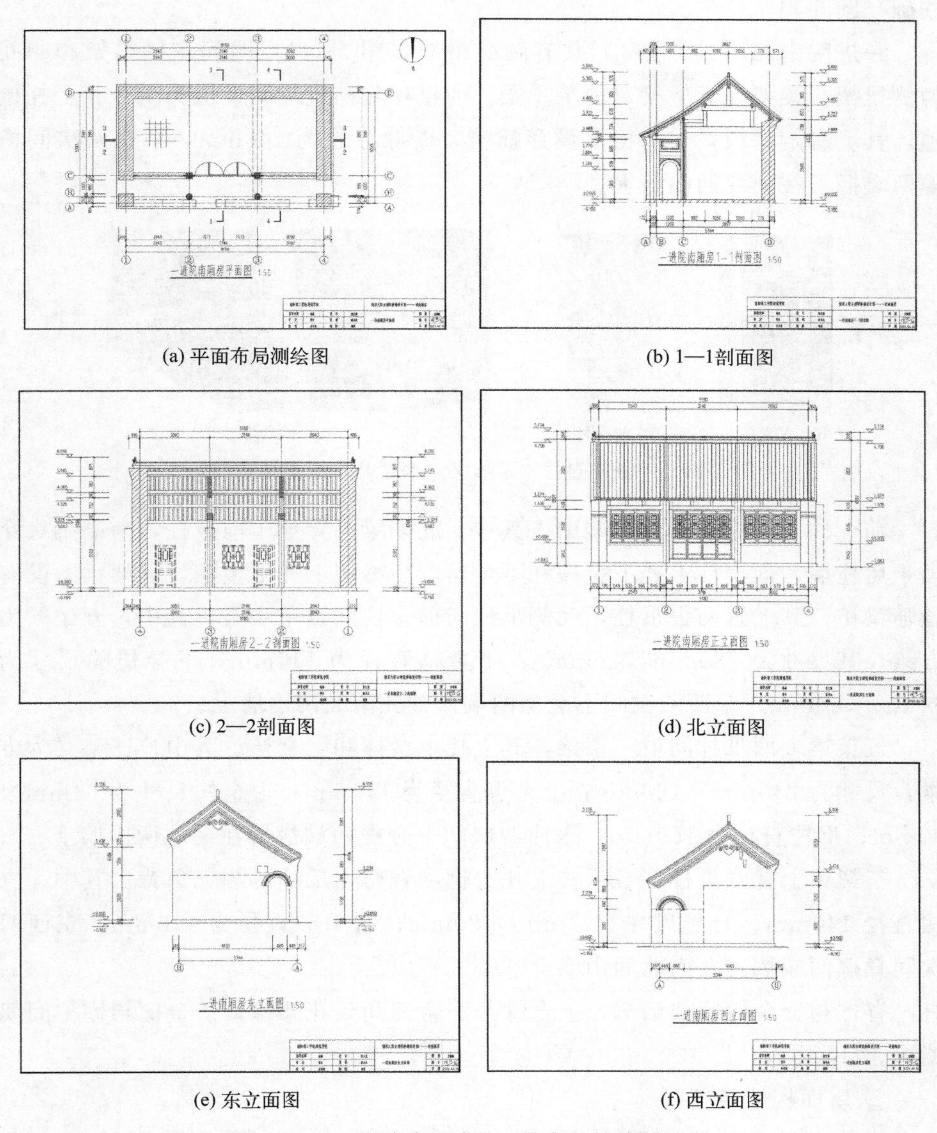

(a) 平面布局测绘图　(b) 1—1剖面图

(c) 2—2剖面图　(d) 北立面图

(e) 东立面图　(f) 西立面图

图 5-10　一进院南厢房（3 号房）结构测绘图

（2）构造特征

① 木构架构造特征

一进院南厢房（3 号房）室内用柱两排，共有两根前檐柱和两根前金柱，两根前檐柱均为圆柱，两根前金柱为方柱，其中，前檐柱柱径 250mm，前金柱尺寸为 250mm×250mm；前檐柱柱础为鼓镜式柱础，前金柱柱础为四方形柱础（图 5-11）。

一进院南厢房（3 号房）共有两缝梁架（图 5-11），明间东侧梁架和明间西侧梁架。梁架为五架梁对前单步梁。前檐柱与前金柱间设抱头梁，其上托檐檩，其下有走马板，走马板下设穿插枋，檐檩直径为 140mm，东西两次间檐檩两端搁置在南北两山墙上。

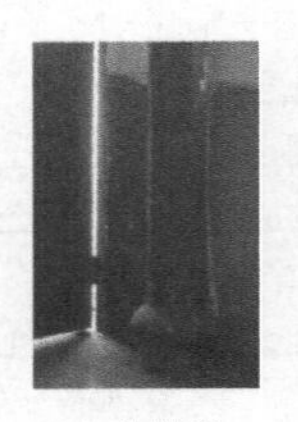

(a) 前檐柱

(b) 前金柱

(c) 木梁架

图 5-11　一进院过厅（3 号房）木柱及木构架构造特征

前金柱与后檐墙间设五架梁，其中，北端梁头穿插于前金柱，南端梁头穿插于后檐墙，前金柱上托下金檩和下金枋，后檐墙上托下金檩，五架梁下没有设随梁枋，其上置两根瓜柱，北侧瓜柱与前金柱间设单步梁。其中，五架梁为方梁，其尺寸为 280mm×260mm；下金檩直径为 140mm；下金枋的尺寸为 64mm×80mm；东西两次间下金檩两端搁置在南北两山墙上。

五架梁上两瓜柱间设三架梁，其上托上金檩和上金枋。其中，三架梁为方梁，尺寸为 240mm×180mm；上金檩直径为 140mm；上金枋尺寸为 64mm×80mm；瓜柱直径为 150mm；东西两次间上金檩两端搁置在南北两山墙上。

三架梁上置脊瓜柱，脊瓜柱上托脊檩和脊枋，瓜柱两侧无角背。其中，脊檩直径 140mm；脊枋尺寸为 64mm×80mm；脊瓜柱直径为 170mm；东西两次间脊檩两端搁置在南北两山墙上。

脊檩与上金檩间架脑椽，上金檩与下金檩间架花架椽，下金檩与檐檩间架檐椽。

② 屋面构造特征

一进院南厢房（3 号房）屋面（图 5-12）用灰色青瓦覆盖，为硬山屋顶。正脊两端起翘，为实脊，实脊面布满花卉砖雕，两端有脊兽，但目前正脊实脊和吻兽全部缺失，仅剩下脊座。垂脊采用筒瓦铺装，其上无小兽分布。屋内部采用望砖铺装。

③ 墙体及门窗装修

一进院南厢房（3 号房）（图 5-13）墙体为里生外熟。东次间、明间以及西次间前檐柱与前金柱之间为前廊，金柱间有墙体，为前檐墙。门窗开设于前檐墙即两金柱同一条线上，其中，东次间和西次间下部为槛墙，上部设“四开六抹隔扇窗户”，“一码三箭”形制；明间设“四开六抹隔扇门”，“一码三箭”形制。前檐墙砌筑方式五顺一丁。原前檐墙及其上的原门窗全部被后人拆除，并在前檐柱同一条线上新砌一堵檐墙，在东次间和西次间分别设窗户，明间设门和窗户。室内其余均无隔墙，现为后人在明间西侧位置新砌一堵墙体作为隔墙。南檐墙、东山墙和西山墙的砌筑方式五顺一丁，东山墙和西山墙前廊设圆形门洞，现为后人将其封闭。

(a) 北坡灰色青瓦

(b) 垂脊

(c) 望砖铺装

图 5-12　一进院南厢房（3 号房）屋面构造特征

(a) 北立面檐墙

(b) 东立面山墙

(c) 西立面山墙

图 5-13　一进院南厢房（3 号房）墙体构造特征

5.2.4　一进院北厢房（4 号房）形制特点

（1）平面布局特征

一进院北厢房（4 号房）（图 5-14）整体坐北朝南，面阔三间，进深两间，为单檐硬山式建筑，室内用柱两排。通面阔 9.460m，通进深 6.335m，其中，明间面阔为 2.896m，南次间、北次间面阔分别为 2.968m、2.982m，前檐柱与前金柱进深 1.650m，前金柱与后檐墙进深 4.258m。明间设门，东西两次间均设窗户。

（2）构造特征

① 木构架构造特征

一进院北厢房（4 号房）室内用柱两排，共有两根前檐柱和两根前金柱，两根前檐柱均为圆柱，两根前金柱为方柱，其中，前檐柱柱径 250mm，前金

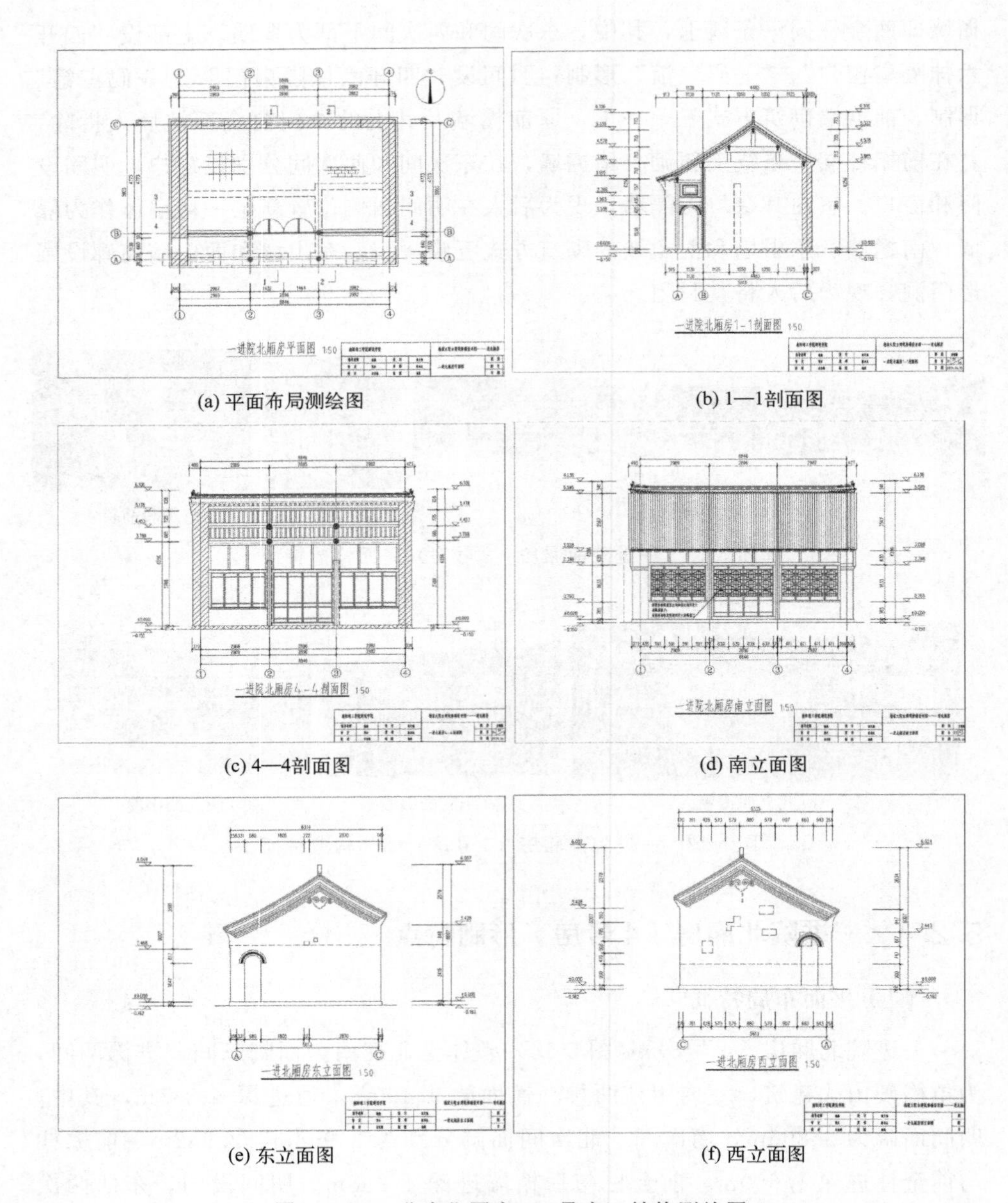

(a) 平面布局测绘图　(b) 1—1剖面图

(c) 4—4剖面图　(d) 南立面图

(e) 东立面图　(f) 西立面图

图 5-14　一进院北厢房（4 号房）结构测绘图

柱尺寸为 250mm×250mm（图 5-14）。

一进院北厢房（4 号房）共有两缝梁架（图 5-15），明间东侧梁架和明间西侧梁架。梁架为五架梁对前单步梁。前檐柱与前金柱间设抱头梁，其上托前檐檩和前檐枋，其下有走马板，走马板下设穿插枋。其中，前檐檩直径

130mm；前檐枋尺寸为 70mm×110mm；东西两次间前檐檩两端搁置在东西两山墙上。

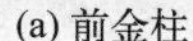

(a) 前金柱

(b) 木梁架

(c) 木梁架

图 5-15　一进院北厢房（4 号房）木构架构造特征

前金柱与后檐墙间设五架梁，其中，前金柱上托下金檩和下金枋，后檐墙上托后檐檩和后檐枋，五架梁下没有设随梁枋，其上置两根瓜柱。其中，五架梁为方梁，其尺寸为 280mm×260mm；下金檩和后檐檩直径为 130mm；下金枋和后檐枋尺寸为 70mm×110mm；瓜柱直径 150mm；东西两次间下金檩两端搁置在东西两山墙上。

五架梁上两瓜柱间设三架梁，其上托上金檩和上金枋。其中，三架梁为方梁，尺寸为 240mm×180mm；上金檩直径为 130mm；上金枋尺寸为 70mm×110mm；瓜柱直径为 150mm；东西两次间上金檩两端搁置在东西两山墙上。

三架梁上置脊瓜柱，脊瓜柱上托脊檩和脊枋，瓜柱两侧无角背。其中，脊檩直径为 130mm；脊枋尺寸为 70mm×100mm；脊瓜柱直径为 170mm；东西两次间上脊檩两端搁置在东西两山墙上。

脊檩与上金檩间架脑椽，上金檩与下金檩间架花架椽，下金檩与檐檩间架檐椽。

② 屋面构造特征

一进院北厢房（4 号房）屋面（图 5-16）用灰色青瓦覆盖，为硬山屋顶。正脊两端起翘，为实脊，实脊面布满花卉砖雕，两端有脊兽，但目前正脊吻兽全部缺失。垂脊采用筒瓦铺装，其上无小兽分布。屋内部采用望砖铺装。

③ 墙体及门窗装修

一进院北厢房（4 号房）（图 5-17）墙体为里生外熟。东次间、明间以及西次间前檐柱与前金柱之间为前廊，金柱间有墙体，为前檐墙。门窗开设于前檐墙即两金柱同一条线上，其中，东次间和西次间下部为槛墙，上部设“四开六抹隔扇窗户”，“一码三箭”形制；明间设“四开六抹隔扇门”，“一码三箭”形制，砌筑方式五顺一丁。

原前檐墙及其上的原门窗全部被后人拆除，并在前檐柱同一条线上新砌一堵檐墙，在西次间、明间和东次间独立设立门窗（图 5-17）。室内其余均无隔墙，现为后人在东西方向设一堵隔墙，将其整体分成南北两大间，同时又在南面空间设两堵隔墙，将东次间、明间和西次间单独隔开。

北檐墙、东山墙和西山墙的砌筑方式五顺一丁，东山墙和西山墙前廊设圆形门洞，现为后人将其封闭。

(a) 南坡灰色青瓦　(b) 正脊　(c) 垂脊　(d) 望砖铺装　(e) 望砖铺装

图 5-16　一进院北厢房（4 号房）屋面构造特征

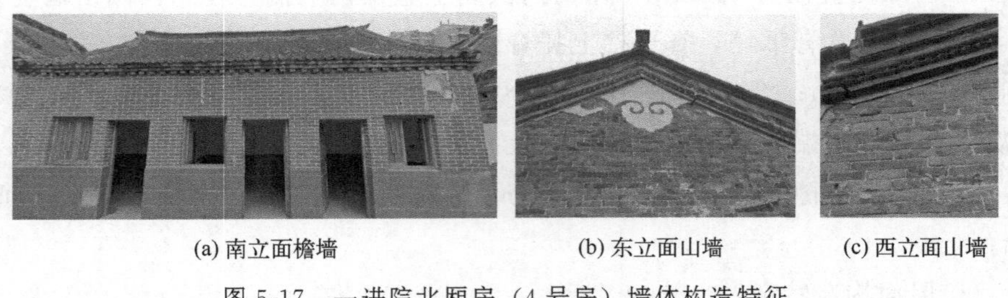

(a) 南立面檐墙　(b) 东立面山墙　(c) 西立面山墙

图 5-17　一进院北厢房（4 号房）墙体构造特征

5.2.5　二进院正房（5 号房）形制特点

（1）平面布局特征

二进院正房（5 号房）（图 5-18）整体坐西朝东，面阔五间，进深三间，为单檐硬山式建筑，有前廊。南北两稍间有隔墙，略呈“明三暗五”形式。通面阔 18.790m，通进深 8.868m，其中，明间面阔为 3.866m，南次间、北次间面阔均为 3.622m，南稍间、北稍间面阔均为 3.542m，前檐柱与前金柱进深 1.535m，前金柱与后金柱进深 4.725m，后金柱与后檐墙进深 1.700m。南稍间、明间和北稍间均设门，南北两次间均设窗户。

（2）构造特征

① 木构架构造特征

二进院正房（5 号房）室内用柱三排（图 5-18），共有四根前檐柱、四根前金柱和两根后金柱，除明间南侧的后金柱为方柱外，其余檐柱和金柱均为圆柱，圆柱直径均为 250mm，方柱尺寸为 250mm×250mm。后金柱之间有格扇，目前缺失。

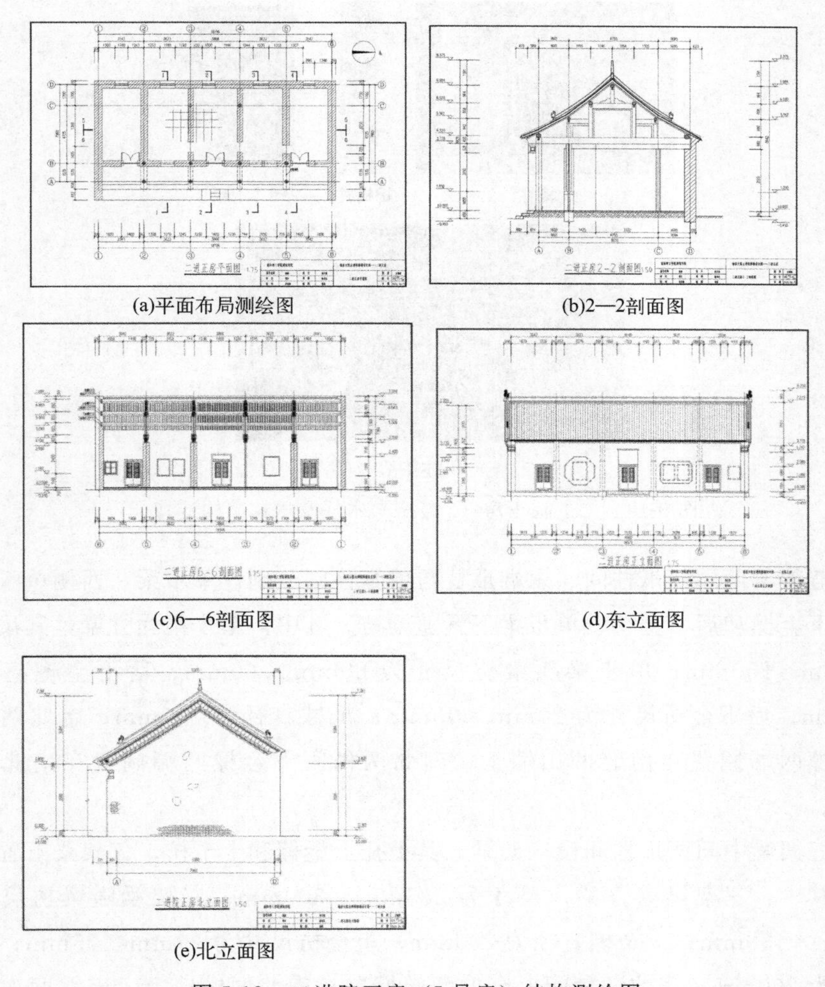

(a)平面布局测绘图　(b)2—2剖面图

(c)6—6剖面图　(d)东立面图

(e)北立面图

图 5-18　二进院正房（5 号房）结构测绘图

二进院正房（5 号房）共有两缝梁架（图 5-19），明间南侧梁架（③—③）、明间北侧梁架（④—④）。其梁架形式为五架梁对前后单步梁。前檐柱与后檐墙间设五架梁，前檐柱上托前檐檩和前檐枋，后檐墙上托后檐檩，六架梁下设随梁枋，其上置三根瓜柱，前金柱上托前下金檩和前下金枋。其中，六架梁为方梁，其尺寸为 350mm×350mm；六架梁随梁枋尺寸为 270mm×270mm；前后檐檩直径均为 250mm；前檐枋尺寸为 80mm×80mm；前下金檩直径为 150mm，前下金枋尺寸为 20mm×75mm；南北两稍间檐檩两端搁置在南北两山墙上。

(a)檐柱 (b)檐柱 (c)金柱

(d)木梁架

图 5-19 二进院正房（5 号房）木柱及木构架构造特征

五架梁西端两瓜柱间、东端瓜柱与前金柱间分别设单步梁，西侧单步梁上托后下金檩和后下金枋，单步梁下置随梁枋。其中，单步梁为方梁，其尺寸为 250mm×250mm；单步梁随梁枋尺寸为 80mm×60mm；后下金檩直径为 150mm；后下金枋尺寸为 20mm×75mm；瓜柱直径为 200mm；南北两稍间下金檩两端搁置在南北两山墙上，南北两稍间下金檩两端搁置在南北两隔墙上。

五架梁中间两瓜柱间设三架梁，其上托上金檩和上金枋，三架梁下置随梁枋。其中，三架梁为方梁，尺寸为 285mm×300mm；三架梁随梁枋尺寸为 70mm×130mm；上金檩直径为 200mm；上金枋尺寸为 20mm×75mm；瓜柱直径为 200mm；南北两稍间上金檩两端搁置在南北两山墙上，南北两次间上金檩两端搁置在南北两隔墙上。

三架梁上置脊瓜柱，共上托脊檩和脊枋，脊瓜柱两侧有角背。其中，脊檩直径为200mm；脊枋尺寸为20mm×75mm；脊瓜柱直径为250mm；南北两稍间脊檩两端搁置在南北两山墙上，南北两次间脊檩两端搁置在南北两隔墙上。

脊檩与上金檩间架脑椽，上金檩与下金檩间架花架椽，下金檩与檐檩间架檐椽，上出飞椽。椽为半圆形，其直径为90mm，飞椽头小尾大，40mm。

② 屋面构造特征

二进院正房（5号房）屋面（图5-20）用灰色青瓦覆盖，为硬山屋顶。雕花脊，正脊为实脊，实脊面布满花卉砖雕，两端有脊兽，但目前正脊和脊兽均缺失，仅剩下脊座。垂脊采用筒瓦铺装，垂脊面布满花卉砖雕，没有小兽分布，但目前垂脊缺失。屋内部采用望砖铺装。

③ 墙体及门窗装修

二进院正房（5号房）（图5-21）前檐柱与前金柱之间为前廊，前金柱位置为前檐墙；南稍间、明间和北稍间分别单独设“实木对开板门”；南次间以及北次间设“对开门窗户”，后人修缮为现代窗户；南稍间北侧和北稍间南侧分别有隔墙，室内其余均无隔墙；其砌筑方式五顺一丁；现为后人在前檐柱与前金柱位置新砌一堵隔体将前廊分开成5个空间。西檐墙、南山墙和北山墙的砌筑方式五顺一丁，南稍间、南次间、明间、北次间以及北稍间的西檐墙均设有窗户。

(a)东坡灰色青瓦

(b)望砖铺装

(c)望砖铺装

图5-20　二进院正房（5号房）屋面构造特征

(a)东立面前檐墙

(b)后檐窗户

(c)北立面山墙

图5-21　二进院正房（5号房）墙体构造特征

5.2.6　二进院南厢房（6号房）形制特点

（1）平面布局特征

二进院南厢房（6号房）（图5-22）整体坐南朝北，面阔三间，进深一间，为单檐硬山式建筑，有前廊。通面阔11.178m，通进深5.820m，其中，明间面阔为3.590m，南次间、北次间面阔分别为3.473m、3.585m，前檐柱与后

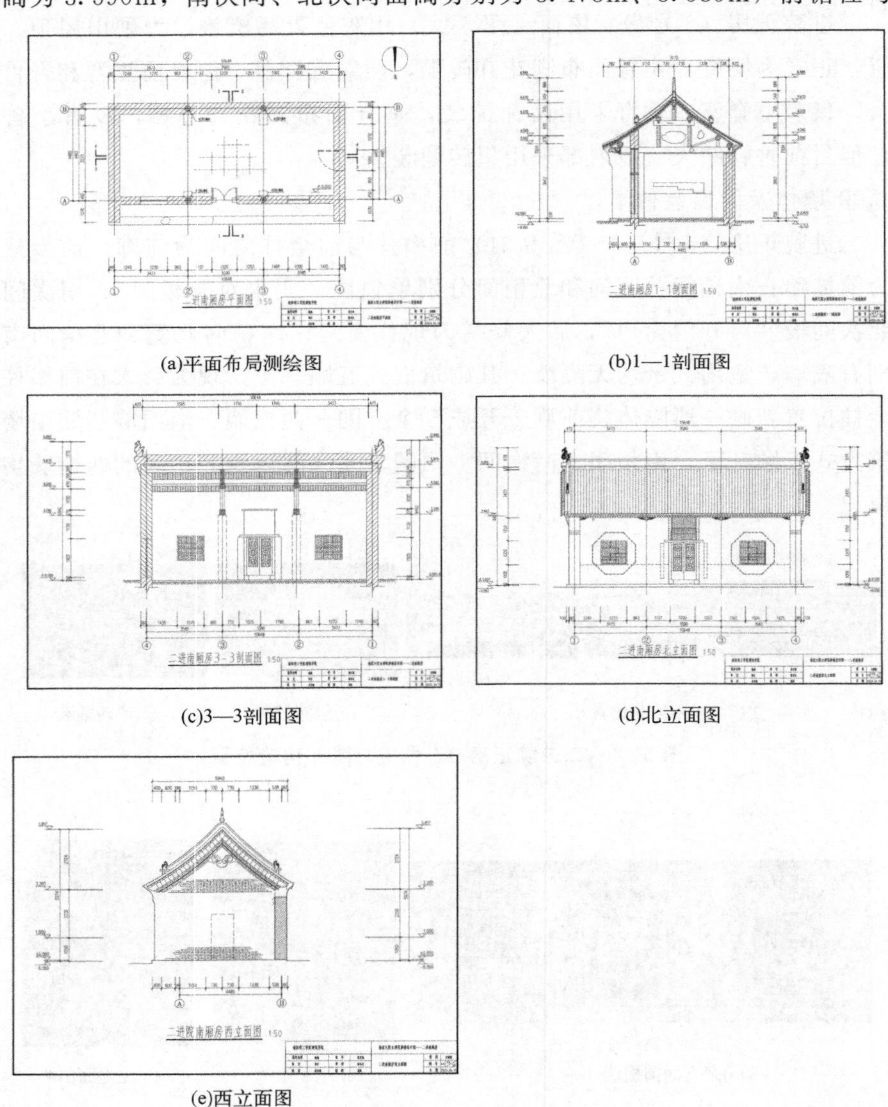

(a)平面布局测绘图　(b)1—1剖面图

(c)3—3剖面图　(d)北立面图

(e)西立面图

图5-22　二进院南厢房（6号房）结构测绘图

檐柱进深 4.485m，前廊 1.070m。明间设门，东西两次间均设窗户。

（2）构造特征

① 木构架构造特征

二进院南厢房（6 号房）室内用柱两排，共有两根前檐柱和两根后檐柱，均为圆柱，柱径 250mm（图 5-22）。

二进院南厢房（6 号房）共有两缝梁架（图 5-23），明间东侧梁架和明间西侧梁架。梁架形式为五架梁。

(a)前檐柱和后檐柱

(b)木梁架

图 5-23　二进院南厢房（6 号房）木构架构造特征

前檐柱和后檐柱间设五架梁，其中，南端梁头置于后檐柱上，北端梁头穿插于前檐柱上。北端梁头上托前檐檩和前檐枋，檐檩直径为 280mm；檐枋尺寸为 60mm×120mm；东西两次间檐檩两端搁置在东西两山墙上。后檐柱上托后檐檩和后檐枋。五架梁下没有设随梁枋，其上置三根瓜柱，其中南端瓜柱上托后下金檩。五架梁为方梁，尺寸为 270mm×270mm；后下金檩直径为 230mm；后檐檩直径 230mm；后檐枋尺寸 70mm×105mm；瓜柱直径为 120mm；东西两次间下金檩和后檐檩两端搁置在东西两山墙上。

五架梁上中间两瓜柱间设三架梁，其上托上金檩和上金枋，其下没有设随梁枋。其中，三架梁为方梁，尺寸为 240mm×240mm；上金檩直径为 230mm；上金枋尺寸 70mm×100mm，瓜柱直径为 180mm；东西两次间上金檩两端搁置在东西两山墙上。

三架梁上置脊瓜柱，其上托脊檩和脊枋，瓜柱两侧无角背。其中，脊檩直径 200mm；脊枋尺寸为 60mm×145mm；脊瓜柱直径为 180mm；东西两次间脊檩两端搁置在东西两山墙上。

脊檩与金檩间架脑椽，金檩与檐檩间架檐椽。

② 屋面构造特征

二进院南厢房（6 号房）屋面（图 5-24）用灰色青瓦覆盖，为硬山屋顶。雕花脊，正脊为实脊，实脊面布满花卉砖雕，两端有脊兽，但目前正脊实脊和吻兽全部缺失，仅剩下脊座。垂脊采用筒瓦铺装，目前采用盖瓦铺装，其上无小兽分布。屋内部采用望砖铺装。

③ 墙体及门窗装修

二进院南厢房（6 号房）（图 5-25）前檐柱前为前廊。门窗位于前檐墙，即前檐柱同一条线上，其中，东次间和西次间下部为槛墙，砌筑方式五顺一丁，上部设“对开门窗户”，后人修缮为现代窗户；明间设“实木对开板门”。室内其余均无隔墙，现为后人在前檐柱和后檐柱位置新砌 1m 宽度的墙体。南檐墙、东山墙和西山墙的砌筑方式五顺一丁，目前后人在西山墙设单开门。

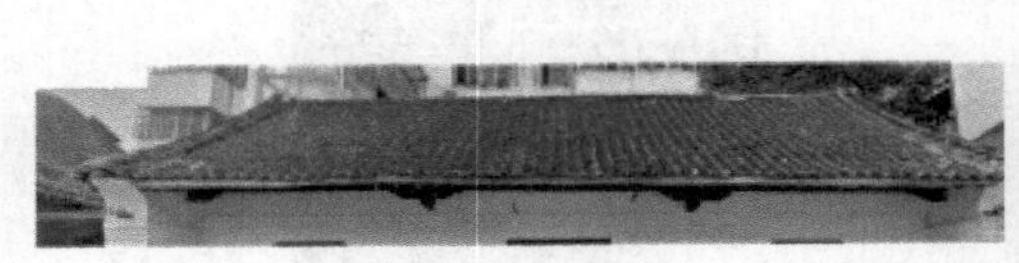
(a)北坡灰色青瓦

(b)垂脊

(c)望砖铺装

图 5-24　二进院南厢房（6 号房）屋面构造特征

(a)北立面檐墙

(b)东立面山墙

(c)西立面山墙

图 5-25　二进院南厢房（6 号房）墙体构造特征

5.2.7　二进院北厢房（7 号房）形制特点

（1）平面布局特征

二进院北厢房（7 号房）（图 5-26）整体坐北朝南，面阔三间，进深一间，为单檐硬山式建筑，有前廊。通面阔 11.060m，通进深 6.025m，其中明间面阔为 3.444m，南次间、北次间面阔分别为 3.567m、3.520m，前檐柱与后檐柱进深 4.755m。明间设门，东西两次间均设窗户。

（2）构造特征

① 木构架构造特征

二进院北厢房（7 号房）室内用柱两排，共有两根前檐柱和两根后檐柱，

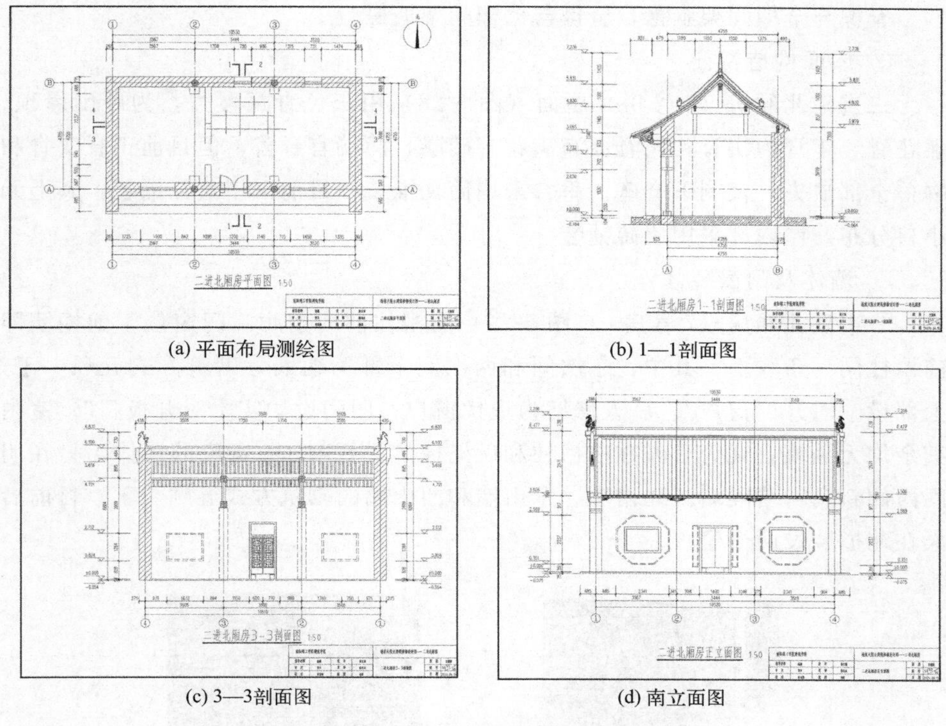

(a) 平面布局测绘图　(b) 1—1剖面图

(c) 3—3剖面图　(d) 南立面图

图 5-26　二进院北厢房（7 号房）结构测绘图

均为圆柱，柱径 250mm（图 5-26）。

二进院北厢房（7 号房）共有两缝梁架，明间东侧梁架和明间西侧梁架（图 5-27）。梁架形式为五架梁。

前檐柱和后檐柱间设五架梁，南端梁头穿插于前檐柱上，北端梁头置于后檐柱上。南端梁头上托前檐檩和前檐枋。其中，前檐檩直径为 140mm；前檐枋尺寸为 90mm×200mm；东西两次间前檐檩两端搁置在东西两山墙上。后檐柱上托后檐檩和后檐枋。五架梁下没有设随梁枋，五架梁上置两根瓜柱。其中，五架梁为方梁，其尺寸为 300mm×300mm；后檐檩直径 140mm；后檐枋尺寸 120mm×220mm；东西两次间后檐檩两端搁置在东西两山墙上。

五架梁上中间两瓜柱间设三架梁，其上托上金檩和上金枋。其中，三架梁为方梁，尺寸为 270mm×270mm；上金檩直径为 140mm；上金枋尺寸 80mm×90mm；瓜柱直径为 160mm；东西两次间上金檩两端搁置在东西两山墙上。

三架梁上置脊瓜柱，其上托脊檩和脊枋，瓜柱两侧无角背。其中，脊檩直径 200mm；脊枋尺寸为 90mm×120mm；脊瓜柱直径为 160mm；东西两次间脊檩两端搁置在东西两山墙上。

脊檩与金檩间架脑椽，金檩与檐檩间架檐椽。

② 屋面构造特征

二进院北厢房（7 号房）屋面（图 5-28）用灰色青瓦覆盖，为硬山屋顶。雕花脊，正脊为实脊，实脊面布满花卉砖雕，两端有脊兽，但目前正脊实脊和吻兽全部缺失，仅剩下脊座。垂脊采用筒瓦铺装，目前采用盖瓦铺装，其上无小兽分布。屋内部采用望砖铺装。

③ 墙体及门窗装修

二进院北厢房（7 号房）（图 5-29）前檐柱前为前廊。门窗位于前檐墙即前檐柱同一条线上，其中，东次间和西次间下部为槛墙，砌筑方式五顺一丁，上部设“对开门窗户”，后人修缮为现代窗户；明间设“实木对开板门”。室内其余均无隔墙，现为后人在前檐柱和后檐柱位置新砌 1m 宽度的墙体，另在明间西侧新砌一堵隔墙。北檐墙、东山墙和西山墙的砌筑方式五顺一丁，目前后人在北檐墙设两个窗户。

(a) 前檐柱、后檐柱和木梁架

(b) 木梁架

图 5-27　二进院北厢房（7 号房）木构架构造特征

(a) 南坡灰色青瓦

(b) 垂脊

(c) 望砖铺装

图 5-28　二进院北厢房（7 号房）屋面构造特征

(a) 南立面檐墙

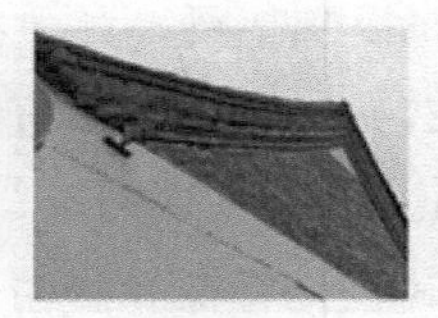

(b) 东立面山墙

(c) 北立面檐墙

图 5-29　二进院北厢房（7 号房）墙体构造特征

5.3　本章小结

通过实地对杨家大院形制特征的分析，得出：

① 平面布局特征：主轴线上的一进院倒座（1 号房）、一进院过厅（2 号房）、一进院正房（5 号房）均为面阔五间，其中，倒座（1 号房）进深两间，过厅（2 号房）和正房（5 号房）进深三间，均为单檐硬山式建筑，有前廊，前檐有墙。主轴线两侧的一进院南厢房（3 号房）、一进院北厢房（4 号房）、二进院南厢房（6 号房）和二进院北厢房（7 号房）均为面阔三间，进深两间，为单檐硬山式建筑，有前廊，前檐有墙。

② 结构体系：七座单体建筑均采用木构架与墙体共同承重体系，山墙面承托檩，其余均为抬梁式木构架承重。

③ 屋面构造特征：七座单体建筑均采用灰色青瓦覆盖，为硬山屋顶。脊为雕花脊，正脊为实脊，实脊面布满花卉砖雕，两端有吻兽。垂脊采用筒瓦铺装。屋内部采用望砖铺装。

④ 墙体：前后檐墙及左右山墙均采用青砖砌筑，采用“五顺一丁”做法砌筑。一进院过厅（2 号房）北稍间采用土坯砖砌筑的形式，墙面有黏土饰面层，麦秸秆、草作与黄土结合作为黏结剂。

⑤ 木装修：一进院倒座（1 号房）、一进院过厅（2 号房）、一进院南厢房（3 号房）、一进院北厢房（4 号房）设“四开六抹隔扇窗户”，“一码三箭”形制，设“四开六抹隔扇门”，“一码三箭”形制。二进院正房（5 号房）、二进院南厢房（6 号房）和二进院北厢房（7 号房）设“实木对开板门”，设“对开门窗户”。

图 5-1～图 5-29 本体形制特点

| 第 6 章 |

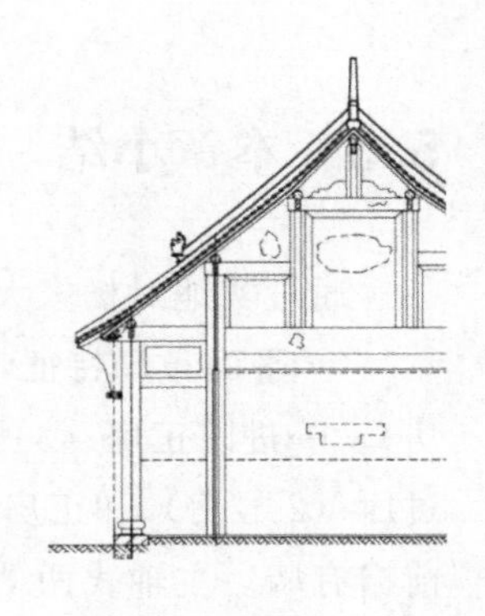

杨家大院古建筑宏观残损现状勘察分析及安全评估

6.1 勘察依据及范围

现状勘察依据《古建筑木结构维护与加固技术标准》(GB/T 50165—2020)进行。宏观勘察范围包括杨家大院大门、一进院倒座(1 号房)、一进院过厅(2 号房)、一进院南厢房(3 号房)、一进院北厢房(4 号房)、二进院正房(5 号房)、二进院南厢房(6 号房)、二进院北厢房(7 号房)(图 5-1)。

6.2 结果与分析

6.2.1 一进院倒座(1 号房)残损现状

(1)大门

大门木构架整体性完好,没有倾斜,构架间的连接没有松动,没有断裂。大门东面屋盖下的构造被装饰木板包裹,内部残损情况无法查明[图 6-1(a)]。大门外侧有油漆写的字迹[图 6-1(a)],门板内侧下方有轻微的糟朽[图 6-1(b)]。檩条搭在南北两侧墙体上,没有使用柱子进行支撑[图 6-1(c)]。西侧檩条与枋漆面脱落,失去保护作用,下部有贯彻开间的裂缝,宽度与深度较小,檩枋侧面与底部有细微的干缩裂缝,但不影响使用[图 6-1(d)]。钉在墙体之间装饰的木格栅天花板出现断裂[图 6-1(e)]。墙体两侧有木质花纹装饰[图 6-1(f)]。

(a) 东立面屋盖

(b) 门板内侧

(c) 屋盖系统

(d) 西侧檩条与枋

(e) 装饰的木格栅天花板

(f) 两侧墙体

图 6-1　正院大门残损现状图

（2）倒座（1 号房）木柱

倒座（1 号房）共有四根前檐柱［A2、A3、A4、A5，图 6-2(a)］，其柱身及柱根无明显的腐朽现象，但柱身表面油饰层均有不同程度的剥落起皮现象，

(a) 东立面四根前檐柱

(b) 南次间南侧前檐柱(A2)

(c) 明间南侧前檐柱(A3)

(d) 明间南侧前檐柱(A3)局部放大

(e) 明间北侧前檐柱(A4)

(f) 明间北侧前檐柱(A4)局部放大

(g) 北次间北侧前檐柱(A5)

(h) 四根金柱

(i) 南次间南侧金柱(B2)

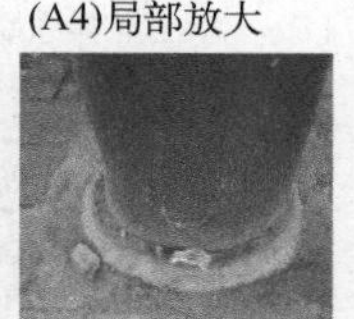

(j) 明间南侧金柱前(B3)

(k) 明间北侧金柱(B4)

(l) 北次间北侧金柱(B5)

图 6-2　一进院倒座（1 号房）木柱残损现状图

且沿柱身方面均有不同高度的干缩裂缝［图 6-2(b)～(g)］。其中，南次间南侧前檐柱（A2）柱身漆面剥落，柱身表面出现细微开裂裂缝，柱根有明显节子缺陷［图 6-2(b)］；明间南侧前檐柱（A3）柱身表面开裂裂缝最宽处达 20mm，目前已采用木条进行了嵌补处理，木条嵌补未出现松动现象［图 6-2(c)～(d)］；北次间北侧前檐柱（A5）柱根表面出现轻微腐朽现象［图 6-2(g)］。

倒座（1 号房）共有四根金柱［B2、B3、B4、B5，图 6-2(h)］，柱身表面有红色油漆保护，无明显残损［图 6-2(h)～(l)］。明间北侧金柱（B4）柱根与柱础有偏心现象［图 6-2(k)］；北次间北侧金柱（B5）柱根出现腐朽现象［图 6-2(l)］。

倒座（1 号房）共有四根后檐柱（C2、C3、C4、C5），均被后人砌筑的后檐墙包裹。

（3）倒座（1 号房）木梁枋

倒座（1 号房）共有四缝梁架［图 6-3(a)］，梁架表面有红色油漆保护，但其表面存在不同程度的开裂裂缝［图 6-3(b)～(q)］。其中，南次间南侧梁架［②—②，图 6-3(b)］五架梁东端梁头、侧面和底部［图 6-3(c)～(d)］以及西端底部［图 6-3(e)］均出现细小开裂裂缝。明间南侧梁架［③—③，

(a) 四缝梁架

(b) 南次间南侧梁架(②—②)

(c) 南次间南侧梁架(②—②)五架梁东端梁头

(d) 南次间南侧梁架(②—②)五架梁东端

(e) 南次间南侧梁架(②—②)五架梁西端

(f) 明间南侧梁架(③—③)

(g) 明间南侧梁架(③—③)五架梁东端梁头

(h) 明间南侧梁架(③—③)五架梁东端

(i) 明间南侧梁架(③—③)三架梁

(j) 明间北侧梁架（④—④）

(k) 明间北侧梁架（④—④）五架梁东端梁头

(l) 明间北侧梁架（④—④）五架梁中部

(m) 明间北侧梁架（④—④）东端单步梁及五架梁东端

(n) 北次间北侧梁架（⑤—⑤）

(o) 北次间北侧梁架（⑤—⑤）五架梁东端

(p) 北次间北侧梁架（⑤—⑤）五架梁西端(一)

(q) 北次间北侧梁架（⑤—⑤）五架梁西端(二)

图 6-3　一进院倒座（1 号房）梁架残损现状

图 6-3(f)］五架梁东端梁头、侧面出现细小开裂裂缝，梁头局部出现糟朽现象［图 6-3(g)～(h)］，三架梁底部出现细小开裂裂缝［图 6-3(i)］。明间北侧梁架［④—④，图 6-3(j)］五架梁东端梁头［图 6-3(k)］、侧面及底部［图 6-3(m)］以及中部侧面［图 6-3(l)］出现细小开裂裂缝，东端单步梁下枋的底部有人为开裂现象［图 6-3(m)］。北次间北侧梁架［⑤—⑤，图 6-3(n)］五架梁东端侧面出现细小开裂裂缝［图 6-3(o)］，五架梁西端底部出现劈裂裂缝，裂缝宽度达 30mm［图 6-3(p)～(q)］。

（4）倒座（1 号房）屋盖系统

倒座（1 号房）屋盖系统包括檩条系统和椽条系统［图 6-4(a)］。全屋的脊檩、上金檩、下金檩以及檐檩均有不同程度的开裂裂缝［图 6-4(a)～(l)］，其中，明间［图 6-4(k)］北次间［图 6-4(l)］檩檩身开裂裂缝宽度达 20mm。椽的干缩开裂裂缝亦较为普遍且明显［图 6-4(a)～(g)］，其中，明间、南次间以及北次间后坡椽多被替换更新，部分出现细小开裂裂缝［图 6-4(a)～(c)、(e)］，部分后檐檐椽的飞椽椽头出现轻微腐朽现象［图 6-4(h)～(l)］。

（5）倒座（1 号房）屋面

倒座（1 号房）屋面使用的是小青瓦。东坡和西坡屋面的正脊、垂脊、吻兽、瓦件、滴水、瓦当均保存完好［图 6-5(a)～(d)］。

（6）倒座（1 号房）墙体

倒座（1 号房）现存东立面墙体为倒座原后檐墙，现已破墙开窗，槛墙

(a) 明间檩和椽　(b) 明间脊檩和椽　(c) 明间后坡上金檩和椽　(d) 明间前坡上金檩和椽

(e) 明间后坡下金檩和椽　(f) 椽局部放大(一)　(g) 椽局部放大(二)　(h) 檐椽(一)

(i) 檐椽(二)　(j) 南稍间檐檩和檐椽　(k) 明间檐檩和檐椽　(l) 北次间檐檩和檐椽

图 6-4　一进院倒座（1 号房）屋盖系统残损现状

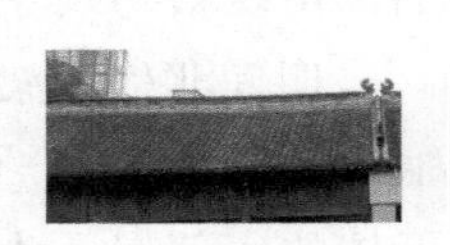

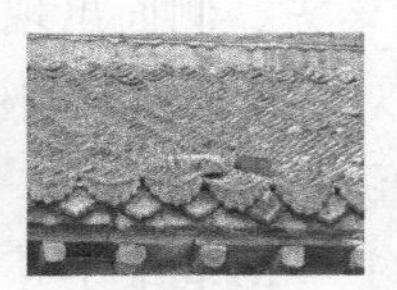

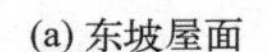

(a) 东坡屋面　(b) 西坡屋面　(c) 东坡屋面局部放大　(d) 西坡屋面局部放大

图 6-5　一进院倒座（1 号房）屋面残损现状

为后人按现代工艺所做，外墙目前无明显残损［图 6-6(a)～(c)］。现存西立面墙体为倒座原前廊，现为后人在后檐柱位置按封后檐和七层冰盘檐所做砖挑檐墙，并在明间开设一个门洞，砌筑方式五顺一丁［图 6-6(d)～(f)］。其中，北次间和北稍间外墙体上面有现代瓷砖铺装，墙砖局部丢失，局部面积 16cm×12cm，部分位置被白瓷砖贴面，个别墙砖有风化起酥迹象，局部有烟熏火烧造成的污物附着，上面还有管线附着［图 6-6(d)］。明间外墙体有潮湿现象［图 6-6(e)］；南次间和南稍间外墙体上面有现代白瓷砖贴面，管线附着［图 6-6(f)］。南立面外墙体下部受潮，轻微酥碱同时泛碱，局部墙砖残损，上面配置有电箱［图 6-6(g)］。东立面内墙体上部为玻璃窗户，下部仿砖纹涂料涂抹，无明显残损［图 6-6(i)］。南立面内墙体上部白灰涂抹并有壁画，下部仿砖纹涂料涂抹，无明显残损［6-6(j)］。西立面内墙体上部白灰涂抹，下部仿砖纹涂料涂抹，无明显残损，明间上方加置木质屋檐［图 6-6(k)］。北立面内墙体上部白灰涂抹并有壁画，下部仿砖纹涂料涂抹，无明显残损［图 6-6(l)］。

(a) 东立面外墙体

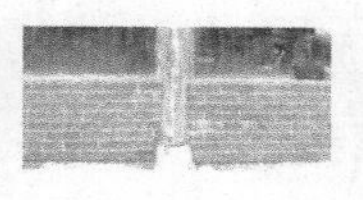
(b) 东立面外墙体局部放大(一)

(c) 东立面外墙体局部放大(二)

(d) 西立面外墙体(北次间和北稍间)

(e) 西立面外墙体(明间)

(f) 西立面外墙体(南次间和南稍间)

(g) 南立面外墙体

(h) 南立面外墙体局部放大

(i) 东立面内墙体

(j) 南立面内墙体

(k) 西立面内墙体

(l) 北立面内墙体

图 6-6　一进院倒座（1 号房）墙体残损现状

（7）地面

倒座（1 号房）东立面阶条石普遍风化剥蚀，局部断裂，砖块也出现不同程度的风化酥碱［图 6-7(a)～(c)］。东立面散水已被水泥地面覆盖［图 6-7(d)］。明间增加现代工艺水泥踏垛［图 6-7(e)］。室内地面的部分砖块存在断裂、丢失、松动［图 6-7(f)～(g)］。室内地面抬升，与后檐台基几乎齐平，易发生内涝，雨水倒灌［图 6-7(h)］。

(a) 东立面阶条石和砖块

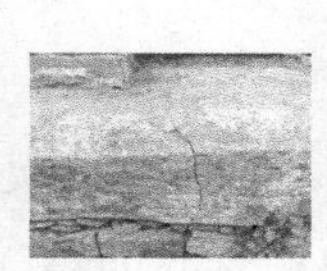
(b) 东立面阶条石(一)

(c) 东立面阶条石(二)

(d) 东立面散水

(e) 明间踏垛

(f) 室内地面(一)

(g) 室内地面(二)

(h) 室外地面

图 6-7　一进院倒座（1 号房）地面残损现状

（8）木装修

倒座（1号房）东立面现存玻璃门窗原为其后墙体，改变原有形制［图6-8(a)］。东立面南稍间及北稍间走马板油漆局部起皮剥落［图6-8(b)～(c)］。明间后檐墙门洞为后期改制［图6-8(d)］。

(a) 门、窗形制不符

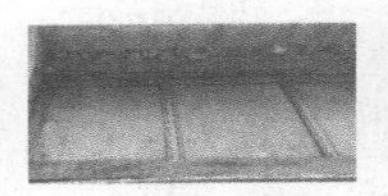
(b) 南稍间走马板局部起皮剥落

(c) 北稍间走马板局部起皮剥落

(d) 明间西立面檐墙门洞

图6-8　一进院倒座（1号房）木装修残损现状

6.2.2　一进院过厅（2号房）残损现状

（1）木柱

过厅（2号房）共有六根前檐柱（A1、A2、A3、A4、A5、A6）。其中，北稍间北侧前檐柱（A6）和南稍间南侧前檐柱（A1）被包裹于墙体内；南次间南侧前檐柱（A2）整根柱严重腐朽，上部出现竖向劈裂，柱身上部有数条细微裂缝且其上固定有电线限位器，结构可靠性严重降低［图6-9(a)～(c)］；明间南侧前檐柱（A3）柱身出现开裂裂缝，裂缝宽度达15mm［图6-9(d)］；明间北侧前檐柱（A4）柱根糟朽严重［图6-9(e)］；北次间北侧前檐柱（A5）柱根糟朽严重［图6-9(f)～(g)］。以上六根前檐柱的残损情况严重影响其结构安全。

过厅（2号房）共有六根前金柱（B1、B2、B3、B4、B5、B6）和两根后金柱（C3、C4）。其中，明间南侧前金柱（B3）、南次间南侧前金柱（B2）和明间南侧后金柱（C3）被包裹于墙体内；南次间南侧前金柱（B2）柱身出现开裂裂缝，裂缝宽度达20mm，柱根处糟朽严重，柱身上部产生受力劈裂［图6-9(h)～(k)］；明间南侧前金柱（B3）柱根糟朽严重，有铁箍加固痕迹［图6-9(l)］；明间北侧前金柱（B4）柱根有矩形缺口，缺口处糟朽严重，柱身产生开裂裂缝，有铁箍加固痕迹［图6-9(m)～(o)］；北次间北侧前金柱（B5）柱根东立面有矩形缺口，缺口处糟朽严重，柱身产生斜纹理开裂裂缝，裂缝宽度达30mm［图6-9(p)～(r)］；明间南侧后金柱（C3）被墙体包裹［图6-9(s)］；明间北侧后金柱（C4）柱根有矩形缺口，缺口处糟朽严重［图6-9(t)］。以上

(a) 南次间南侧前檐柱(A2)　(b) 南次间南侧前檐柱(A2)局部放大　(c) 明间南侧前檐柱(A2)　(d) 明间南侧前檐柱(A3)

(e) 明间北侧前檐柱(A4)　(f) 北次间北侧前檐柱(A5)　(g) 北次间北侧前檐柱(A5)局部放大　(h) 南次间南侧前金柱(B2)

(i) 南次间南侧前金柱(B2)局部放大(一)　(j) 南次间南侧前金柱(B2)局部放大(二)　(k) 南次间南侧前金柱(B2)局部放大(三)　(l) 明间南侧前金柱(B3)

(m) 明间北侧前金柱(B4)(一)　(n) 明间北侧前金柱(B4)(二)　(o) 明间北侧前金柱(B4)(三)　(p) 北次间北侧前金柱(B5)(一)

(q) 北次间北侧前金柱(B5)(二)　(r) 北次间北侧前金柱(B5)(三)　(s) 明间南侧后金柱(C3)　(t) 明间北侧后金柱(C4)

图 6-9　一进院过厅（2 号房）木柱残损现状图

后金柱和前金柱的残损情况严重影响其结构安全。

（2）木梁枋

过厅（2号房）共有四缝梁架［图6-10(a)、(h)、(m)、(p)］，梁架均无弯曲变形，均无表面受损，但均落满灰尘。其中，南次间南侧梁架（②—②）五架梁和三架梁梁身出现开裂裂缝，梁身多处有铁钉钉入［图6-10(a)～(c)］，五架梁上的瓜柱柱身出现贯穿柱身的裂缝［图6-10(d)］，后檐穿插枋［图6-10(e)～(f)］以及抱头梁［图6-10(e)、(g)］腐朽严重；明间南侧梁架

(a) 南次间南侧梁架（②—②）
(b) 南次间南侧梁架（②—②）五架梁
(c) 南次间南侧梁架（②—②）三架梁
(d) 南次间南侧梁架（②—②）五架梁(大梁)上的瓜柱
(e) 南次间南侧梁架（②—②）穿插枋、抱头梁
(f) 南次间南侧梁架（②—②）穿插枋
(g) 南次间南侧梁架（②—②）抱头梁
(h) 明间南侧梁架（③—③）
(i) 明间南侧梁架（③—③）五架梁(大梁)(一)
(j) 明间南侧梁架（③—③）五架梁(大梁)(二)
(k) 明间南侧梁架（③—③）三架梁
(l) 明间南侧梁架(③—③）五架梁(大梁)上的瓜柱
(m) 明间北侧梁架（④—④）
(n) 明间北侧梁架（④—④）三架梁
(o) 明间北侧梁架(④—④）五架梁(大梁)上的瓜柱
(p) 北次间北侧梁架（⑤—⑤）

图6-10　一进院过厅（2号房）梁架残损现状

（③—③）五架梁落满灰尘，梁身多处有铁钉钉入［图 6-10(h)～(j)］，三架梁出现开裂裂缝［图 6-10(k)］，五架梁上的瓜柱柱身出现贯穿柱身的裂缝［图 6-10(l)］；明间北侧梁架（④—④）落满灰尘［图 6-10(m)］，三架梁出现开裂裂缝［图 6-10(n)］，五架梁上的瓜柱柱身出现细小开裂裂缝［图 6-10(o)］；北次间北侧梁架（⑤—⑤）落满灰尘［图 6-10(p)］。

（3）屋盖系统

过厅（2 号房）屋盖系统包括檩条系统和椽条系统，其表面均落满灰尘，均有不同程度的腐朽［图 6-11(a)～(t)］。其中，南稍间东坡檩和椽表面落满

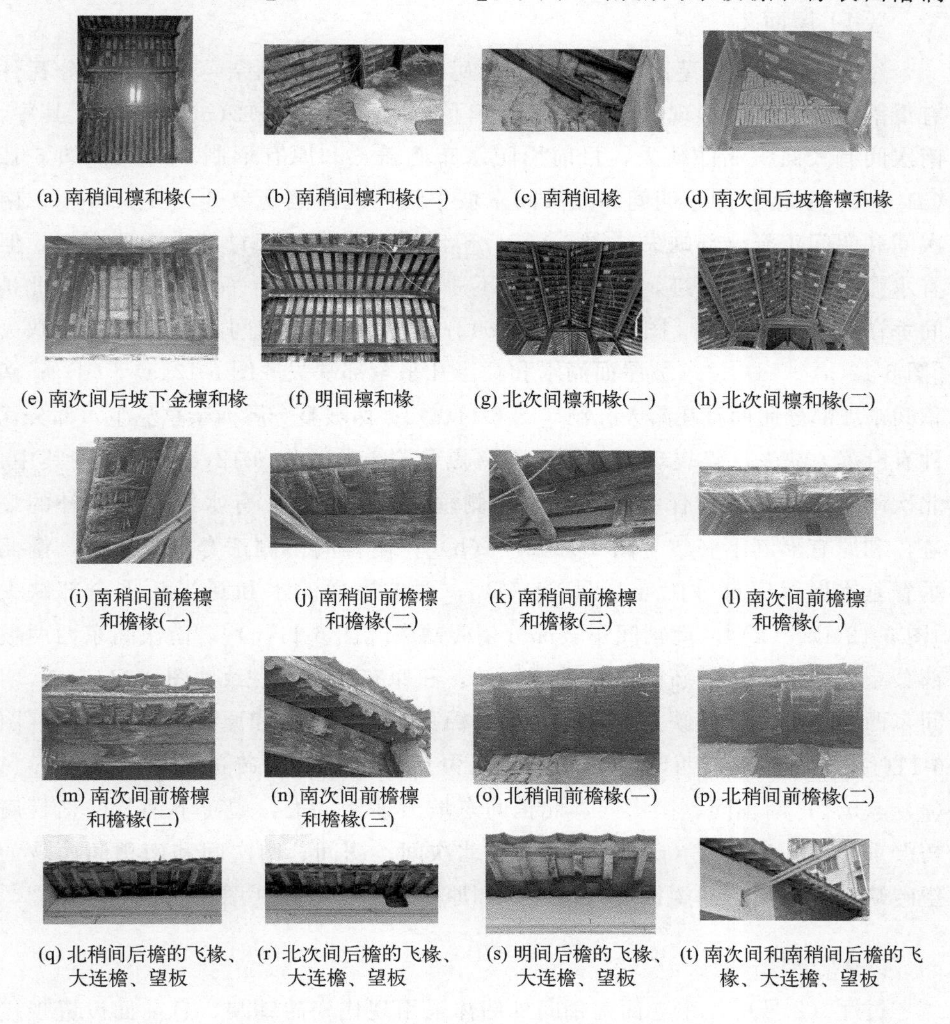

(a) 南稍间檩和椽(一)　(b) 南稍间檩和椽(二)　(c) 南稍间椽　(d) 南次间后坡檐檩和椽

(e) 南次间后坡下金檩和椽　(f) 明间檩和椽　(g) 北次间檩和椽(一)　(h) 北次间檩和椽(二)

(i) 南稍间前檐檩和檐椽(一)　(j) 南稍间前檐檩和檐椽(二)　(k) 南稍间前檐檩和檐椽(三)　(l) 南次间前檐檩和檐椽(一)

(m) 南次间前檐檩和檐椽(二)　(n) 南次间前檐檩和檐椽(三)　(o) 北稍间前檐椽(一)　(p) 北稍间前檐椽(二)

(q) 北稍间后檐的飞椽、大连檐、望板　(r) 北次间后檐的飞椽、大连檐、望板　(s) 明间后檐的飞椽、大连檐、望板　(t) 南次间和南稍间后檐的飞椽、大连檐、望板

图 6-11　一进院过厅（2 号房）屋盖系统残损现状

灰尘，糟朽严重［图 6-11(a)～(c)］；南次间东西两坡下金檩和椽表面落满灰尘，椽多处断裂缺失，糟朽严重［图 6-11(d)～(e)］；明间东西两坡檩和椽表面落满灰尘，椽多处断裂缺失，糟朽严重［图 6-11(f)］；北次间东西两坡檩和椽表面落满灰尘，糟朽严重［图 6-11(g)～(h)］；南稍间［图 6-11(i)～(k)］、南次间［图 6-11(l)～(n)］、北稍间［图 6-11(o)～(p)］前檐檩和檐椽椽头糟朽严重；北稍间［图 6-11(q)］、北次间［图 6-11(r)］后檐的飞椽腐朽严重；明间［图 6-11(s)］、南次间和南稍间［图 6-11(t)］后檐的飞椽、大连檐、望板现已被更换。

（4）屋面

过厅（2 号房）屋面使用的是小青瓦。东坡整个屋面杂草丛生，部分瓦件有滑落、缺失、碎裂现象，且上面有黑色附着物［图 6-12(a)～(d)］。其中，南次间有大面积瓦件缺失，目前用防水布遮盖，和原有形制不一致［图 6-12(a)～(b)］；南次间、明间和北次间东坡中间出现凹陷现象［图 6-12(b)］；南次间和明间正脊全部缺失［图 6-12(a)～(b)］，北次间正脊基本保留完好，但有水泥砂浆修补的痕迹，和原有形制不一致［图 6-12(b)～(d)］；南稍间和北稍间垂脊基本保留完好［图 6-12(a)～(d)］；南稍间和北稍间正脊吻兽全部缺失［图 6-12(a)～(d)］；东坡屋面滴水和瓦当几乎全部缺失［图 6-12(a)～(d)］；南稍间东坡部分屋面存在露天孔洞［图 6-11(a)］；西坡整个屋面杂草丛生，部分瓦件有滑落、缺失、碎裂现象，且上面有黑色附着物［图 6-12(e)～(l)］。其中，北次间南侧垂脊基本保存完好，但北侧垂脊破损严重，有水泥砂浆修补的痕迹，和原有形制不一致［图 6-12(e)～(h)］；南稍间南侧正脊局部缺失，南北垂脊基本保留完好［图 6-12(k)～(l)］；西坡屋面滴水和瓦当几乎全部缺失［图 6-12(i)～(k)］。南稍间东坡部分望砖缺失［图 6-11(a)］；南次间东西两坡部分望砖缺失且采用新的望板进行修补，和原有形制不一致［图 6-11(e)］；明间东西两坡部分望砖缺失且采用现代石棉瓦进行修补，和原有形制不一致［图 6-11(f)］；北次间东西两坡部分望砖缺失且采用新的望砖进行修补［图 6-11(g)～(h)］；南稍间、南次间、北稍间东坡大连檐缺失，望砖下铺装的秸秆腐朽严重［图 6-11(i)～(p)］；北稍间、北次间、明间、南次间和南稍间西坡的望砖缺失且采用新的望板进行修补，和原有形制不一致［图 6-11(q)～(t)］。

（5）墙体

过厅（2 号房）东立面南稍间外墙体采用现代瓷砖铺装，且前面设置现代卫生间，墙体采用现代瓷砖铺装，与原有形制不一致［图 6-13(a)］；东立面南

(a) 南稍间和南次间东坡屋面

(b) 南次间、明间和北次间东坡屋面

(c) 北稍间东坡屋面(一)

(d) 北稍间东坡屋面(二)

(e) 北稍间、北次间、明间、南次间和南稍间西坡屋面

(f) 北稍间西坡屋面(一)

(g) 北稍间西坡屋面(二)

(h) 北稍间西坡屋面(三)

(i) 南次间、明间西坡屋面

(j) 北次间、明间和南次间西坡屋面

(k) 南稍间西坡屋面

(l) 南稍间西坡屋面局部放大

图 6-12　一进院过厅（2 号房）屋面残损现状

次间原本无外墙体，目前状况为在前檐柱（D5）和前金柱（C5）之间重新加建一堵新墙体，在前檐柱（D4）和后檐柱（A4）之间重新加建一堵新墙体，在两前金柱（C5 和 C4）之间重新加建一堵新墙体，与原有形制不一致［图 6-13(b)］；东立面明间原本无外墙体，目前状况为表面涂抹白灰，白灰层局部出现脱落现象，局部砖块酥碱、缺失，局部采用水泥砂浆修补，与原有形制不一致［图 6-13(c)～(d)］；东立面北次间原本无外墙体，目前状况为外墙体表面涂抹白灰，白灰层局部出现脱落现象，且局部砖块酥碱、缺失［图 6-13(e)］；东立面北稍间外墙体采用土坯砌筑，表面涂抹白灰，局部土坯缺失，局部白灰层出现脱落现象，墀头破损严重［图 6-13(f)～(i)］；北立面北稍间外墙体上部局部砖块缺失，中部涂抹白灰，下部涂抹仿砖纹涂料，与原有形制不一致，且白灰层大面积出现脱落现象［图 6-13(j)～(l)］；西立面北次间、明间及南次间外墙体上部涂抹白灰，下部涂抹仿砖纹涂料，与原有形制不一致［图 6-13(m)］；西立面南稍间外墙体局部砖块缺失，且前面设置简易

屋棚，与原有形制不一致［图 6-13(n)］；内墙体上部涂抹白灰，下部装饰有 1.2m 高木质板材，与原有形制不一致，且白灰层局部出现脱落现象［图 6-13(o)～(p)］。

(a) 东立面南稍间外墙体

(b) 东立面南次间外墙体

(c) 东立面明间外墙体(一)

(d) 东立面明间外墙体(二)

(e) 东立面北次间外墙体

(f) 东立面北稍间外墙体(一)

(g) 东立面北稍间外墙体(二)

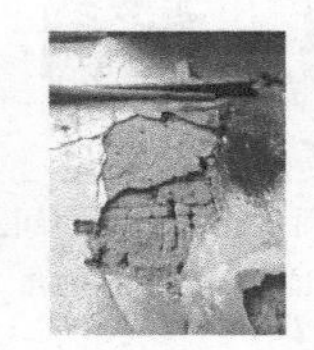
(h) 东立面北稍间外墙体(三)

(i) 东立面北稍间外墙体墀头

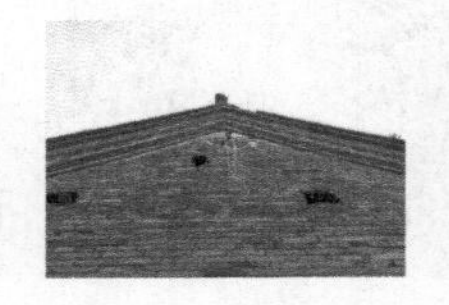
(j) 北立面北稍间外墙体上部

(k) 北立面北稍间外墙体上部局部放大

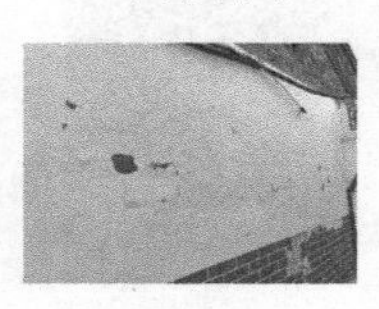
(l) 北立面北稍间外墙体中部和下部

(m) 西立面北次间、明间及南次间外墙体

(n) 西立面南次间和南稍间外墙体

(o) 内墙体

(p) 内墙体局部放大

图 6-13　一进院过厅（2 号房）墙体残损现状

（6）地面

过厅（2 号房）东面室外地面抬高，台明与室外地面高度基本一致，散水和室外地面采用水泥覆盖，且表面凹凸不平，局部破损严重，与原有形制不一致［图 6-14(a)］；西面室外地面抬高，台明与室外地面高差不足 5cm，散水和室外地面采用水泥覆盖，且表面凹凸不平，局部破损严重，与原有形制不一致［图 6-14(b)～(d)］；南次间室内地面局部采用水泥覆盖，与原有形制不一致

[图 6-14(e)]；其余房间室内地面均采用瓷砖铺装，室内地面整体抬升，使得柱础下陷，与原有形制不一致，且局部出现破坏现象 [图 6-14(f)～(h)]。

(a) 东面室外地面

(b) 西面室外地面(一)

(c) 西面室外地面(二)

(d) 西面室外地面(三)

(e) 南次间室内局部地面

(f) 室内地面(一)

(g) 室内地面(二)

(h) 室内地面(三)

图 6-14　一进院过厅（2 号房）地面残损现状

（7）木装修

过厅（2 号房）南稍间东立面走马板漆面剥落，霉斑严重，受潮弯曲，边角翘起，部分缺失 [图 6-15(a)]；南稍间东立面檐柱（D5）与金柱（C5）间走马板漆面剥落，霉斑严重，下面配置现代铝合金门窗 [图 6-15(b)]；南次间东立面金柱（C5 和 C4）间走马板部分缺失，有使用塑料板修补的痕迹 [图 6-15(c)]；明间东立面原本没有窗户，现添加新的窗户并用塑料防水布封

(a) 南稍间东立面走马板

(b) 南稍间东立面檐柱与金柱间走马板

(c) 南次间东立面金柱之间走马板

(d) 明间东立面窗户(一)

(e) 明间东立面窗户(二)

(f) 北次间东立面门

(g) 北稍间窗户

(h) 北次间和南次间西立面窗户

图 6-15　一进院过厅（2 号房）木装修残损现状

闭，与原有形制不一致［图 6-15(d)～(e)］；北次间东立面原本没有门，现添加新的门又用砖块堵砌，与原有形制不一致［图 6-15(f)］；北稍间东立面原本没有窗户，现添加新的窗户并用塑料防水布封闭，与原有形制不一致［图 6-15(g)］；北次间西立面窗户改设方形玻璃现代窗户，与原有形制不一致［图 6-15(h)］；北稍间和南次间西立面窗户改设门，明间门有所变化，与原有形制不一致；内部采用现代吊顶进行装饰，与原有形制不一致［图 6-13(o)］。

6.2.3　一进院南厢房（3号房）残损现状

（1）木柱

一进院南厢房（3 号房）共有两根檐柱（B2、B3）和两根金柱（C2、C3）。其中，明间西侧檐柱（B3）和金柱（C3）被隔墙包裹，残损情况不详［图 6-16(d)］；明间东侧檐柱（B2）柱根轻微腐朽［图 6-16(a)］；明间东侧金柱（C2）四周有人为包裹木板的修缮痕迹，呈方形，破坏了原有风貌，其中，东、南、北面包裹完好，西面木板包裹缺失，其原有漆面局部脱落，柱根处出现局部缺损，有剐蹭痕迹［图 6-16(b)～(c)］。

(a) 明间东侧檐柱(B2)

(b) 明间东侧金柱(C2)(一)

(c) 明间东侧金柱(C2)(二)

(d) 明间西侧檐柱(B3)和金柱(C3)

图 6-16　一进院南厢房（3 号房）木柱残损现状图

（2）木梁枋

一进院南厢房（3 号房）共有两缝梁架，梁架均无弯曲变形，均无表面受损，但均落满灰尘和鸟屎［图 6-17(a)～(d)］。其中，明间东侧梁架（②—②）五架梁为圆梁，尺寸 280mm×260mm，表层油饰防护层脱落，梁身侧面出现开裂裂缝，裂缝宽度达 10mm，梁身表面有轻微腐朽和老化变质，其上瓜柱未见其他明显残损［图 6-17(a)］；明间东侧梁架（②—②）三架梁为圆梁，尺寸 240mm×190mm，四周做圆势，表层油饰防护层脱落，梁身有铁箍加固的痕迹，梁身表面有轻微腐朽和老化变质，其上脊瓜柱未见其他明显残损［图 6-17(b)］；明间西侧梁架（③—③）五架梁为圆梁，尺寸 280mm×260mm，四周做圆势，梁身有上凸的自然挠度，表层油饰防护层脱落，梁身表面有表层腐朽和老化变质，其上瓜柱未见其他明显残损［图6-17(c)］；明间西侧梁架（③—③）三架梁为圆梁，尺寸240mm×190mm，四周做圆势，表层油饰防护层脱落，梁身表面有轻微腐朽和老化变质，其上脊瓜柱未见其他明显残损［图6-17(d)］。

(a) 明间东侧梁架(②—②)五架梁

(b) 明间东侧梁架(②—②)三架梁

(c) 明间西侧梁架(③—③)五架梁

(d) 明间西侧梁架(③—③)三架梁

图6-17　一进院南厢房（3号房）梁架残损现状

（3）屋盖系统

一进院南厢房（3号房）屋盖系统包括檩条系统和椽条系统，其表面均落满灰尘，均有不同程度的腐朽[图6-18(a)～(d)]。其中，檩条系统和椽条系统均落满灰尘[图6-18(a)～(d)]；东次间檩和椽表面有轻微糟朽[图6-18(a)]；明间檩和椽表面有轻微糟朽，脊檩与脊瓜柱交接处开裂裂缝较为明显，其上瓜柱表层腐朽和老化变质较为明显，椽条铺装间距不等[图6-18(b)～(d)]；西次间有吊顶装饰，无法观测其檩条系统和椽条系统的现状情况。

(a) 东次间檩和花架椽

(b) 明间檩和花架椽(一)

(c) 明间檩和花架椽(二)

(d) 明间檩和花架椽(三)

图6-18　一进院南厢房（3号房）屋盖系统残损现状

（4）屋面

一进院南厢房（3号房）屋面使用的是小青瓦。南坡和北坡整个屋面杂草丛生［图6-19(a)～(c)］；北坡屋面正脊两端起翘，正脊和吻兽全部缺失，仅剩下脊座［图6-19(a)］；北坡屋面原垂脊为筒瓦，目前东侧保留筒瓦，西侧后人修缮时采用盖瓦铺装，和原有形制不一致［图6-19(b)～(c)］；明间屋面基层做法直接在椽条系统下采用芦苇秸秆铺设，秸秆老化变质，原始做法应为望砖铺设，和原有形制不一致［图6-18(b)～(d)］。

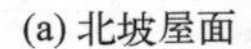
(a) 北坡屋面　(b) 北坡屋面东侧　(c) 北坡屋面西侧

图 6-19　一进院南厢房（3 号房）屋面残损现状

（5）墙体

一进院南厢房（3 号房）北立面前檐墙原为前廊，墙体为后期修缮所加，采用红色机制砖砌筑，墙体表面涂抹仿砖纹涂料，使用材料与原材料不符，菱角红砖挑檐，前檐墙的加砌破坏原有飞椽出檐，同时破坏了搏风和两山墙戗檐，其形制和与原有形制不一致［图 6-20(a)～(e)］；南立面后檐墙采用菱角红砖挑檐，墙体表层涂抹白灰，白灰层风化、粉化严重，墙基 1m 以下白灰完全脱落，暴露在外的砖块风化酥碱较为严重，砖缝粉化深度大于 10mm，屋檐部分砖挑檐熏黑严重［图 6-20(f)］；东立面山墙上部砖块材质劣化不明显，但局部被熏黑严重，山墙戗檐被毁，墙身有七处墙砖丢失，墙体中下部采用白瓷砖铺装，与原有风貌不一致［图 6-20(g)～(j)］；东立面搏风部分缺失［图 6-20(h)］；东立面山墙与前檐墙连接处出现沿砖缝的缝隙［图 6-20(g)］；东立面山墙原有前檐门洞，现被封砌［图 6-20(g)～(h)］；东立面山花局部残破［图 6-20(i)］；西立面山墙上部墙砖材质劣化不明显，山墙戗檐被毁，墙身局部墙砖丢失［图 6-20(k)～(l)］；西立面山墙左上部砖块局部缺失，有红砖修补的痕迹，与原有形制不一致［图 6-20(k)～(m)］；西立面山墙中下部左边采用水泥涂抹，局部水泥涂抹出现脱落现象，墙体中下部右边采用白瓷砖铺装，与原有风貌不一致［图 6-20(m)～(n)］；西立面搏风前半段端头破坏明显，采用红砖散装补砌，和原有形制不一致［图 6-20(m)］；西立面山墙与前檐墙连接处出现沿砖缝的缝隙，并在此位置加砌厚度 20cm 的水泥挡墙，与原有风貌不一致［图 6-20(m)］；西立面山墙上部连接有电线，上面钉有木块［图 6-20(o)］；西立面山墙原有前檐门洞，现被封砌［图 6-20(m)］；后人在东立面山墙与倒座（1 号房）中间新加砌一堵墙体，与原有风貌不一致［图 6-20(a)］；后人在西立面山墙与过厅（2 号房）南稍间中间新加砌卫生间墙体，与原有风貌不一致［图 6-20(k)、(p)］；明间右隔墙采用红砖砌筑，为后人加建，与原有形制不一致［图 6-16(d)］；内墙体上部采用白灰涂抹，下部 50cm 以下墙体表面涂抹仿砖纹涂料，与原有形制不一致［图 6-16(a) 和 (d)］。

(a) 北立面前檐墙　(b) 北坡屋面东侧前檐檐口　(c) 北立面前檐墙局部放大(一)　(d) 北立面前檐墙局部放大(二)

(e) 北坡屋面西侧前檐檐口　(f) 南立面后檐墙　(g) 东立面山墙　(h) 东立面山墙局部放大(一)

(i) 东立面山墙局部放大(二)　(j) 东立面山墙局部放大(三)　(k) 西立面山墙(一)　(l) 西立面山墙上部局部放大(一)

(m) 西立面山墙局部放大(二)　(n) 西立面山墙局部放大(三)　(o) 西立面山墙(二)　(p) 西立面山墙与过厅南稍间加建卫生间墙体

图 6-20　一进院南厢房（3 号房）墙体残损现状

（6）地面

一进院南厢房（3 号房）室外地面采用现代方砖在原有地面的基础上重新铺装，破坏建筑物原有风貌［图 6-21(a)］；室外地面人为抬高，使得一进院院外地面与阶条石几乎齐平，仅能见 8cm 阶条石露明部分，破坏建筑物原有风貌［图 6-21(a)］；原有散水被现代方砖覆盖，破坏建筑物原有风貌［图 6-21(a)］；室内地面为后人在原铺装的基础上采用仿花岗岩瓷砖铺装，此做法使得室内地面与室外地面几乎齐平，有雨水倒灌迹象，破坏建筑物原有风貌［图 6-21(b)～(c)］；明间室内地面局部破损严重［图 6-21(b)～(c)］。

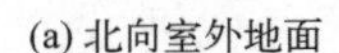
(a) 北向室外地面

(b) 明间室内地面

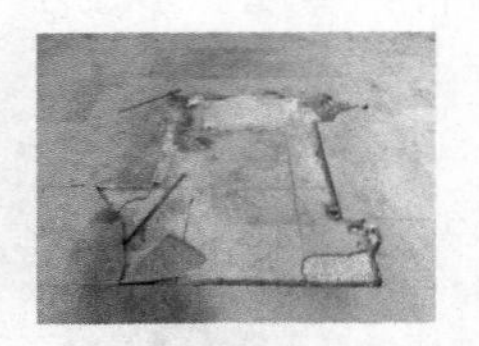
(c) 明间室内地面局部放大

(d) 西次间室内地面

图 6-21　一进院南厢房（3 号房）地面残损现状

（7）木装修

一进院南厢房（3 号房）前檐墙的门窗为现代门窗式样，为后人所加［图 6-21(a)］；屋顶吊顶装修为后人所加，且局部破损严重，与原有风貌不一致［图 6-22(a)～(d)］。

(a) 东次间吊顶装修

(b) 明间吊顶装修

(c) 西次间吊顶装修(一)

(d) 西次间吊顶装修(二)

图 6-22　一进院南厢房（3 号房）木装修残损现状

6.2.4　一进院北厢房（4 号房）残损现状

（1）木柱

一进院北厢房（4 号房）共有两根檐柱（A2、A3）和两根金柱（B2、B3）。其中，两根檐柱（A2、A3）被前檐墙完全包裹，残损情况不详；明间西侧金柱（B2）被隔墙包裹，但部分裸露在外，其表面漆面剥落，有数条细微裂缝，柱根糟朽严重，柱脚底面与柱础间实际抵承面积与柱脚处柱的原截面面积之比小于 3/5［图 6-23(a)～(c)］；明间东侧金柱（B3）被隔墙包裹，但部分裸露在外，其表面漆面剥落，有数条细微裂缝，柱身糟朽严重［图 6-23(d)］。

（2）木梁枋

一进院北厢房（4 号房）共有两缝梁架，梁架均无弯曲变形，均无表面受损，但均落满灰尘［图 6-24(a)～(h)］。其中，明间西侧梁架（②—②）五架

(a) 明间西侧金柱(B2)(一)　(b) 明间西侧金柱(B2)(二)　(c) 明间西侧金柱(B2)(三)　(d) 明间东侧金柱(B3)

图 6-23　一进院北厢房（4 号房）木柱残损现状图

梁及三架梁梁身表层油饰防护层脱落，且烟熏油污严重；五架梁及三架梁梁身表面腐朽和老化变质明显，尤其是五架梁梁身中间腐朽较为严重；三架梁南端与瓜柱连接处有明显的开裂裂缝现象，其上瓜柱未见其他明显残损［图 6-24(a)～(d)］。明间东侧梁架（③—③）五架梁及三架梁表层油饰防护层脱落，且烟熏油污严重；五架梁及三架梁梁身表面腐朽和老化变质、干缩裂缝均明显，其上脊瓜柱未见其他明显残损［图 6-24(e)～(h)］。

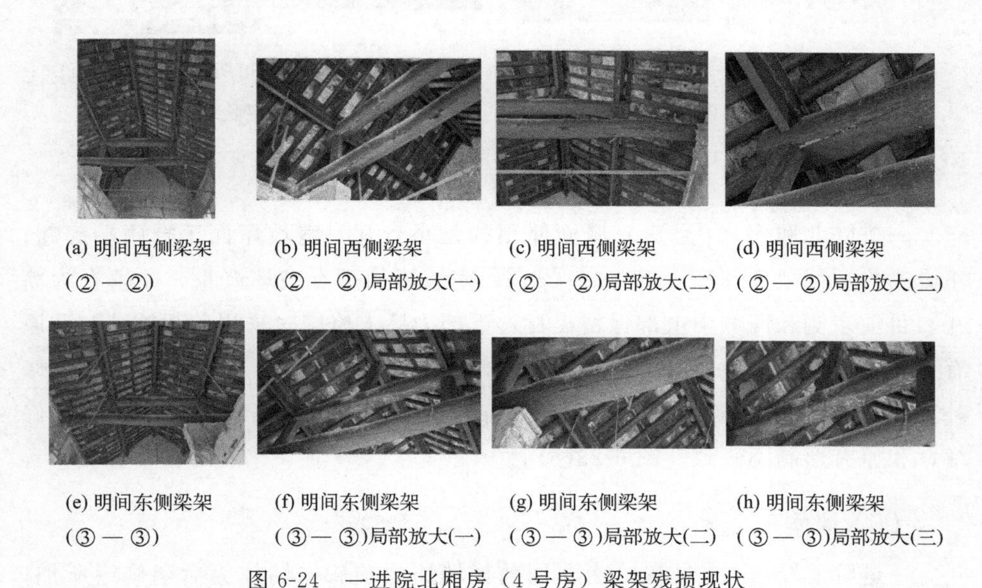

(a) 明间西侧梁架(②—②)　(b) 明间西侧梁架(②—②)局部放大(一)　(c) 明间西侧梁架(②—②)局部放大(二)　(d) 明间西侧梁架(②—②)局部放大(三)

(e) 明间东侧梁架(③—③)　(f) 明间东侧梁架(③—③)局部放大(一)　(g) 明间东侧梁架(③—③)局部放大(二)　(h) 明间东侧梁架(③—③)局部放大(三)

图 6-24　一进院北厢房（4 号房）梁架残损现状

（3）屋盖系统

一进院北厢房（4 号房）屋盖系统包括檩条系统和椽条系统，其表面均落满灰尘，均有不同程度的腐朽［图 6-25(a)～(h)］。其中，檩条系统和椽条系统均落满灰尘［图 6-25(a)～(h)］；明间檩和椽烟熏油污严重，表面腐朽和老化变质明显，檩身均未见劈裂和明显挠度产生［图 6-25(c)～(d)、(f)～(h)］；西次间檩条两端支承在山墙上，檩枋和椽烟熏油污严重，油饰防护层脱落，表面腐朽和老化变质明显，檩身均未见劈裂和明显挠度产生［图 6-25(a)～(b)］；东次间檩条两端支承在山墙上，檩枋和椽烟熏油污严重，油饰防护层脱落，表面腐朽和老化变质明显，檩身均未见劈裂和明显挠度产生［图 6-25(e)］。

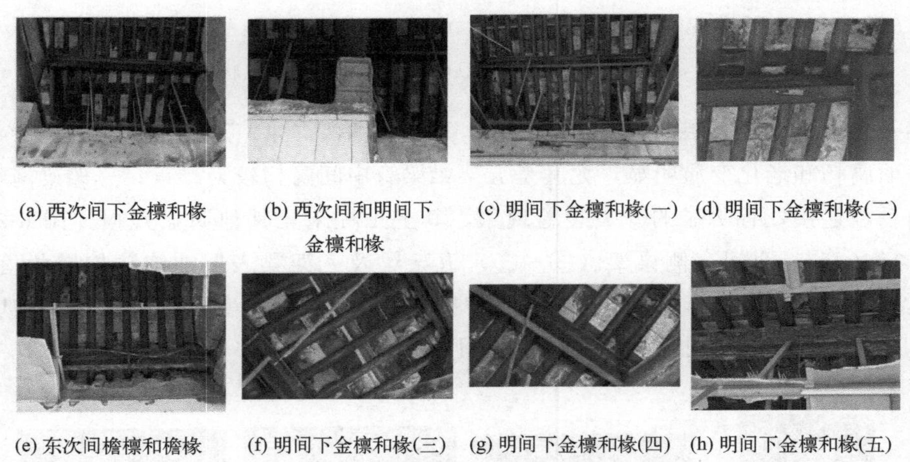

(a) 西次间下金檩和椽　(b) 西次间和明间下金檩和椽　(c) 明间下金檩和椽(一)　(d) 明间下金檩和椽(二)

(e) 东次间檐檩和檐椽　(f) 明间下金檩和椽(三)　(g) 明间下金檩和椽(四)　(h) 明间下金檩和椽(五)

图 6-25　一进院北厢房（4 号房）屋盖系统残损现状

（4）屋面

一进院北厢房（4 号房）屋面使用的是小青瓦。南坡屋面正脊两端起翘，正脊吻兽全部缺失［图 6-26(a)～(g)］；南坡屋面垂脊破坏严重，原垂脊为筒瓦，目前东侧和西侧中上部保留筒瓦，下部为后人修缮时采用盖瓦铺装，和原有形制不一致［图 6-26(b)～(c)］；南坡屋面瓦件局部破碎，局部采用水泥修补，和原有形制不一致［图 6-26(d)～(g)］；东次间采用红砖替代望砖进行修缮，和原有形制不一致［图 6-25(e)］。

（5）墙体

一进院北厢房（4 号房）南立面前檐墙原为前廊，墙体为后期修缮所加，采用红色机制砖砌筑，墙体表面涂抹仿砖纹涂料，使用材料与原材料不符；前檐墙抽屉形砖挑檐，前檐墙的加砌破坏原有飞椽出檐，同时破坏了搏风和两山墙戗檐，其形制和与原有形制不一致；另外，西次间前檐墙局部破坏严重［图

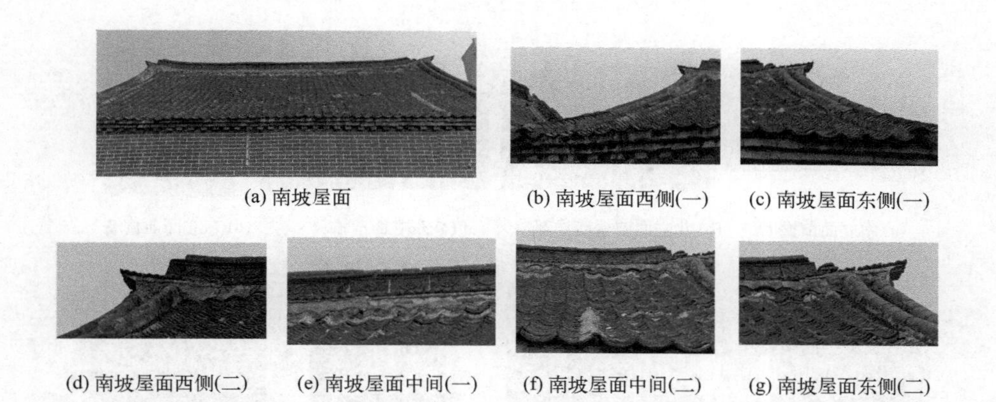

(a) 南坡屋面　(b) 南坡屋面西侧(一)　(c) 南坡屋面东侧(一)

(d) 南坡屋面西侧(二)　(e) 南坡屋面中间(一)　(f) 南坡屋面中间(二)　(g) 南坡屋面东侧(二)

图 6-26　一进院北厢房（4 号房）屋面残损现状

6-27(a)～(b)]。东立面山墙里生外熟，青砖，砌筑方式六顺一丁，上部砖块材质劣化不明显；山墙戗檐被毁，采用红砖补砌，与原有材料不一致［图 6-27(c)～(d)]；山墙局部有墙砖丢失［图 6-27(c)～(f)]；山墙搏风前半段端头破坏明显，采用红砖散装搏风做法修补，后半段局部搏风砖丢失［图 6-27(d)]；山墙戗檐以下采用白瓷砖铺装，与原有风貌不一致［图 6-27(c)]；山墙与前檐墙连接处出现沿砖缝的缝隙［图 6-27(d)]；山墙原有前檐门洞，现被封砌［图 6-27(c)～(d)]；面山花局部残破［图 6-27(e)]。西立面山墙里生外熟，青砖，砌筑方式六顺一丁，砖块材质风化酥碱明显，墙基潮湿，有植物生长，生墙部分破坏严重［图 6-27(g)～(l)]；山墙局部有墙砖丢失［图 6-27(g)～(i)]；山墙搏风前半段端头破坏明显，采用红砖散装搏风做法修补，与原有形制不一致［图 6-27(i)～(j)]；山墙戗檐被毁，采用红砖补砌，与原有材料不一致［图 6-27(l)]；山墙与后檐墙连接处出现沿砖缝的缝隙，并采用水泥修补，与原有风貌不一致［图 6-27(l)]；搏风山花保存情况较好。西立面山墙与前檐墙连接处出现沿砖缝的缝隙，并在此位置加砌厚度 20cm 的水泥挡墙，与原有风貌不一致［图 6-27(i)]；西立面山墙原有前檐门洞，现被封砌［图 6-27(k)]。北立面后檐墙在后期修缮时采用红砖替换原青砖砌墙，使用材料与原材料不符［图 6-27(m)～(o)]；后檐墙采用抽屉形砖挑檐，新砌后檐墙严重破坏了两山墙的戗檐以及西山墙的搏风，其形制和与原有形制不一致，导致整体风貌大为改观［图 6-27(m)～(o)]；后檐墙墙体中间表层涂抹白灰，下部涂抹仿砖纹涂料，表面有管线附着［图 6-27(m)～(o)]。北厢房室内新增三堵隔墙，将室内空间划分为南北两个部分，南边划分为三个房间，北边一个房间，与原有形制不一致［图 6-27(p)～(q)]；西次间、明间、东次间后半部分内墙体采用现

(a) 南立面前檐墙　(b) 北立面前檐墙局部放大　(c) 东立面前檐墙　(d) 东立面前檐墙局部放大

(e) 东立面山墙　(f) 东立面山墙局部放大　(g) 西立面山墙　(h) 西立面山墙局部放大(一)

(i) 西立面山墙局部放大(二)　(j) 西立面山墙局部放大(三)　(k) 西立面山墙局部放大(四)　(l) 西立面山墙局部放大(五)

(m) 北立面后檐墙　(n) 北立面后檐墙局部放大(一)　(o) 北立面后檐墙局部放大(二)　(p) 内墙体

(q) 东次间内墙体　(r) 西山墙内墙体　(s) 东山墙内墙体　(t) 西立面山墙与过厅(2号房)前面新加砌一堵墙体

图 6-27　一进院北厢房（4 号房）墙体残损现状

代瓷砖铺装，前半部分内墙体上面采用白灰涂抹，下面采用灰色瓷砖铺装，与原有形制不一致［图 6-27(p)～(q)］；东立面山墙和西立面山墙上部保持夯土墙体原貌，但风化酥碱、剥落现象严重［图 6-27(r)～(s)］；后人在西立面山墙与过厅（2 号房）前面新加砌一堵墙体，与原有风貌不一致［图 6-27(t)］。

（6）地面

一进院北厢房（4 号房）南向室外地面采用现代方砖在原有地面的基础上重新铺装，破坏建筑物原有风貌［图 6-28(a)］；南向室外地面人为抬高，使得一进院院外地面与阶条石几乎齐平，仅能见 8cm 阶条石露明部分，破坏建筑物原有风貌［图 6-28(a)］；南向原有散水被现代方砖覆盖［图 6-28(a)］；西向散水为水泥铺装［图 6-28(b)］，东向散水为白瓷砖铺装［图 6-28(c)］，北向散水为不规则大理石铺装［图 6-28(d)］，破坏建筑物原有风貌；前面三间室内地面为后人在原铺装的基础上采用规制为（14～15)cm×(29～30)cm 的青砖铺地［图 6-28(e)～(g)］；后面一大间为后人在原铺装的基础上采用现代瓷砖铺地，此做法使得室内地面与室外地面几乎齐平，有雨水倒灌迹象，破坏建筑物原有风貌［图 6-28(h)］；室内地面局部破损严重［图 6-28(e)～(g)］。

（7）木装修

一进院北厢房（4 号房）前檐墙和后檐墙的门窗为现代门窗式样，为后人所加［图 6-28(a)，图 6-29(a)～(c)］；屋顶吊顶装修为后人所加，且局部破损严重，与原有风貌不一致［图 6-29(d)］。

(a) 南向室外地面

(b) 西向室外地面

(c) 东向室外地面

(d) 北向室外地面

(e) 南向室内地面

(f) 西向室内地面

(g) 东向室内地面

(h) 北向室内地面

图 6-28　一进院北厢房（4 号房）地面残损现状

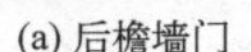
(a) 后檐墙门

(b) 后檐墙窗(一)

(c) 后檐墙窗(二)

(d) 吊顶装修

图 6-29　一进院倒座一进院北厢房（4 号房）木装修残损现状

6.2.5　二进院正房（5 号房）残损现状

（1）木柱

二进院正房（5 号房）共有四根前檐柱（A2、A3、A4、A5），四根前檐柱均出现严重的柱根腐朽，并采取混凝土柱的高位墩接处理，墩接高度 50cm。其中，南次间南侧檐柱（A2）[图 6-30(a)]、明间南侧檐柱（A3）[图 6-30(b)]、明间北侧檐柱（A4）[图 6-30(c)]、北次间北侧檐柱（A5）[图 6-30(d)] 的东西两面均被包裹在人为后加砌的墙体内，与原有风貌不一致，且裸露在外的柱身表面油饰起皮，柱根出现严重的腐朽现

(a) 南次间南侧檐柱(A2)

(b) 明间南侧檐柱(A3)

(c) 明间北侧檐柱(A4)

(d) 北次间北侧檐柱(A5)

(e) 明间南侧前金柱(B3)和北侧前金柱(B4)包裹墙内

(f) 明间南侧前金柱(B3)包裹墙内

(g) 明间南侧后金柱(C3)

(h) 明间北侧后金柱(C4)包裹墙内

图 6-30　二进院正房（5 号房）木柱残损现状图

象，柱身有向里倾斜现象。明间南侧前金柱（B3）［图 6-30(e)～(f)］和北侧前金柱（B4）［图 6-30(e)］包裹墙内，无法勘察其残损情况；明间南侧后金柱（C3）裸露在外，为方形柱，表面涂饰红油漆，柱顶部腐朽严重［图 6-30(g)］；明间北侧后金柱（C4）包裹墙内，为方形柱，下部局部裸露在外，表面漆面脱落，存在竖向开裂裂缝，柱根出现严重腐朽现象［图 6-30(h)］。

（2）木梁枋

二进院正房（5号房）共有两缝梁架，明间北侧梁架（④—④）（左）和南侧梁架（③—③）（右）［图 6-31(a)］，两缝梁架均无弯曲变形，但均落满灰尘。其中，明间南侧梁架（③—③）五架梁表面有开裂裂缝，整体腐朽严重，尤其是五架梁东端梁头腐朽严重，梁头局部缺失，已无承载能力，目前在其下方砌筑一堵墙体以支撑五架梁［图 6-31(b)～(d)］；五架梁下的随梁枋表面油

(a) 明间北侧梁架(④—④)(左)和南侧梁架(③—③)(右)

(b) 明间南侧梁架(③—③)北面

(c) 明间南侧梁架(③—③)南面

(d) 明间南侧梁架(③—③)五架梁东端

(e) 明间南侧梁架(③—③)五架梁下的随梁枋

(f) 明间南侧梁架(③—③)五架梁东端瓜柱

(g) 明间南侧梁架(③—③)五架梁西端瓜柱

(h) 明间北侧梁架(④—④)五架梁西端梁头

(i) 明间北侧梁架(④—④)南面

(j) 明间北侧梁架(④—④)五架梁南面

(k) 明间北侧梁架(④—④)北面东端头

(l) 明间北侧梁架(④—④)三架梁上的脊瓜柱

图 6-31　二进院正房（5号房）梁架残损现状

饰有脱落现象，底部有凹槽，部分缺失，且表面有火烧发黑痕迹［图 6-31(e)］；五架梁上三根瓜柱均出现裂缝，尤其是东端瓜柱出现严重劈裂现象，西端瓜柱出现明显的开裂裂缝，裂缝宽度达 10mm［图 6-31(f)～(g)］；三架梁和单步梁梁身表面均有不同程度的腐朽现象［图 6-31(b)～(c)］。明间北侧梁架（④—④）五架梁表面有不同程度的腐朽现象，且表面有开裂裂缝，五架梁西端梁头有严重的劈裂现象［图 6-31(h)～(j)］；五架梁下的随梁枋表面油饰有脱落现象，腐朽较为严重［图 6-31(j)］；五架梁上三根瓜柱无明显的开裂裂缝和腐朽现象［图 6-31（i）］；三架梁和单步梁梁身表面均有不同程度的腐朽现象［图 6-31(i)］；三架梁上的脊瓜柱表面有腐朽现象，且出现局部开裂现象［图 6-31(l)］。

（3）屋盖系统

二进院正房（5 号房）屋盖系统包括檩条系统和椽条系统，南稍间、南次间、明间、北次间、北稍间的檩条系统和椽条系统均落满灰尘，且脊檩和东坡金檩均为后人修缮换新，檩和椽均腐朽严重（图 6-32）。其中，南稍间脊檩和东坡金檩为不规则带树皮圆木，且檩下没有枋，与原有形制不一致［图 6-32(a)］。南稍间东坡椽均为后人修缮换新；西坡檩和椽炭化变色发黑，脊檩和上金檩间椽条腐朽严重，后人在其旁边简单加置新的椽条以提高其机械强度，与原有形制不一致［图 6-32(a)］。南次间脊檩和东坡金檩为不规则带树皮圆木，且檩下没有枋，与原有形制不一致［图 6-32(b)～(c)］；南次间东坡椽均为后人修缮换新；西坡檩和椽炭化变色发黑，脊檩和上金檩间椽条腐朽严重，后人在其旁边简单加置新的椽条以提高其机械强度，与原有形制不一致［图 6-32(b)～(c)］。明间脊檩和东坡金檩为不规则带树皮圆木，且檩下没有枋，与原有形制不一致［图 6-32(c)～(d)］；明间东坡椽均为后人修缮换新；西坡檩和椽炭化变色发黑，脊檩和上金檩间椽条腐朽严重，后人在其旁边简单加置新的椽条以提高其机械强度，与原有形制不一致［图 6-32(c)～(d)］。北次间脊檩和东坡金檩为不规则带树皮圆木，且檩下没有枋，与原有形制不一致［图 6-32(e)］；北次间东坡椽均为后人修缮换新；西坡檩和椽炭化变色发黑，脊檩和上金檩间椽条腐朽严重，后人在其旁边简单加置新的椽条以提高其机械强度，与原有形制不一致［图 6-32(e)］。北稍间檩和椽均腐朽严重，檩和椽炭化变色发黑，且部分椽条缺失［图 6-32(f)～(h)］。南稍间、南次间、明间、北次间、北稍间东坡前檐檩、檐檩下枋、檐椽、飞椽椽头糟朽严重（图 6-32）。其中，南稍间东坡部分飞椽被更换，檐檩与枋侧面漆面脱落，表面存在干缩裂缝［图

图 6-32　二进院正房（5 号房）屋盖系统残损现状

6-32(i)～(m)]；南次间东坡全部飞椽被更换，且飞椽上方没有安置挡板，与原形制不一致，挑檐檩有钉子钉入现象，檐檩与枋侧面漆面脱落，表面存在干缩裂缝［图 6-32(m)～(q)］；明间东坡南侧 2/3 檐椽被更换，其上没有设置飞椽，亦没有安置挡板，与原形制不一致，檐檩与枋侧面漆面脱落，表面存在干缩裂缝［图 6-32(r)～(s)］；北次间东坡前檐檩、檐檩下枋、檐椽、飞椽椽头糟朽严重，檐檩与枋侧面漆面脱落，表面存在干缩裂缝［图 6-32(t)～(u)］；北稍间东坡前檐檩、檐檩下枋、檐椽、飞椽椽头糟朽严重，檐檩与枋侧面漆面脱落，表面存在干缩裂缝［图 6-32(v)～(x)］。

（4）屋面

二进院正房（5 号房）屋面使用的是小青瓦。屋面局部有杂草生长［图 6-33(a)～(c)］；屋面正脊全部缺失，仅保留脊座，正脊吻兽全部缺失［图 6-33(a)～(c)］；东坡屋面滴水瓦当基本保留完好［图 6-33(a)～(c)］；北稍间东坡和西坡屋面部分望砖缺失，出现两个露天孔洞［图 6-32(f)～(h)］；南稍间、南次间、明间、北次间东坡屋面望砖缺失，采用新的秸秆进行修补，和原有形制不一致［图 6-32(a)～(e)］；南稍间、南次间前檐采用新的秸秆和望板进行修补处理，和原有形制不一致［图 6-32(i)～(q)］；明间前檐采用新的秸秆进行修补，和原有形制不一致［图 6-32(r)～(s)］；北稍间前檐望板腐朽严重，出现孔洞现象［图 6-32(v)～(x)］。

(a) 东坡屋面

(b) 明间东坡屋面

(c) 北稍间东坡屋面

图 6-33　二进院正房（5 号房）屋面残损现状

（5）墙体

二进院正房（5 号房）东立面前檐墙体上部表面涂抹白灰，下部 50cm 涂抹现代仿砖纹涂料，与原有形制不一致［图 6-34(a)～(d)］；北稍间外墙体白灰和现代砖纹涂料脱落严重［图 6-34(d)］；四根前檐柱周围为后人修缮时加砌墙体，与原有形制不一致［图 6-34(a)］。南立面前檐山墙外墙体上部表面涂抹白灰，下部 50cm 涂抹现代仿砖纹涂料，与原有形制不一致［图 6-34(e)］。北立面前檐山墙外墙体上部表面涂抹白灰，下部 50cm 涂抹现代仿砖纹涂料，与原有形制不一致［图 6-34(f)］；北立面山墙外墙体下部砖块风化酥碱严重，且有植物生长［图 6-34(g)～(h)］。

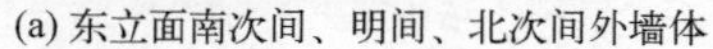

(a) 东立面南次间、明间、北次间外墙体

(b) 东立面南次间外墙体

(c) 东立面北次间外墙体

(d) 东立面北稍间外墙体

(e) 南立面前檐山墙外墙体

(f) 北立面前檐山墙外墙体

(g) 北立面外墙体(一)

(h) 北立面外墙体(二)

(i) 南稍间南侧山墙内墙体

(j) 南稍间北侧隔墙内墙体

(k) 南次间南侧隔墙内墙体

(l) 明间北侧隔墙内墙体(一)

(m) 明间北侧隔墙内墙体(二)

(n) 明间前檐墙内墙体

(o) 明间后檐墙内墙体

(p) 北次间北侧隔墙内墙体

(q) 北次间后檐墙内墙体

(r) 北次间前檐墙内墙体(一)

(s) 北次间前檐墙内墙体(二)

(t) 北稍间北侧山墙内墙体

(u) 北稍间后檐墙内墙体

(v) 北稍间前檐墙内墙体

(w) 北稍间南侧隔墙内墙体

图 6-34　二进院正房（5 号房）墙体残损现状

南稍间［图 6-34(i)～(j)］、南次间［图 6-34(k)］、明间［图 6-34(l)～(o)］、北次间［图 6-34(p)～(s)］、北稍间［图 6-34(t)～(w)］内墙体上的白灰均出现不同程度的脱落现象，泥坯出现不同程度的风化酥碱现象，下部装饰有 1.2m 高木质板材，与原有形制不一致。明间南侧隔墙缺失，与原有形制不一致［图 6-31(b)］。

（6）地面

二进院正房（5 号房）室外地面采用水泥覆盖，表面凹凸不平，局部破损严重，与原有形制不一致［图 6-35(a)］；室外人为地面抬高，台明与地面高差不足 20cm，与原有形制不一致［图 6-35(b)］；明间台阶为后人修缮时新砌，与原风貌不一致［图 6-35(b)］；明间阶条石局部断裂［图 6-35(c)］；东向散水铺装均缺失，现采用水泥铺装，与原有形制不一致［图 6-35(d)］；前檐室外地面均采用水泥覆盖，与原有形制不一致［图 6-35(e)～(f)］；室内地面均采用瓷砖铺装，与原有形制不一致［图 6-35(g)］。

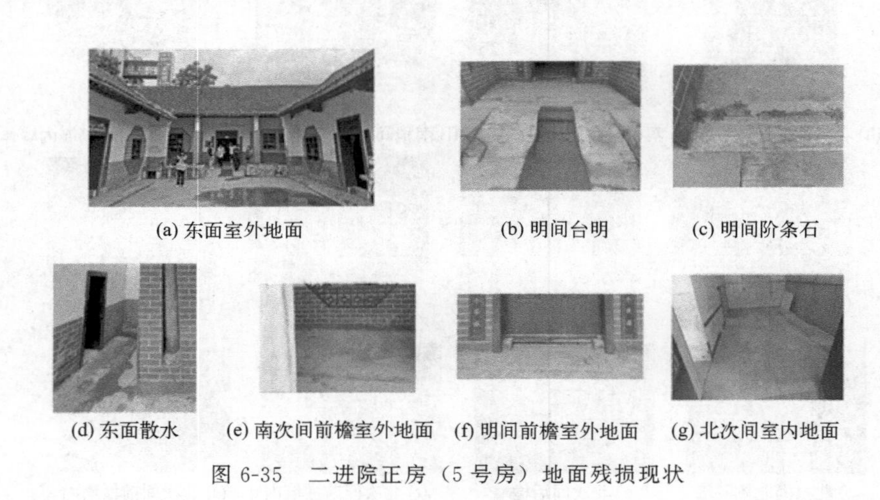

(a) 东面室外地面　(b) 明间台明　(c) 明间阶条石

(d) 东面散水　(e) 南次间前檐室外地面　(f) 明间前檐室外地面　(g) 北次间室内地面

图 6-35　二进院正房（5 号房）地面残损现状

（7）木装修

二进院正房（5 号房）东立面的门窗均为后人修缮时新做，其位置和形制发生了变化，与原有形制不一致［图 6-36(a)～(e)］；西立面后檐墙上的窗户均为后人修缮时新做，与原有风貌不一致［图 6-36(f)］；内部采用现代吊顶进行装饰，与原有风貌不一致，且吊顶部分已拆除，有诸多铁丝和木龙骨零乱悬挂［图 6-36(g)～(h)］。

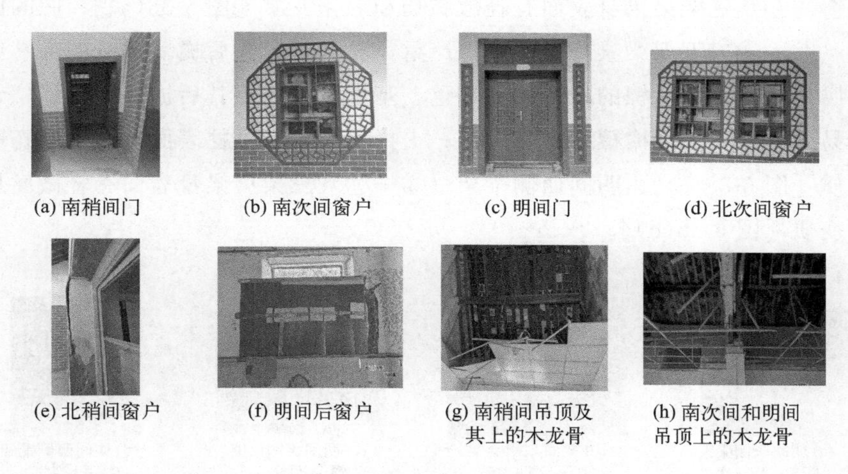

(a) 南稍间门　(b) 南次间窗户　(c) 明间门　(d) 北次间窗户

(e) 北稍间窗户　(f) 明间后窗户　(g) 南稍间吊顶及其上的木龙骨　(h) 南次间和明间吊顶上的木龙骨

图 6-36　一进院倒座正房（5 号房）木装修残损现状

6.2.6　二进院南厢房（6 号房）残损现状

（1）木柱

二进院南厢房（6 号房）共有两根檐柱（A2、A3）和两根金柱（B2、B3）。其中，明间东侧檐柱（A2）和金柱（B2）包裹在墙体内，残损情况不详［图 6-37(a)］；明间西侧檐柱（A3）和金柱（B3）包裹在墙体内，残损情况不详［图 6-37(b)］。

(a) 明间东侧檐柱(A2)和金柱(B2)包裹在墙体内

(b) 明间西侧金柱(B3)包裹在墙体内

图 6-37　二进院南厢房（6 号房）木柱残损现状图

（2）木梁枋

二进院南厢房（6 号房）共有两缝梁架，梁架均无弯曲变形，均无表面受损，但均落满灰尘［图 6-38(a)～(d)］。其中，明间东侧梁架（②—②）五架梁梁身用报纸包裹，底部有木条嵌补的痕迹并用铁丝简单加固，梁身表面腐朽严重，其上瓜柱表面有轻微腐朽和老化变质［图 6-38(a)～(b)］；明间东侧梁架（②—②）三架梁梁身表面有轻微腐朽和老化变质［图 6-38(a)］；明间西侧梁架（③—③）五架梁梁身表面腐朽严重，尤其是插入后檐墙部分的南端梁头完全腐朽；支撑后檐檩的瓜柱腐朽严重，基于该瓜柱与其后檐檩存在错位，采用简易斜支撑支撑后檐檩防止其滑落；支撑三架梁的瓜柱表面有轻微腐朽和老化变质［图 6-38(c)］；明间西侧梁架（③—③）三架梁梁身表面有轻微腐朽和老化变质［图 6-38(d)］。

(a) 明间东侧梁架(②—②)(一)

(b) 明间东侧梁架(②—②)(二)

(c) 明间西侧梁架(③—③)(一)

(d) 明间西侧梁架(③—③)(二)

图 6-38　二进院南厢房（6 号房）梁架残损现状

（3）屋盖系统

二进院南厢房（6 号房）屋盖系统包括檩条系统和椽条系统，其表面均落满灰尘，均有不同程度的腐朽［图 6-39(a)～(l)］。其中，东次间檩条两端支承在西山墙上，檩和椽表面发黑均严重，油饰防护层脱落，表面有轻微腐朽和老化变质［图 6-39(a)］；明间檩和椽表面炭化发黑均严重，油饰防护层脱落，后檐檩和后檐椽椽头腐朽严重，其他檩和椽表面有轻微腐朽和老化变质［图 6-39(b)～(d)］；西次间檩条两端支承在东山墙上，檩和椽表面炭化发黑均严重，油饰防护层脱落，后檐檩和后檐椽椽头腐朽严重，其他檩和椽表面有轻微腐朽和老化变质［图 6-39(e)～(f)］；前檐檐檩、檐椽及飞椽端头腐朽严重，小连檐缺失［图 6-39(g)～(l)］。

（4）屋面

二进院南厢房（6 号房）屋面使用的是小青瓦。北坡整个屋面瓦件整体保存较为完好，但杂草丛生［图 6-40(a)～(c)］；北坡屋面正脊缺失，正脊吻兽全部缺失，仅剩下脊座，西稍间脊座上面抹有混凝土［图 6-40(a)］；北坡屋面垂脊为盖瓦铺装，和原有形制不一致，东次间垂脊上面抹有混凝土［图 6-40(b)～(c)］；北坡屋面滴水和瓦当全部缺失［图 6-40(b)～(c)］；前檐望板腐朽严重［图 6-39(g)～(l)］。

(a)东次间檩和椽　(b)明间檩和椽(一)　(c)明间檩和椽(二)　(d)明间檩和椽(三)

(e)西次间檩和椽(一)　(f)西次间檩和椽(二)　(g)东次间前檐檩和檐椽　(h)东次间前檐檩和檐椽

(i)东次间和明间交界前檐檩和檐椽　(j)明间前檐檩和檐椽　(k)明间和西次间交界前檐檩和檐椽　(l)西次间前檐檩和檐椽

图 6-39　二进院南厢房（6 号房）屋盖系统残损现状

(a)北坡屋面　(b)北坡屋面东侧　(c)北坡屋面西侧

图 6-40　二进院南厢房（6 号房）屋面残损现状

（5）墙体

二进院南厢房（6 号房）北立面前檐墙上部采用白灰涂抹，下部表面涂抹仿砖纹涂料，与原有形制不一致［图 6-41(a)］；东立面山墙砖块材质劣化不明显，搏风保持完好，右前方的上部采用白灰涂抹，下部表面涂抹仿砖纹涂料，与原有形制不一致［图 6-41(b)～(c)］；西立面山墙砖块材质劣化不明显，搏风保持完好，中部采用白灰涂抹，下部表面涂抹仿砖纹涂料，与原有形制不一致［图 6-41(d)～(f)］；后人在东立面山墙与过厅（2 号房）中间新加砌一间小屋，与原有风貌不一致［图 6-41(b)］；东西山墙以及前后檐内墙体采用白灰涂抹，墙体熏黑严重，下部装饰 1.2m 高度的木板，与原有形制不一致［图 6-41(g)］；后人在两根檐柱以及两根金柱周围加砌墙体将其包裹，与原有形制不一致［图 6-41(g)］。

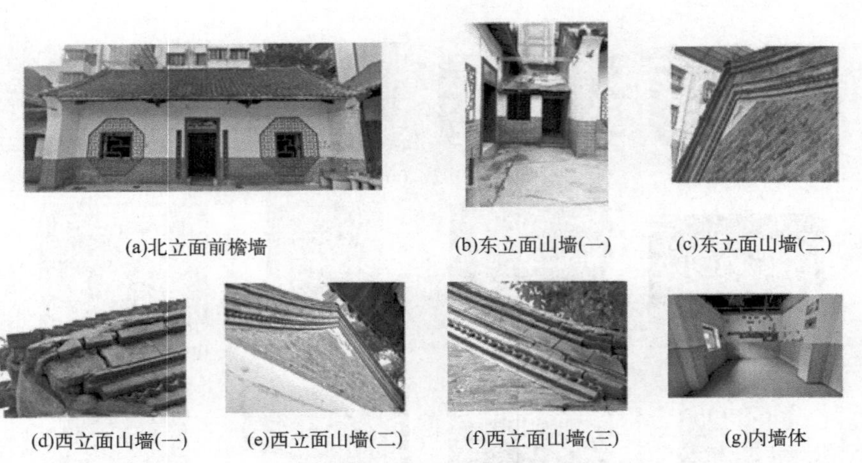

(a)北立面前檐墙　(b)东立面山墙(一)　(c)东立面山墙(二)

(d)西立面山墙(一)　(e)西立面山墙(二)　(f)西立面山墙(三)　(g)内墙体

图 6-41　二进院南厢房（6 号房）墙体残损现状

（6）地面

二进院南厢房（6 号房）室外地面采用水泥覆盖，表面凹凸不平，局部破损严重，与原有形制不一致［图 6-42(a)］；室外地面人为抬高，台明与地面高差不足 8cm，与原有形制不一致［图 6-42(a)］；北向散水铺装均缺失，现采用水泥铺装，与原有形制不一致［图 6-42(a)］；前檐室外地面均采用水泥覆盖，与原有形制不一致［图 6-42(a)］；室内地面均采用瓷砖铺装，与原有形制不一致［图 6-42(b)～(c)］。

(a)北向室外地面

(b)东次间室内地面

(c)明间及西次间室内地面

图 6-42　二进院南厢房（6 号房）地面残损现状

（7）木装修

二进院南厢房（6 号房）北立面的门窗以及西次间西立面的门均为后人修缮时新做，与原有形制不一致［图 6-43(a)～(d)］；内部采用现代吊顶进行装饰，与原有风貌不一致，且吊顶部分已拆除，有诸多铁丝和木龙骨零乱悬挂［图 6-39(a)～(b)、(e)］。

(a)东次间窗户

(b)明间窗户

(c)西次间窗户

(d)西次间西立面门

图 6-43　一进院倒座二进院南厢房（6 号房）木装修残损现状

6.2.7　二进院北厢房（7 号房）残损现状

（1）木柱

二进院北厢房（7 号房）共有两根檐柱（A2、A3）和两根金柱（B2、B3）。其中，明间东侧檐柱（A2）和金柱（B2）包裹在墙体内，残损情况不详［图 6-44(a)］；明间东侧檐柱（A3）和金柱（B3）包裹在墙体内，残损情况不详［图 6-44(b)］。

(a)明间西侧檐柱(A2)和金柱(B2)包裹在墙体内

(b)明间东侧檐柱(A3)和金柱(B3)包裹在墙体内

图 6-44　二进院北厢房（7 号房）木柱残损现状

（2）木梁枋

二进院北厢房（7 号房）共有两缝梁架，梁架均无弯曲变形，均无表面受损，但均落满灰尘［图 6-45(a)～(h)］。其中，明间西侧梁架（②—②）、明间东侧梁架（③—③）均落满灰尘［图 6-45(a)～(h)］。明间西侧梁架（②—②）五架梁及三架梁梁身表层油饰防护层脱落，且烟熏油污严重；五架梁及三架梁梁身表面腐朽和老化变质明显，尤其是五架梁梁身腐朽较为严重；五架梁及三架梁梁身均有明显的开裂裂缝现象；五架梁及三架梁上的脊瓜柱均出现开裂裂缝现象［图 6-45(a)～(d)］。明间东侧梁架（③—③）五架梁及三架梁梁身表层油饰防护层脱落，且烟熏油污严重；五架梁及三架梁梁身表面腐朽和老化变质明显，尤其是五架梁梁身腐朽较为严重；五架梁及三架梁梁身均有明显的开裂裂缝现象；五架梁及三架梁上的脊瓜柱均出现开裂裂缝现象［图 6-45(e)～(h)］。

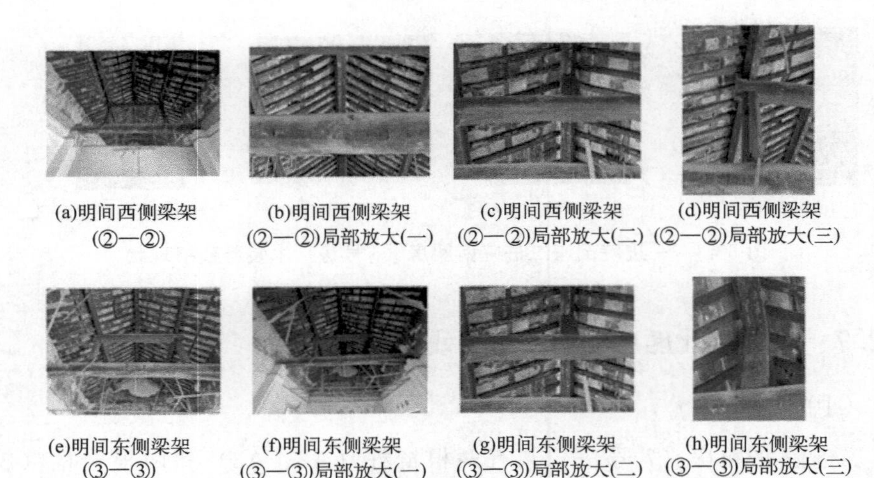

(a)明间西侧梁架(②—②)　(b)明间西侧梁架(②—②)局部放大(一)　(c)明间西侧梁架(②—②)局部放大(二)　(d)明间西侧梁架(②—②)局部放大(三)

(e)明间东侧梁架(③—③)　(f)明间东侧梁架(③—③)局部放大(一)　(g)明间东侧梁架(③—③)局部放大(二)　(h)明间东侧梁架(③—③)局部放大(三)

图 6-45　二进院北厢房（7 号房）梁架残损现状

（3）屋盖系统

二进院北厢房（7 号房）屋盖系统包括檩条系统和椽条系统，表面均落满灰尘，均有不同程度的腐朽［图 6-46(a)～(p)］，其中，西次间檩条两端支承在西山墙上，檩和椽表面炭化发黑均严重，油饰防护层脱落，表面腐朽和老化变质明显，檩身均未见劈裂和明显挠度产生［图 6-46(a)～(c)］；明间檩和椽表面炭化发黑均严重，油饰防护层脱落，表面腐朽和老化变质明显，檩身均未见劈裂和明显挠度产生，部分椽出现断裂现象［图 6-46(d)～(g)］；东次间檩条两端支承在东山墙上，檩和椽表面炭化发黑均严重，油饰防护层脱落，表面腐朽和老化变质明显，北坡上金檩与三架梁交界处出现明显的劈裂现象，其他檩身均未见劈裂和明显挠度产生，部分椽出现断裂现象［图 6-46(h)～(l)］；前檐檐檩、檐椽及飞椽端头腐朽均严重，部分飞椽及檐椽端头开裂严重［图 6-46(m)～(p)］。

（4）屋面

二进院北厢房（7 号房）屋面使用的是小青瓦。南坡和北坡整个屋面瓦件整体保存较为完好，但杂草丛生［图 6-47(a)～(c)］；南坡屋面正脊缺失，正脊吻兽全部缺失，仅剩下脊座［图 6-47(a)］；南坡屋面垂脊为筒瓦铺装，西侧前端修缮时采用盖瓦铺装，和原有形制不一致［图 6-47(a)］；南坡屋面滴水和瓦当全部缺失［图 6-47(a)］；北坡西侧前端垂脊部分缺失［图 6-47(c)］；东次间和明间部分望砖采用望板进行替换，和原有形制不一致［图 6-46(g)～(l)］。

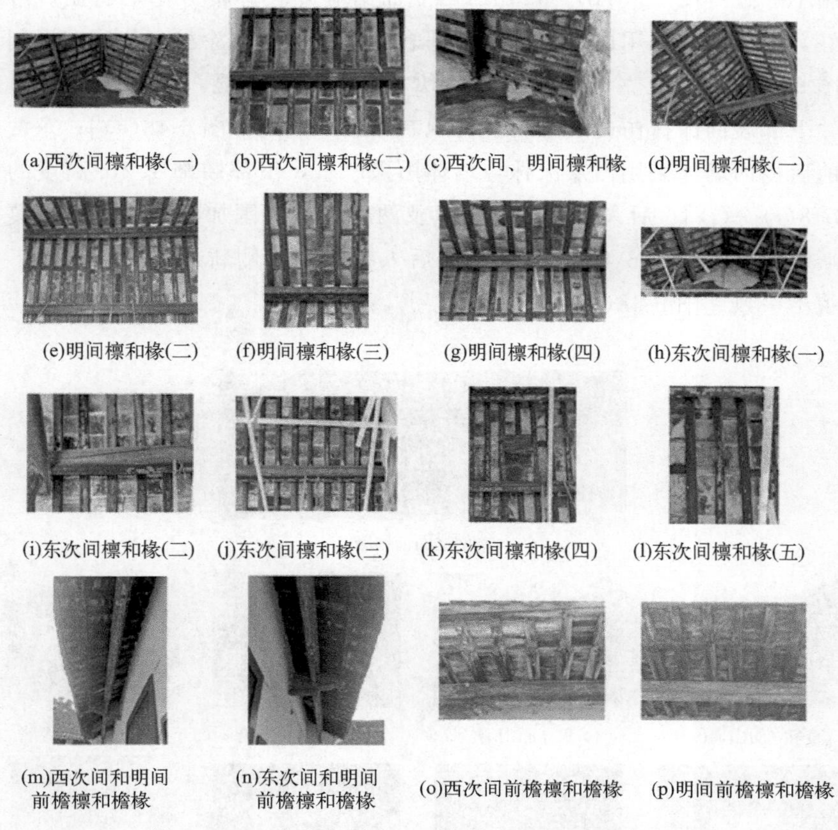

(a)西次间檩和椽(一)　(b)西次间檩和椽(二)　(c)西次间、明间檩和椽　(d)明间檩和椽(一)

(e)明间檩和椽(二)　(f)明间檩和椽(三)　(g)明间檩和椽(四)　(h)东次间檩和椽(一)

(i)东次间檩和椽(二)　(j)东次间檩和椽(三)　(k)东次间檩和椽(四)　(l)东次间檩和椽(五)

(m)西次间和明间前檐檩和檐椽　(n)东次间和明间前檐檩和檐椽　(o)西次间前檐檩和檐椽　(p)明间前檐檩和檐椽

图 6-46　二进院北厢房（7 号房）屋盖系统残损现状

(a)南坡屋面　(b)北坡屋面西侧(一)　(c)北坡屋面西侧(二)

图 6-47　二进院北厢房（7 号房）屋面残损现状

（5）墙体

二进院北厢房（7 号房）南立面前檐墙上部采用白灰涂抹，下部表面涂抹仿砖纹涂料，与原有形制不一致［图 6-48(a)］；东立面山墙砖块材质劣化不明显，搏风保持完好，墙体中部采用白灰涂抹，下部表面涂抹仿砖纹涂料，与原有形制不一致［图 6-48(b)～(c)］；西立面山墙砖块材质劣化不明显，搏风保持完好，墙体中部采用白灰涂抹，下部表面涂抹仿砖纹涂料，与原有形制不一致［图 6-48(d)］；北立面后檐墙体砖块材质劣化不明显，墙体中部采用白灰涂抹，下部表面涂抹仿砖纹涂料，与原有形制不一致［图 6-48(e)］；东西山墙以及前后檐内墙体采用白灰涂抹，墙体熏黑严重，下部装饰 1.2m 高度的木板［图 6-48(f)～(i)］；后人在两根檐柱以及两根金柱周围加砌墙体将其包裹，与原有形制不一致［图 6-48(h)～(i)］；后人在明间西侧新加砌一堵墙体，与原有风貌不一致［图 6-48(h)］。

(a)南立面前檐墙

(b)东立面山墙(一)

(c)东立面山墙(二)

(d)西立面山墙

(e)北立面后檐墙

(f)东立面山墙内墙体

(g)西立面山墙内墙体

(h)明间西隔墙内墙体

(i)西次间东隔墙和后檐墙内墙体

图 6-48　二进院北厢房（7 号房）墙体残损现状

（6）地面

二进院北厢房（7 号房）室外地面采用水泥覆盖，表面凹凸不平，局部破损严重，与原有形制不一致［图 6-49(a)］；室外地面人为抬高，台明与地面高差不足 8cm，与原有形制不一致［图 6-49(a)］；南向散水铺装均缺失，现采用水泥铺装，与原有形制不一致［图 6-49(a)］；前檐室外地面均采用水泥覆盖，与原有形制不一致，且有植物生长［图 6-49(a)］；室内地面均采用瓷砖铺装，与原有形制不一致［图 6-49(b)～(c)］。

(a)南向室外地面

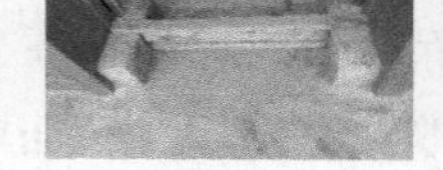
(b)前檐室外地面

(c)明间室内地面

图 6-49　二进院北厢房（7号房）地面残损现状

（7）木装修

二进院北厢房（7号房）南立面的门窗以及后檐窗户均为后人修缮时新做，与原有形制不一致［图 6-50(a)～(c)］；北立面后檐墙上的窗户均为后人新做，与原有风貌不一致［图 6-50(d)］；内部采用现代吊顶进行装饰，与原有风貌不一致，且吊顶部分已拆除，有诸多铁丝和木龙骨零乱悬挂［图 6-46(h)、(j)］。

(a)西次间窗户

(b)明间窗户

(c)东次间窗户

(d)后檐窗户

图 6-50　二进院北厢房（7号房）木装修残损现状

6.3　安全评估

本章在对杨家大院一进院倒座（1号房）、一进院过厅（2号房）、一进院南厢房（3号房）、一进院北厢房（4号房）、二进院正房（5号房）、二进院南厢房（6号房）、二进院北厢房（7号房）单体建筑各勘察项目残损情况全面分析研究的基础上，对其安全性进行了鉴定评级（表 6-1～表 6-28）。

6.4　本章小结

本章通过对杨家大院一进院倒座（1号房）、一进院过厅（2号房）、一进院南厢房（3号房）、一进院北厢房（4号房）、二进院正房（5号房）、二进院南厢房（6号房）、二进院北厢房（7号房）残损现状的勘察分析，得出：

① 一进院倒座（1号房）：檐柱和金柱的柱身除有轻微的开裂裂缝外无明显的腐朽。四缝梁架保存较为完好。屋盖系统中除了部分后檐檐椽的飞椽椽头出现轻微腐朽外，基本保存完好。屋面的正脊、垂脊、吻兽、瓦件、滴水、瓦当均保存完好。现存东立面墙体为倒座原后檐墙，现已破墙开窗，槛墙为后人按现代工艺所做；现存西立面墙体为倒座原前廊，现为后人在后檐柱位置按封后檐和七层冰盘檐所做砖挑檐墙，并在明间开设一个门洞。东面阶条石普遍风化剥蚀，局部断裂，东面散水已被水泥地面覆盖，明间增加现代工艺水泥踏垛，室内地面的部分砖块存在断裂、丢失、松动，室内地面抬升。东立面现存玻璃门窗原为其后墙体，改变了原有形制，明间后檐墙门洞为后期改制。

② 一进院过厅（2号房）：檐柱和金柱的柱身腐朽和虫蛀较为严重。四缝梁架除了有轻微的开裂裂缝、后檐穿插枋及抱头梁腐朽严重外，无明显的腐朽现象。屋盖系统的檩条和椽条腐朽现象较为严重。屋面中间出现凹陷现象，部分正脊吻兽、瓦件、滴水和瓦当缺失或部分缺失。墙体破坏严重，南次间、明间、北次间原本的前檐廊被拆砌，另有多处后人修缮时新加砌的墙体。室内地面均采用瓷砖铺装，室内地面整体抬升，与原有形制不一致。原本的“四开六抹隔扇窗户”“四开六抹隔扇门”全部拆除。

③ 一进院南厢房（3号房）：明间西侧檐柱和金柱被隔墙包裹，明间东侧檐柱柱根轻微腐朽，明间东侧金柱四周有人为包裹木板的修缮痕迹，破坏了原有风貌。两缝梁架有轻微的开裂裂缝、轻微腐朽和老化变质。屋盖系统的檩条和椽条有不同程度的腐朽。屋面正脊和吻兽全部缺失，仅剩下脊座；西侧垂脊为后人修缮时采用盖瓦铺装，和原有形制不一致。现存前檐墙原为前廊，为后期修缮所加，前檐墙的加砌破坏原有飞椽出檐，同时破坏了搏风和两山墙戗檐。室内地面为后人在原铺装的基础上采用仿花岗岩瓷砖铺装，和原有形制不一致。原本的“四开六抹隔扇窗户”“四开六抹隔扇门”全部拆除，现存前檐墙的门窗为现代门窗式样，为后人所加；屋顶吊顶装修为后人所加，且局部破损严重，与原有风貌不一致。

④ 一进院北厢房（4号房）：两根檐柱和两根金柱被前檐墙完全包裹。两缝梁架有轻微的开裂裂缝、轻微腐朽和老化变质。屋盖系统的檩条和椽条有不同程度的腐朽。屋面正脊吻兽全部缺失；南坡屋面垂脊破坏严重，部分垂脊在后人修缮时采用盖瓦铺装；南坡屋面部分瓦件破碎，采用水泥修补，和原有形制不一致。现存前檐墙原为前廊，为后期修缮所加，前檐墙的加砌破坏原有飞椽出檐，同时破坏了搏风和两山墙戗檐。室内新增三堵隔墙，与原有形制不一致。室内地面部分为后人在原铺装的基础上采用青砖铺地，另外还有现代瓷砖

铺地，破坏建筑物原有风貌。原本的“四开六抹隔扇窗户”“四开六抹隔扇门”全部拆除，现存前檐墙的门窗为现代门窗式样，为后人所加；屋顶吊顶装修为后人所加。

⑤ 二进院正房（5 号房）：前檐柱和前后金柱柱根均出现严重腐朽现象。两缝梁架均有不同程度的开裂和腐朽。屋盖系统的檩条和椽条均有不同程度的腐朽。屋面正脊、正脊吻兽全部缺失；部分望砖缺失，出现露天孔洞；部分屋面采用新的秸秆和望板进行修补，和原有形制不一致。四根前檐柱周围为后人修缮时加砌墙体，与原有形制不一致。明间台阶为后人修缮时新砌，阶条石局部断裂；前檐室外地面均采用水泥覆盖；室内地面均采用瓷砖铺装，与原有形制不一致。东立面的门窗均为后人修缮时新做，其位置和形制发生了变化，与原有形制不一致；西立面后檐墙上的窗户均为后人修缮时新做；内部采用现代吊顶进行装饰。

⑥ 二进院南厢房（6 号房）：两根檐柱和两根金柱均被包裹在墙体内。两缝梁架均有不同程度的腐朽。屋盖系统的檩条和椽条均有不同程度的腐朽。屋面正脊、正脊吻兽全部缺失；北坡屋面垂脊为盖瓦铺装，和原有形制不一致；北坡屋面滴水和瓦当全部缺失。墙体除了人为涂抹的仿砖纹涂料，保存较为完好。室内地面均采用瓷砖铺装，与原有形制不一致。北立面的门窗以及西次间西立面的门均为后人修缮时新做，与原有形制不一致；内部采用现代吊顶进行装饰。

⑦ 二进院北厢房（7 号房）：两根檐柱和两根金柱均被包裹在墙体内。两缝梁架均有不同程度的腐朽。屋盖系统的檩条和椽条均有不同程度的腐朽。屋面正脊、正脊吻兽全部缺失；南坡屋面部分垂脊为盖瓦铺装，和原有形制不一致；南坡屋面滴水和瓦当全部缺失；北坡西侧前端垂脊部分缺失。后人在两根檐柱以及两根金柱周围加砌墙体将其包裹，后人在明间西侧新加砌一堵墙体，与原有风貌不一致。室内地面均采用瓷砖铺装，与原有形制不一致。南立面的门窗以及后檐窗户均为后人修缮时新做；内部采用现代吊顶进行装饰。

图 6-1～图 6-50 残损图片

表 6-1 倒座（1号房）承重木柱残损点评定标准及评级

项次	勘察项目	勘察内容		残损点评定界限	构件勘察项目评级(无残损 a′/轻度残损 b′/中度残损 c′/重度残损 d′)							
					檐柱A2	檐柱A3	檐柱A4	檐柱A5	金柱C2	金柱C3	金柱C4	金柱C5
1	材质劣化	腐朽和老化变质：在任一截面上，腐朽和老化变质(两者合计)所占面积与整截面面积之比 ρ	当仅有表层腐朽和老化变质时	$\rho>1/5$，或不少木节已恶化为松软节或腐朽节	a′	a′	a′	a′	a′	a′	a′	b′
			当仅有心腐时	$\rho>1/7$								
			当同时存在以上两种情况时	不论 ρ 大小，均视为残损点								
		虫蛀：沿柱长任一部位		有虫蛀孔洞，或未见孔洞，但敲击有空鼓音								
		扭斜纹并发斜裂		斜裂缝的斜率大于15%，且裂缝深度大于柱径的2/5或材宽的1/3								
2	柱的弯曲	弯曲矢高 δ		$\delta>L_0/250$(L_0 为柱的无支长度)	a′	a′	a′	a′	a′	a′	a′	a′
3	柱脚与柱础抵承状况	柱脚底面与柱础间实际抵承面积与柱脚处柱的原截面面积之比 ρ_c		$\rho_c<3/5$	a′	a′	a′	a′	a′	a′	a′	a′
		若柱子为偏心受压构件，尚应确定实际抵承面中心对柱轴线的偏心距 e_c 及其对原偏心距 e 的影响		按偏心验算不合格								
4	柱础错位	柱与柱础之间错位：与柱径(或柱截面)沿错位方向的尺寸之比 ρ_d		$\rho_d>1/6$	a′	a′	a′	a′	a′	a′	b′	a′
5	柱身损伤	沿柱长任一部位的损伤状况		有断裂、劈裂或压皱迹象出现	a′	a′	a′	a′	a′	a′	b′	a′
6	历次加固现状	原墩接的完好程度		柱身有新的变形或变位，或榫卯已脱胶、开裂，或铁箍已松脱	a′	a′	a′	a′	a′	a′	a′	a′
		原灌浆效果	浆体与木材黏结状况	浆体干缩，敲击有空鼓音								
			柱身受力状况	有明显的压皱或变形现象								
		原挖补部位的完好程度		已松动、脱胶，或又发生新的腐朽								
单个承重构件(木柱)残损等级评定标准					a	a	a	a	a	a	a	a
主要构件集(木柱集)安全性鉴定评级					A							

表 6-2　倒座（1 号房）承重木梁枋残损点评定标准及评级

项次	勘察项目	勘察内容			残损点评定界限	构件勘察项目评级(无残损 a′/轻度残损 b′/中度残损 c′/重度残损 d′)															
						南次间南侧梁架（②—②）				明间南侧梁架（③—③）				明间北侧梁架（④—④）				北次间北侧梁架（⑤—⑤）			
						五架梁枋	单步梁枋1	单步梁枋2	三架梁枋	五架梁枋	单步梁枋1	单步梁枋2	三架梁枋	五架梁枋	单步梁枋1	单步梁枋2	三架梁枋	五架梁枋	单步梁枋1	单步梁枋2	三架梁枋
1	材质劣化	腐朽和老化变质：在任一截面上，腐朽和老化变质（两者合计）所占的面积与整截面面积之比 ρ	当仅有表层腐朽和老化变质时	对梁身	$\rho \geq 1/8$，或不少木节已恶化为松软节或腐朽节	a′	a′	a′	a′	a′	a′	a′	a′	a′	a′	a′	a′	a′	a′	a′	a′
				对梁端（支承范围内）	不论 ρ 大小，均视为残损点																
			当仅有心腐时		不论 ρ 大小，均视为残损点																
		虫蛀			有虫蛀孔洞，或未见孔洞，但敲击有空鼓音																
		扭斜纹并发斜裂			斜裂缝的斜率大于 15%																
2	弯曲变形	竖向挠度最大值 ω_1 或 ω_1'			当 $h/l > 1/14$ 时 $\omega_1 > l^2/2100h$	a′	a′	a′	a′	a′	a′	a′	a′	a′	a′	a′	a′	a′	a′	a′	a′
					当 $h/l \leq 1/14$ 时 $\omega_1 > l/150$																
					对 300 年以上梁枋，若无其他残损，可按 $\omega_1' > \omega_1 + h/50$ 评定																
		侧向弯曲矢高 ω_2			$\omega_2 > l/200$																

续表

项次	勘察项目	勘察内容	残损点评定界限	构件勘察项目评级(无残损 a′/轻度残损 b′/ 中度残损 c′/重度残损 d′)															
				南次间南侧梁架(②—②)				明间南侧梁架(③—③)				明间北侧梁架(④—④)				北次间北侧梁架(⑤—⑤)			
				五架梁枋	单步梁枋1	单步梁枋2	三架梁枋	五架梁枋	单步梁枋1	单步梁枋2	三架梁枋	五架梁枋	单步梁枋1	单步梁枋2	三架梁枋	五架梁枋	单步梁枋1	单步梁枋2	三架梁枋
3	梁身损伤	跨中断纹开裂	有裂纹，或未见裂纹，但梁的上表面有压皱痕迹	a′	a′	a′	a′	a′	a′	a′	a′	a′	a′	a′	a′	a′	a′	a′	a′
		梁端劈裂(不包括干缩裂缝)	由受力引起的端裂或斜裂																
4	历次加固现状	梁端原拼接加固完好程度	已变形，或已脱胶，或螺栓已松脱	a′	a′	a′	a′	a′	a′	a′	a′	a′	a′	a′	a′	a′	a′	a′	a′
		原灌浆效果	浆体干缩，敲击有空鼓音，或梁身挠度增大																
单个承重构件(梁)残损等级评定标准				a	a	a	A	a	a	a	a	a	a	a	a	a	a	a	a
主要构件集(梁集)安全性鉴定评级				A															

注：表中 l 为计算跨度；h 为构件截面高度。

表 6-3　倒座（1 号房）屋盖构件残损点评定标准及评级

项次	勘察项目	勘察内容	残损点评定界限	构件勘察项目评级（无残损 a′/轻度残损 b′/ 中度残损 c′/ 重度残损 d′）											
				椽	檐椽	飞椽	脊檩	上金檩	下金檩	瓜柱	角背	驼峰	翼角	檐头	由戗
1	椽条系统	材质劣化	已成片腐朽或虫蛀，或已严重受潮	a′	a′	b′	—	—	—	—	—	—	—	—	—
		挠度	大于椽跨的 1/100，并已引起屋面明显变形	a′	a′	a′	—	—	—	—	—	—	—	—	—
		椽、檩间的连接	未钉钉，或钉子已锈蚀	a′	a′	a′	—	—	—	—	—	—	—	—	—
		承椽枋受力状态	有明显变形	a′	a′	a′	—	—	—	—	—	—	—	—	—
		单个承重构件（椽条）残损等级评定标准		a	a	b	—	—	—	—	—		—	—	—
		主要构件集（椽条集）安全性鉴定评级		A	A	B	—	—	—	—	—		—	—	—
2	檩条系统	材质劣化	按表 6-2 评定	—	—	—	a′	a′	a′	—	—	—	—	—	—
		跨中最大挠度 ω_1	当 $L \leqslant 4.5\text{mm}$，$\omega_1 > L/90$，或 $\omega_1 > 36\text{mm}$（L 为计算跨度）	—	—	—	a′	a′	a′	—	—	—	—	—	—
			当 $L > 4.5\text{mm}$，$\omega_1 > L/125$												
			若多数檩条挠度较大而导致漏雨，则不论 ω_1 大小，均视为残损点												
		檩条支承长度 a：支承在木构件上	$a < 60\text{mm}$	—	—	—	a′	a′	a′	—	—		—	—	
		檩条支承长度 a：支承在砌体上	$a < 120\text{mm}$	—	—	—	a′	a′	a′	—	—		—	—	
		檩条受力状态	檩端脱榫或檩条外滚或檩与梁间无锚固	—	—	—	a′	a′	a′	—	—	—	—	—	—
		单个承重构件（檩条）残损等级评定标准		—	—	—	a	a	a	—	—		—	—	—
		主要构件集（檩条集）安全性鉴定评级		—	—	—	A	A	A	—	—		—	—	—
3	瓜柱、角背、驼峰	材质劣化	有腐朽或虫蛀	—	—	—	—	—	—	a′	a′	a′	—	—	—
		构造完好程度	有倾斜、脱榫或劈裂	—	—	—	—	—	—	a′	a′	a′	—	—	—
		单个承重构件（瓜柱、角背驼峰）残损等级评定标准		—	—	—	—	—	—	a	a	a	—	—	—
		主要构件集（瓜柱、角背驼峰集）安全性鉴定评级		—	—	—	—	—	—	A	A	A	—	—	—

续表

项次	勘察项目	勘察内容	残损点评定界限	构件勘察项目评级（无残损 a′/轻度残损 b′/中度残损 c′/重度残损 d′）											
				椽	檐椽	飞椽	脊檩	上金檩	下金檩	瓜柱	角背	驼峰	翼角	檐头	由戗
4	翼角、檐头、由戗	材质劣化	有腐朽或虫蛀	—	—	—	—	—	—	—	—	—	a′	a′	a′
		角梁后尾的固定部位	无可靠拉结	—	—	—	—	—	—	—	—	—	a′	a′	a′
		角梁后尾、由戗端头的损伤程度	已劈裂或折断	—	—	—	—	—	—	—	—	—	a′	a′	a′
		翼角、檐头受力状态	已明显下垂	—	—	—	—	—	—	—	—	—	a′	a′	a′
		单个承重构件（翼角、檐头由戗条）残损等级评定标准		—	—	—	—	—	—	—	—	—	a	a	a
		主要构件集（翼角、檐头由戗集）安全性鉴定评级		—	—	—	—	—	—	—	—	—	A	A	A
主要构件集（屋盖系统集）安全性鉴定评级				A											

注：L 为檩条计算跨度。

表 6-4 倒座（1 号房）砖墙残损点评定标准

项次	检查项目	检查内容	残损点评定界限		勘察项目评级（无残损 a′/轻度残损 b′/中度残损 c′/重度残损 d′）			
			$H \leqslant 7m$	$H > 7m$	东立面墙体	西立面墙体	南立面墙体	北立面墙体
1	材质劣化	砖的风化：在风化长达 1m 以上的区段，确定其平均风化深度与墙厚之比 ρ	$\rho > 1/5$	$\rho > 1/6$	a′	b′	b′	a′
		灰缝粉化	最大粉化深度＞10mm		a′	b′	b′	a′
2	倾斜或侧身位移	单层倾斜量 Δ	$\Delta > H/250$	$\Delta > H/300$	a′	a′	a′	a′
3	裂缝	地基沉降引起的裂缝	出现裂缝		a′	a′	a′	a′
		受力引起的裂缝	出现沿砖块断裂的竖向或斜向裂缝		a′	a′	a′	a′
		非受力引起的有害裂缝	纵横墙连接处出现通长竖向裂缝		a′	a′	a′	a′
			墙身裂缝的宽度已大于 5mm		a′	a′	a′	a′
单个构件（墙体）残损等级评定标准					a	b	b	a
主要构件集（墙体集）安全性鉴定评级					A	B	B	A

注：1. 表中 H 为墙的总高。

2. 碎砖墙的做法各地差别较大，其残损点评定由当地主管部门另定。

表 6-5 一进院过厅（2 号房）承重木柱残损点评定标准及评级

项次	勘察项目	勘察内容	残损点评定界限	构件勘察项目评级（无残损 a′/轻度残损 b′/ 中度残损 c′/重度残损 d′）									
				前檐柱 A2	前檐柱 A3	前檐柱 A4	前檐柱 A5	前金柱 B2	前金柱 B3	前金柱 B4	前金柱 B5	后金柱 C3	后金柱 C4
1	材质劣化	同表 6-1	同表 6-1	d′	c′	c′	c′	c′	c′	c′	c′	c′	c′
2	柱的弯曲	同表 6-1	同表 6-1	a′	a′	a′	a′	a′	a′	a′	a′	a′	a′
3	柱脚与柱础抵承状况	同表 6-1	同表 6-1	a′	a′	a′	a′	a′	a′	a′	a′	a′	a′
4	柱础错位	同表 6-1	同表 6-1	a′	a′	a′	a′	a′	a′	a′	a′	a′	a′
5	柱身损伤	同表 6-1	同表 6-1	d′	c′	c′	c′	c′	c′	c′	c′	c′	c′
6	历次加固现状	同表 6-1	同表 6-1	a′	a′	a′	a′	a′	a′	a′	a′	a′	a′
单个承重构件（木柱）残损等级评定标准				d	b	c	c	c	c	c	c	c	c
主要构件集（木柱集）安全性鉴定评级				C									

表 6-6 过厅（2 号房）承重木梁枋残损点评定标准及评级

项次	勘察项目	勘察内容	残损点评定界限	构件勘察项目评级（无残损 a′/轻度残损 b′/ 中度残损 c′/重度残损 d′）															
				南次间南侧梁架（②—②）				明间南侧梁架（③—③）				明间北侧梁架（④—④）				北次间北侧梁架（⑤—⑤）			
				五架梁枋	单步梁枋 1	单步梁枋 2	三架梁枋	五架梁枋	单步梁枋 1	单步梁枋 2	三架梁枋	五架梁枋	单步梁枋 1	单步梁枋 2	三架梁枋	五架梁枋	单步梁枋 1	单步梁枋 2	三架梁枋
1	材质劣化	同表 6-2	同表 6-2	b′	b′	b′	b′	b′	b′	b′	b′	b′	b′	b′	b′	b′	b′	b′	b′
2	弯曲变形	同表 6-2	同表 6-2	a′	a′	a′	a′	a′	a′	a′	a′	a′	a′	a′	a′	a′	a′	a′	a′
3	梁身损伤	同表 6-2	同表 6-2	a′	a′	a′	a′	a′	a′	a′	a′	a′	a′	a′	a′	a′	a′	a′	a′
4	历次加固现状	同表 6-2	同表 6-2	a′	a′	a′	a′	a′	a′	a′	a′	a′	a′	a′	a′	a′	a′	a′	a′
单个承重构件（梁枋）残损等级评定标准				b	b	b	b	b	b	b	b	b	b	b	b	b	b	b	b
主要构件集（梁集）安全性鉴定评级				B															

表 6-7　过厅（2 号房）屋盖构件残损点评定标准及评级

项次	勘察项目	勘察内容	残损点评定界限	主要构件集安全性鉴定评级
1	椽条系统	同表 6-3	同表 6-3	C
2	檩条系统	同表 6-3	同表 6-3	C
3	瓜柱、角背、驼峰	同表 6-3	同表 6-3	B
4	翼角、檐头、由戗	同表 6-3	同表 6-3	B

表 6-8　过厅（2 号房）砖墙残损点评定标准

项次	检查项目	检查内容	残损点评定界限	勘察项目评级（无残损 a′/轻度残损 b′/中度残损 c′/重度残损 d′）			
				东立面墙体	西立面墙体	南立面墙体	北立面墙体
1	材质劣化	同表 6-4	同表 6-4	d′	c′	b′	b′
				d′	c′	b′	b′
2	倾斜或侧身位移	同表 6-4	同表 6-4	a′	a′	a′	a′
3	裂缝	同表 6-4	同表 6-4	c′	b′	b′	b′
单个构件（墙体）残损等级评定标准				d	c	b	b
主要构件集（墙体集）安全性鉴定评级				D	C	B	B

表 6-9　一进院南厢房（3 号房）承重木柱残损点评定标准及评级

项次	勘察项目	勘察内容	残损点评定界限	构件勘察项目评级（无残损 a′/轻度残损 b′/中度残损 c′/重度残损 d′）			
				檐柱 B2	檐柱 B3	金柱 C2	金柱 C3
1	材质劣化	同表 6-1	同表 6-1	b′	a′	b′	a′
2	柱的弯曲	同表 6-1	同表 6-1	a′	a′	a′	a′
3	柱脚与柱础抵承状况	同表 6-1	同表 6-1	a′	a′	a′	a′
4	柱础错位	同表 6-1	同表 6-1	a′	a′	a′	a′
5	柱身损伤	同表 6-1	同表 6-1	a′	a′	a′	a′
6	历次加固现状	同表 6-1	同表 6-1	a′	a′	a′	a′
单个承重构件（木柱）残损等级评定标准				b	a	b	a
主要构件集（木柱集）安全性鉴定评级				B			

表 6-10　一进院南厢房（3 号房）承重木梁枋残损点评定标准及评级

项次	勘察项目	勘察内容	残损点评定界限	构件勘察项目评级(无残损 a'/轻度残损 b'/ 中度残损 c'/重度残损 d')					
				明间东侧梁架(②—②)			明间西侧梁架(③—③)		
				五架梁枋	三架梁枋	抱头梁	五架梁枋	三架梁枋	抱头梁
1	材质劣化	同表 6-2	同表 6-2	b'	b'	a'	b'	b'	a'
2	弯曲变形	同表 6-2	同表 6-2	a'	a'	a'	a'	a'	a'
3	梁身损伤	同表 6-2	同表 6-2	a'	a'	a'	a'	a'	a'
4	历次加固现状	同表 6-2	同表 6-2	a'	a'	a'	a'	a'	a'
单个承重构件(梁)残损等级评定标准				b	b	a	b	b	a
主要构件集(梁集)安全性鉴定评级				B					

表 6-11　一进院南厢房（3 号房）屋盖构件残损点评定标准及评级

项次	勘察项目	勘察内容	残损点评定界限	主要构件集安全性鉴定评级
1	椽条系统	同表 6-3	同表 6-3	B
2	檩条系统	同表 6-3	同表 6-3	B
3	瓜柱、角背、驼峰	同表 6-3	同表 6-3	B
4	翼角、檐头、由戗	同表 6-3	同表 6-3	B

表 6-12　一进院南厢房（3 号房）砖墙残损点评定标准

项次	检查项目	检查内容	残损点评定界限	勘察项目评级(无残损 a'/轻度残损 b'/ 中度残损 c'/重度残损 d')			
				北立面墙体	南立面墙体	东立面墙体	西立面墙体
1	材质劣化	同表 6-4	同表 6-4	d'	b'	c'	c'
				d'	b'	c'	c'
2	倾斜或侧身位移	同表 6-4	同表 6-4	a'	a'	a'	a'
3	裂缝	同表 6-4	同表 6-4	b'	b'	b'	b'
单个构件(墙体)残损等级评定标准				d	b	c	c
主要构件集(墙体集)安全性鉴定评级				D	B	C	C

表 6-13　一进院北厢房（4 号房）承重木柱残损点评定标准及评级

项次	勘察项目	勘察内容	残损点评定界限	构件勘察项目评级(无残损 a′/轻度残损 b′/ 中度残损 c′/重度残损 d′)			
				檐柱 A2	檐柱 A3	金柱 B2	金柱 B3
1	材质劣化	同表 6-1	同表 6-1	a′	a′	b′	b′
2	柱的弯曲	同表 6-1	同表 6-1	a′	a′	a′	a′
3	柱脚与柱础抵承状况	同表 6-1	同表 6-1	a′	a′	a′	a′
4	柱础错位	同表 6-1	同表 6-1	a′	a′	a′	a′
5	柱身损伤	同表 6-1	同表 6-1	a′	a′	a′	a′
6	历次加固现状	同表 6-1	同表 6-1	a′	a′	a′	a′
单个承重构件(木柱)残损等级评定标准				a	a	b	b
主要构件集(木柱集)安全性鉴定评级				B			

表 6-14　一进院北厢房（4 号房）承重木梁枋残损点评定标准及评级

项次	勘察项目	勘察内容	残损点评定界限	构件勘察项目评级(无残损 a′/轻度残损 b′/ 中度残损 c′/重度残损 d′)					
				明间东侧梁架(②—②)			明间西侧梁架(③—③)		
				五架梁枋	三架梁枋	抱头梁	五架梁枋	三架梁枋	抱头梁
1	材质劣化	同表 6-2	同表 6-2	b′	b′	a′	b′	b′	a′
2	弯曲变形	同表 6-2	同表 6-2	a′	a′	a′	a′	a′	a′
3	梁身损伤	同表 6-2	同表 6-2	a′	a′	a′	a′	a′	a′
4	历次加固现状	同表 6-2	同表 6-2	a′	a′	a′	a′	a′	a′
单个承重构件(梁)残损等级评定标准				b	b	a	b	b	a
主要构件集(梁集)安全性鉴定评级				B					

表 6-15　一进院北厢房（4 号房）屋盖构件残损点评定标准及评级

项次	勘察项目	勘察内容	残损点评定界限	主要构件集安全性鉴定评级
1	椽条系统	同表 6-3	同表 6-3	B
2	檩条系统	同表 6-3	同表 6-3	B
3	瓜柱、角背、驼峰	同表 6-3	同表 6-3	B
4	翼角、檐头、由戗	同表 6-3	同表 6-3	B

表 6-16　一进院北厢房（4号房）砖墙残损点评定标准

项次	检查项目	检查内容	残损点评定界限	勘察项目评级(无残损 a′/轻度残损 b′/ 中度残损 c′/重度残损 d′)			
				南立面墙体	北立面墙体	西立面墙体	东立面墙体
1	材质劣化	同表 6-4	同表 6-4	d′	c′	c′	c′
				d′	c′	c′	c′
2	倾斜或侧身位移	同表 6-4	同表 6-4	a′	a′	a′	a′
3	裂缝	同表 6-4	同表 6-4	b′	b′	b′	b′
单个构件(墙体)残损等级评定标准				d	c	c	c
主要构件集(墙体集)安全性鉴定评级				D	C	C	C

表 6-17　二进院正房（5号房）承重木柱残损点评定标准及评级

项次	勘察项目	勘察内容	残损点评定界限	构件勘察项目评级(无残损 a′/轻度残损 b′/ 中度残损 c′/重度残损 d′)							
				前檐柱 A2	前檐柱 A3	前檐柱 A4	前檐柱 A5	前金柱 B3	前金柱 B4	后金柱 C3	后金柱 C4
1	材质劣化	同表 6-1	同表 6-1	d′	d′	d′	d′	a′	a′	d′	d′
2	柱的弯曲	同表 6-1	同表 6-1	a′	a′	a′	a′	a′	a′	a′	a′
3	柱脚与柱础抵承状况	同表 6-1	同表 6-1	a′	a′	a′	a′	a′	a′	a′	a′
4	柱础错位	同表 6-1	同表 6-1	a′	a′	a′	a′	a′	a′	a′	a′
5	柱身损伤	同表 6-1	同表 6-1	a′	a′	a′	a′	a′	a′	a′	a′
6	历次加固现状	同表 6-1	同表 6-1	a′	a′	a′	a′	a′	a′	a′	a′
单个承重构件(木柱)残损等级评定标准				d	d	d	d	a	a	d	d
主要构件集(木柱集)安全性鉴定评级				D							

表 6-18　二进院正房（5 号房）承重木梁枋残损点评定标准及评级

项次	勘察项目	勘察内容	残损点评定界限	构件勘察项目评级(无残损 a′/轻度残损 b′/中度残损 c′/重度残损 d′)							
				明间南侧梁架（③—③）				明间北侧梁架（④—④）			
				五架梁枋	单步梁枋 1	单步梁枋 2	三架梁枋	五架梁枋	单步梁枋 1	单步梁枋 2	三架梁枋
1	材质劣化	同表 6-2	同表 6-2	d′	d′	d′	d′	d′	d′	d′	d′
2	弯曲变形	同表 6-2	同表 6-2	a′	a′	a′	a′	a′	a′	a′	a′
3	梁身损伤	同表 6-2	同表 6-2	a′	a′	a′	a′	a′	a′	a′	a′
4	历次加固现状	同表 6-2	同表 6-2	a′	a′	a′	a′	a′	a′	a′	a′
单个承重构件(梁)残损等级评定标准				d	d	d	d	d	d	d	d
主要构件集(梁集)安全性鉴定评级				D							

表 6-19　二进院正房（5 号房）屋盖构件残损点评定标准及评级

项次	勘察项目	勘察内容	残损点评定界限	主要构件集安全性鉴定评级
1	椽条系统	同表 6-3	同表 6-3	C
2	檩条系统	同表 6-3	同表 6-3	C
3	瓜柱、角背、驼峰	同表 6-3	同表 6-3	C
4	翼角、檐头、由戗	同表 6-3	同表 6-3	C

表 6-20　二进院正房（5 号房）砖墙残损点评定标准

项次	检查项目	检查内容	残损点评定界限	勘察项目评级(无残损 a′/轻度残损 b′/中度残损 c′/重度残损 d′)			
				东立面墙体	西立面墙体	南立面墙体	北立面墙体
1	材质劣化	同表 6-4	同表 6-4	c′	b′	b′	b′
				c′	b′	b′	b′
2	倾斜或侧身位移	同表 6-4	同表 6-4	a′	a′	a′	a′
3	裂缝	同表 6-4	同表 6-4	b′	b′	b′	b′
单个构件(墙体)残损等级评定标准				c	c	b	b
主要构件集(墙体集)安全性鉴定评级				C	B	B	B

表 6-21 二进院南厢房（6号房）承重木柱残损点评定标准及评级

项次	勘察项目	勘察内容	残损点评定界限	构件勘察项目评级(无残损 a′/轻度残损 b′/ 中度残损 c′/重度残损 d′)			
				檐柱 A2	檐柱 A3	金柱 B2	金柱 B3
1	材质劣化	同表 6-1	同表 6-1	a′	a′	a′	a′
2	柱的弯曲	同表 6-1	同表 6-1	a′	a′	a′	a′
3	柱脚与柱础抵承状况	同表 6-1	同表 6-1	a′	a′	a′	a′
4	柱础错位	同表 6-1	同表 6-1	a′	a′	a′	a′
5	柱身损伤	同表 6-1	同表 6-1	a′	a′	a′	a′
6	历次加固现状	同表 6-1	同表 6-1	a′	a′	a′	a′
单个承重构件(木柱)残损等级评定标准				a	a	a	a
主要构件集(木柱集)安全性鉴定评级				A			

表 6-22 二进院南厢房（6号房）承重木梁枋残损点评定标准及评级

项次	勘察项目	勘察内容	残损点评定界限	构件勘察项目评级(无残损 a′/轻度残损 b′/ 中度残损 c′/重度残损 d′)					
				明间东侧梁架(②—②)			明间西侧梁架(③—③)		
				五架梁枋	三架梁枋	抱头梁	五架梁枋	三架梁枋	抱头梁
1	材质劣化	同表 6-2	同表 6-2	b′	b′	a′	b′	b′	a′
2	弯曲变形	同表 6-2	同表 6-2	a′	a′	a′	a′	a′	a′
3	梁身损伤	同表 6-2	同表 6-2	a′	a′	a′	a′	a′	a′
4	历次加固现状	同表 6-2	同表 6-2	a′	a′	a′	a′	a′	a′
单个承重构件(梁)残损等级评定标准				b	b	a	b	b	a
主要构件集(梁集)安全性鉴定评级				B					

表 6-23 二进院南厢房（6号房）屋盖构件残损点评定标准及评级

项次	勘察项目	勘察内容	残损点评定界限	主要构件集安全性鉴定评级
1	椽条系统	同表 6-3	同表 6-3	B
2	檩条系统	同表 6-3	同表 6-3	B
3	瓜柱、角背、驼峰	同表 6-3	同表 6-3	B
4	翼角、檐头、由戗	同表 6-3	同表 6-3	B

表 6-24　二进院南厢房（6 号房）砖墙残损点评定标准

项次	检查项目	检查内容	残损点评定界限	勘察项目评级（无残损 a′/轻度残损 b′/中度残损 c′/重度残损 d′）			
				北立面墙体	南立面墙体	东立面墙体	西立面墙体
1	材质劣化	同表 6-4	同表 6-4	c′	b′	c′	c′
				c′	b′	c′	c′
2	倾斜或侧身位移	同表 6-4	同表 6-4	a′	a′	a′	a′
3	裂缝	同表 6-4	同表 6-4	b′	b′	b′	b′
单个构件（墙体）残损等级评定标准				c	b	c	c
主要构件集（墙体集）安全性鉴定评级				C	B	C	C

表 6-25　二进院北厢房（7 号房）承重木柱残损点评定标准及评级

项次	勘察项目	勘察内容	残损点评定界限	构件勘察项目评级（无残损 a′/轻度残损 b′/中度残损 c′/重度残损 d′）			
				檐柱 A2	檐柱 A3	金柱 B2	金柱 B3
1	材质劣化	同表 6-1	同表 6-1	a′	a′	a′	a′
2	柱的弯曲	同表 6-1	同表 6-1	a′	a′	a′	a′
3	柱脚与柱础抵承状况	同表 6-1	同表 6-1	a′	a′	a′	a′
4	柱础错位	同表 6-1	同表 6-1	a′	a′	a′	a′
5	柱身损伤	同表 6-1	同表 6-1	a′	a′	a′	a′
6	历次加固现状	同表 6-1	同表 6-1	a′	a′	a′	a′
单个承重构件（木柱）残损等级评定标准				a	a	a	a
主要构件集（木柱集）安全性鉴定评级				A			

表 6-26 二进院北厢房（7 号房）承重木梁枋残损点评定标准及评级

项次	勘察项目	勘察内容	残损点评定界限	构件勘察项目评级(无残损 a′/轻度残损 b′/ 中度残损 c′/重度残损 d′)					
				明间西侧梁架(②—②)			明间东侧梁架(③—③)		
				五架梁枋	三架梁枋	抱头梁	五架梁枋	三架梁枋	抱头梁
1	材质劣化	同表 6-2	同表 6-2	b′	b′	a′	b′	b′	a′
2	弯曲变形	同表 6-2	同表 6-2	a′	a′	a′	a′	a′	a′
3	梁身损伤	同表 6-2	同表 6-2	a′	a′	a′	a′	a′	a′
4	历次加固现状	同表 6-2	同表 6-2	a′	a′	a′	a′	a′	a′
单个承重构件(梁)残损等级评定标准				b	b	a	b	b	a
主要构件集(梁集)安全性鉴定评级				B					

表 6-27 二进院北厢房（7 号房）屋盖构件残损点评定标准及评级

项次	勘察项目	勘察内容	残损点评定界限	主要构件集安全性鉴定评级
1	椽条系统	同表 6-3	同表 6-3	B
2	檩条系统	同表 6-3	同表 6-3	B
3	瓜柱、角背、驼峰	同表 6-3	同表 6-3	B
4	翼角、檐头、由戗	同表 6-3	同表 6-3	B

表 6-28 二进院北厢房（7 号房）砖墙残损点评定标准

项次	检查项目	检查内容	残损点评定界限	勘察项目评级(无残损 a′/轻度残损 b′/ 中度残损 c′/重度残损 d′)			
				南立面墙体	北立面墙体	西立面墙体	东立面墙体
1	材质劣化	同表 6-4	同表 6-4	c′	c′	c′	c′
				c′	c′	c′	c′
2	倾斜或侧身位移	同表 6-4	同表 6-4	a′	a′	a′	a′
3	裂缝	同表 6-4	同表 6-4	b′	b′	b′	b′
单个构件(墙体)残损等级评定标准				c	c	c	c
主要构件集(墙体集)安全性鉴定评级				C	C	C	C

| 第 7 章 |

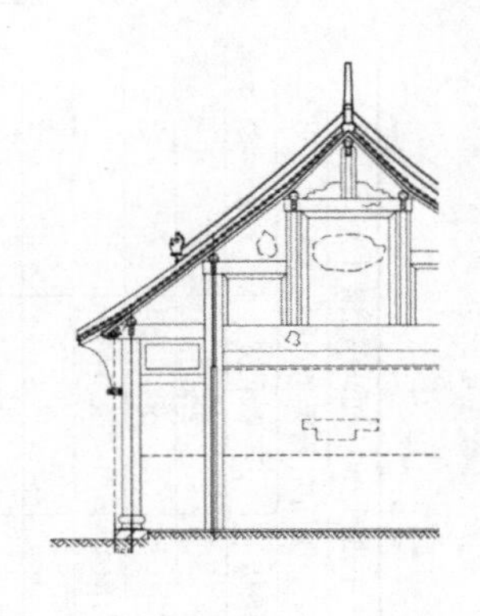

杨家大院古建筑木构件用材树种的鉴定及其配置特征的研究

7.1 材料与方法

7.1.1 材料

试验样品取自杨家大院古建筑 2 号房、3 号房、4 号房、5 号房、6 号房、7 号房、11 号房、17 号房、18 号房、21 号房、22 号房的木柱、梁枋、檩、椽等木构件。采用生长锥（型号：10-100-1027，Haglöf AB，厂商：Mora，Sweden）对不同位置的构件取样。试样包括了肉眼下观察到的腐朽材、虫蛀材以及肉眼下观察没有残损现象的试样。具体取样位置及残损现状见表 7-1。

表 7-1 试验材料的取样信息

试样编号	房间编号	试样的取样位置	用材树种的鉴定结果
No. 1	2 号房	南次间南侧前檐柱[图 6-9(a)]	白皮松
No. 2	2 号房	南次间南侧前金柱[图 6-9(h)]	杨木
No. 3	2 号房	明间南侧前檐柱[图 6-9(c)]	榆木
No. 10	2 号房	北次间北侧前檐柱[图 6-9(f)]	榆木
No. 11	2 号房	北次间北侧前金柱[图 6-9(p)]	杨木
No. 12	2 号房	明间北侧前金柱[图 6-9(m)]	杨木
No. 13	2 号房	明间北侧前檐柱[图 6-9(e)]	板栗
No. 14	2 号房	明间北侧后金柱[图 6-9(t)]	麦吊云杉
No. 15	2 号房	明间南侧前金柱[图 6-9(l)]	杨木

续表

试样编号	房间编号	试样的取样位置	用材树种的鉴定结果
No. 40	2 号房	南次间南侧穿插枋[图 6-10(f)]	杉木
No. 41	2 号房	南次间南侧五架梁[图 6-10(b)]	黄杉
No. 42	2 号房	南次间南侧三架梁下前瓜柱[图 6-10(c)]	红杉
No. 43	2 号房	北稍间后檐椽[图 6-11(q)]	杉木
No. 44	2 号房	南稍间前檐檩[图 6-11(i)]	白皮松
No. 46	2 号房	南次间前檐檩[图 6-11(l)]	杉木
No. 47	2 号房	南次间前檐枋[图 6-11(l)]	红杉
No. 48	2 号房	南次间南侧抱头梁[图 6-10(g)]	杨木
No. 6	3 号房	明间东侧前金柱[图 6-16(c)]	榆木
No. 7	3 号房	明间西侧前金柱[图 6-16(d)]	榆木
No. 8	3 号房	明间西侧前檐柱[图 6-16(d)]	杉木
No. 9	3 号房	明间东侧前檐柱[图 6-16(a)]	榆木
No. 49	3 号房	明间东侧五架梁[图 6-17(a)]	榆木
No. 50	3 号房	明间东侧三架梁下后瓜柱[图 6-17(b)]	榆木
No. 4	4 号房	明间西侧前金柱[图 6-23(a)]	榆木
No. 5	4 号房	明间东侧前金柱[图 6-23(d)]	榆木
No. 51	4 号房	明间西侧五架梁[图 6-24(b)]	榆木
No. 52	4 号房	明间西侧三架梁上后瓜柱[图 6-24(a)]	榆木
No. 54	4 号房	东次间前檐檩[图 6-25(e)]	杉木
No. 55	4 号房	东次间前檐枋[图 6-25(e)]	杉木
No. 16	5 号房	明间南侧后金柱[图 6-30(g)]	黄杉
No. 17	5 号房	明间北侧后金柱[图 6-30(h)]	黄杉
No. 18	5 号房	明间北侧前檐柱[图 6-30(c)]	黄杉
No. 19	5 号房	明间南侧前檐柱[图 6-30(b)]	黄杉
No. 20	5 号房	南次间南侧前檐柱[图 6-30(a)]	黄杉
No. 21	5 号房	北次间北侧前檐柱[图 6-30(d)]	黄杉
No. 22	5 号房	明间南侧五架梁下枋[图 6-31(b)]	榆木
No. 23	5 号房	明间南侧五架梁[图 6-31(b)]	榆木
No. 24	5 号房	明间南侧五架梁上后单步梁瓜柱[图 6-31(b)]	榆木
No. 25	5 号房	明间南侧后单步梁[图 6-31(b)]	榆木
No. 26	5 号房	明间南侧三架梁下后瓜柱[图 6-31(b)]	榆木
No. 27	5 号房	北稍间前檐檩[图 6-32(v)]	杉木

续表

试样编号	房间编号	试样的取样位置	用材树种的鉴定结果
No. 28	5 号房	北稍间前檐檩下枋[图 6-32(v)]	黄杉
No. 29	5 号房	明间前檐椽[图 6-32(r)]	杉木
No. 34	6 号房	明间东侧五架梁[图 6-38(a)]	榆木
No. 35	6 号房	明间后檐檩[图 6-39(d)]	杉木
No. 36	6 号房	明间东侧五架梁上后瓜柱[图 6-38(a)]	杉木
No. 37	6 号房	明间东侧三架梁下后瓜柱[图 6-38(a)]	榆木
No. 38	6 号房	明间前飞椽[图 6-39(j)]	红杉
No. 39	6 号房	明间前挑檐檩[图 6-39(j)]	杉木
No. 45	6 号房	左耳房檐椽	杉木
No. 30	7 号房	明间东侧五架梁[图 6-45(e)]	榆木
No. 31	7 号房	明间东侧五架梁上前瓜柱[图 6-45(e)]	榆木
No. 32	7 号房	明间前檐椽[图 6-46(p)]	杉木
No. 33	7 号房	明间前挑檐檩[图 6-46(p)]	杉木
No. 56	11 号房	明间左后檐柱	杉木
No. 57	11 号房	明间右后檐柱	杉木
No. 58	17 号房	左次间左后金柱	杉木
No. 59	17 号房	明间右前金柱	马尾松
No. 60	18 号房	前飞椽	马尾松
No. 61	20 号房	右次间金柱	槲栎
No. 63	21 号房	明间右五架梁	榆木
No. 64	21 号房	前檐椽	杉木
No. 62	22 号房	明间右五架梁	杉木

7.1.2 方法

（1）试样的预处理

对腐朽或虫蛀较为严重的试样，处理步骤参考 Yang 等（2022；2023）。抽真空：为了排除木材内的空气，将所有的试样放入真空干燥器中进行抽真空处理，试样沉水即可。聚乙二醇（PEG）浸渍处理：所有试样分别放入 20%、40%、60%、80%和 100%PEG（分子量 2000）的水溶液中进行浸渍加固处理，每个浓度在 60℃ 的烘箱中处理不少于 48h，其中，100%PEG 处理两次。包埋处理：把试样要切的面放在不锈钢包埋模具的底部，在 60℃ 的烘箱中倒入 100%PEG 后快速把塑料包埋盒放在模具上面。

（2）试样切片

试样的切片步骤参考 Yang 等（2022；2023）。切片：将包埋好的试样放在徕卡切片机（型号：HistoCore AUTOCUT，厂商：Leica company）上进行切片，分别切横切面、径切面、弦切面，切面的厚度 10～15μm。脱水：切片分别浸入 50%、75%、95%和 100%的乙醇（水溶液）中进行脱水处理，每个浓度 10min。脱脂：切片浸入二甲苯溶液中进行脱脂处理，3～5min。封片：用中性树脂将切片贴在载玻片上。

（3）用材树种的观察与鉴定

将制作好的切片放在生物显微镜（型号：ECLIPSE Ni-U，厂商：Nikon company）下进行三切面的观察，根据《IAWA list of microscopic features for softwood identification》（Richter et al.，2004）、《IAWA list of microscopic features for hardwood identification》（Wheeler et al.，1989）、《中国木材志》（成俊卿等，1992）和《中国主要木材名称》（GB/T 16734—1997）等进行木材构造特征的描述记载并进行木材树种的识别。

7.2　结果与讨论

7.2.1　木构件用材树种的鉴定

（1）红杉（*Larix* Sect. *Multiseriales*）的鉴定

从图 7-1～图 7-3 中可以看出，木构件 No. 38、No. 42、No. 47 的生长轮明显，管胞从早材向晚材为略急变。早材管胞为方形、长方形及多边形，晚材管胞壁厚，为长方形及方形，径壁具缘纹孔均为 1 列，管胞壁上的螺纹加厚未见。轴向薄壁组织缺如。木射线具单列及纺锤形两类，单列木射线高 5～15 个细胞；纺锤形木射线宽 2～3 个细胞，高 3～12 个细胞；木射线细胞类型包含射线管胞和射线薄壁细胞两种，射线管胞位于射线薄壁细胞的上下两端，低木射线有时全部由射线管胞组成，射线管壁的内壁无锯齿，外缘呈波浪形；木射线细胞水平壁厚，纹孔多，端壁节状加厚明显；射线薄壁细胞与早材管胞间交叉场纹孔类型为杉木型，通常 2～4 个。树脂道分轴向树脂道和横向树脂道两种类型，轴向树脂道在横切面上呈孔穴状，数量多，泌脂细胞壁厚；横向树脂道较轴向树脂道小，位于纺锤形木射线中。

松科（Pinaceae）落叶松属（*Larix*）分红杉组（Sect. *Multiseriales*）和落叶松组（Sect. *Larix*），两类木材的微观差别不明显，落叶松类的射线细胞为椭圆形及长椭圆形，红杉类通常为等径形或略等径形。通过与对照材（图 7-4）及成俊卿等（1992）的《中国木材志》的对比，认为木构件 No. 38、No. 42、No. 47 属于红杉类（*Larix* Sect. *Multiseriales*）木材。

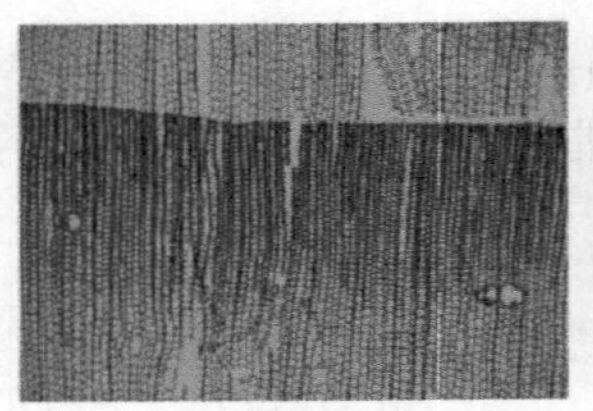

(a) 横切面4×

(b) 径切面40×

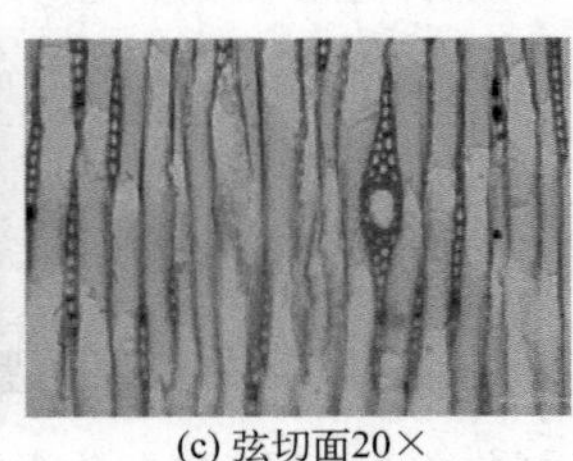

(c) 弦切面20×

鉴定结果：红杉(*Larix* sp.)木材

图 7-1　木构件 No. 38 在光学显微镜下三切面微观构造图

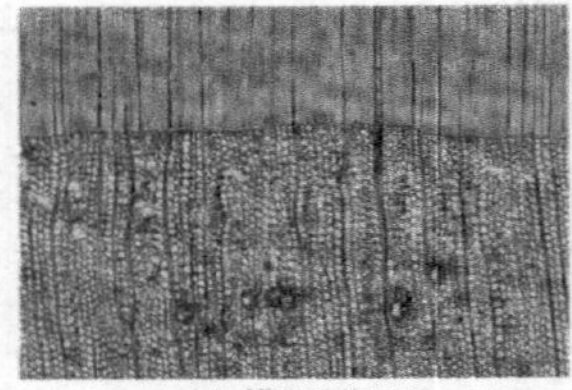

(a) 横切面4×

(b) 径切面40×

(c) 弦切面20×

鉴定结果：红杉(*Larix* sp.)木材

图 7-2　木构件 No. 42 在光学显微镜下三切面微观构造图

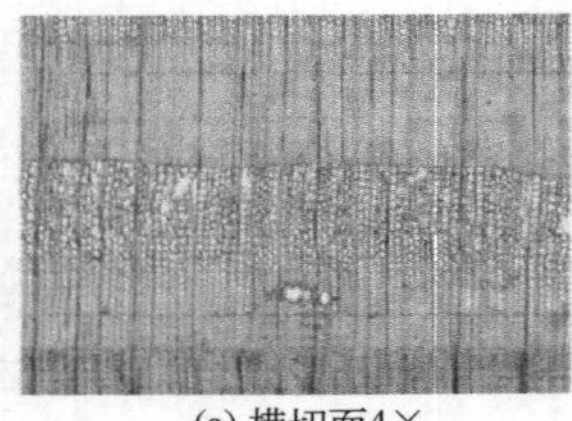

(a) 横切面4×

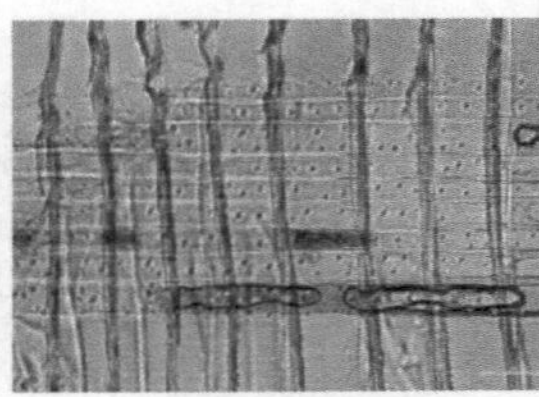

(b) 径切面40×

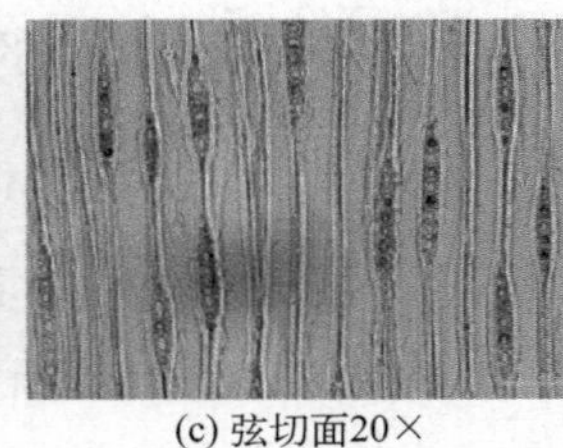

(c) 弦切面20×

鉴定结果：红杉(*Larix* sp.)木材

图 7-3　木构件 No. 47 在光学显微镜下三切面微观构造图

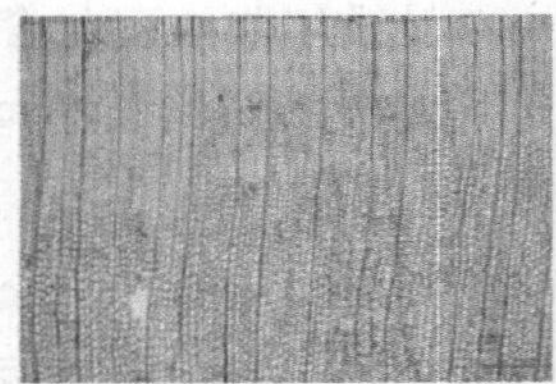

(a) 横切面4×

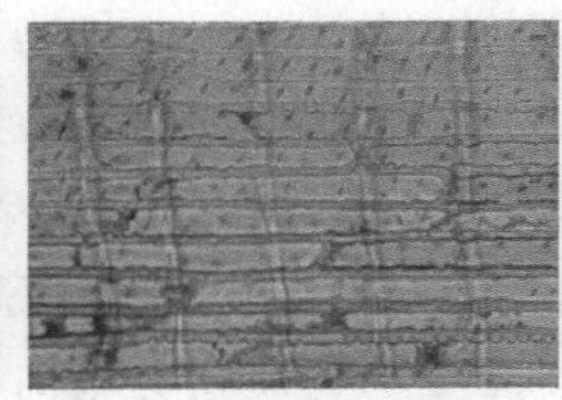

(b) 径切面40×

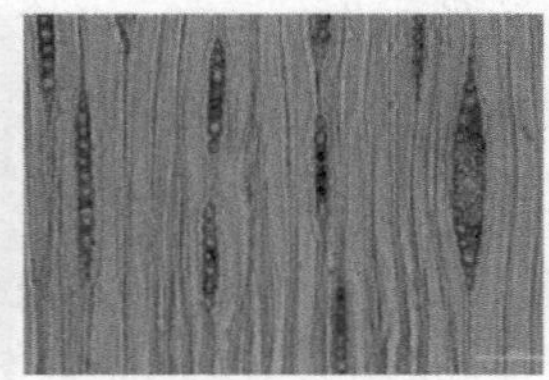

(c) 弦切面20×

大果红杉(*L. potaninii* var. *macrocarpa*)对照材

图 7-4　大果红杉（L. *potaninii* var. *macrocarpa*）对照材在光学显微镜下三切面微观构造图

（2）麦吊云杉（*Picea brachytyla*）的鉴定

从图 7-5 中可以看出，木构件 No. 14 的生长轮明显，管胞从早材向晚材为渐变。早材管胞为方形、长方形及多边形，晚材管胞壁厚，为长方形及方形，径壁具缘纹孔均为 1 列，管胞壁上的螺纹加厚间或出现。轴向薄壁组织缺如。木射线具单列及纺锤形两类，单列木射线高 5～15 个细胞；纺锤形木射线宽 2～3 个细胞，高 3～12 个细胞；木射线细胞类型包含射线管胞和射线薄壁细胞两种，射线管胞位于射线薄壁细胞的上下两端，低木射线有时全部由射线管胞组成，射线管壁的内壁具明显的浅锯齿；木射线细胞水平壁厚，纹孔多，端壁节状加厚明显；射线薄壁细胞与早材管胞间交叉场纹孔类型为云杉型，通常 2～4 个。树脂道分轴向树脂道和横向树脂道两种类型，轴向树脂道在横切面上呈孔穴状，单独排列，数量多，泌脂细胞壁厚；横向树脂道较轴向树脂道小，位于纺锤形木射线中。

松科云杉属（*Picea*）麦吊云杉（*P. brachytyla*）在河南省广泛分布（GB/T 16734—1997；成俊卿等，1992）。通过与对照材（图 7-6）及成俊卿等（1992）的《中国木材志》的对比，并基于古建筑“就地选材”的选材原则，认为木构件 No. 14 属于麦吊云杉（*P. brachytyla*）木材。

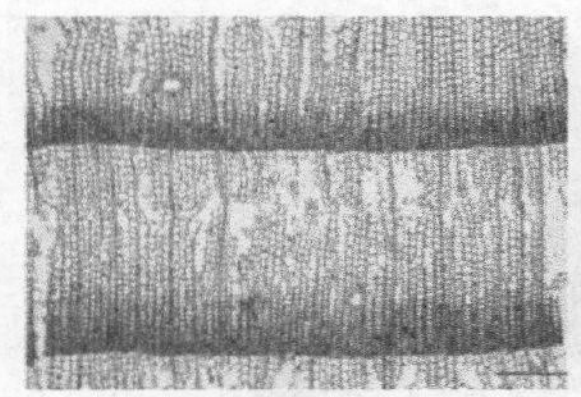
(a) 横切面4×

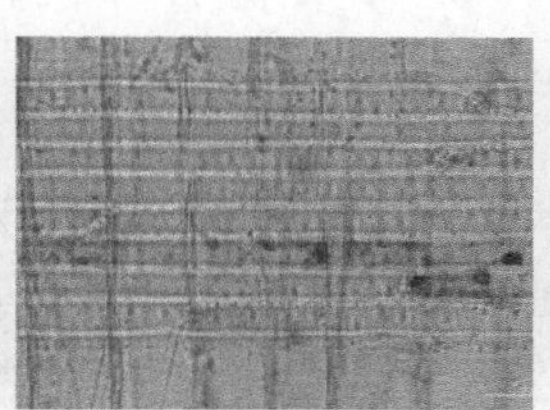
(b) 径切面40×

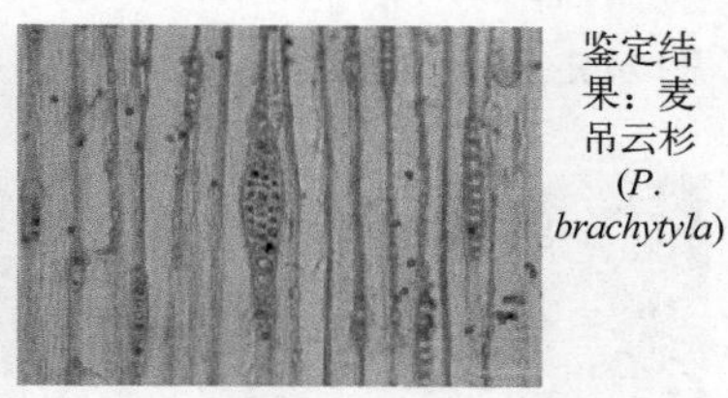

(c) 弦切面20×

图 7-5　木构件 No. 14 在光学显微镜下三切面微观构造图

(a) 横切面4×

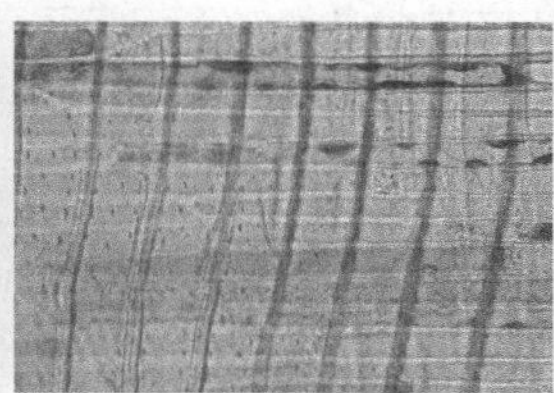
(b) 径切面40×

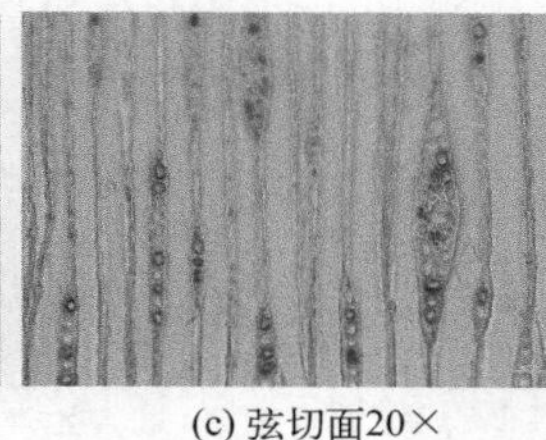
(c) 弦切面20×

麦吊云杉(*P. brachytyla*)对照材

图 7-6　麦吊云杉（*P. brachytyla*）对照材在光学显微镜下三切面微观构造图

（3）白皮松（*Pinus bungeana*）的鉴定

从图 7-7～图 7-8 中可以看出，木构件 No. 1、No. 44 的生长轮明显，管胞从早材向晚材为渐变。早材管胞为方形、长方形及多边形，晚材管胞壁厚，为长方形及方形，径壁具缘纹孔均为1列，管胞壁上的螺纹加厚均缺如。轴向薄壁组织缺如。木射线具单列及纺锤形两类，单列木射线高3～8个细胞；纺锤形木射线宽2～3个细胞，高3～12个细胞；木射线细胞类型包含射线管胞和射线薄壁细胞两种，射线管胞位于射线薄壁细胞的上下两端，低木射线有时全部由射线管胞组成，射线管壁的内壁平滑；木射线细胞水平壁厚，纹孔多，端壁节状加厚明显；射线薄壁细胞与早材管胞间交叉场纹孔类型为松木型。树脂道分轴向树脂道和横向树脂道两种类型，轴向树脂道在横切面上呈孔穴状，单独排列，数量多，通常分布于晚材带及附近的早材带内；横向树脂道位于纺锤形木射线中。

松科松属（*Pinus*）分双维管束松亚属（Subgen. *Pinus*）和单维管束松亚属（Subgen. *Strobus*）两类，单维管束松亚属又分五针松组（Sect. *Cembra*）和白皮松组（Sect. *Parrya*），白皮松类木材为我国特有树种。白皮松（*Pinus bungeana*）在河南省西部广泛分布（中国科学院中国植物志编辑委员会，1978；GB/T 16734—1997；成俊卿等，1992）。通过与对照材（图7-9）及成俊卿等（1992）的《中国木材志》的对比，并基于古建筑“就地选材”的选材原则，认为木构件No. 1、No. 44属于白皮松（*P. bungeana*）木材。

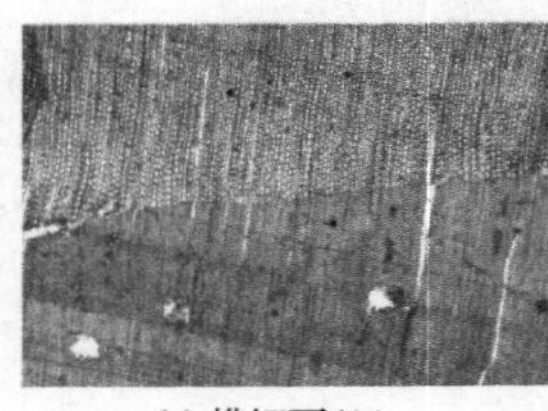

(a) 横切面4×

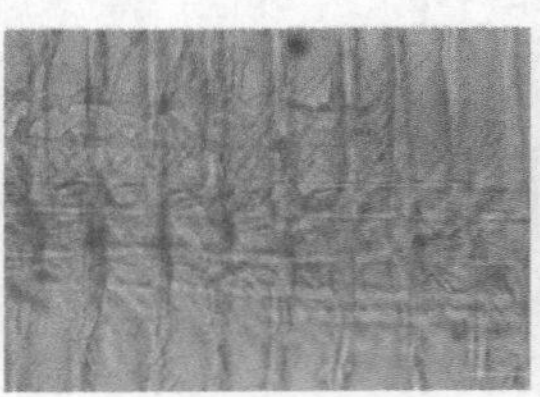

(b) 径切面40×

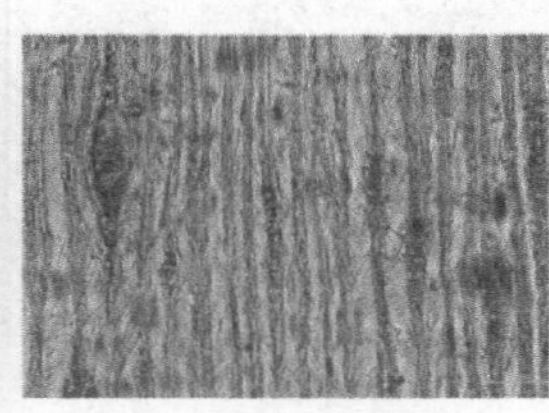

(c) 弦切面20×

鉴定结果：白皮松（*P. bungeana*）木材

图7-7　木构件No. 1在光学显微镜下三切面微观构造图

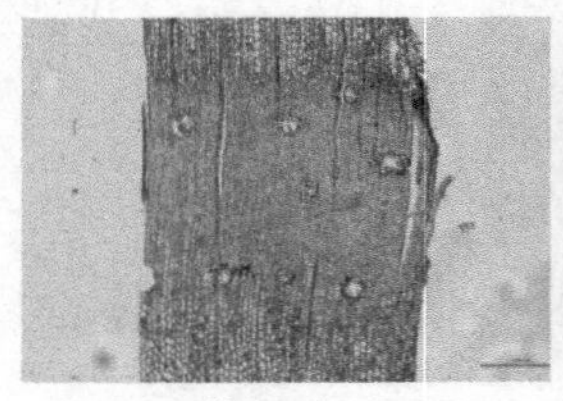

(a) 横切面4×

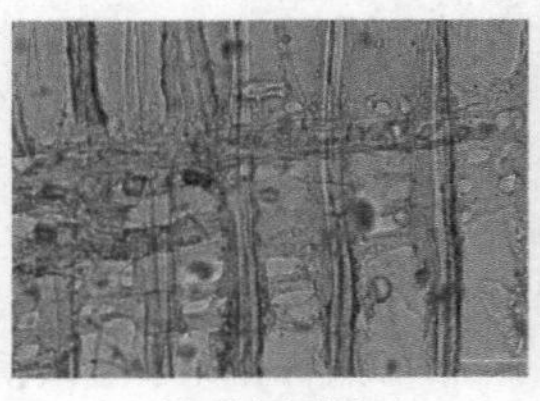

(b) 径切面40×

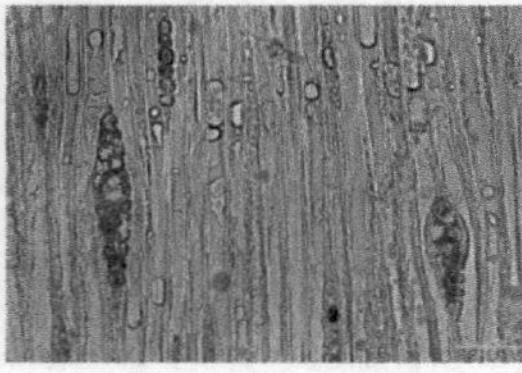

(c) 弦切面20×

鉴定结果：白皮松（*P. bungeana*）木材

图7-8　木构件No. 44在光学显微镜下三切面微观构造图

(a) 横切面4×

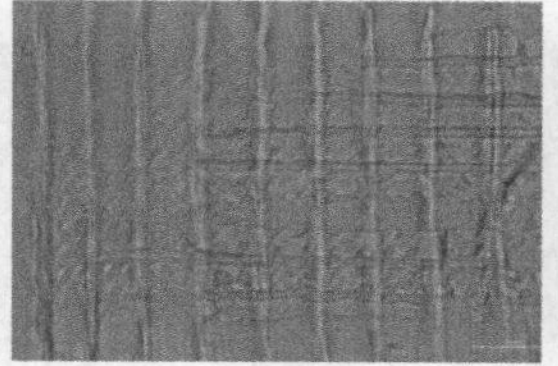
(b) 径切面40×

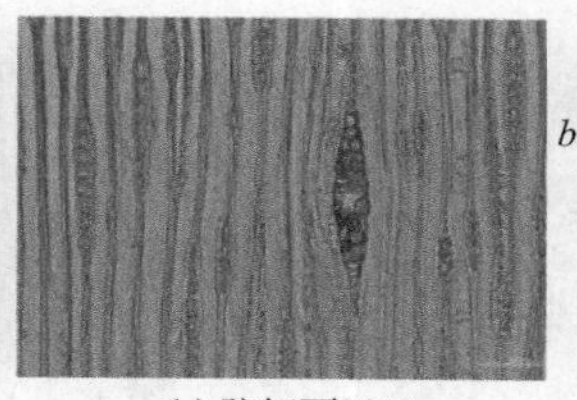
(c) 弦切面20×

白皮松（*P. bungeana*）对照材

图 7-9　白皮松（*P. bungeana*）对照材在光学显微镜下三切面微观构造图

（4）马尾松（*Pinus massoniana*）的鉴定

从图 7-10 和图 7-11 中可以看出，木构件 No. 59、No. 60 的生长轮明显，管胞从早材向晚材为急变。早材管胞为方形、长方形及多边形，晚材管胞壁厚，为长方形及方形，径壁具缘纹孔均为 1 列，管胞壁上的螺纹加厚均缺如。轴向薄壁组织缺如。木射线具单列及纺锤形两类，单列木射线高 5～15 个细胞；纺锤形木射线宽 2～3 个细胞，高 3～12 个细胞；木射线细胞类型包含射线管胞和射线薄壁细胞两种，射线管胞位于射线薄壁细胞的上下两端，低木射线有时全部由射线管胞组成，射线管壁的内壁具明显的深锯齿；木射线细胞水平壁薄，纹孔少，端壁节状加厚无；射线薄壁细胞与早材管胞间交叉场纹孔类型为窗格型。树脂道分轴向树脂道和横向树脂道两种类型，轴向树脂道在横切面上呈孔穴状，单独排列，数量多，通常分布于晚材带及附近的早材带内；横向树脂道位于纺锤形木射线中。

松科松属的黄山松（*P. taiwanensis*）、马尾松（*P. massoniana*）以及油松（*P. tabuliformis*）属于双维管束松亚属（Subgen. *Pinus*）木材，在河南省广泛分布。其中，马尾松（*P. massoniana*）在河南省西部广泛分布（中国科学院中国植物志编辑委员会，1978；GB/T 16734—1997；成俊卿等，1992）。通过与对照材（图 7-12）及成俊卿等（1992）的《中国木材志》的对比，并基于古建筑“就地选材”的选材原则，认为木构件 No. 59、No. 60 属于马尾松（*P. massoniana*）木材。

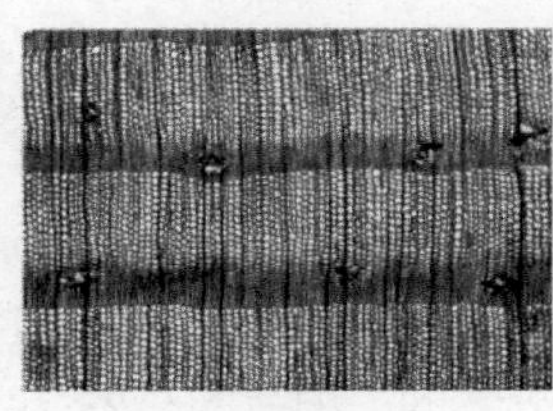
(a) 横切面4×

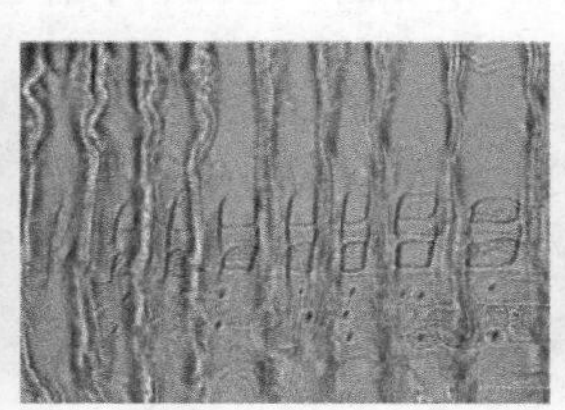
(b) 径切面40×

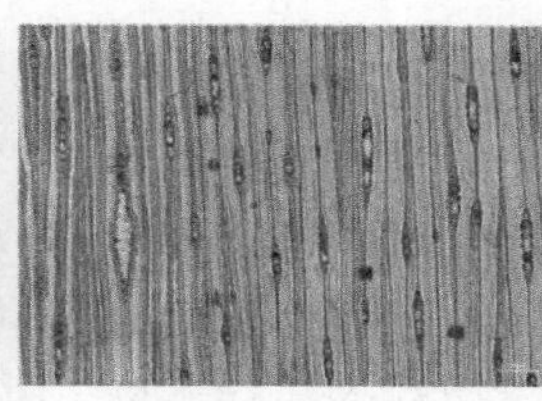
(c) 弦切面10×

鉴定结果：马尾松（*P. massoniana*）木材

图 7-10　木构件 No. 59 在光学显微镜下三切面微观构造图

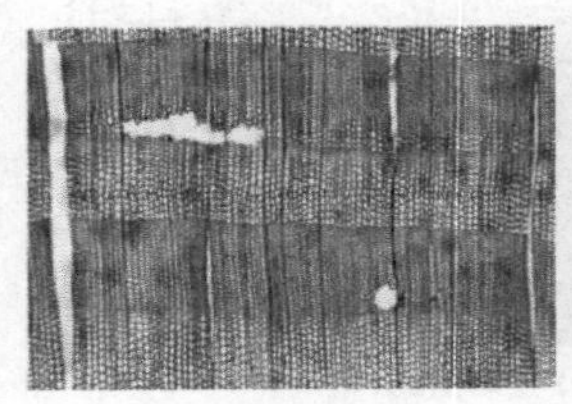

(a) 横切面4×

(b) 径切面40×

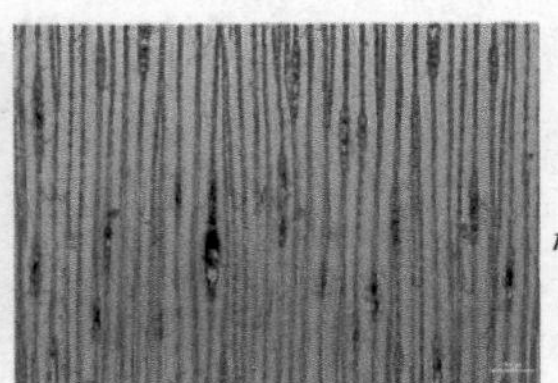

(c) 弦切面10×

鉴定结果：马尾松（*P. massoniana*）木材

图 7-11　木构件 No. 60 在光学显微镜下三切面微观构造图

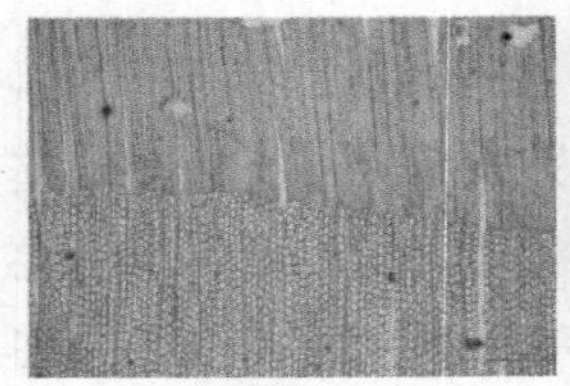

(a) 横切面4×

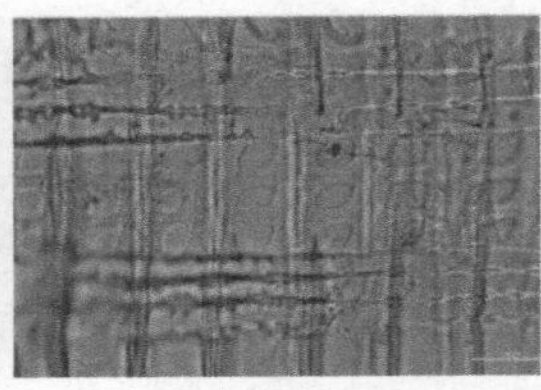

(b) 径切面40×

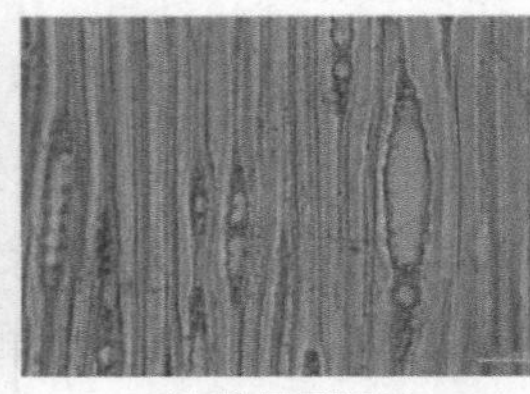

(c) 弦切面20×

马尾松（*P. massoniana*）对照材

图 7-12　马尾松（*P. massoniana*）对照材在光学显微镜下三切面微观构造图

（5）黄杉（*Pseudotsuga sinensis*）的鉴定

从图 7-13～图 7-20 中可以看出，木构件 No. 16、No. 17、No. 18、No. 19、No. 20、No. 21、No. 28 和 No. 41 的生长轮明显，管胞从早材向晚材为急变。早材管胞为方形、长方形及多边形，晚材管胞壁厚，为长方形及方形，径壁具缘纹孔均为 1 列，管胞壁上的螺纹加厚明显。轴向薄壁组织少。木射线具单列及纺锤形两类，单列木射线高 3～8 个细胞；纺锤形木射线宽 2～3 个细胞，高 3～12 个细胞；木射线细胞类型包含射线管胞和射线薄壁细胞两种，射线管胞位于射线薄壁细胞的上下两端，低木射线有时全部由射线管胞组成，射线管壁的内壁无锯齿；木射线细胞水平壁厚，纹孔明显，端壁节状加厚明显；射线薄壁细胞与早材管胞间交叉场纹孔类型为杉木型及云杉型。树脂道分轴向树脂道和横向树脂道两种类型，轴向树脂道在横切面上呈孔穴状，数量多，通常分布于晚材带及附近的早材带内；横向树脂道位于纺锤形木射线中，量少且小。

黄杉（*Pseudotsuga sinensis*）为松科黄杉属（*Pseudotsuga*）木材，在滇、黔、桂、湘、川、鄂、陕等广泛分布（GB/T 16734—1997；成俊卿等，1992）。通过与对照材及成俊卿等（1992）的《中国木材志》（图 7-21）的对比，认为木构件 No. 16、No. 17、No. 18、No. 19、No. 20、No. 21、No. 28 和 No. 41 属于黄杉（*P. sinensis*）木材。

(a) 横切面4×

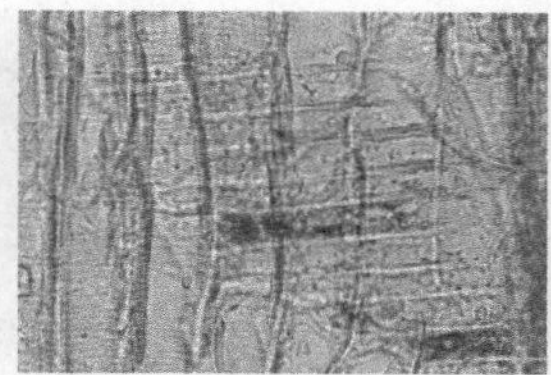
(b) 径切面40×

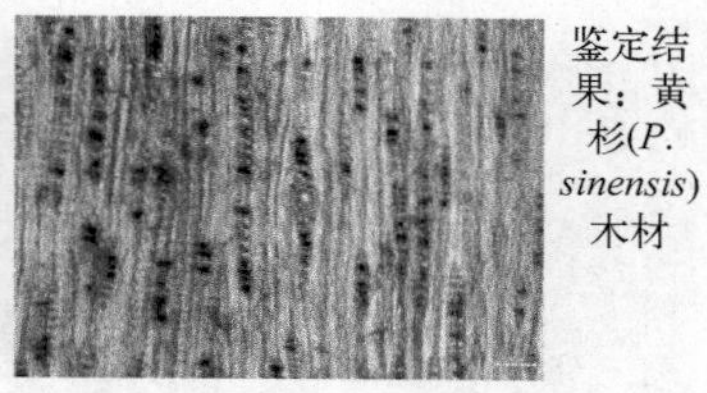
(c) 弦切面10×

鉴定结果：黄杉(*P. sinensis*)木材

图 7-13　木构件 No. 16 在光学显微镜下三切面微观构造图

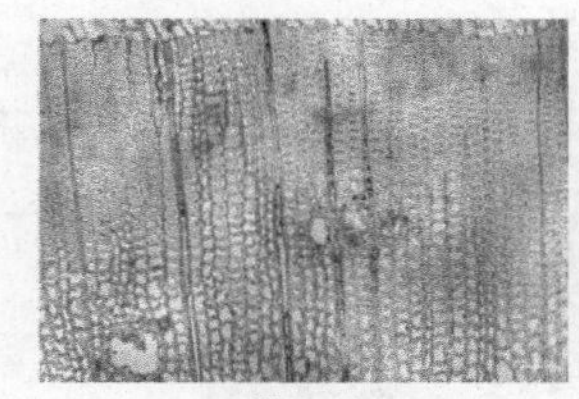
(a) 横切面10×

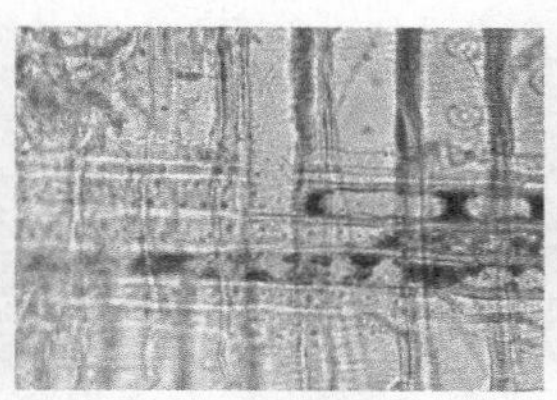
(b) 径切面40×

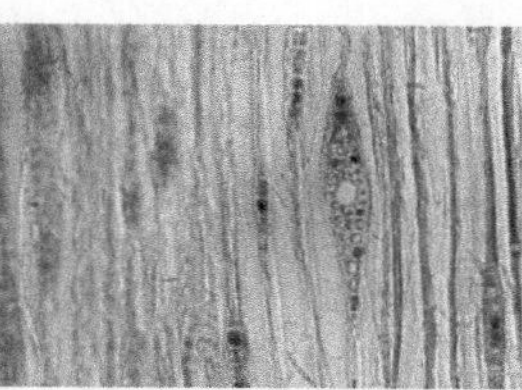
(c) 弦切面20×

鉴定结果：黄杉(*P. sinensis*)木材

图 7-14　木构件 No. 17 在光学显微镜下三切面微观构造图

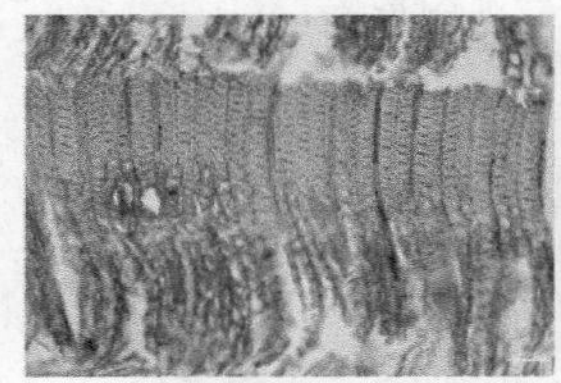
(a) 横切面10×

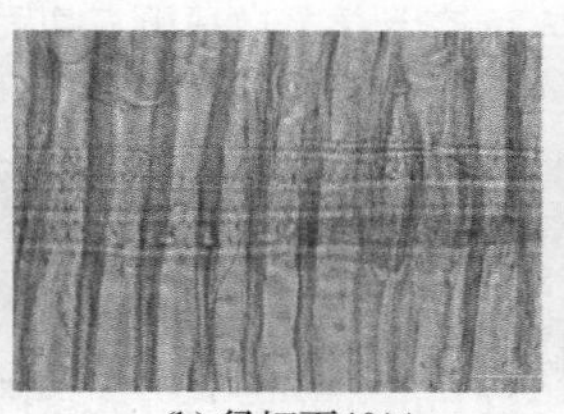
(b) 径切面40×

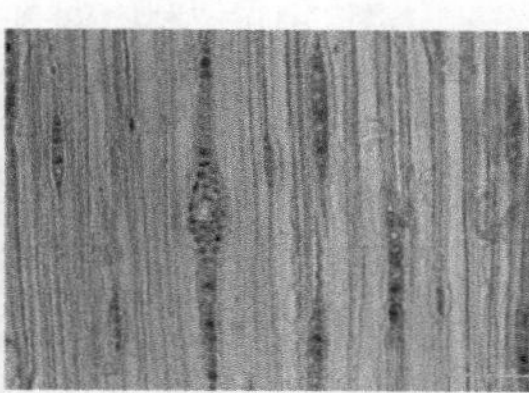
(c) 弦切面20×

鉴定结果：黄杉(*P. sinensis*)木材

图 7-15　木构件 No. 18 在光学显微镜下三切面微观构造图

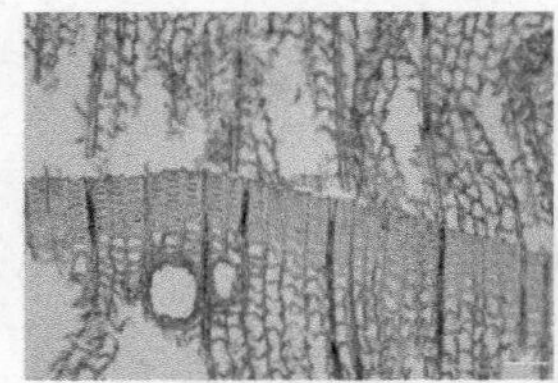
(a) 横切面10×

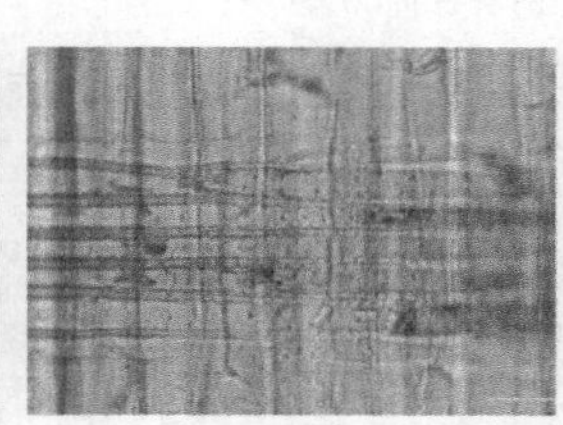
(b) 径切面40×

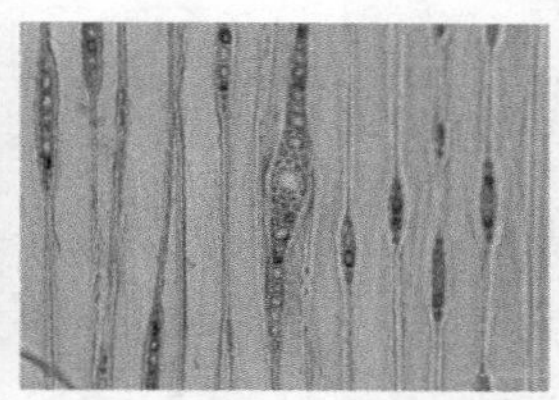
(c) 弦切面20×

鉴定结果：黄杉(*P. sinensis*)木材

图 7-16　木构件 No. 19 在光学显微镜下三切面微观构造图

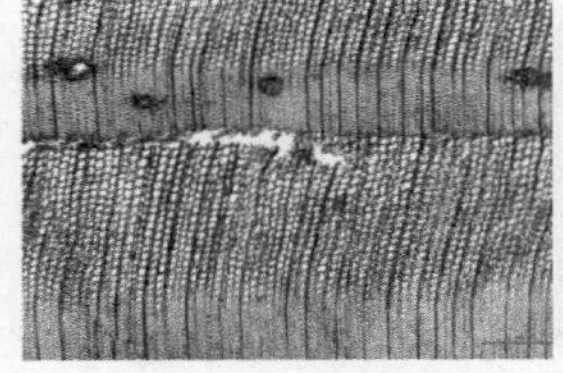
(a) 横切面4×

(b) 径切面40×

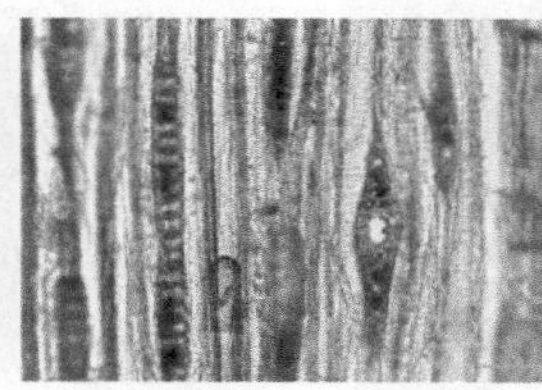
(c) 弦切面20×

鉴定结果：黄杉(*P. sinensis*)木材

图 7-17　木构件 No. 20 在光学显微镜下三切面微观构造图

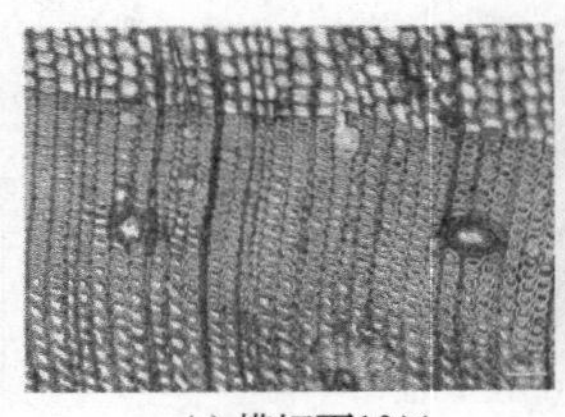
(a) 横切面10×

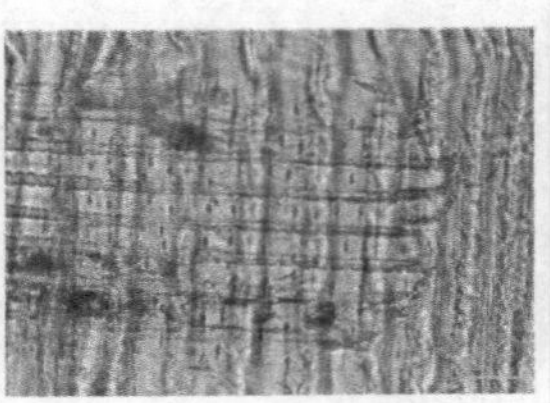
(b) 径切面40×

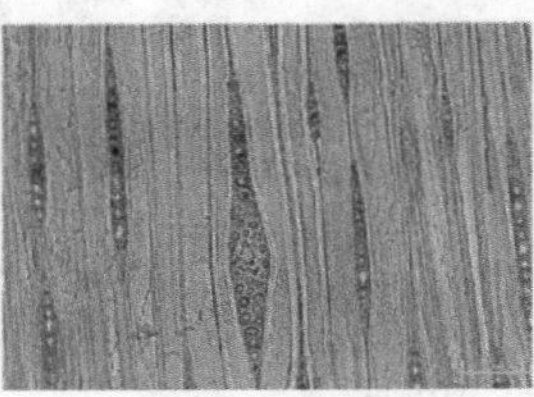
(c) 弦切面20×

鉴定结果：黄杉(*P. sinensis*)木材

图 7-18　木构件 No. 21 在光学显微镜下三切面微观构造图

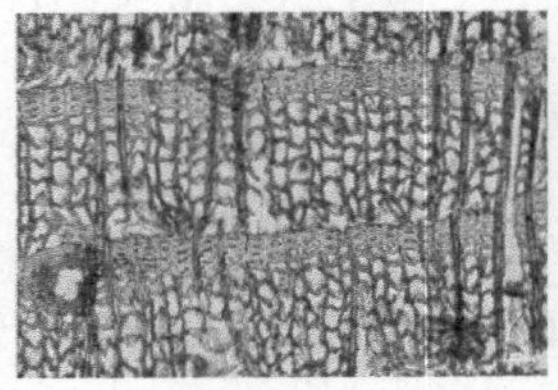
(a) 横切面10×

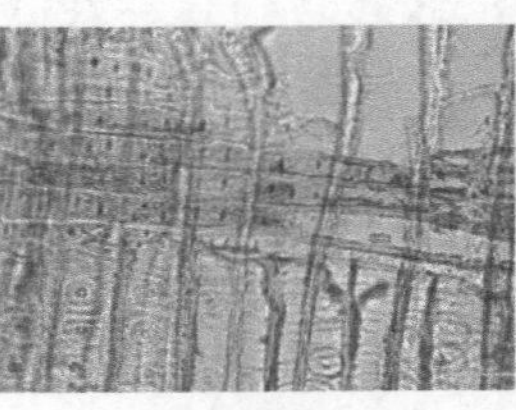
(b) 径切面40×

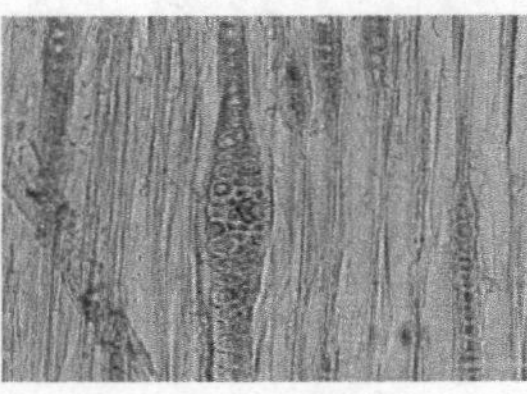
(c) 弦切面20×

鉴定结果：黄杉(*P. sinensis*)木材

图 7-19　木构件 No. 28 在光学显微镜下三切面微观构造图

(a) 横切面4×

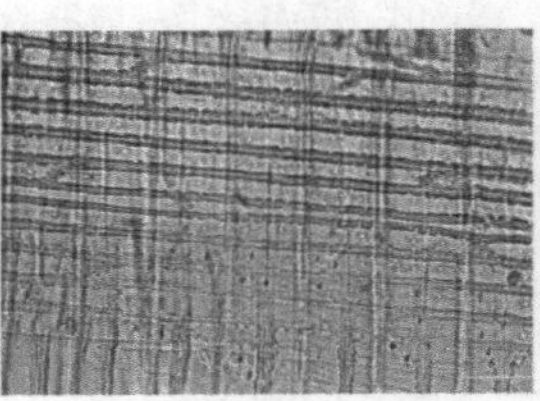
(b) 径切面40×

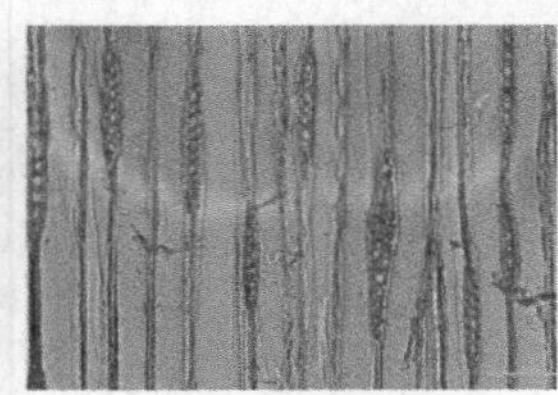
(c) 弦切面20×

鉴定结果：黄杉(*P. sinensis*)木材

图 7-20　木构件 No. 41 在光学显微镜下三切面微观构造图

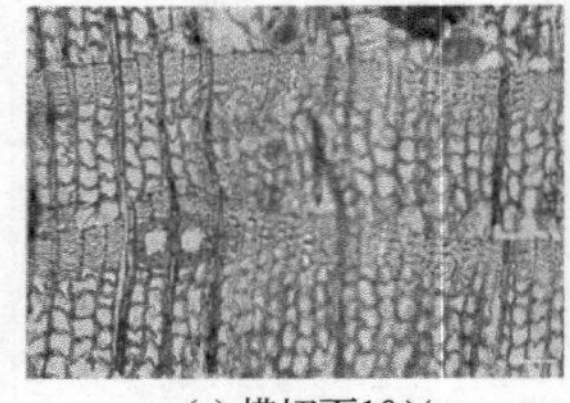
(a) 横切面10×

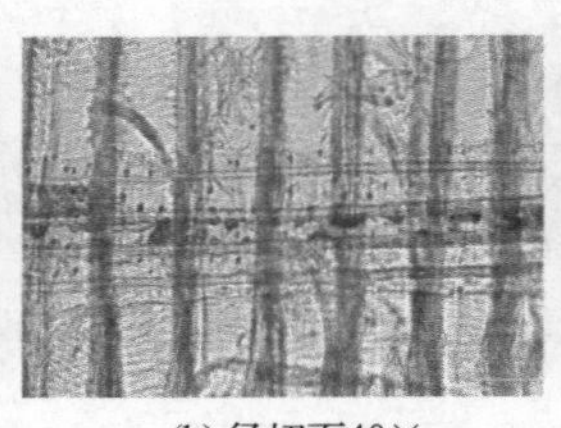
(b) 径切面40×

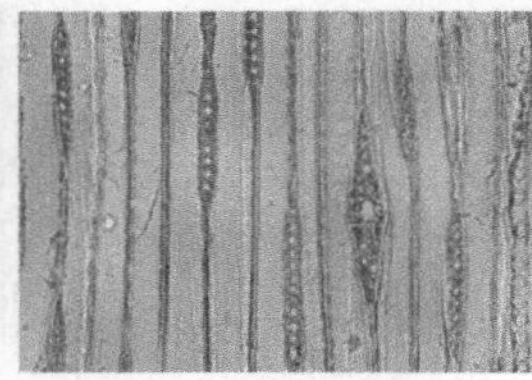
(c) 弦切面20×

黄杉(*P. sinensis*)木材对照材

图 7-21　黄杉（*P. sinensis*）对照材在光学显微镜下三切面微观构造图

（6）杉木（*Cunninghamia lanceolata*）的鉴定

从图 7-22～图 7-40 中可以看出，木构件 No. 8、No. 27、No. 29、No. 32、No. 33、No. 35、No. 36、No. 39、No. 40、No. 43、No. 45、No. 46、No. 54、No. 55、No. 56、No. 57、No. 58、No. 62 和 No. 64 的生长轮明显，管胞从早

材向晚材为渐变。早材管胞为不规则多边形及方形，晚材管胞壁厚，为长方形及方形，径壁具缘纹孔均为1列，管胞壁上的螺纹加厚缺如。轴向薄壁组织量多，星散状及弦向带状。木射线通常单列，稀两列，单列木射线高5～10个细胞；木射线细胞全由射线薄壁细胞组成，木射线细胞水平壁厚，纹孔少，端壁节状加厚不明显；射线薄壁细胞与早材管胞间交叉场纹孔类型为杉木型，通常2～4个。树脂道缺如。

杉木（*Cunninghamia lanceolata*）属于杉科（Taxodiaceae）杉木属（*Cunninghamia*）木材，在河南省广泛分布（中国科学院中国植物志编辑委员会，1978；GB/T 16734—1997；成俊卿等，1992）。通过与对照材（图7-41）及成俊卿等（1992）的《中国木材志》的对比，并基于古建筑“就地选材”的选材原则，认为木构件No.8、No.27、No.29、No.32、No.33、No.35、No.36、No.39、No.40、No.43、No.45、No.46、No.54、No.55、No.56、No.57、No.58、No.62和No.64属于杉木（*C. lanceolata*）木材。

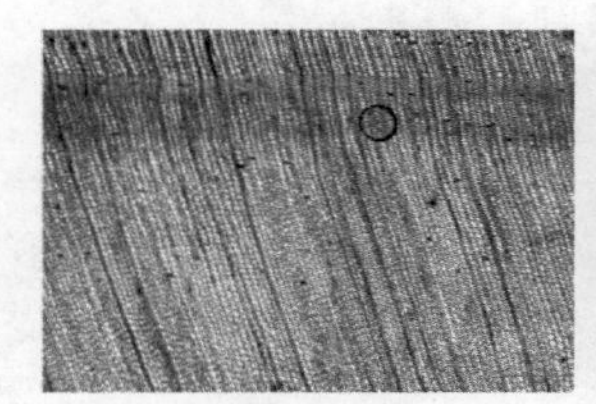

(a) 横切面4×

(b) 径切面40×

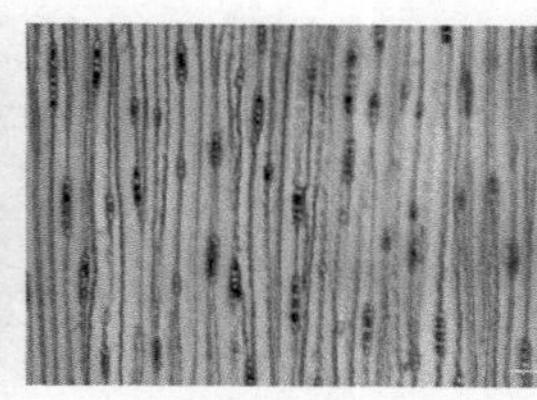

(c) 弦切面10×

鉴定结果：杉木(*C. lanceolata*)木材

图7-22 木构件No.8在光学显微镜下三切面微观构造图

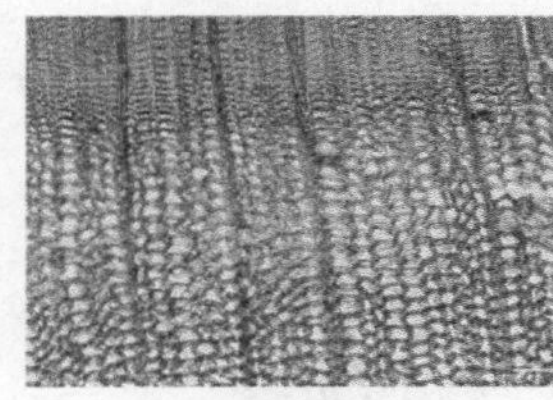

(a) 横切面10×

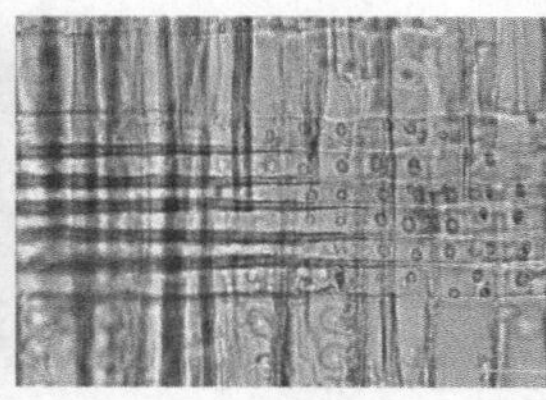

(b) 径切面40×

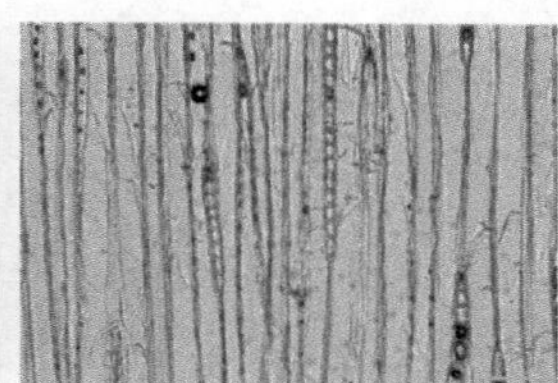

(c) 弦切面20×

鉴定结果：杉木(*C. lanceolata*)木材

图7-23 木构件No.27在光学显微镜下三切面微观构造图

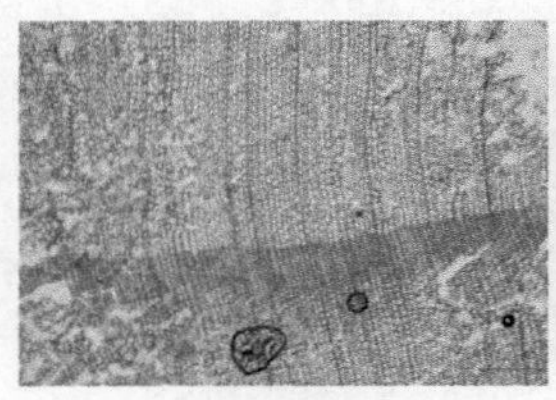

(a) 横切面4×

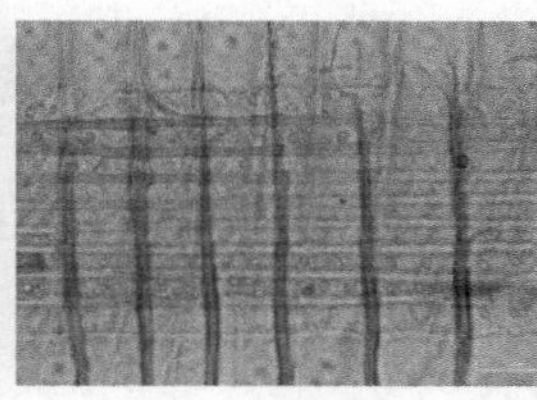

(b) 径切面40×

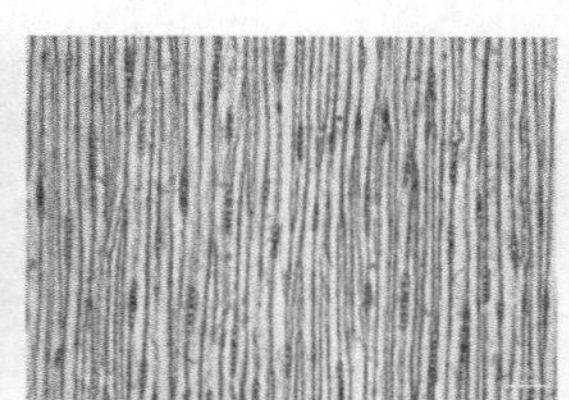

(c) 弦切面10×

鉴定结果：杉木(*C. lanceolata*)木材

图7-24 木构件No.29在光学显微镜下三切面微观构造图

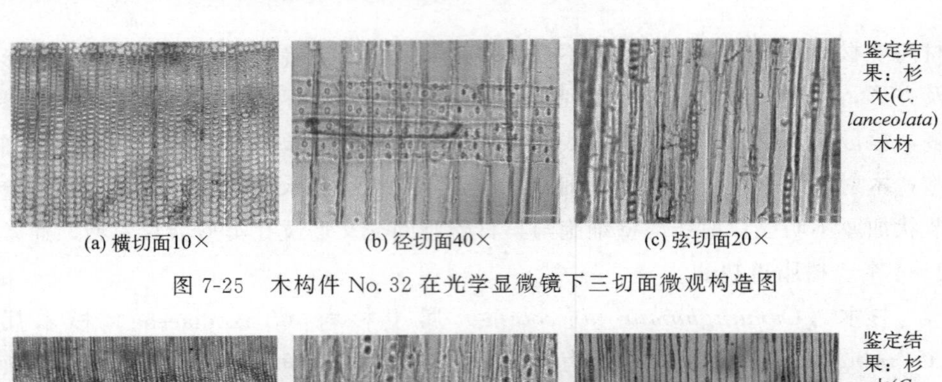

(a) 横切面10×　(b) 径切面40×　(c) 弦切面20×

鉴定结果：杉木(*C. lanceolata*)木材

图 7-25　木构件 No. 32 在光学显微镜下三切面微观构造图

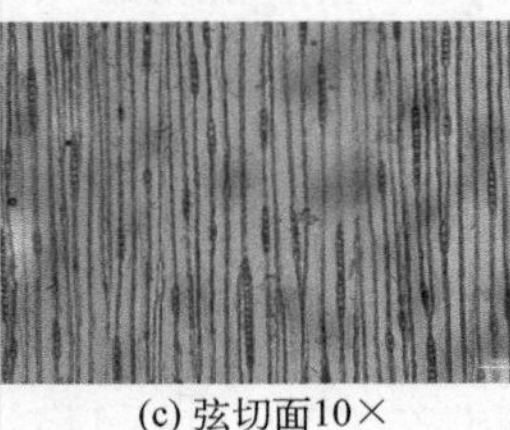

(a) 横切面4×　(b) 径切面40×　(c) 弦切面10×

鉴定结果：杉木(*C. lanceolata*)木材

图 7-26　木构件 No. 33 在光学显微镜下三切面微观构造图

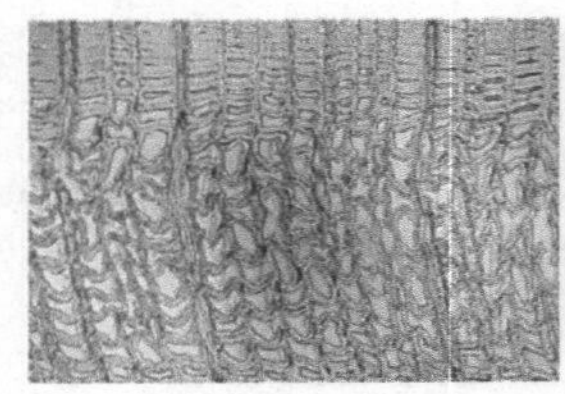

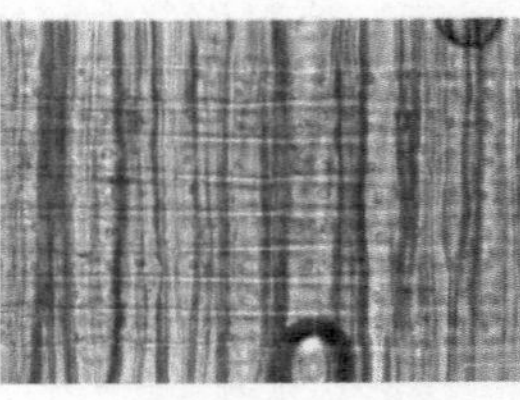
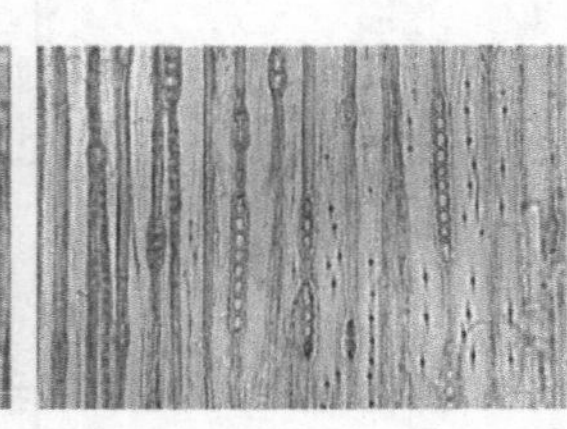

(a) 横切面20×　(b) 径切面40×　(c) 弦切面20×

鉴定结果：杉木(*C. lanceolata*)木材

图 7-27　木构件 No. 35 在光学显微镜下三切面微观构造图

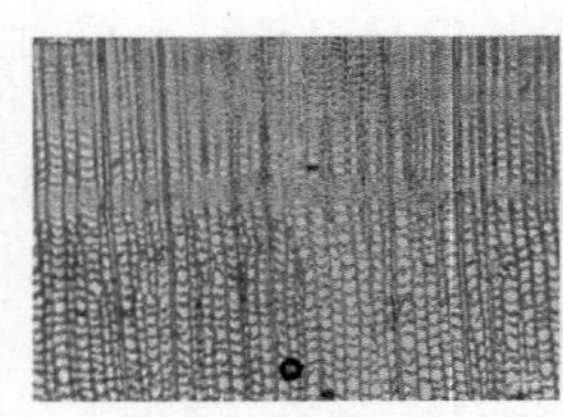
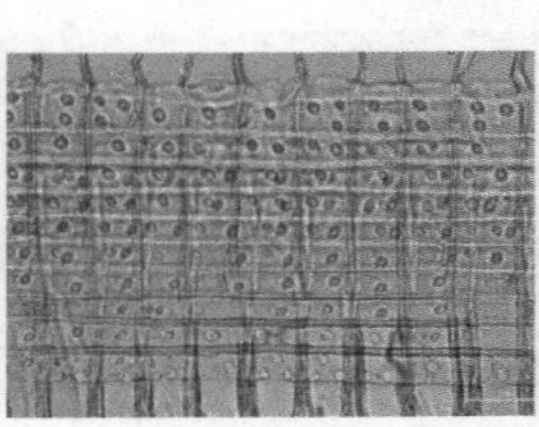
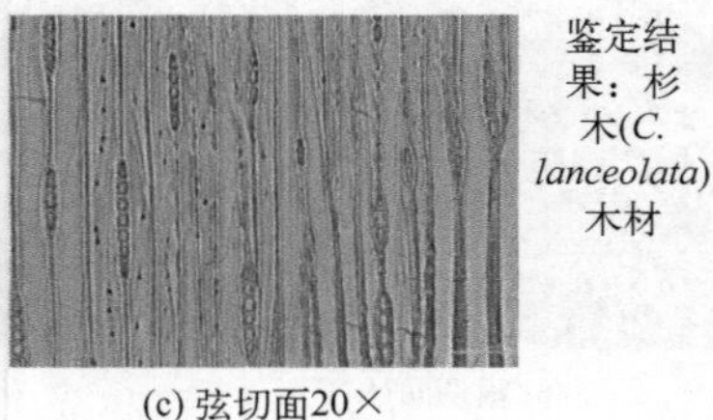
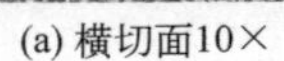

(a) 横切面10×　(b) 径切面40×　(c) 弦切面20×

鉴定结果：杉木(*C. lanceolata*)木材

图 7-28　木构件 No. 36 在光学显微镜下三切面微观构造图

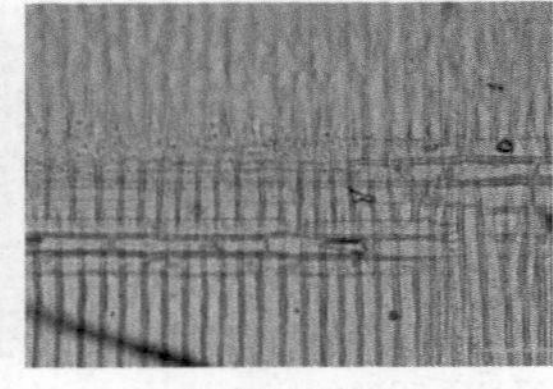
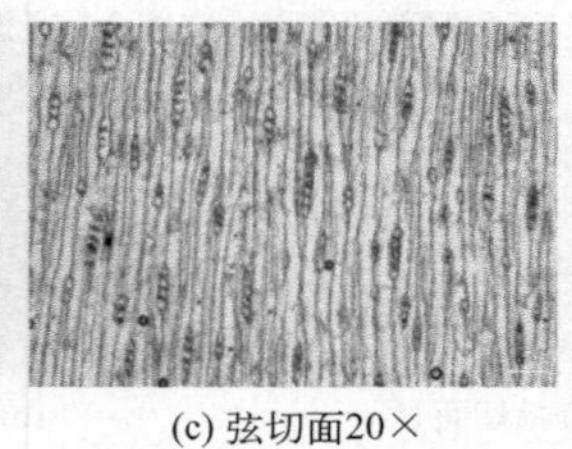

(a) 横切面4×　(b) 径切面20×　(c) 弦切面20×

鉴定结果：杉木(*C. lanceolata*)木材

图 7-29　木构件 No. 39 在光学显微镜下三切面微观构造图

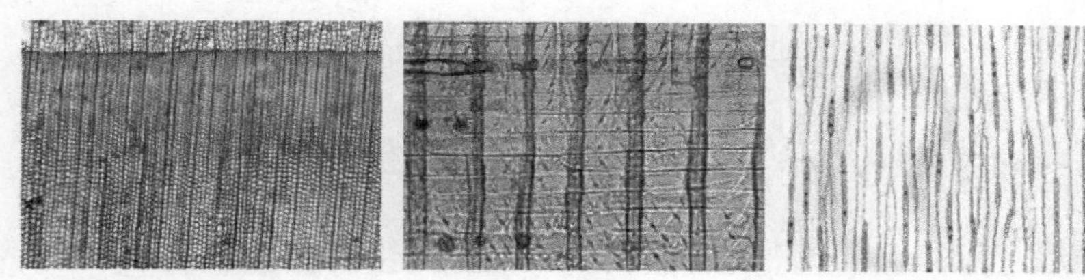

鉴定结果：杉木(*C. lanceolata*)木材

(a) 横切面4×　(b) 径切面40×　(c) 弦切面10×

图 7-30　木构件 No. 40 在光学显微镜下三切面微观构造图

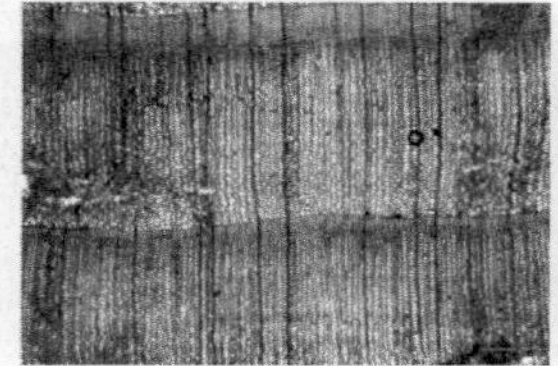
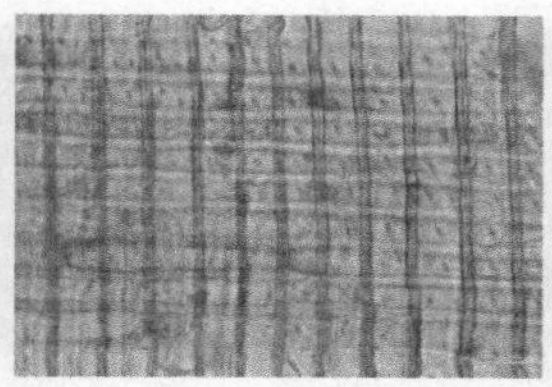
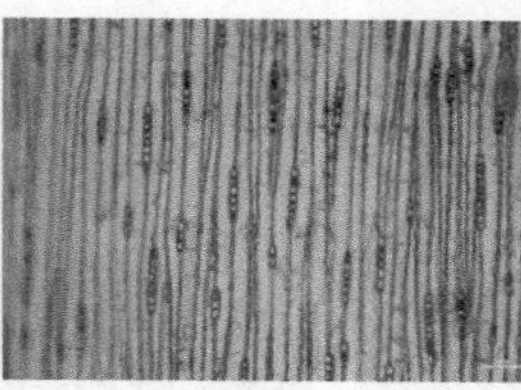

鉴定结果：杉木(*C. lanceolata*)木材

(a) 横切面4×　(b) 径切面40×　(c) 弦切面10×

图 7-31　木构件 No. 43 在光学显微镜下三切面微观构造图

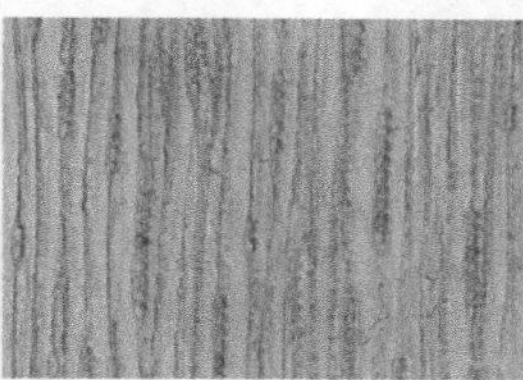

鉴定结果：杉木(*C. lanceolata*)木材

(a) 横切面4×　(b) 径切面40×　(c) 弦切面20×

图 7-32　木构件 No. 45 在光学显微镜下三切面微观构造图

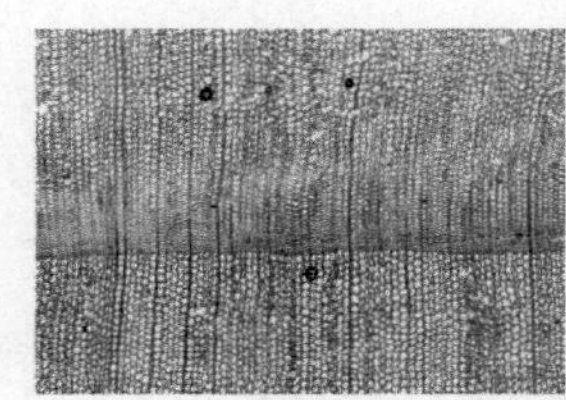
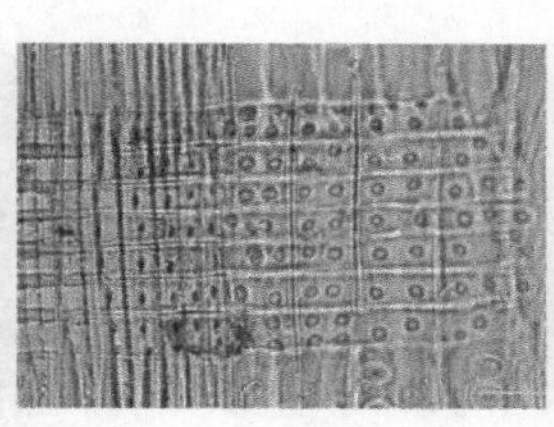
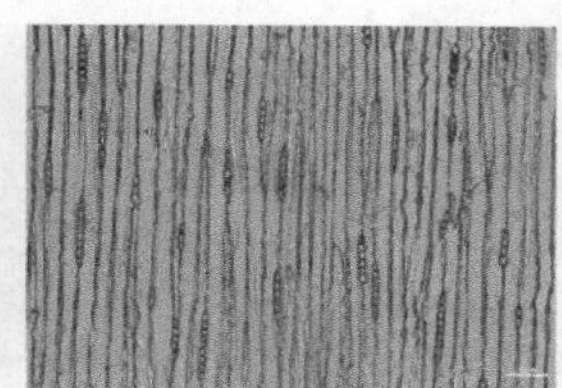

鉴定结果：杉木(*C. lanceolata*)木材

(a) 横切面10×　(b) 径切面40×　(c) 弦切面10×

图 7-33　木构件 No. 46 在光学显微镜下三切面微观构造图

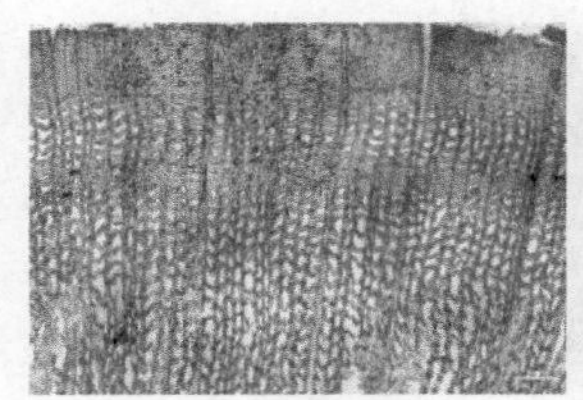

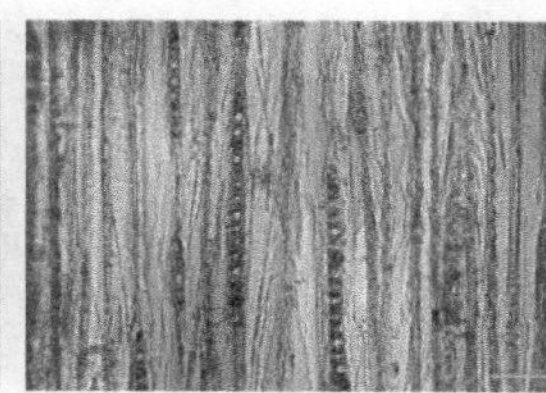

鉴定结果：杉木(*C. lanceolata*)木材

(a) 横切面10×　(b) 径切面40×　(c) 弦切面20×

图 7-34　木构件 No. 54 在光学显微镜下三切面微观构造图

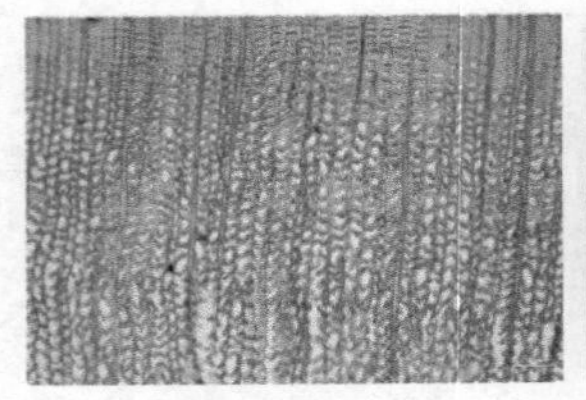

(a) 横切面10×

(b) 径切面40×

(c) 弦切面20×

鉴定结果：杉木(*C. lanceolata*)木材

图 7-35　木构件 No. 55 在光学显微镜下三切面微观构造图

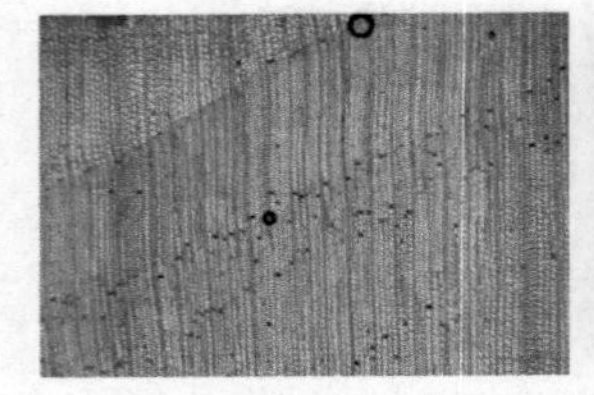

(a) 横切面4×

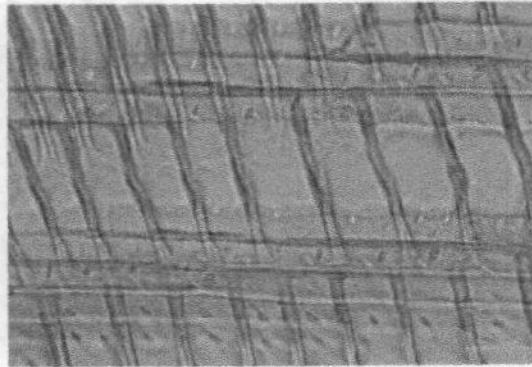

(b) 径切面40×

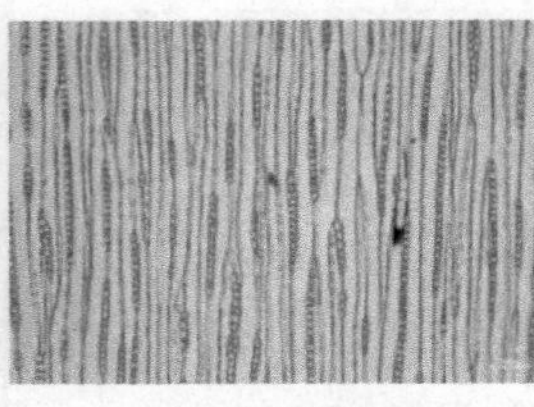

(c) 弦切面10×

鉴定结果：杉木(*C. lanceolata*)木材

图 7-36　木构件 No. 56 在光学显微镜下三切面微观构造图

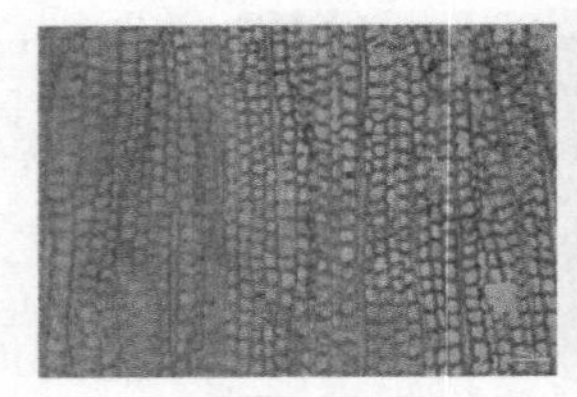

(a) 横切面10×

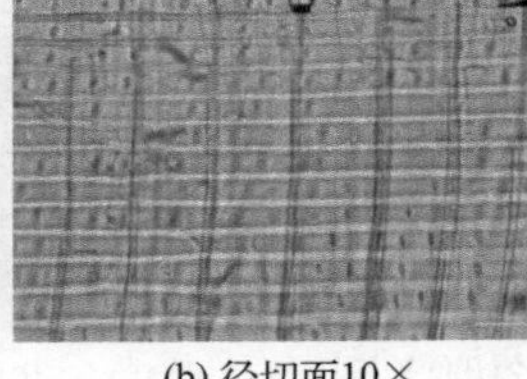

(b) 径切面10×

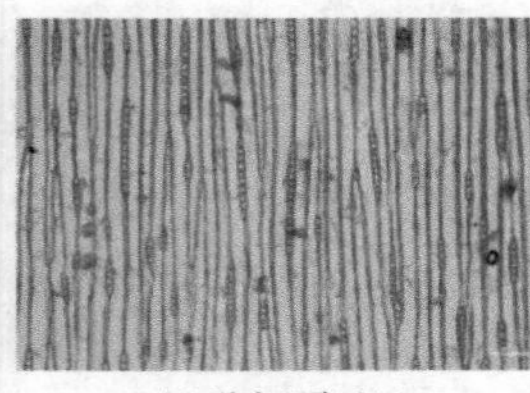

(c) 弦切面10×

鉴定结果：杉木(*C. lanceolata*)木材

图 7-37　木构件 No. 57 在光学显微镜下三切面微观构造图

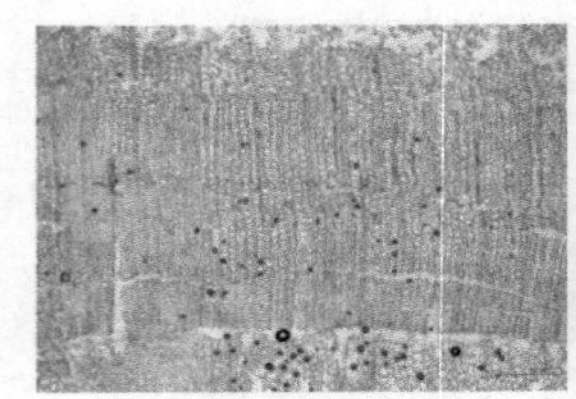

(a) 横切面4×

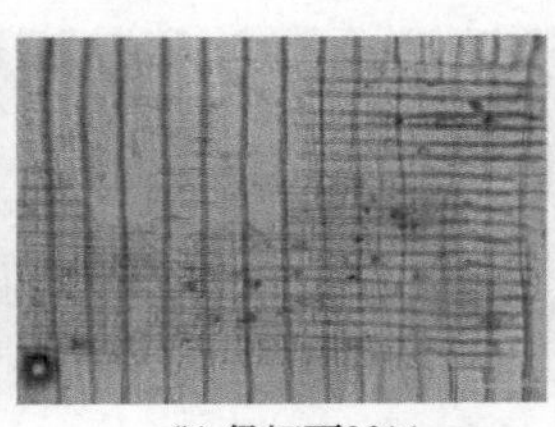

(b) 径切面20×

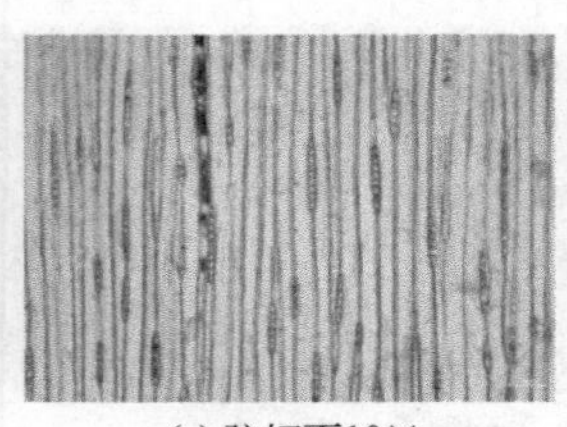

(c) 弦切面10×

鉴定结果：杉木(*C. lanceolata*)木材

图 7-38　木构件 No. 58 在光学显微镜下三切面微观构造图

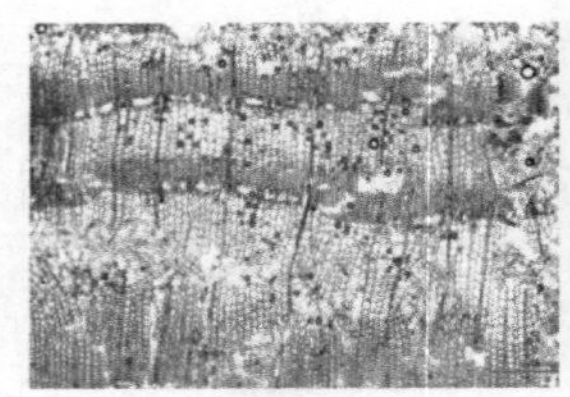

(a) 横切面4×

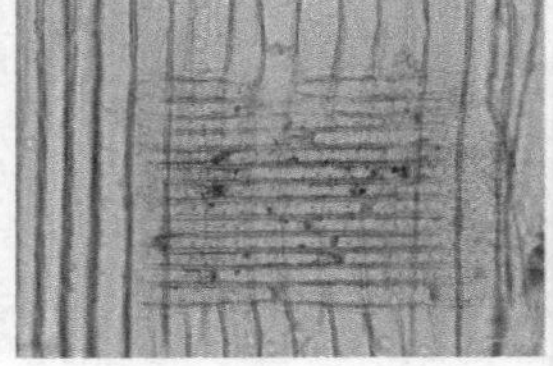

(b) 径切面20×

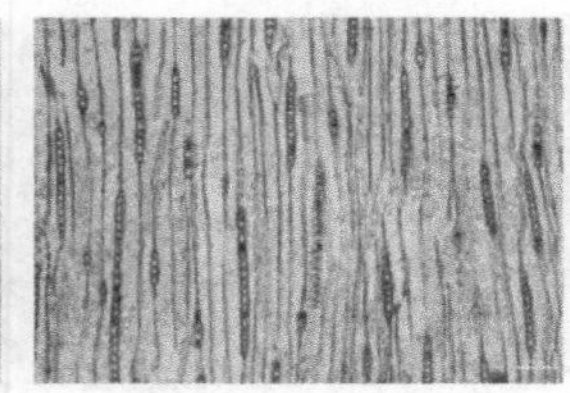

(c) 弦切面10×

鉴定结果：杉木(*C. lanceolata*)木材

图 7-39　木构件 No. 62 在光学显微镜下三切面微观构造图

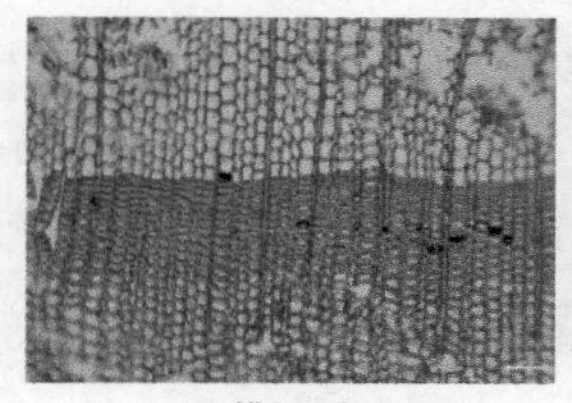
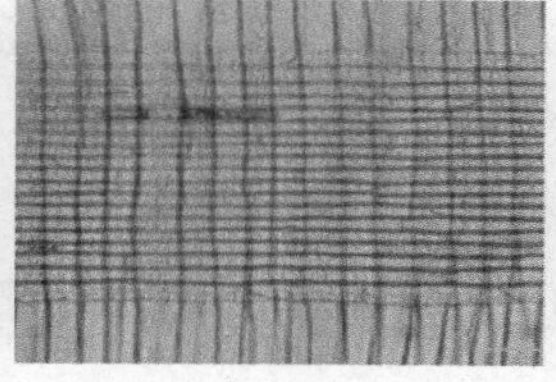
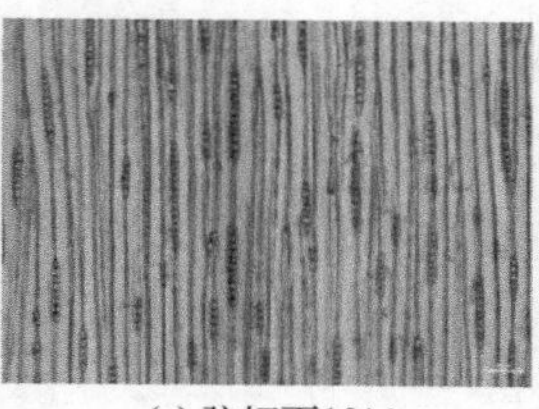

(a) 横切面10×　(b) 径切面20×　(c) 弦切面10×

鉴定结果：杉木(*C. lanceolata*)木材

图 7-40　木构件 No. 64 在光学显微镜下三切面微观构造图

(a) 横切面4×　(b) 径切面40×　(c) 弦切面10×

杉木(*C. lanceolata*)对照材

图 7-41　杉木（C. *lanceolata*）对照材在光学显微镜下三切面微观构造图

（7）板栗（*Castanea* sp.）的鉴定

从图 7-42 中可以看出，木构件 No. 13 微观的管孔分布为环孔材；管孔排列为火焰状斜径列；管孔组合主要为单管孔，少数呈短径列复管孔（2～3 个）；早材导管在横切面上为圆形及卵圆形，晚材导管在横切面上为圆形；导管内侵填体未见或偶见；穿孔为单穿孔；管间纹孔式主要为互列；导管壁上无螺纹加厚。环管管胞量多，主要环绕于早材导管周围。轴向薄壁组织量多，主要为星散-聚合状及断续离管带状（宽 1～2 个细胞），具菱形晶体，分室含晶细胞可连续多至 15 个及以上。木纤维细胞壁厚度为厚至甚厚，类型为纤维状管胞，具明显的具缘纹孔。木射线非叠生，射线组织为同形单列；射线内未见特殊细胞，含有树胶。无轴向树胶道和横向树胶道。

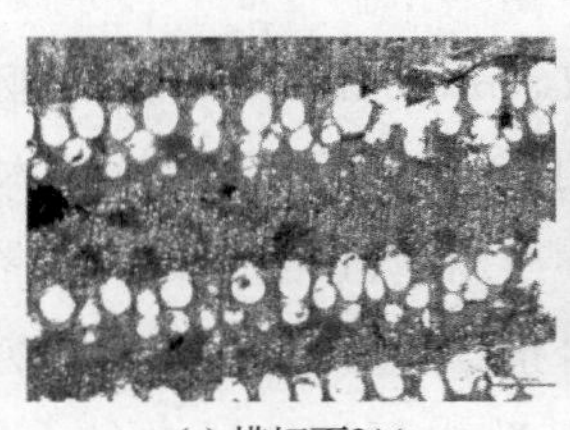
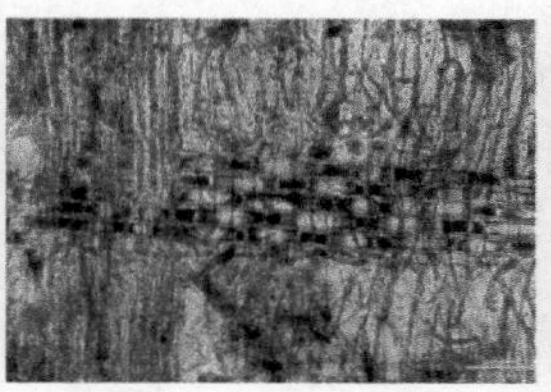
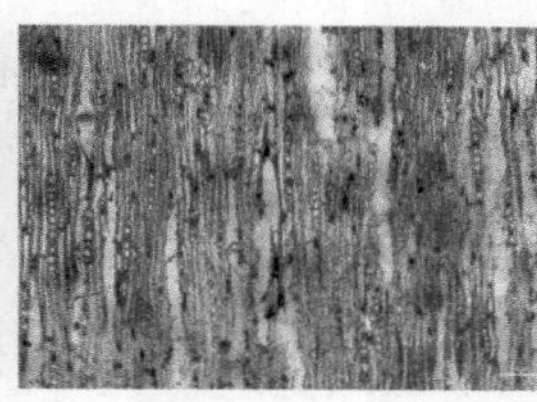

(a) 横切面2×　(b) 径切面20×　(c) 弦切面10×

鉴定结果：板栗(*Castanea* sp.)木材

图 7-42　木构件 No. 13 在光学显微镜下三切面微观构造图

壳斗科（Fagaceae）板栗属（*Castanea*）木材在我国有4种，全国各地均有分布。其中，锥栗（*C. henryi*）、板栗（*C. mollissima*）、茅栗（*C. seguinii*）在河南省广泛分布（GB/T 16734—1997；成俊卿等，1992）。通过与对照材（图7-43）及成俊卿等（1992）的《中国木材志》的对比，并基于古建筑“就地选材”的选材原则，认为木构件No. 13属于板栗（*Castanea* sp.）木材。

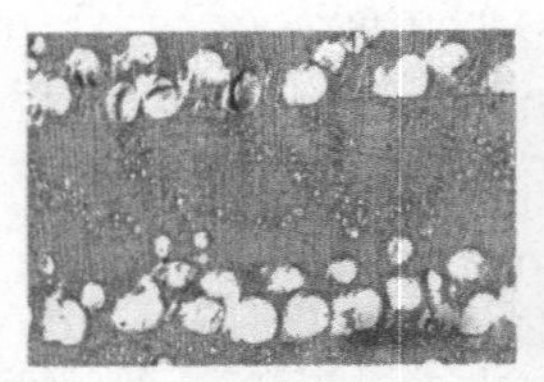
(a) 横切面4×

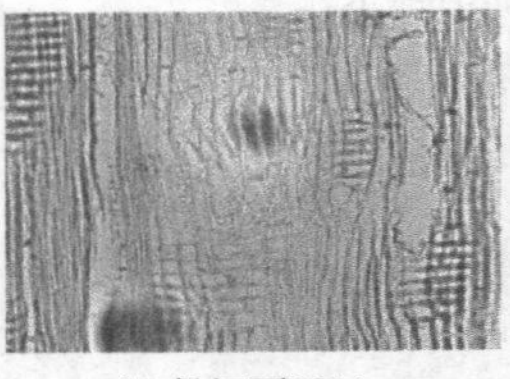
(b) 径切面20×

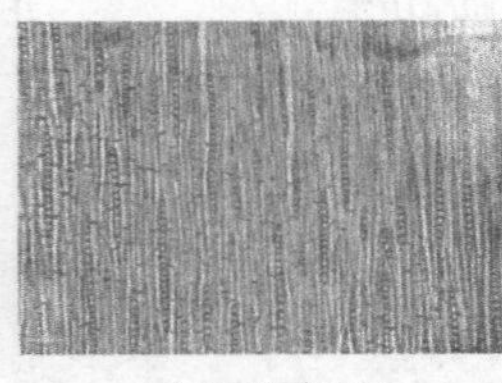
(c) 弦切面10×

板栗(*Castanea* sp.)对照材

图7-43　板栗（*Castanea* sp.）对照材在光学显微镜下三切面微观构造图

（8）槲栎类（Quercus Sect. Prinus）的鉴定

从图7-44中可以看出，木构件No. 61微观的管孔分布为环孔材；管孔排列为火焰状斜径列；管孔组合主要为单管孔，少数呈短径列复管孔（2个）；早材导管在横切面上为圆形及卵圆形，晚材导管在横切面上为多角形；导管内侵填体未见或偶见；穿孔为单穿孔；管间纹孔式主要为互列；导管壁上无螺纹加厚。环管管胞量多，主要环绕于早材导管周围。轴向薄壁组织量多，主要为星散-聚合状及断续离管带状（宽1～2个细胞），具菱形晶体，分室含晶细胞可连续多至15个以上。木纤维细胞壁厚度为厚至甚厚，类型为纤维状管胞，具明显的具缘纹孔。木射线非叠生，窄木射线通常单列；宽木射线为复合射线，最宽处至许多细胞，常被许多窄木射线分隔，木射线细胞非常高，常超出切片范围；射线组织为同形单列及同形多列；射线内未见特殊细胞，含有树胶。无轴向树胶道和横向树胶道。

壳斗科栎属（*Quercus*）木材在我国有60余种，根据其植物性状，本属分为红橡（*Q.* subg. *Erythrobalanus*）和白橡（*Q.* subg. *Lepidabalanus*）两个亚属，白橡亚属又包括麻栎组、槲栎组、乌冈栎组和高山栎组。其中，麻栎组木材的晚材管孔为圆形及卵圆形，数量少，壁厚，心材中早材管孔内侵填体通常较少，木射线较宽、较低，呈纺锤形，一部分似半复合射线。槲栎组木材的晚材管孔为不规则多角形，数量多，壁薄，心材中早材管孔内侵填体通常较多，木射线较窄、较高，主呈线形，全为复合射线。乌冈栎组和高山栎组的木材分别近似于青冈属（*Cyclobalanopsis*）的白青冈组和红青冈组，均为散孔材，乌冈栎类的木射线全为聚合射线，而高山栎组的木射线主要为复合射线（成俊卿等，1992）。槲栎组的槲栎（*Q. aliena*）、锐齿槲栎（*Q. aliena* var. *acuteserrata*）、抱栎（*Q. serrata*）、辽东栎（*Q. wutaishanica*）等在河南省有广泛分布（GB/T 16734—1997；成俊卿等，1992）。通过与对照材（图 7-45）及成俊卿等（1992）的《中国木材志》的对比，并基于古建筑“就地选材”的选材原则，认为木构件 No. 61 属于槲栎组木材。

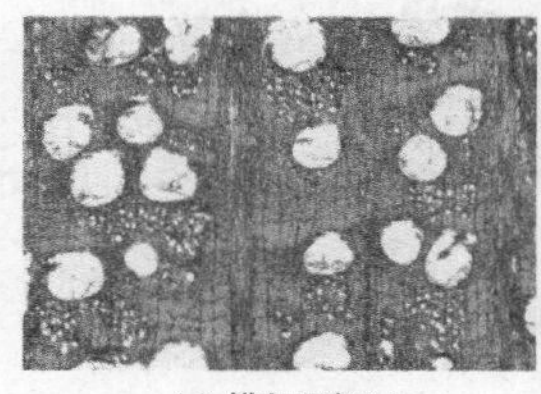

(a) 横切面4×　(b) 径切面4×

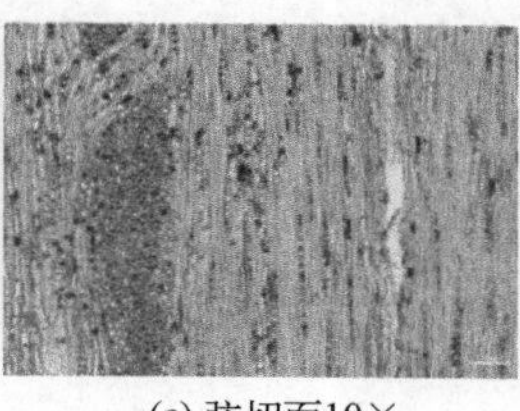

(c) 弦切面10×

鉴定结果：槲栎(*Q. aliena*)木材

图 7-44　木构件 No. 61 在光学显微镜下三切面微观构造图

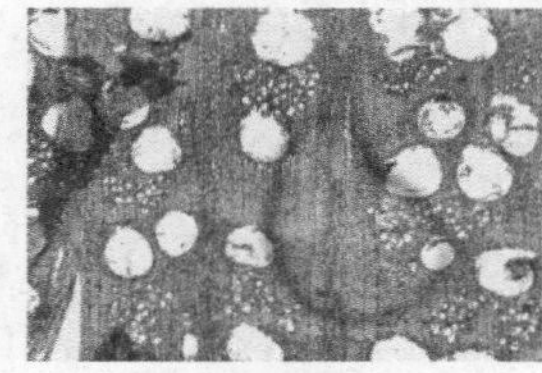

(a) 横切面4×

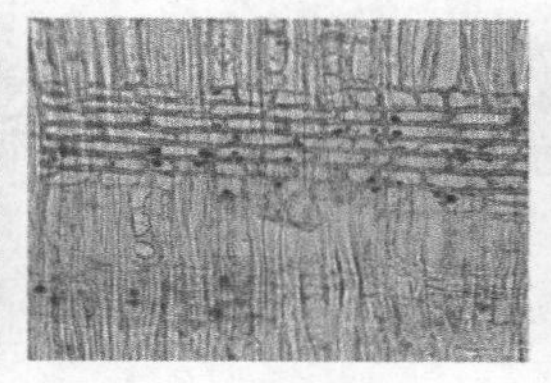

(b) 径切面20×

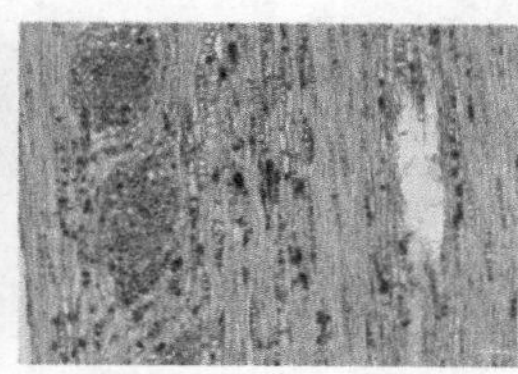

(c) 弦切面10×

槲栎(*Q. aliena*)对照材

图 7-45　槲栎（*Q. aliena*）对照材在光学显微镜下三切面微观构造图

（9）杨木（*Populus* spp.）的鉴定

从图 7-46～图 7-50 中可以看出，木构件 No. 2、No. 11、No. 12、No. 15、No. 48 管孔分布类型为散孔材或至半环孔材，管孔数量较多，在横切面上为卵圆形及椭圆形；管孔组合主要为短径列复管孔（2～4 个）和单管孔；管孔排列为径列；侵填体未见；螺纹加厚未见；穿孔为单穿孔；管间纹孔式主要为互列。轴向薄壁组织量少，主为轮界状，稀星散状，树胶及晶体常见。木纤维细胞壁厚度为壁薄，具胶质纤维，具明显的单纹孔。木射线非叠生，通常为单列，射线组织为同形单列；射线内未见特殊细胞，树胶常见，晶体未见。无轴向树胶道和横向树胶道。

杨柳科（Salicaceae）杨属（*Populus*）木材在我国有 62 种，主要分布在华北、西北、东北等。其中，银白杨（*P. alba*）、清溪杨（*P. rotundifolia* var. *duclouxiana*）、青杨（*P. cathayana*）、冬瓜杨（*P. purdomii*）在河南省

广泛分布（GB/T 16734—1997；成俊卿等，1992）。通过与对照材（图 7-51）及成俊卿等（1992）的《中国木材志》的对比，并基于古建筑“就地选材”的选材原则，认为木构件 No. 2、No. 11、No. 12、No. 15、No. 48 属于杨木（*Populus* spp.）木材。

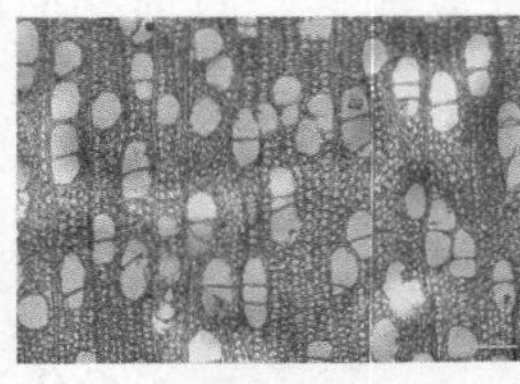

(a) 横切面10×

(b) 径切面20×

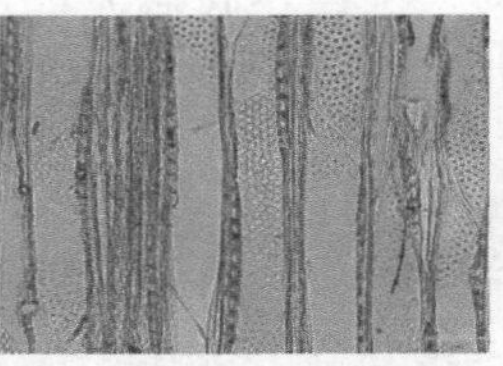

(c) 弦切面20×

鉴定结果：杨木（*Populus* spp.）木材

图 7-46　木构件 No. 2 在光学显微镜下三切面微观构造图

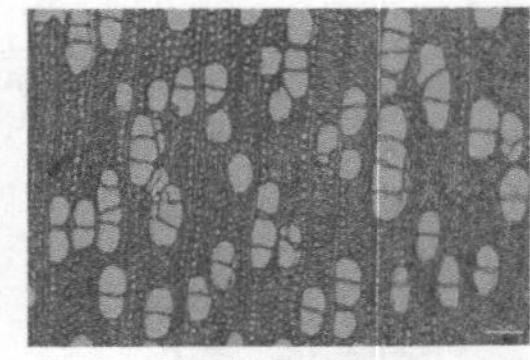

(a) 横切面10×

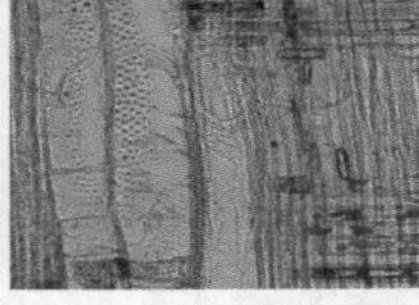

(b) 径切面20×

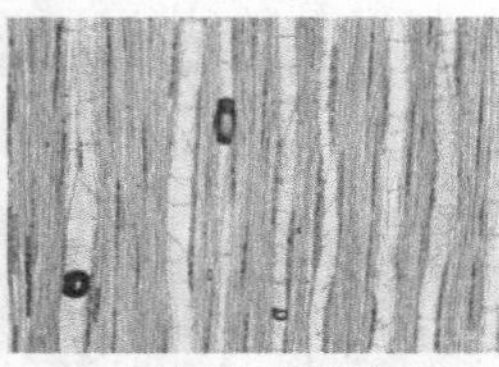

(c) 弦切面10×

鉴定结果：杨木（*Populus* spp.）木材

图 7-47　木构件 No. 11 在光学显微镜下三切面微观构造图

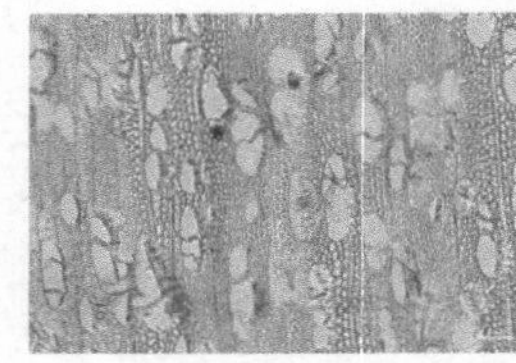

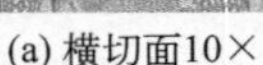

(a) 横切面10×

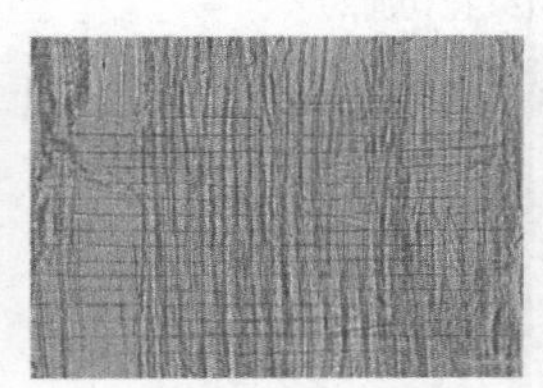

(b) 径切面20×

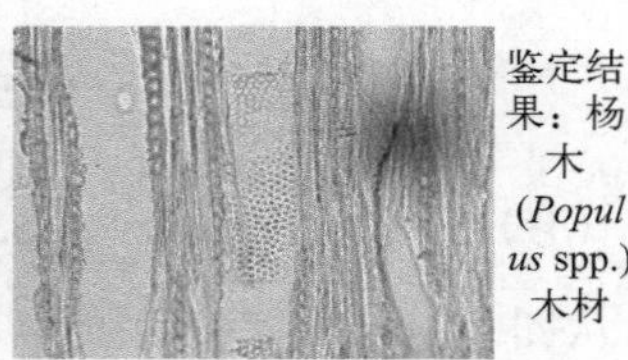

(c) 弦切面20×

鉴定结果：杨木（*Populus* spp.）木材

图 7-48　木构件 No. 12 在光学显微镜下三切面微观构造图

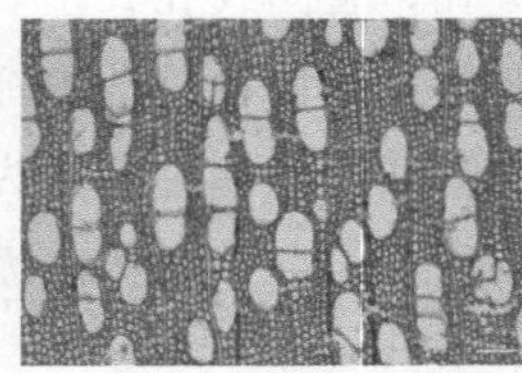

(a) 横切面10×

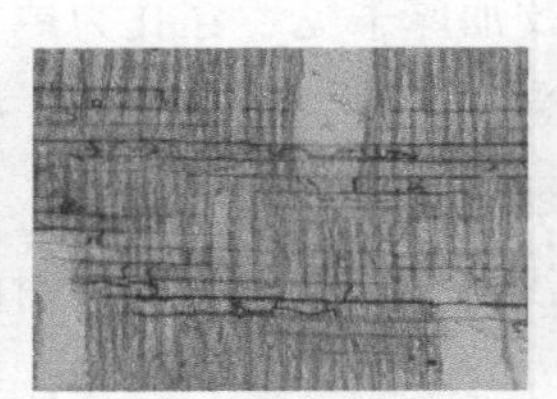

(b) 径切面20×

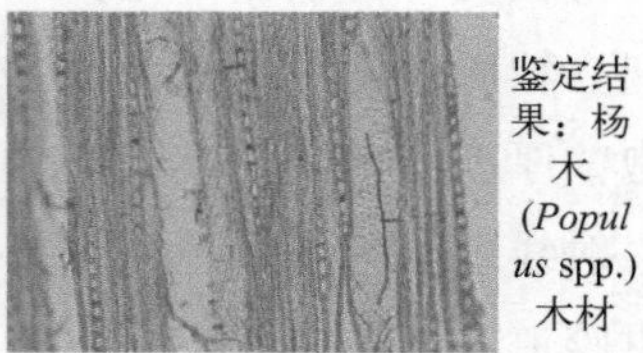

(c) 弦切面20×

鉴定结果：杨木（*Populus* spp.）木材

图 7-49　木构件 No. 15 在光学显微镜下三切面微观构造图

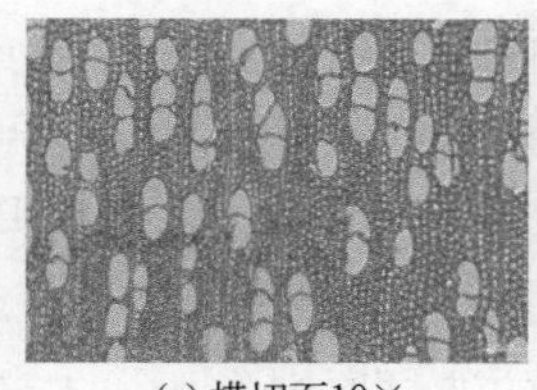
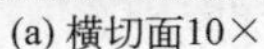
(a) 横切面10×

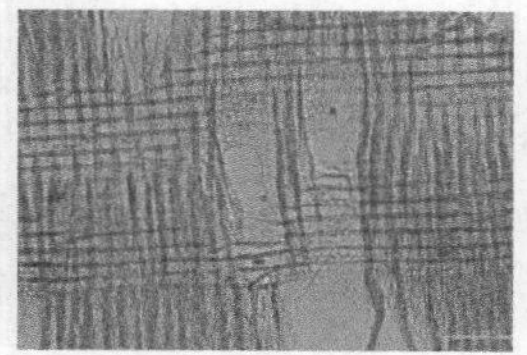
(b) 径切面20×

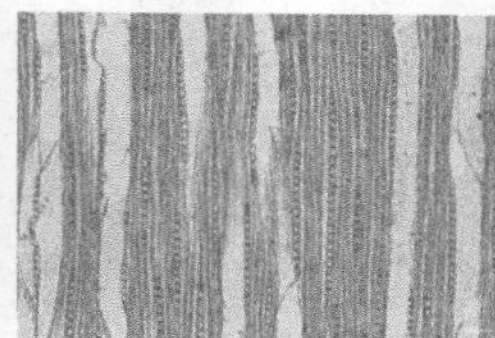
(c) 弦切面10×

鉴定结果：杨木（*Populus* spp.）木材

图 7-50　木构件 No. 48 在光学显微镜下三切面微观构造图

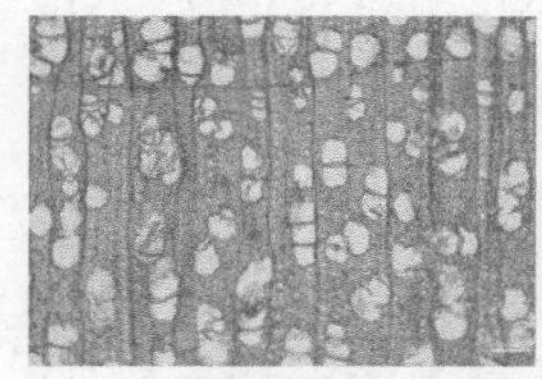
(a) 横切面10×

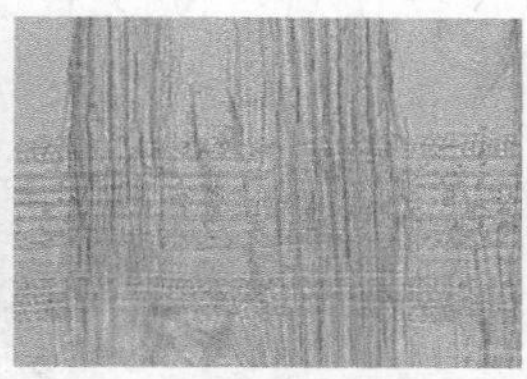
(b) 径切面20×

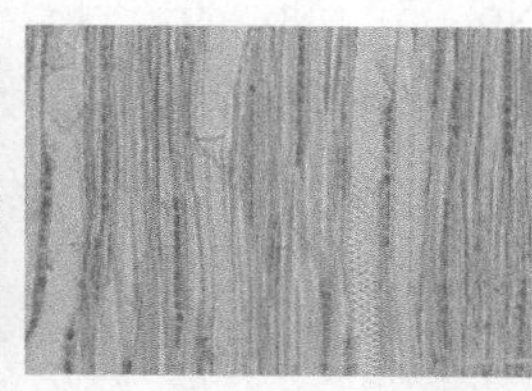
(c) 弦切面20×

白毛杨（*P. tomentosa*）对照材

图 7-51　白毛杨（*P. tomentosa*）对照材在光学显微镜下三切面微观构造图

（10）大果榆（*Ulmus macrocarpa*）的鉴定

从图 7-52～图 7-72 中可以看出：木构件 No. 3、No. 4、No. 5、No. 6、No. 7、No. 9、No. 10、No. 22、No. 23、No. 24、No. 25、No. 26、No. 30、No. 31、No. 34、No. 37、No. 49、No. 50、No. 51、No. 52 和 No. 63 的管孔分布为环孔材，早材管孔宽 1～3 个细胞，在横切面上为圆形、卵圆形及椭圆形，含丰富的侵填体；晚材管孔在横切面上为不规则多角形，排列呈弦向带或波浪状，管孔组合主要为管孔团，少数呈短径列复管孔和单管孔；穿孔为单穿孔；管间纹孔式主要为互列；晚材小导管壁上具发达的螺纹加厚，局部叠生。轴向薄壁组织量多，主为傍管型，与维管管胞相聚：①在早材带，与维管管胞一起，形成环管状，并连接于早材管胞之间；②在晚材带，位于管孔与维管管胞所形成的波浪形弦向带边缘上及带内；③少数聚合-星散及星散状，分散于纤维组织区内，树胶及晶体未见。木纤维细胞形状为壁厚，具胶质纤维，具明显的单纹孔。木射线非叠生，通常为多列，宽 2～6 个细胞，射线组织为同形单列和同形多列；射线内未见特殊细胞，含有少量树胶。无轴向树胶道和横向树胶道。

榆科（Ulmaceae）榆属（*Ulmus*）木材在我国有 23 种，南北方均有分布，以东北、华北、西北分布较多。榆属木材主要分为四大组：睫毛榆组（Sect. *Trichocarpus*），如美国榆（*U. americana*）；长序榆组（Sect. *Chaetoptelea*），如长序榆（*U. elongata*）；榆组（Sect. *Ulmus*），如多脉榆（*U. castaneifolia*）、春榆（*U. davidiana* var. *japonica*）、裂叶榆（*U. laciniata*）、

大果榆（*U. macrocarpa*）、白榆（*U. pumila*）等；榔榆组（Sect. *Micropielea*），如榔榆（*U. parvifolia*）。榆木类木材通常较榔榆类的轻软，且耐腐朽和抗虫蛀的能力较低。大果榆（*U. macrocarpa*）广泛地分布在河南省的西南部（GB/T 16734—1997；成俊卿等，1992）。通过与对照材（图 7-73）及成俊卿等（1992）的《中国木材志》的对比，基于古建筑“就地选材”的选材原则，认为木构件 No. 3、No. 4、No. 5、No. 6、No. 7、No. 9、No. 10、No. 22、No. 23、No. 24、No. 25、No. 26、No. 30、No. 31、No. 34、No. 37、No. 49、No. 50、No. 51、No. 52 和 No. 63 属于大果榆（*U. macrocarpa*）木材。

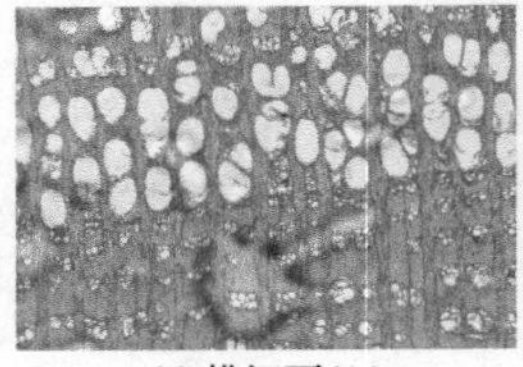
(a) 横切面4×

(b) 径切面10×

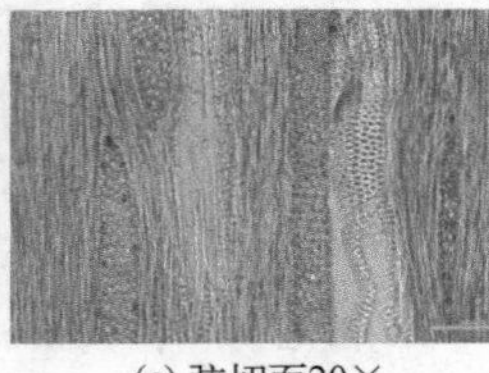
(c) 弦切面20×

鉴定结果：大果榆(*U. macrocarpa*)木材

图 7-52 木构件 No. 3 在光学显微镜下三切面微观构造图

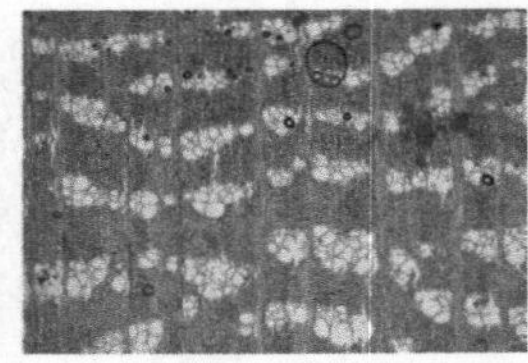
(a) 横切面4×

(b) 径切面10×

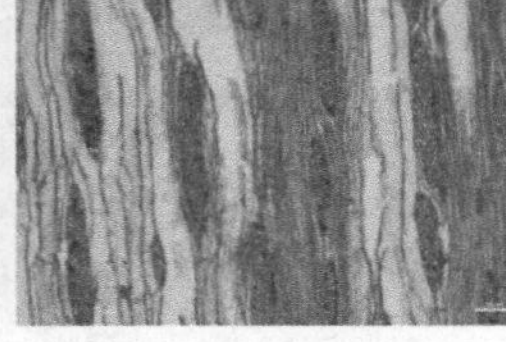
(c) 弦切面10×

鉴定结果：大果榆(*U. macrocarpa*)木材

图 7-53 木构件 No. 4 在光学显微镜下三切面微观构造图

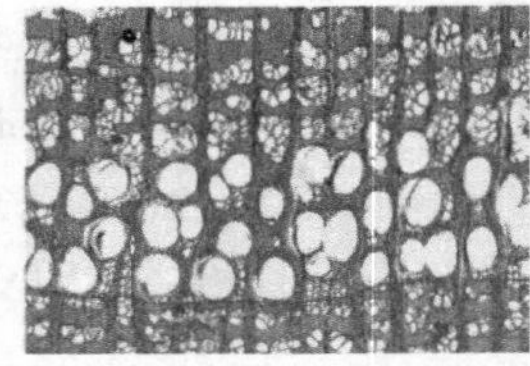
(a) 横切面4×

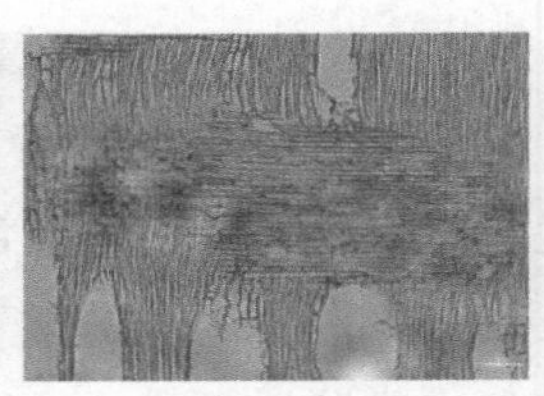
(b) 径切面10×

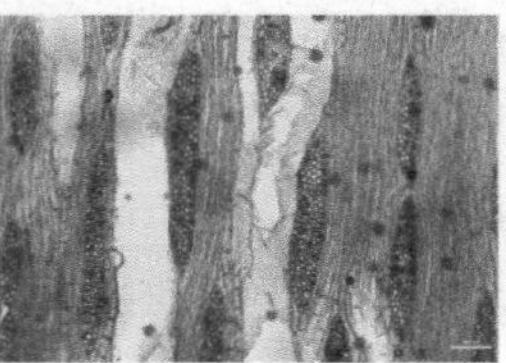
(c) 弦切面10×

鉴定结果：大果榆(*U. macrocarpa*)木材

图 7-54 木构件 No. 5 在光学显微镜下三切面微观构造图

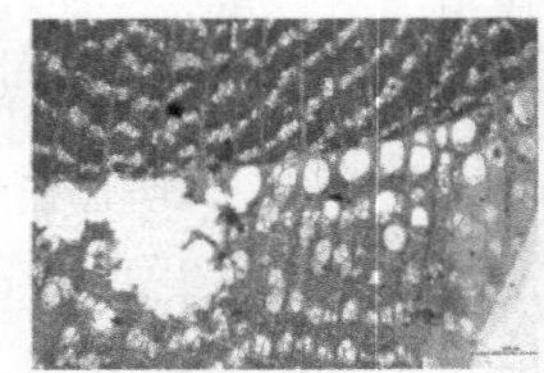
(a) 横切面4×

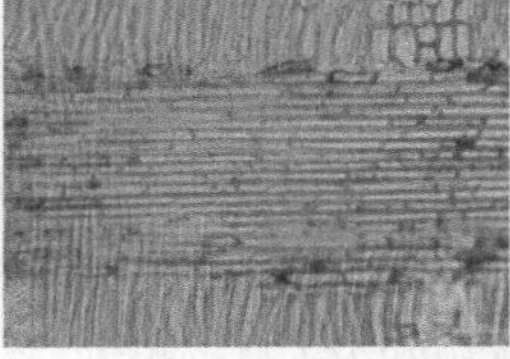
(b) 径切面20×

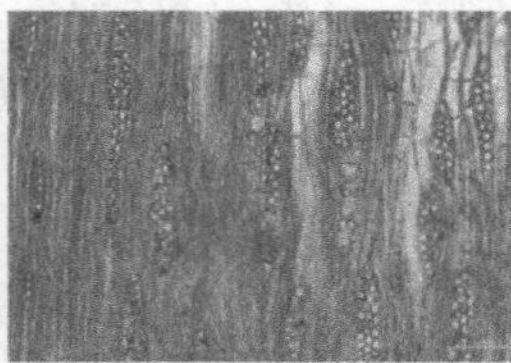
(c) 弦切面20×

鉴定结果：大果榆(*U. macrocarpa*)木材

图 7-55 木构件 No. 6 在光学显微镜下三切面微观构造图

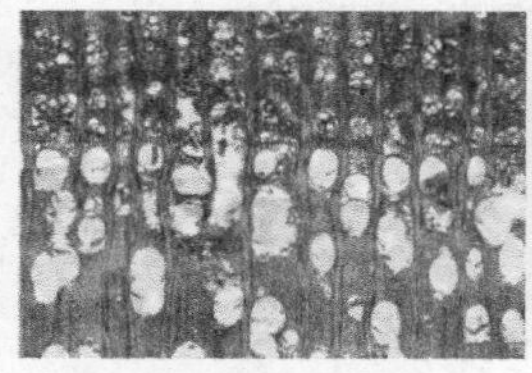
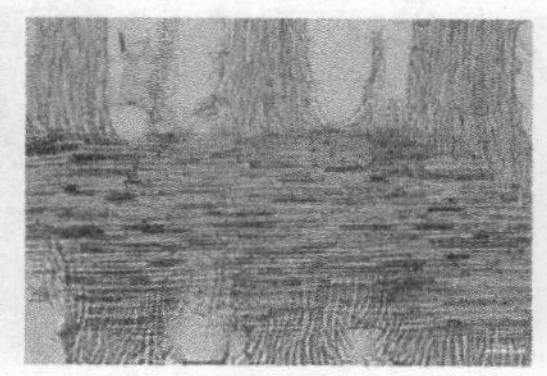
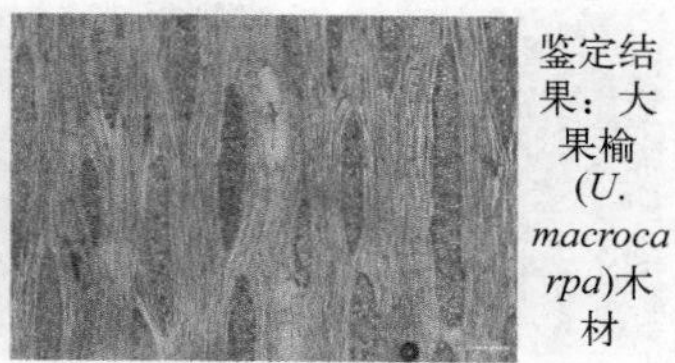

鉴定结果：大果榆(*U. macrocarpa*)木材

(a) 横切面4×　(b) 径切面10×　(c) 弦切面10×

图 7-56　木构件 No. 7 在光学显微镜下三切面微观构造图

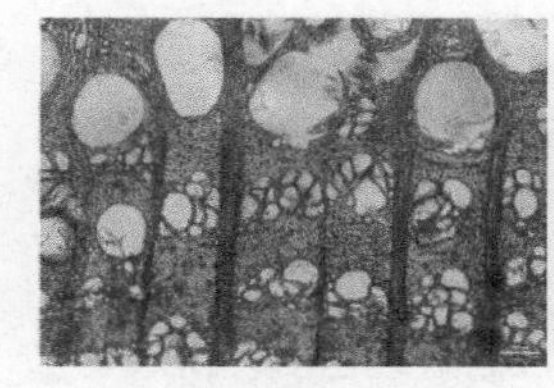
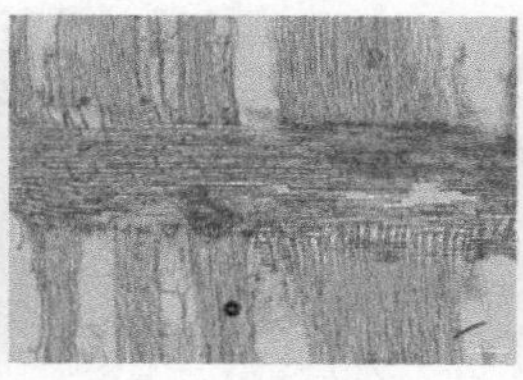

鉴定结果：大果榆(*U. macrocarpa*)木材

(a) 横切面10×　(b) 径切面10×　(c) 弦切面10×

图 7-57　木构件 No. 9 在光学显微镜下三切面微观构造图

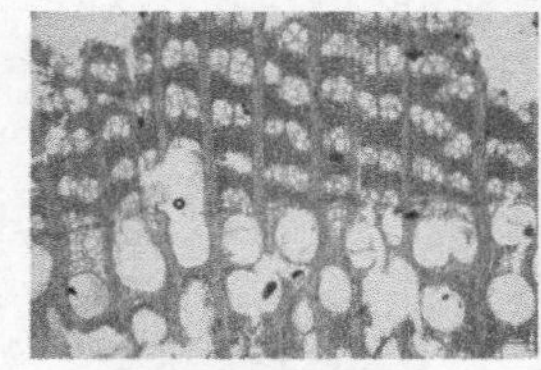

鉴定结果：大果榆(*U. macrocarpa*)木材

(a) 横切面4×　(b) 径切面20×　(c) 弦切面10×

图 7-58　木构件 No. 10 在光学显微镜下三切面微观构造图

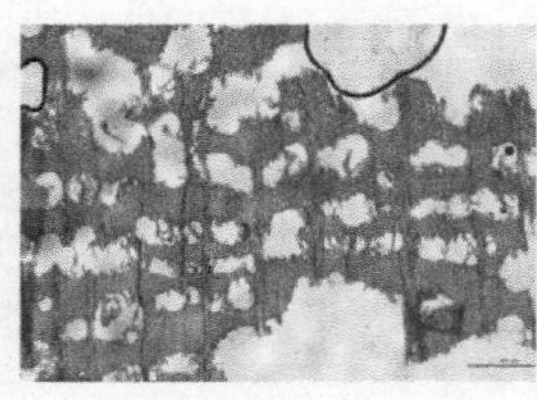
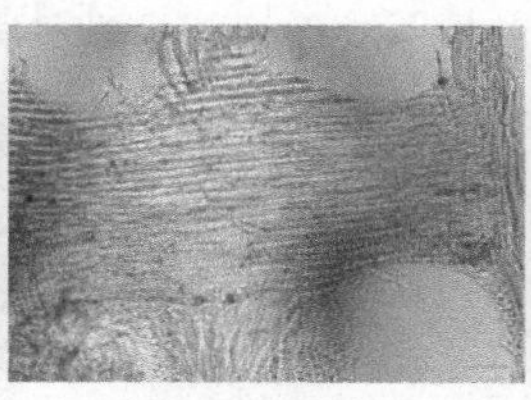
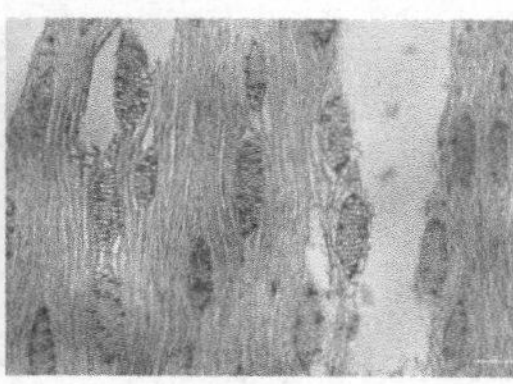

鉴定结果：大果榆(*U. macrocarpa*)木材

(a) 横切面4×　(b) 径切面20×　(c) 弦切面20×

图 7-59　木构件 No. 22 在光学显微镜下三切面微观构造图

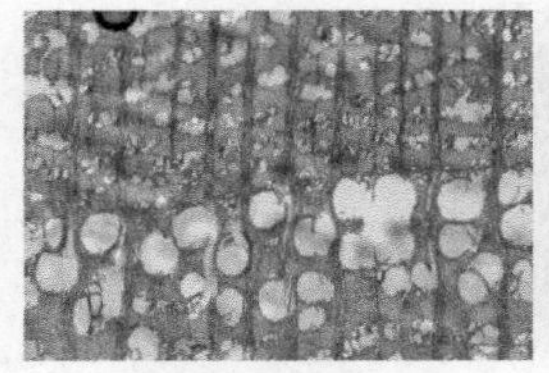
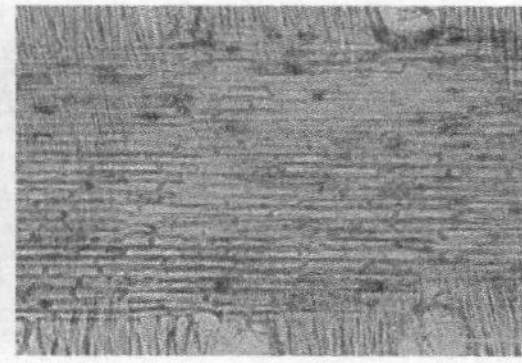
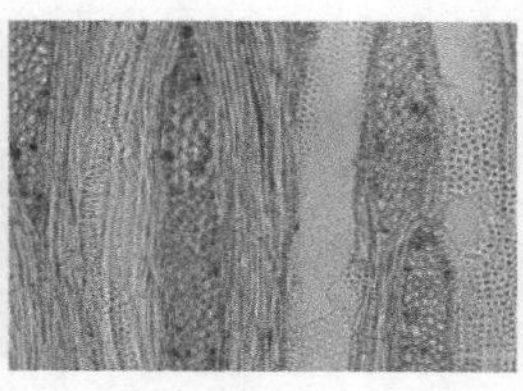

鉴定结果：大果榆(*U. macrocarpa*)木材

(a) 横切面4×　(b) 径切面20×　(c) 弦切面20×

图 7-60　木构件 No. 23 在光学显微镜下三切面微观构造图

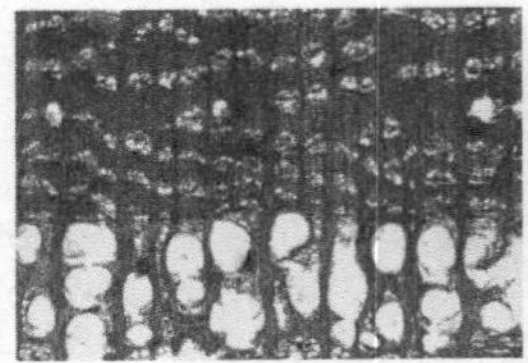

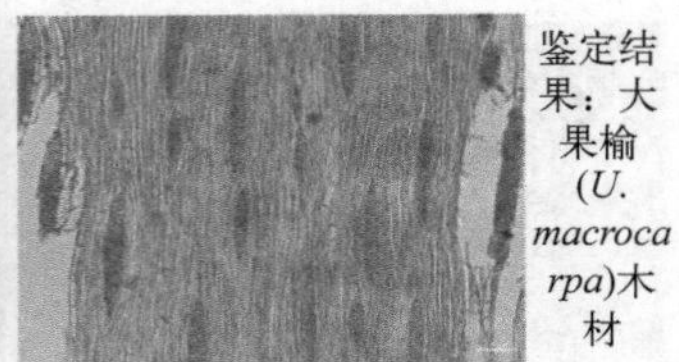

鉴定结果：大果榆(*U. macrocarpa*)木材

(a) 横切面4×　(b) 径切面20×　(c) 弦切面10×

图 7-61　木构件 No. 24 在光学显微镜下三切面微观构造图

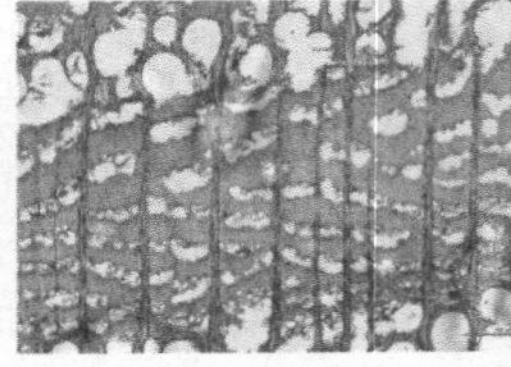
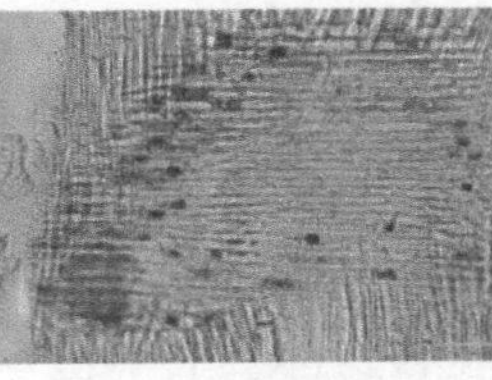
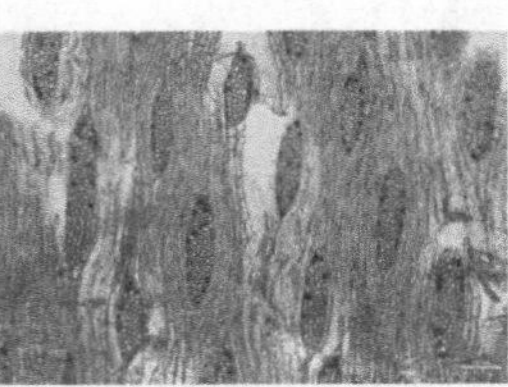

鉴定结果：大果榆(*U. macrocarpa*)木材

(a) 横切面4×　(b) 径切面20×　(c) 弦切面10×

图 7-62　木构件 No. 25 在光学显微镜下三切面微观构造图

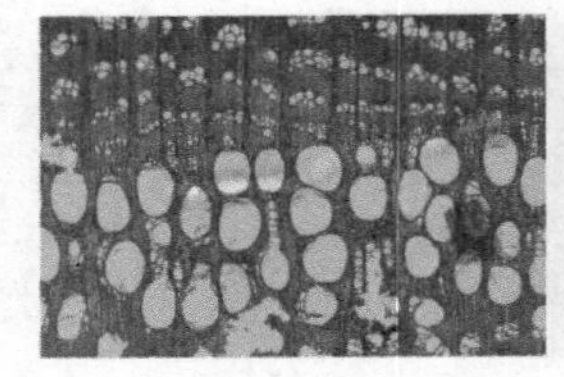
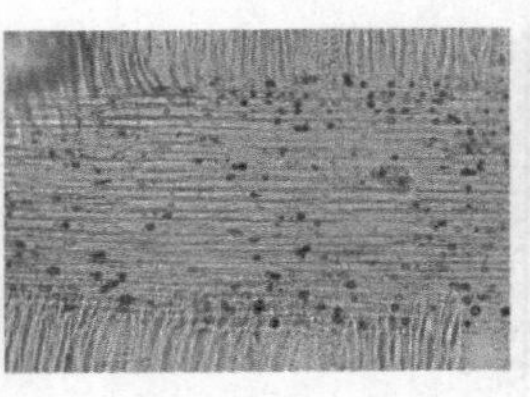
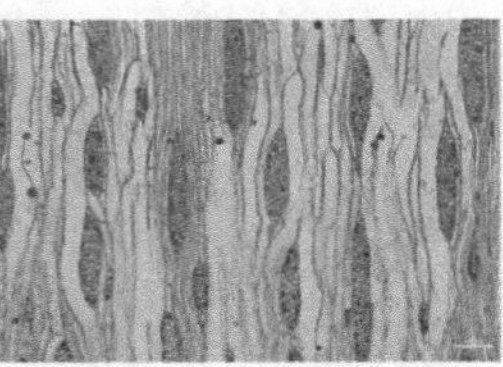

鉴定结果：大果榆(*U. macrocarpa*)木材

(a) 横切面4×　(b) 径切面20×　(c) 弦切面10×

图 7-63　木构件 No. 26 在光学显微镜下三切面微观构造图

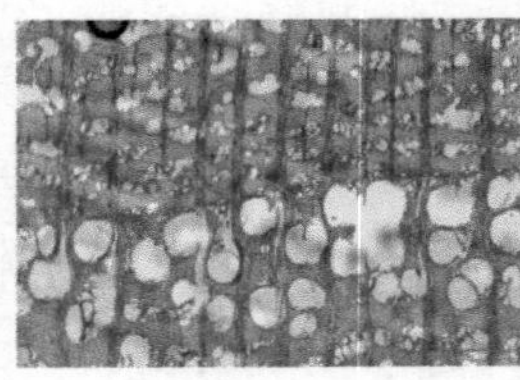
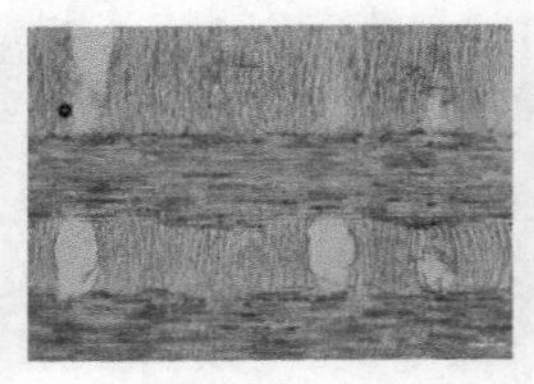
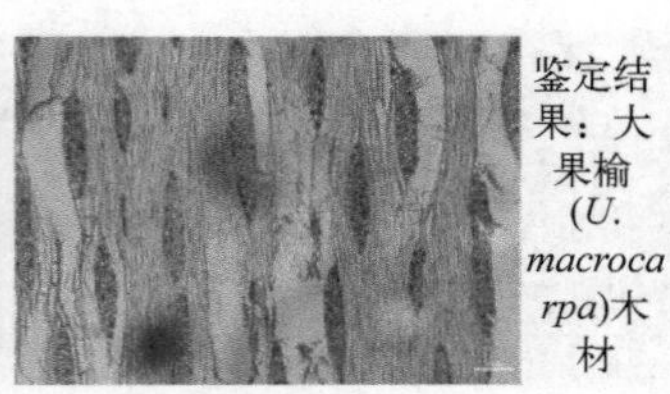

鉴定结果：大果榆(*U. macrocarpa*)木材

(a) 横切面4×　(b) 径切面10×　(c) 弦切面10×

图 7-64　木构件 No. 30 在光学显微镜下三切面微观构造图

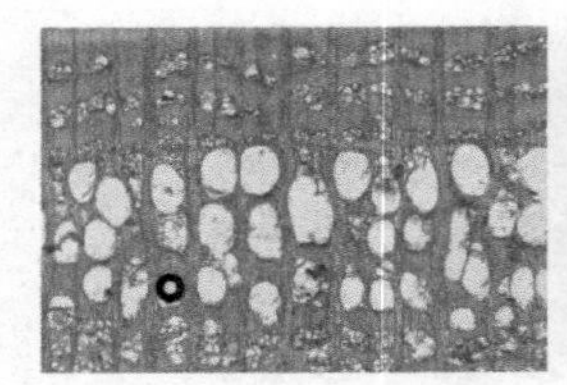

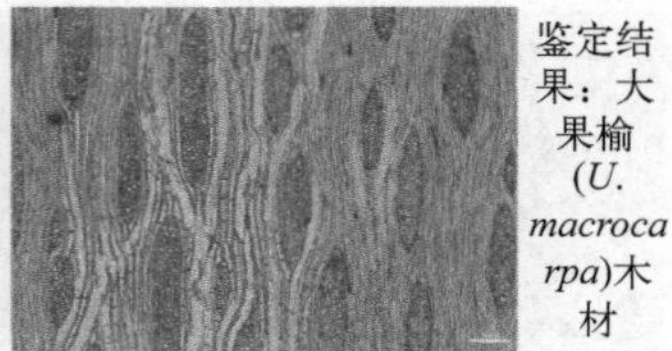

鉴定结果：大果榆(*U. macrocarpa*)木材

(a) 横切面4×　(b) 径切面10×　(c) 弦切面10×

图 7-65　木构件 No. 31 在光学显微镜下三切面微观构造图

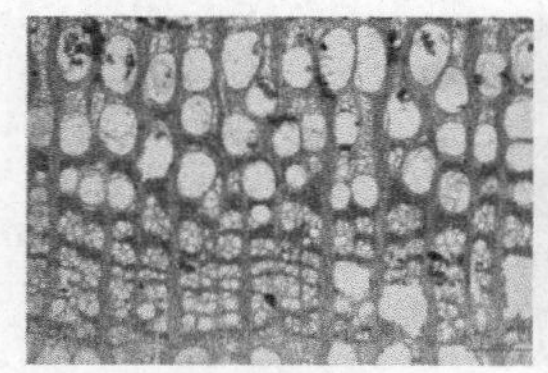

(a) 横切面4×　(b) 径切面20×

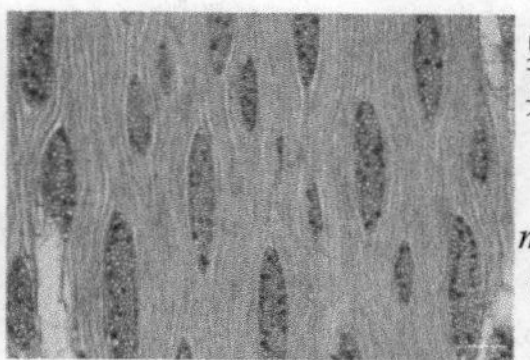

(c) 弦切面10×

鉴定结果：大果榆(*U. macrocarpa*)木材

图 7-66　木构件 No. 34 在光学显微镜下三切面微观构造图

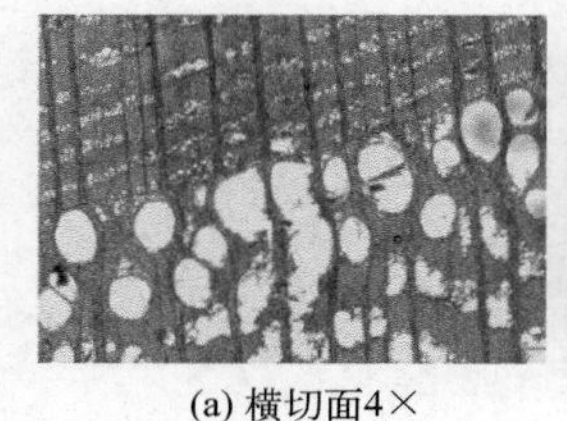

(a) 横切面4×

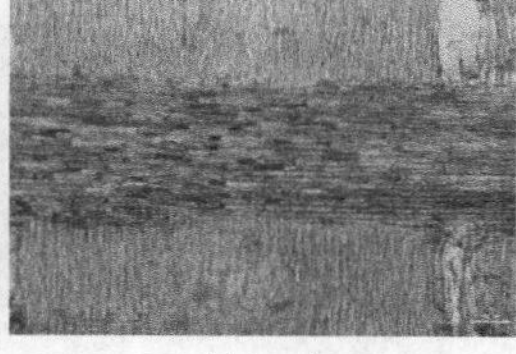

(b) 径切面10×

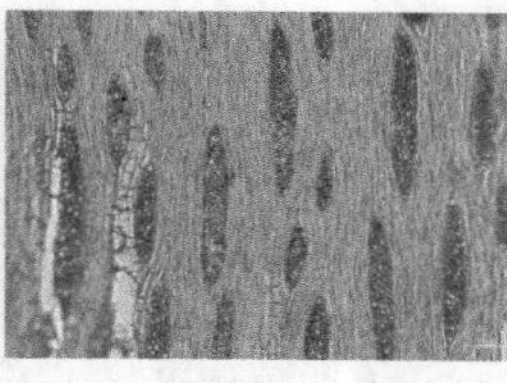

(c) 弦切面10×

鉴定结果：大果榆(*U. macrocarpa*)木材

图 7-67　木构件 No. 37 在光学显微镜下三切面微观构造图

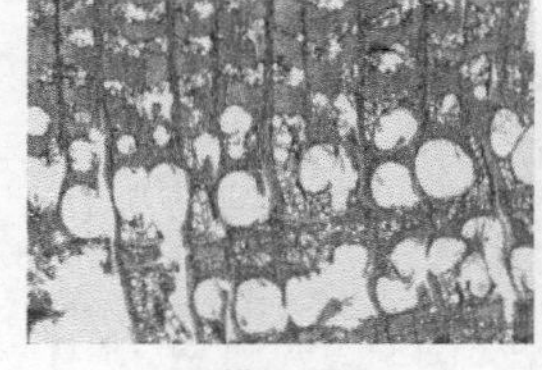

(a) 横切面4×

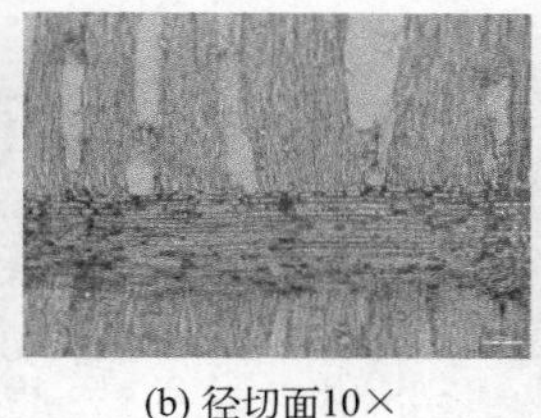

(b) 径切面10×

(c) 弦切面10×

鉴定结果：大果榆(*U. macrocarpa*)木材

图 7-68　木构件 No. 49 在光学显微镜下三切面微观构造图

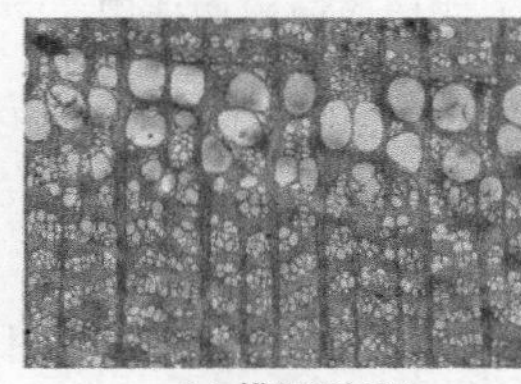

(a) 横切面4×

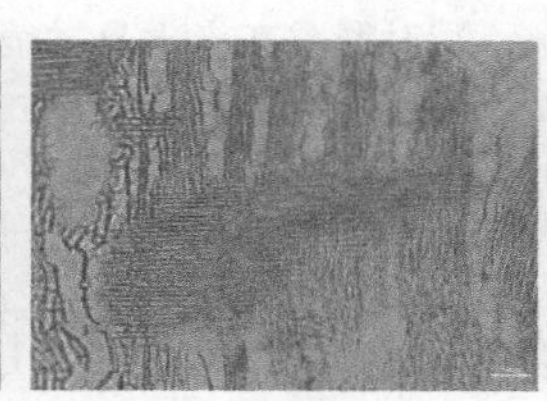

(b) 径切面10×

(c) 弦切面10×

鉴定结果：大果榆(*U. macrocarpa*)木材

图 7-69　木构件 No. 50 在光学显微镜下三切面微观构造图

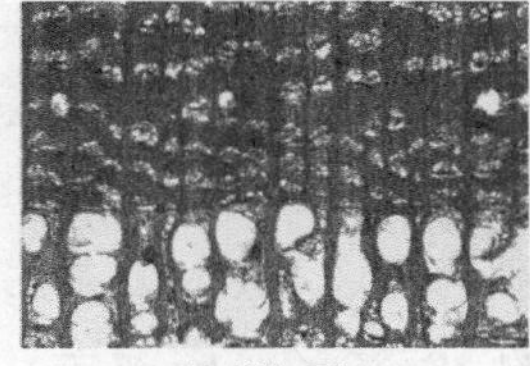

(a) 横切面4×

(b) 径切面20×

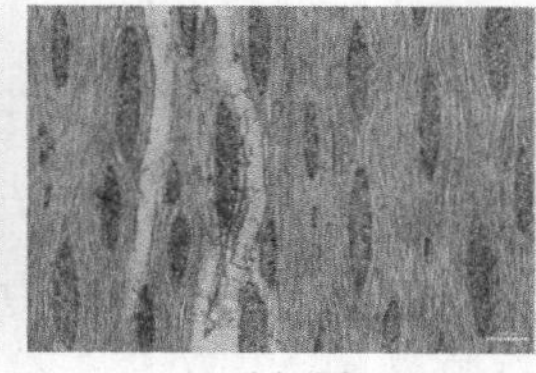

(c) 弦切面10×

鉴定结果：大果榆(*U. macrocarpa*)木材

图 7-70　木构件 No. 51 在光学显微镜下三切面微观构造图

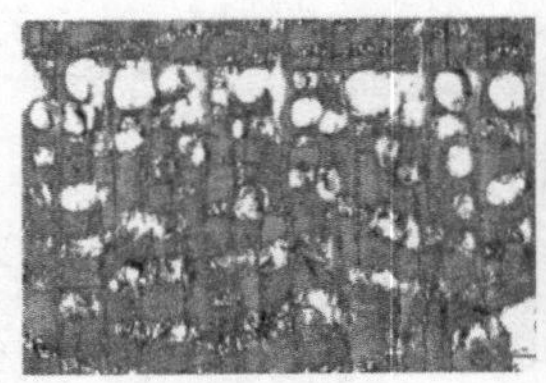
(a) 横切面4×

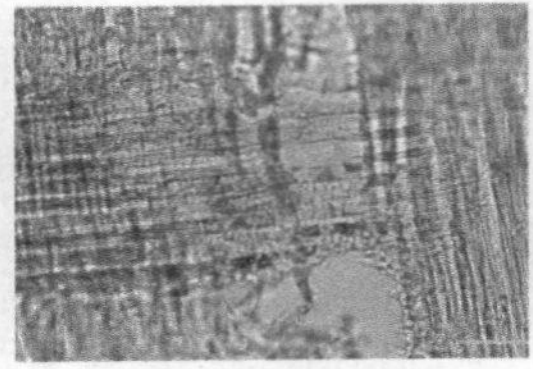
(b) 径切面40×

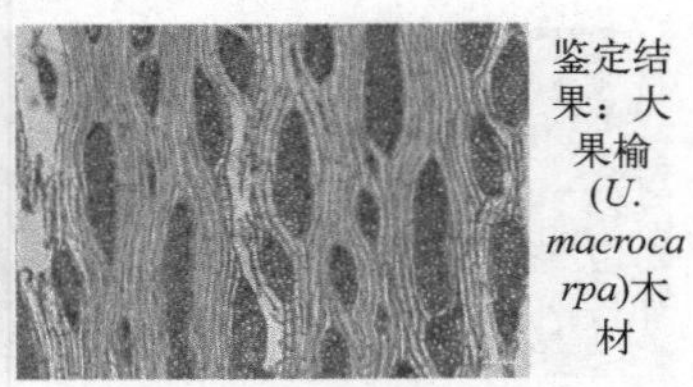

(c) 弦切面10×

图 7-71　木构件 No. 52 在光学显微镜下三切面微观构造图

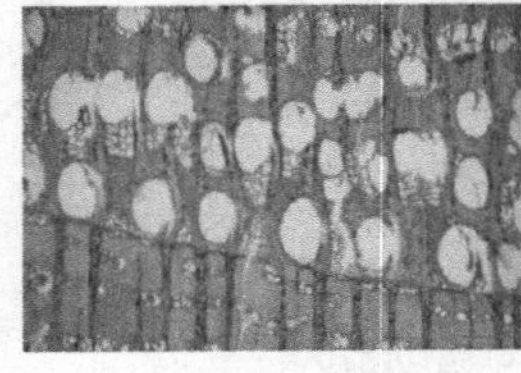
(a) 横切面4×

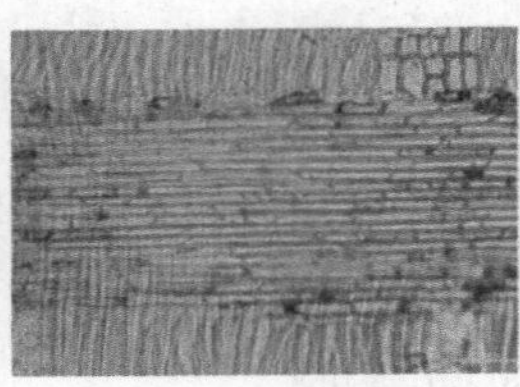
(b) 径切面10×

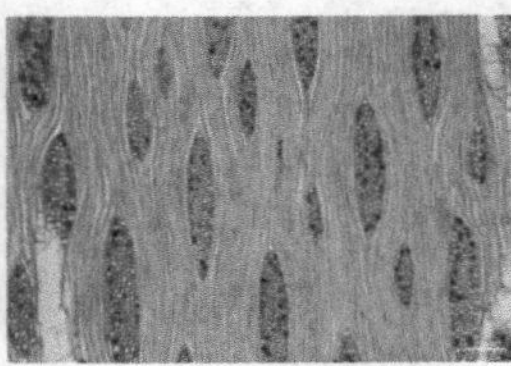
(c) 弦切面10×

鉴定结果：大果榆(*U. macrocarpa*)木材

图 7-72　木构件 No. 63 在光学显微镜下三切面微观构造图

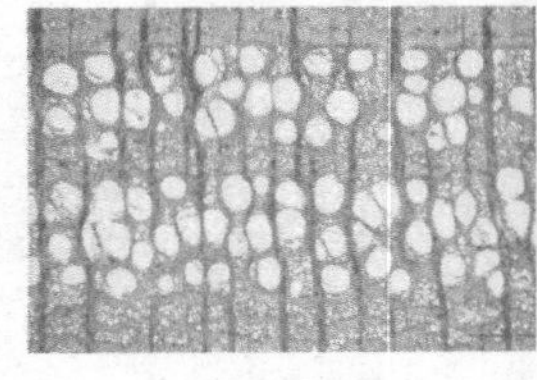
(a) 横切面4×

(b) 径切面10×

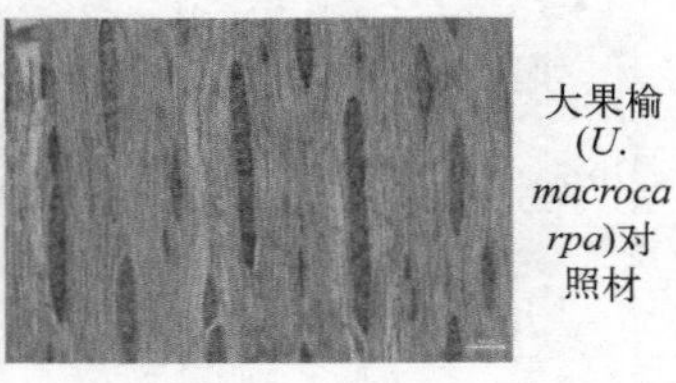

(c) 弦切面10×

图 7-73　大果榆（*U. macrocarpa*）对照材在光学显微镜下三切面微观构造图

7.2.2　木构件用材树种统计

通过对以上 63 个木构件的树种鉴定，得出杨家大院木结构古建筑共使用 10 种树种。其中，针叶树材共 35 份样品，占样品总数量的 55.56%，阔叶树材共 28 份样品，占样品总数量的 44.44%［图 7-74(a)］。

针叶树材共有 6 个树种，其中，红杉共 3 份，云杉共 1 份，白皮松共 2 份，马尾松共 2 份，黄杉共 8 份，杉木共 19 份［图 7-74(b)］。阔叶树材共有 4 个树种，其中，板栗共 1 份，槲栎共 1 份，杨木共 5 份，榆木共 21 份［图 7-74(b)］。在这 10 种木材中，杉木样品占样品总数量的 30.16%，黄杉样品占样品总数量的 12.70%，榆木样品占样品总数量的 33.33%，杨木样品占样品总数量的 7.94%［图 7-74(c)］，得出这 4 种木材是杨家大院古建筑中木构件的主要用材树种。

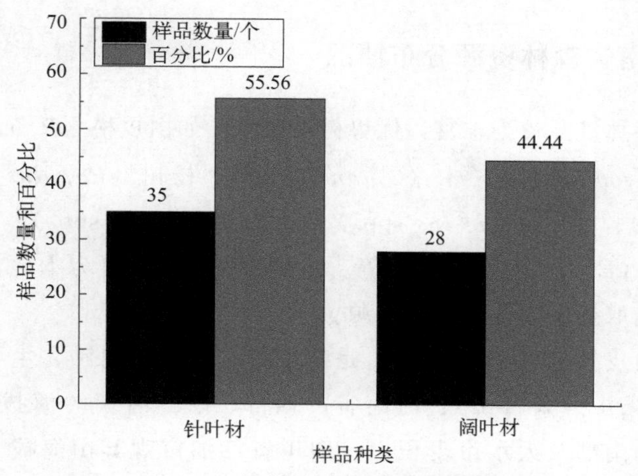

(a) 针叶树材和阔叶树材数量的比较

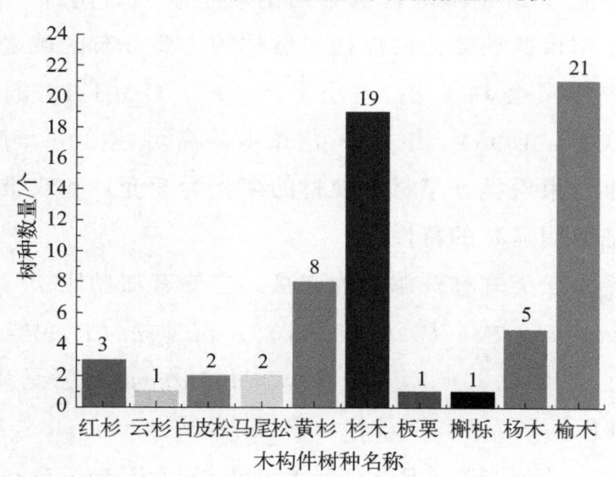

(b) 不同树种数量的比较

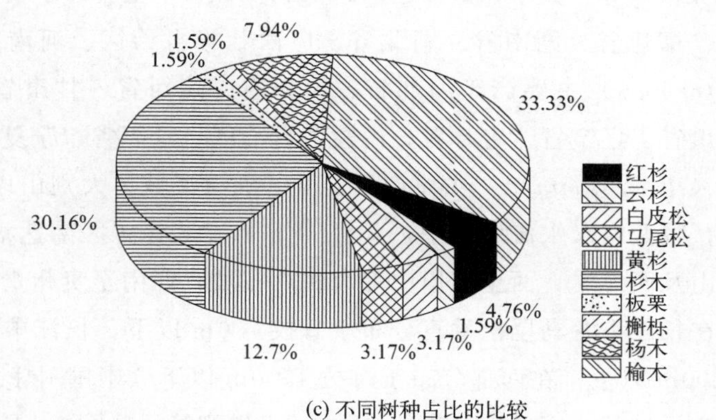

(c) 不同树种占比的比较

图 7-74　木构件用材树种统计分析

7.2.3 河南省森林资源分布情况

河南省森林资源较为丰富，优势树种居多，如白皮松（*P. bungeana*）、马尾松（*P. massoniana*）、杉木（*C. lanceolata*）、杨树（*Populus* spp.）、榆树（*Ulmus* spp.）、栎树（*Quercus* spp.）、栗木（*Castanea* spp.）、桦木（*Betula* spp.）、枫杨（*Pterocarya* spp.）等。丰富的森林资源可为本地古建筑木构件用材树种的选取提供优良的木材资源。

其中，白皮松（*P. bungeana*）是我国特有的乡土树种，主要产于山西省（吕梁山、中条山、太行山）、河南省的西部、陕西省秦岭海拔500～1000m处、甘肃省的南部及天水市麦积山、四川省江油市观雾山海拔1000m、湖北省西部海拔1000～1250m山地等，伏牛山南坡至陕西省南部一线属于白皮松分布的中南区，南阳市西峡县为白皮松天然林的主要分布区域之一（中国科学院中国植物志编辑委员会，1978；王小平，1999；GB/T 16734—1997；成俊卿等，1992；赵焱等，1995）。该树木为乔木，高可达30m，胸径可达3m。该类木材兼具单维管束松类（早材至晚材的变化为渐变）和双维管束松类（射线管胞内壁齿状加厚明显）的特性。

我国的双维管束松类森林资源较为丰富，主要有加勒比松（*P. caribaea*）、高山松（*P. densata*）、赤松（*P. densiflora*）、湿地松（*P. elliottii*）、黄山松（*P. taiwanensis*）、思茅松（*P. kesiya* var. *langbianensis*）、马尾松（*P. massoniana*）、刚松（*P. rigida*）、樟子松（*P. sylvestris* var. *mongholica*）、油松（*P. tabuliformis*）、火炬松（*P. taeda*）、黑松（*P. thunbergii*）、云南松（*P. yunnanensis*）等。其中，黄山松（*P. taiwanesis*）主要产于安徽省、江西省、浙江省、福建省、湖南省、湖北省、广西壮族自治区、河南省等；油松（*P. tabulaeformnis*）主要产于河北省、山西省、陕西省、甘肃省、山东省、河南省、四川省、辽宁省、吉林省、内蒙古自治区、青海省、宁夏回族自治区等；马尾松（*P. massoniana*）主要产于安徽（淮河流域、大别山以南），河南省西部峡口，陕西省汉水流域以南，长江中下游流域各省区南达福建、广东、台湾北部低山及西海岸，西至四川中部大相岭东坡，西南至贵州贵阳、毕节及云南富宁。在长江下游马尾松垂直分布于海拔700m以下，长江中游分布于海拔1100～1200m以下，在西部分布于海拔1500m以下（中国科学院中国植物志编辑委员会，1978；GB/T 16734—1997；成俊卿等，1992）。南阳地区的西峡县、淅川县、内乡县、镇平县、南召县是河南省马尾松的主要分布区域（刘元本，1960）。

杉木（*C. lanceolata*）为我国长江流域、秦岭以南地区栽培最广、生长快、经济价值高的用材树种。栽培区北起秦岭南坡，河南桐柏山，安徽大别山，江苏句容、宜兴，南至广东信宜，广西玉林、龙津，云南广南、麻栗坡、屏边、昆明、会泽、大理，东自江苏南部、浙江、福建西部山区，西至四川大渡河流域（泸定磨西面以东地区）及西南部安宁河流域。垂直分布的上限常随地形和气候条件的不同而有差异：东部大别山区分布于海拔700m以下，福建戴云山区分布于1000m以下，四川峨眉山分布于海拔1800m以下，云南大理分布于海拔2500m以下（中国科学院中国植物志编辑委员会，1978；GB/T 16734—1997；成俊卿等，1992）。杉木虽为南方树种，但南阳市位于伏牛山脉南部，处于南北交界带的核心位置，属于季风大陆湿润半湿润气候，很多南方树种都可以自然生长，所以南阳地区的桐柏县、方城县、西峡县、内乡县、淅川县、镇平县及南召县等也是杉木的主要分布区域（刘元本，1960）。

板栗属在我国共有5种，主要分布于秦岭、淮河以南地区，其中河南是主产区之一（马玉敏，2009）。锥栗（*C. henryi*）、茅栗（*C. seguinii*）、板栗（*C. mollissima*）在河南省南阳伏牛山和桐柏山分布广泛（GB/T 16734—1997；成俊卿等，1992；丁宝章等，1997）。

壳斗科栎属（*Quercus*）木材在我国有60余种，槲栎（*Q. aliena*）主要产于陕西、山东、江苏、安徽、浙江、江西、河南、湖北、湖南、广东、广西、四川、贵州、云南，生于海拔100～2000m的向阳山坡，常与其他树种组成混交林或成小片纯林；锐齿槲栎（*Q. aliena* var. *acuteserrata*）主要分布于黄河流域以南，产于辽宁东南部、河北、山西、陕西、甘肃、山东、江苏、安徽、浙江、江西、台湾、河南、湖北、湖南、广东、广西、四川、贵州、云南等地区，生于海拔100～2700m的山地杂木林中，或形成小片纯林；槲树（*Q. dentata*）除华南、东北外几乎分布于全国各地；抱栎（*Q. serrata*）主要分布于云南、广西、四川、贵州、陕西、河南、山东、安徽等省（自治区）；辽东栎（*Q. wutaishanica*）主要分布于东北及黄河流域。柞木（*Q. mongolica*）主要分布于东北、内蒙古、山西、河北、山东等地区（中国科学院中国植物志编辑委员会，1998；GB/T 16734—1997；成俊卿等，1992）。

杨属在我国有62种，主要分布在华北、西北、东北等。包括银白杨（*P. alba*）、青杨（*P. cathayana*）、苦杨（*P. laurifolia*）、辽杨（*P. maximowiczii*）、小青杨（*P. pseudo-simonii*）、冬瓜杨（*P. purdomii*）、小叶杨（*P. simonii*）、川杨（*P. szechuanica*）、大青杨（*P. ussuriensis*）、滇杨（*P.

yunnanensis)、白城杨（*P. baichenensis*）、中东杨（*P. berolinensis*）、加杨（*P. canadensis*）、钻天杨（*P. nigra* var. *italica*）、胡杨（*P. euphratica*）、大叶杨（*P. lasiocarpa*）、清溪杨（*P. rotundifolia* var. *duclouxiana*）等。杨树有许多优良特征，如生长快、易繁殖、适应性强、轮伐期短等。河南省有杨树30种，7个主要栽培品种，其中，银白杨（*P. alba*）、清溪杨（*P. rotundifolia* var. *duclouxiana*）、青杨（*P. cathayana*）、冬瓜杨（*P. purdomii*）在河南省广泛分布（GB/T 16734—1997；成俊卿等，1992）。

榆属在我国有25种，南北方均有分布，以东北、华北、西北分布较多。其中，多脉榆（*U. castaneifolia*）主要产于湖北、云南、四川、贵州、湖南、广东、广西、江西、福建、浙江、安徽等地；春榆（*U. davidiana var. japonica*）主要产于东北、华北、西北；裂叶榆（*U. laciniata*）主要产于东北、华北。河南省有11种及5变种、变型。大果榆（*U. macrocarpa*）主要产于东北、华北、青海省、甘肃省、陕西省、山东省、河南省、安徽省、江苏省等；白榆（*U. pumila*）主要产于东北、华北、西北、四川省、江苏省、浙江省、江西省、安徽省等，在南阳地区均有分布（GB/T 16734—1997；成俊卿等，1992）；春榆在南阳伏牛山南部的淅川县、西峡县山坡或山谷中广泛分布（丁宝章等，1997）。

栎属在我国约140种，主要分布于北温带和热带高山上。河南省有21种及9变种。其中，栓皮栎（*Q. variabilis*）、麻栎（*Q. acutissima*）、小叶栎（*Q. chenii*）等在南阳伏牛山和桐柏山区广泛分布（丁宝章等，1997）。

桦属在我国约有20种，分布于东北、中南及西南各省。河南有6种及1变种，其中，白桦（*B. platyphylla*）、坚桦（*B. chinensis*）在南阳市的西峡县、南召县、内乡县分布较多，木材坚硬，可做车轴、建筑等（丁宝章等，1997）。

枫杨属（*Pterocarya*）在我国有9种，河南省有2种及1变种。其中，枫杨（*P. stenoptera*）在河南各山区、平原均有栽植，多生于山沟溪旁、河滩低湿地方；湖北枫杨（*P. hupehensis*）产于河南伏牛山、大别山和桐柏山区（丁宝章等，1997）。

红杉属为我国特有树种，如太白红杉（*L. chinensis*）、西藏红杉（*L. griffithiana*）、四川红杉（*L. mastersiana*）、红杉（*L. potaninii*）、大果红杉（*L. potaninii* var. *macrocarpa*）、怒江红杉（*L. speciosa*）等，常生于海拔2500～4000m的山地，主要产于秦岭太白山、四川省、甘肃省、西藏自治区等，在河南省没有分布（GB/T 16734—1997；成俊卿等，1992）。

黄杉属在我国有 5 种，主要分布在长江以南至西南温暖地区，如：云南省、贵州省、广西壮族自治区、湖南省、四川省、湖北省、陕西省和我国台湾地区（GB/T 16734—1997；成俊卿等，1992），河南地区无天然生长林。

7.2.4　木构件用材树种配置特征的差异性

2 号房为一进院落的正房，抽取的 17 个样品木构件中，用材树种的使用较为丰富。其中，木柱及瓜柱的用材树种主要有杨木（4 个样品）、榆木（2 个样品）、板栗（1 个样品）、白皮松（1 个样品）、麦吊云杉（1 个样品）和红杉（1 个样品），推测白皮松、板栗、麦吊云杉和红杉 4 种木材应该为修缮更换材。梁、枋的用材树种丰富，有杉木（1 个样品）、黄杉（1 个样品）、白皮松（1 个样品）、红杉（个样品）和杨木（1 个样品），推测杉木、黄杉、白皮松、红杉和杨木 5 种木材应该为修缮更换材。檩和椽主要使用杉木（2 个样品）。

3 号房和 4 号房为一进院落的左右厢房，抽取的 12 个样品木构件中，用材树种的使用较为统一，主要有榆木（9 个样品）及杉木（3 个样品）。其中，木柱及瓜柱的用材树种主要有榆木（7 个样品）和杉木（1 个样品），推测杉木木材应该为修缮更换材。梁、枋的用材树种主要为榆木（2 个样品）和杉木（1 个样品）。檩的用材树种主要为杉木（1 个样品）。

5 号房为二进院落的正房，抽取的 14 个样品木构件中，用材树种的使用较为统一，主要有黄杉（7 个样品）、榆木（5 个样品）及杉木（2 个样品）。其中，木柱及瓜柱的用材树种主要有黄杉（6 个样品）和榆木（2 个样品），推测榆木木材应该为修缮更换材。梁枋的用材树种主要为榆木（3 个样品）和黄杉（1 个样品）。檩和椽的用材树种主要为杉木（2 个样品）。

6 号房和 7 号房为二进院落的左右厢房，抽取的 11 个样品木构件中，用材树种的使用较为统一，主要有榆木（4 个样品）、杉木（6 个样品）及少量的红杉（1 个样品）。其中，瓜柱的用材树种主要有榆木（2 个样品）和杉木（1 个样品），推测杉木木材应该为修缮更换材。梁的用材树种主要为榆木（2 个样品）。檩和椽主要使用杉木（5 个样品）、红杉（1 个样品），推测红杉木材应该为修缮更换材。

11 号房的木柱主要使用杉木木材（2 个样品）。17 号房的木柱使用了杉木（1 个样品）和马尾松（1 个样品）两种木材。18 号房的飞椽使用了马尾松木材（1 个样品）。20 号房的木柱使用了槲栎（1 个样品）。21 号房的梁使用了榆木（1 个样品），椽使用了杉木木材（1 个样品）。22 号房的梁使用了杉木（1

个样品）。

在这些木构件中，木柱和梁枋的选用树种种类较为丰富。其中，木柱主要使用榆木、杨木、黄杉和杉木共 4 种木材，还少量地使用板栗、槲栎、云杉、白皮松和马尾松；梁枋主要以榆木为主，少量地使用杨木、红杉、黄杉、白皮松和杉木。檩和椽的选材主要为针叶材，其中以杉木为主，少量地使用红杉和马尾松；瓜柱主要使用榆木，少量使用红杉和杉木（图 7-75）。

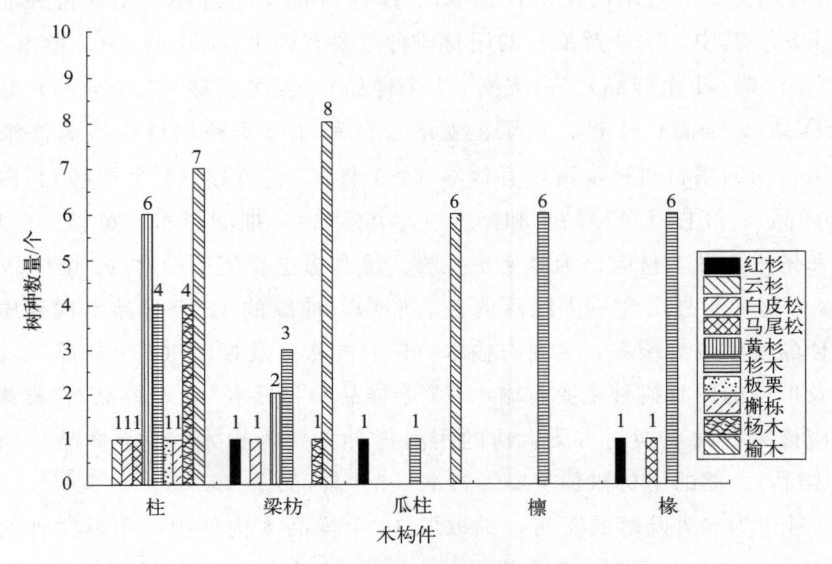

图 7-75　不同木构件的树种配置差异性统计

7.3　本章小结

本章节对 63 个试样的用材树种进行了鉴定，并进行了木构件用材树种的统计，对木构件用材树种配置及各性能的差异性进行了分析研究，得出：

（1）杨家大院木结构古建筑共使用 10 种木材，包括：红杉（*Larix* spp.）、麦吊云杉（*P. brachytyla*）、白皮松（*P. bungeana*）、马尾松（*P. massoniana*）、黄杉（*P. sinensis*）、杉木（*C. lanceolata*）共 6 种针叶树材；板栗（*Castanea* sp.）、槲栎（*Quercus aliena*）、杨木（*Populus* spp.）以及大果榆（*U. macrocarpa*）共 4 种阔叶树材。

（2）杨家大院木结构古建筑木构件的主要用材树种为杉木、黄杉、榆木和杨木，其中，杉木样品占样品总数量的 30.16%，黄杉样品占样品总数量的

12.70%，榆木样品占样品总数量的 33.33%，杨木样品占样品总数量的 7.94%。

（3）在木构件树种配置上，承重木柱主要使用榆木、杨木和杉木三种木材，还少量地使用板栗、云杉、白皮松、马尾松；梁枋主要以榆木为主，少量地使用杨木、红杉、黄杉和杉木；檩和椽的选材主要为针叶材，其中以杉木为主，少量地使用红杉和马尾松；瓜柱主要使用榆木，少量使用红杉和杉木。

图 7-1～图 7-75 用材树种鉴定

第8章

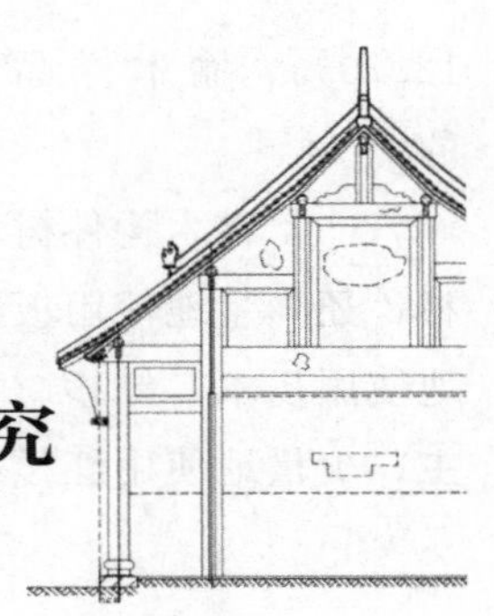

杨家大院古建筑木构件微观劣化程度的明场光、偏光和荧光效果研究

8.1 材料与方法

8.1.1 材料

将表7-1中的试样及对照组按7.1.2进行切片的制备，所有切片均不染色，用于明场光、偏光和荧光的微观观察。

8.1.2 方法

明场光、偏光和荧光的微观观察方法：采用正置荧光显微镜（型号：ECLIPSENi-U，厂商：Nikon company），在明场光、偏光和荧光下对制作好的切片进行明场光、偏光和荧光微观构造的观察。用明场光对其细胞破坏程度进行观察，用偏光对其纤维素含量和分布情况进行观察和分析，用荧光［蓝色激发滤光块（515～560nm）及绿色激发滤光块（605nm）］对其木质素含量和分布情况进行观察和分析，以此来研究木构件纤维素和木质素的降低程度（崔新婕等，2015，2016；Yang等，2022，2023）。

8.2 结果与讨论

8.2.1 红杉木构件的明场光、偏光和荧光效果

图8-1～图8-4分别为红杉木构件No.38、No.42和No.47及其对照材在

明场光、偏光和荧光下木材的微观构造图。在明场光下，与对照材相比，除 No. 38 管胞细胞壁出现较为严重的破坏外，木构件 No. 42 和 No. 47 管胞细胞壁均保持基本完好。在偏光显微镜下，与对照材相比，木构件 No. 42 和 No. 47 管胞细胞壁的结晶纤维素双折射亮度总体均较为明显，但均弱于对照材，说明木构件 No. 42 和 No. 47 管胞细胞壁中的纤维素有轻微的降解；而木构件 No. 38 管胞细胞壁的结晶纤维素双折射亮度均有较大程度的减弱，说明木构件 No. 38 管胞细胞壁中的纤维素有较大程度的降解。在荧光显微镜下，与对照材相比，木构件 No. 38、No. 42 和 No. 47 管胞细胞壁的绿色荧光亮度和红色荧光亮度总体均较为明显，说明这些木构件管胞细胞壁中的木质素没有受到腐朽菌的侵害或侵害轻微。综合分析明场光、偏光以及荧光效果，得出，红杉木构件 No. 42、No. 47 轻微腐朽，No. 38 严重腐朽。

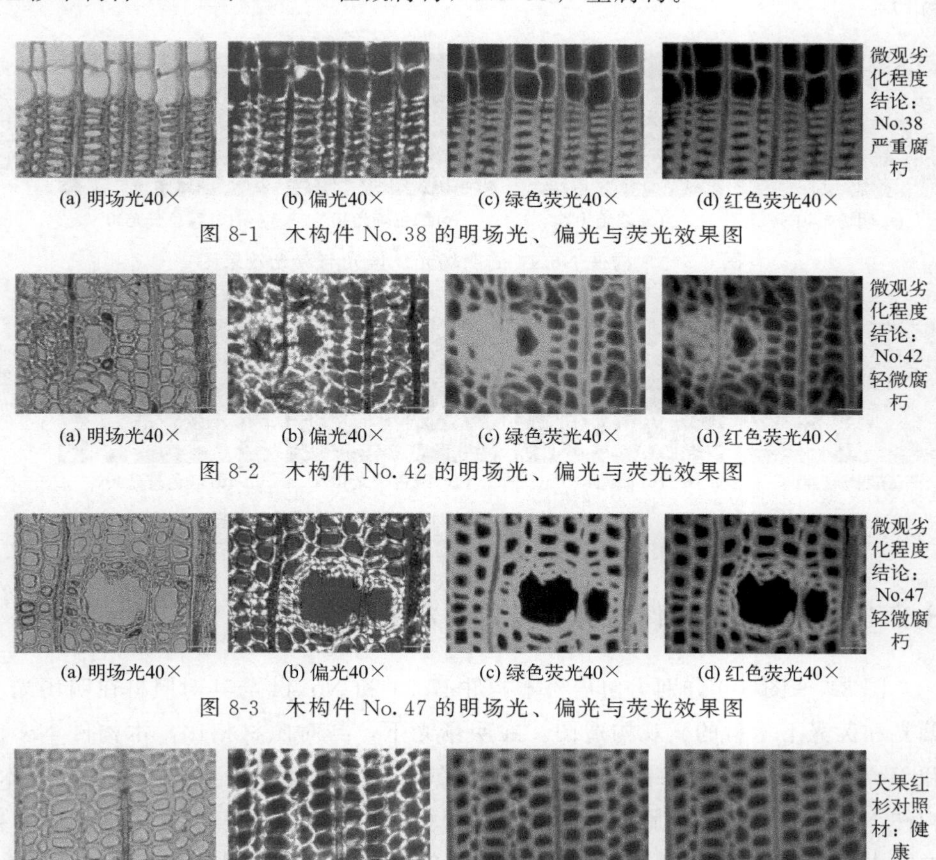

(a) 明场光40×　(b) 偏光40×　(c) 绿色荧光40×　(d) 红色荧光40×

图 8-1　木构件 No. 38 的明场光、偏光与荧光效果图

(a) 明场光40×　(b) 偏光40×　(c) 绿色荧光40×　(d) 红色荧光40×

图 8-2　木构件 No. 42 的明场光、偏光与荧光效果图

(a) 明场光40×　(b) 偏光40×　(c) 绿色荧光40×　(d) 红色荧光40×

图 8-3　木构件 No. 47 的明场光、偏光与荧光效果图

(a) 明场光40×　(b) 偏光40×　(c) 绿色荧光40×　(d) 红色荧光40×

图 8-4　大果红杉（*L. potaninii* var. *macrocarpa*）对照材的明场光、偏光与荧光效果图

8.2.2　麦吊云杉木构件的明场光、偏光和荧光效果

图 8-5～图 8-6 为麦吊云杉木构件 No. 14 与其对照材在明场光、偏光和荧光下木材的微观构造图。在明场光下，与对照材相比，木构件 No. 14 管胞细胞壁均保持基本完好。在偏光显微镜下，与对照材相比，木构件 No. 14 管胞细胞壁的结晶纤维素双折射亮度总体有一定的减弱，说明木构件 No. 14 管胞细胞壁中的纤维素有一定程度的降解。在荧光显微镜下，与对照材相比，木构件 No. 14 管胞细胞壁的绿色荧光亮度和红色荧光亮度总体均较为明显，说明木构件 No. 14 管胞细胞壁中的木质素没有受到来自腐朽菌的侵害或侵害轻微。综合分析明场光、偏光以及荧光效果，得出，麦吊云杉木构件 No. 14 中等腐朽。

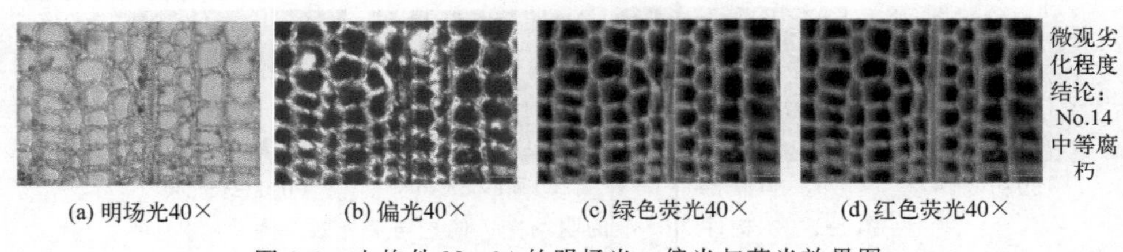

(a) 明场光40×　(b) 偏光40×　(c) 绿色荧光40×　(d) 红色荧光40×

图 8-5　木构件 No. 14 的明场光、偏光与荧光效果图

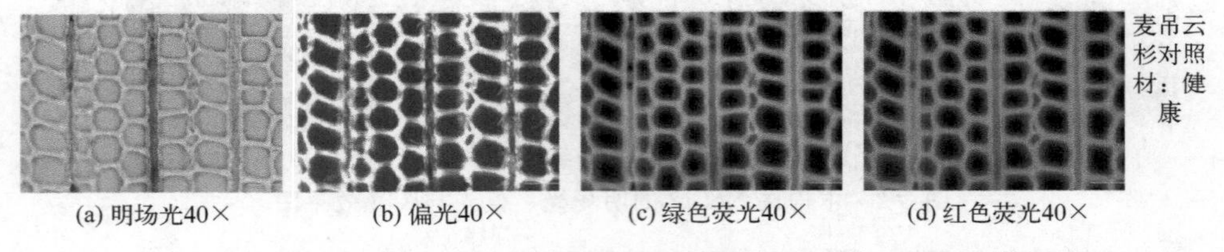

(a) 明场光40×　(b) 偏光40×　(c) 绿色荧光40×　(d) 红色荧光40×

图 8-6　麦吊云杉（*P. brachytyla*）对照材的明场光、偏光与荧光效果图

8.2.3　白皮松木构件的明场光、偏光和荧光效果

图 8-7～图 8-9 分别为白皮松木构件 No. 1 和 No. 44 与其对照材在明场光、偏光和荧光下木材的微观构造图。在明场光下，与对照材相比，木构件 No. 1 和 No. 44 管胞细胞壁均保持基本完好。在偏光显微镜下，与对照材相比，木构件 No. 1 和 No. 44 管胞细胞壁的结晶纤维素双折射亮度有较大程度的减弱，说明木构件 No. 1 和 No. 44 管胞细胞壁中的纤维素有较大程度的降解，尤其是 No. 44 细胞壁中层（S2）中几乎无明显的结晶纤维素双折射亮度，说明木构件 No. 1 和 No. 44 管胞细胞壁中的纤维素有一定程度的降解。在荧光显微镜

下，与对照材相比，木构件 No. 1 和 No. 44 管胞细胞壁的绿色荧光亮度和红色荧光亮度有一定程度的减弱，但 No. 44 管胞细胞壁复合胞间层（CML）和细胞间隙（CC）的绿色荧光亮度和红色荧光亮度保持较为明显，说明木构件 No. 1 和 No. 44 管胞细胞壁中的木质素有一定程度的降解。综合分析明场光、偏光以及荧光效果，得出，白皮松木构件 No. 1 和 No. 44 严重腐朽。

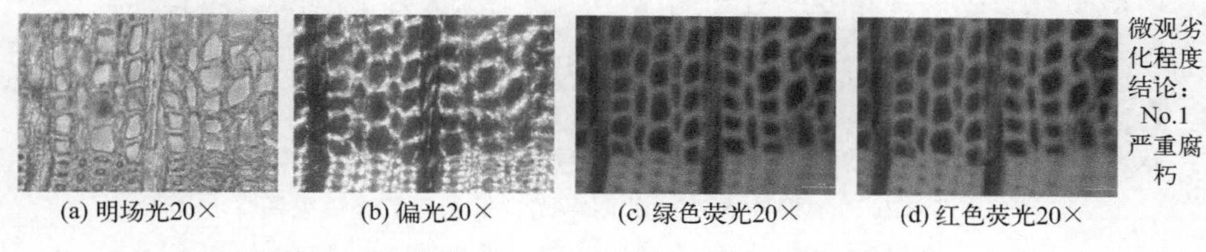

(a) 明场光20×　(b) 偏光20×　(c) 绿色荧光20×　(d) 红色荧光20×

图 8-7　木构件 No. 1 的明场光、偏光与荧光效果图

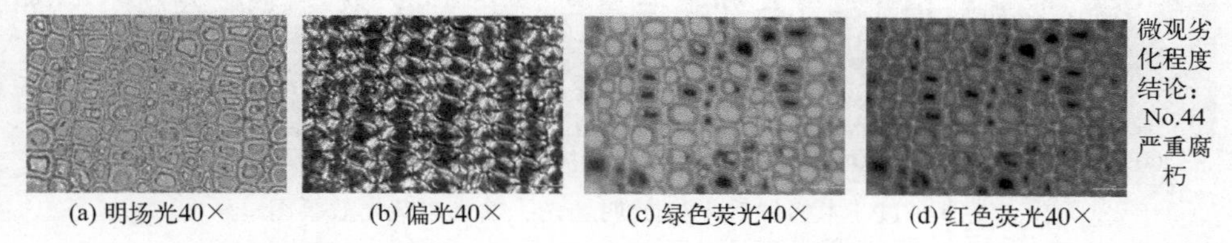

(a) 明场光40×　(b) 偏光40×　(c) 绿色荧光40×　(d) 红色荧光40×

图 8-8　木构件 No. 44 的明场光、偏光与荧光效果图

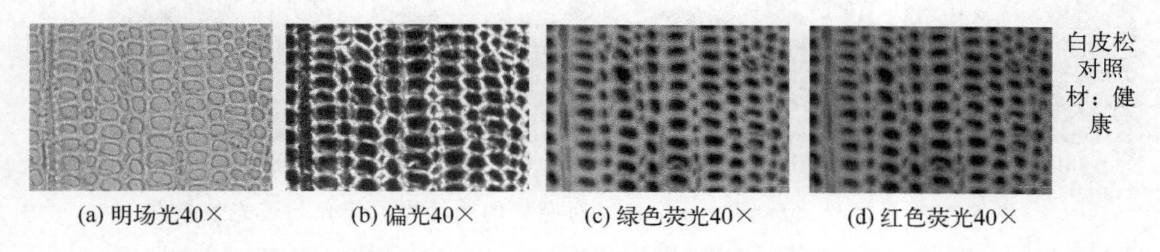

(a) 明场光40×　(b) 偏光40×　(c) 绿色荧光40×　(d) 红色荧光40×

图 8-9　白皮松（*P. bungeana*）对照材的明场光、偏光与荧光效果图

8. 2. 4　马尾松木构件的明场光、偏光和荧光效果

图 8-10～图 8-12 分别为马尾松木构件 No. 59 和 No. 60 与其对照材在明场光、偏光和荧光下木材的微观构造图。在明场光下，与对照材相比，木构件 No. 59 和 No. 60 管胞细胞壁均保持基本完好。在偏光显微镜下，与对照材相比，木构件 No. 59 管胞细胞壁的结晶纤维素双折射亮度有较大程度的减弱，出现偏黄现象，说明木构件 No. 59 管胞细胞壁中的纤维素有较大程度的降解。木构件 No. 60 管胞细胞壁的结晶纤维素双折射亮度总体较为明显，但弱于对照材，说明木构件 No. 60 管胞细胞壁中的纤维素有轻微的降解。在荧光显微

镜下，与对照材相比，木构件 No. 59 和 No. 60 管胞细胞壁的绿色荧光亮度和红色荧光亮度均较为明显，说明这些木构件管胞细胞壁中的木质素没有受到来自腐朽菌的侵害或侵害轻微。综合分析明场光、偏光以及荧光效果，得出，马尾松木构件 No. 59 严重腐朽，No. 60 轻微腐朽。

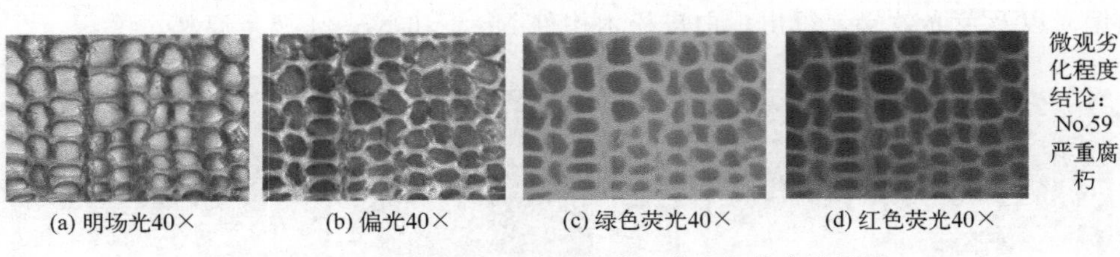

图 8-10　木构件 No. 59 的明场光、偏光与荧光效果图

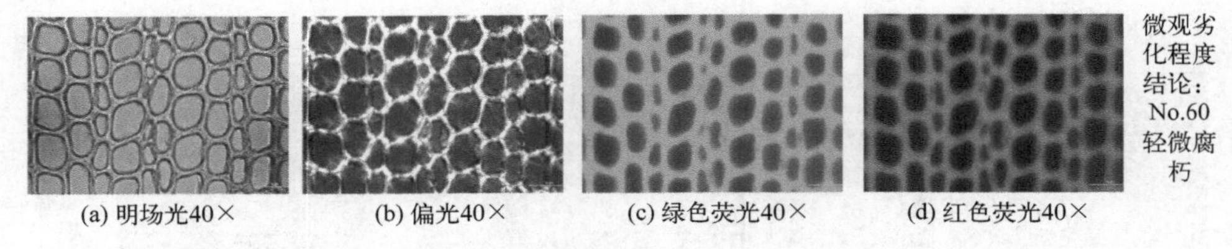

图 8-11　木构件 No. 60 的明场光、偏光与荧光效果图

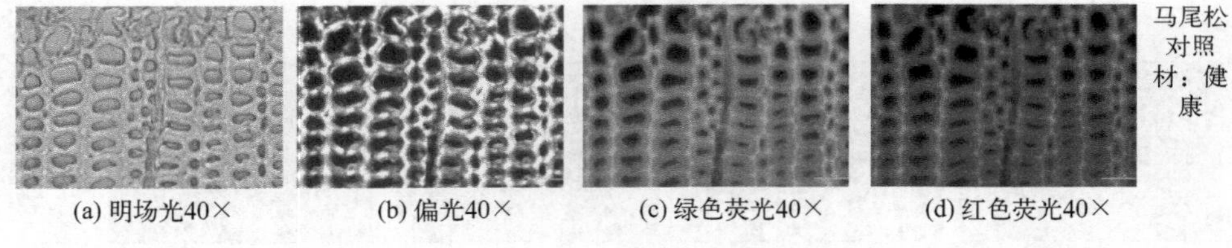

图 8-12　马尾松（*P. massoniana*）对照材的明场光、偏光与荧光效果图

8.2.5　黄杉木构件的明场光、偏光和荧光效果

图 8-13～图 8-21 为黄杉木构件 No. 16～No. 21、No. 28、No. 41 与其对照材在明场光、偏光和荧光下木材的微观构造图。在明场光下，除木构件 No. 41 外，其他木构件管胞细胞壁均变形严重。在偏光显微镜下，木构件 No. 41 管胞细胞壁的结晶纤维素双折射亮度总体较为明显，说明木构件 No. 41 管胞细胞壁中的纤维素没有降解或降解不太明显；木构件 No. 16 管胞细胞壁的结晶纤维素双折射亮度有一定程度的减弱，说明木构件 No. 16 管胞细胞壁中的纤维素有一定程度的降解；木构件 No. 17～No. 21、No. 28 管胞细胞壁的结晶纤维素双折射亮度减弱较为严重，说明这些木构件管胞细胞壁中的纤维素受到来

自腐朽菌的严重侵害。在荧光显微镜下，所有木构件管胞细胞壁的绿色荧光亮度和红色荧光亮度没有明显的减弱，说明这些木构件管胞细胞壁中的木质素没有明显的降解。综合分析明场光、偏光以及荧光效果，得出，黄杉木构件 No. 41 轻微腐朽，No. 16 中等腐朽，No. 17～No. 21、No. 28 严重腐朽。

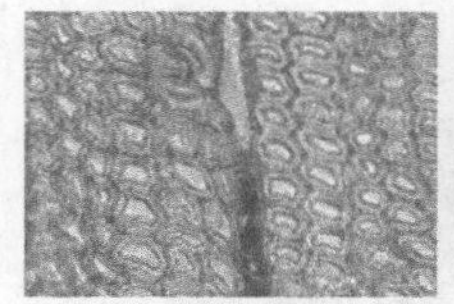
(a) 明场光40×

(b) 偏光40×

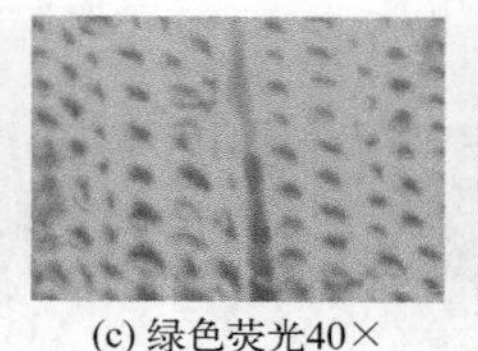
(c) 绿色荧光40×

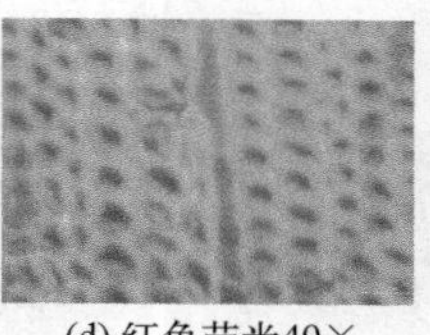
(d) 红色荧光40×

微观劣化程度结论：No.16中等腐朽

图 8-13 木构件 No. 16 的明场光、偏光与荧光效果图

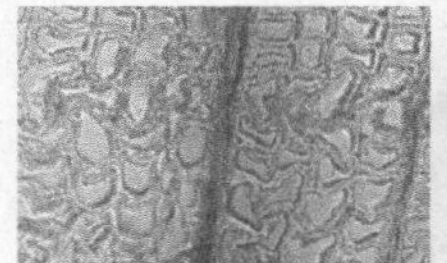
(a) 明场光40×

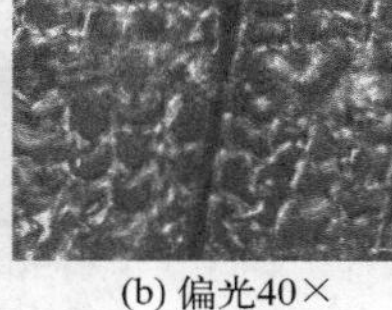
(b) 偏光40×

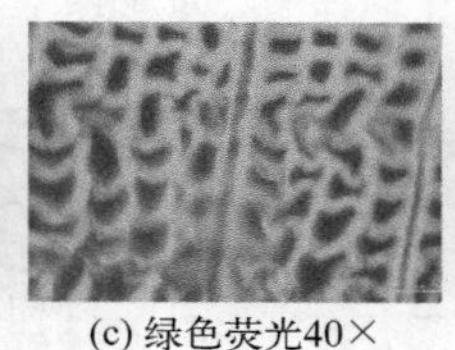
(c) 绿色荧光40×

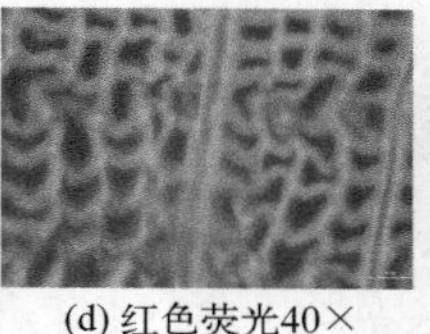
(d) 红色荧光40×

微观劣化程度结论：No.17严重腐朽

图 8-14 木构件 No. 17 的明场光、偏光与荧光效果图

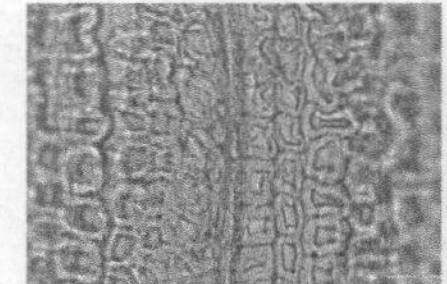
(a) 明场光40×

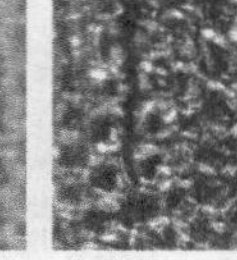
(b) 偏光40×

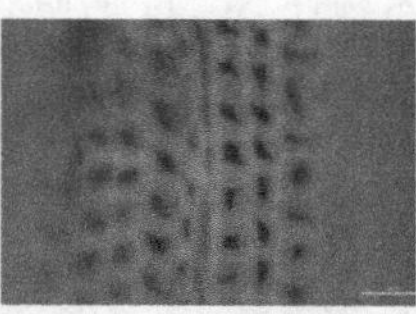
(c) 绿色荧光40×

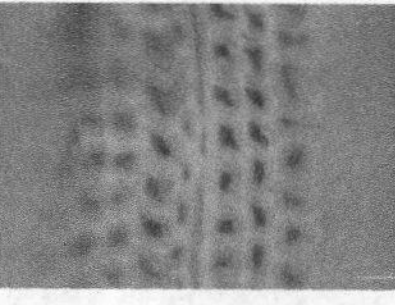
(d) 红色荧光40×

微观劣化程度结论：No.18严重腐朽

图 8-15 木构件 No. 18 的明场光、偏光与荧光效果图

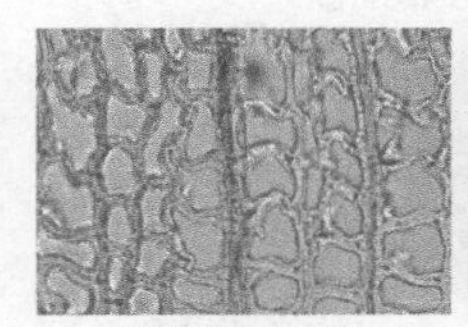
(a) 明场光40×

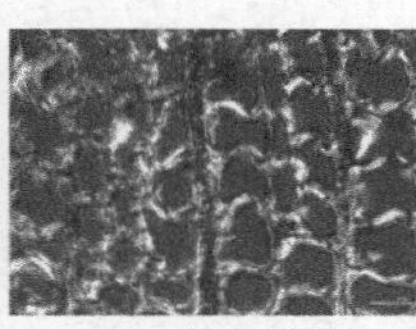
(b) 偏光40×

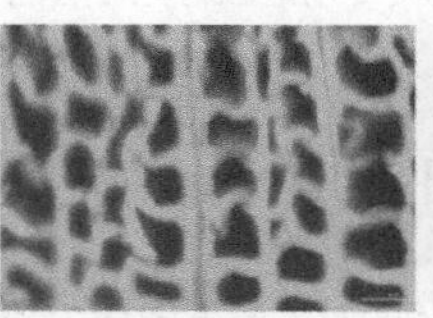
(c) 绿色荧光40×

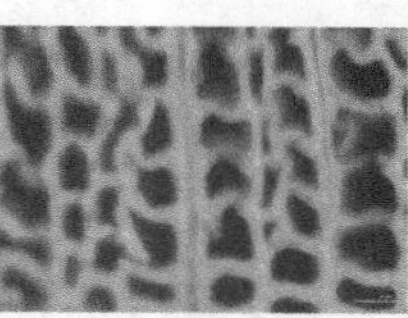
(d) 红色荧光40×

微观劣化程度结论：No.19严重腐朽

图 8-16 木构件 No. 19 的明场光、偏光与荧光效果图

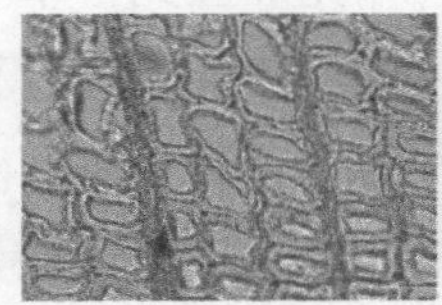
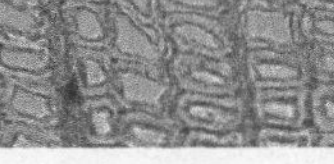
(a) 明场光40×

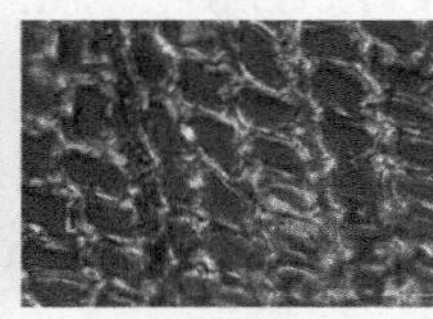
(b) 偏光40×

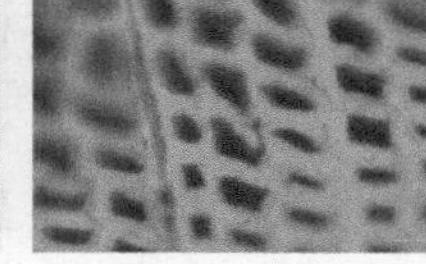
(c) 绿色荧光40×

(d) 红色荧光40×

微观劣化程度结论：No.20严重腐朽

图 8-17 木构件 No. 20 的明场光、偏光与荧光效果图

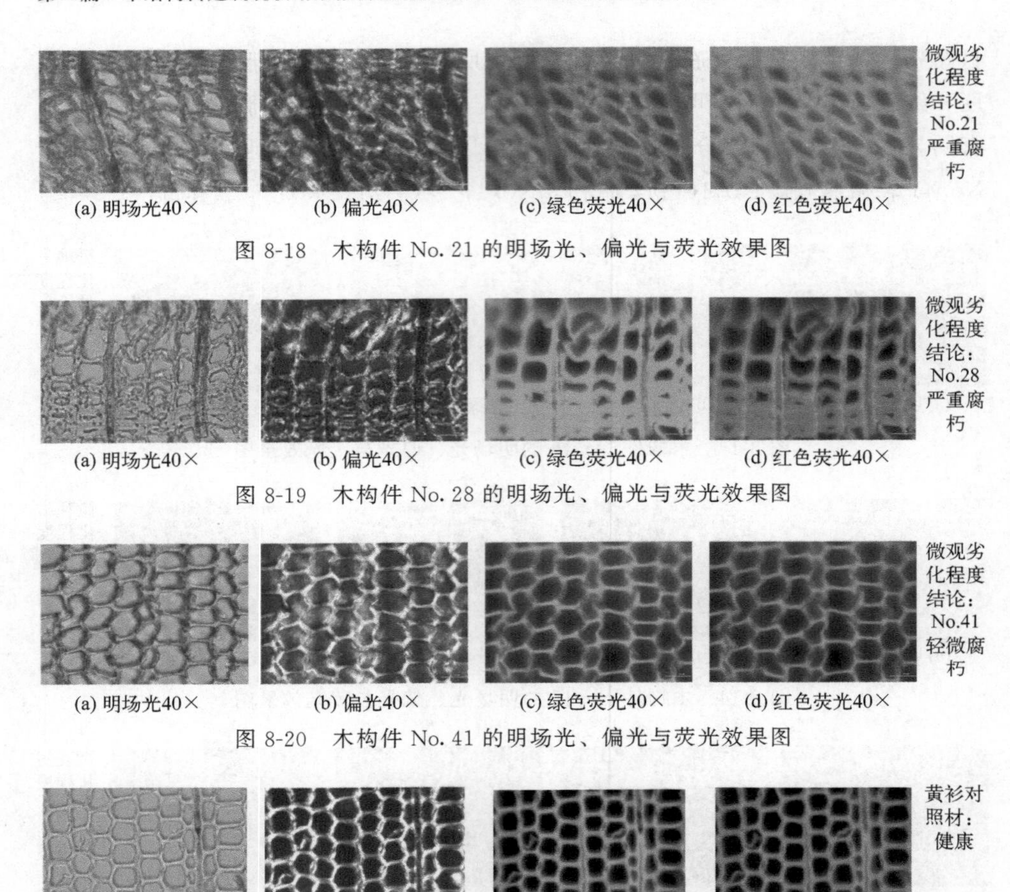

(a) 明场光40×　(b) 偏光40×　(c) 绿色荧光40×　(d) 红色荧光40×

图 8-18　木构件 No. 21 的明场光、偏光与荧光效果图

(a) 明场光40×　(b) 偏光40×　(c) 绿色荧光40×　(d) 红色荧光40×

图 8-19　木构件 No. 28 的明场光、偏光与荧光效果图

(a) 明场光40×　(b) 偏光40×　(c) 绿色荧光40×　(d) 红色荧光40×

图 8-20　木构件 No. 41 的明场光、偏光与荧光效果图

(a) 明场光40×　(b) 偏光40×　(c) 绿色荧光40×　(d) 红色荧光40×

图 8-21　黄杉（*P. sinensis*）对照材的明场光、偏光与荧光效果图

8. 2. 6　杉木木构件的明场光、偏光和荧光效果

图 8-22～图 8-41 分别为杉木木构件 No. 8、No. 27、No. 29、No. 32、No. 33、No. 35、No. 36、No. 39、No. 40、No. 43、No. 45、No. 46、No. 54、No. 55、No. 56、No. 57、No. 58、No. 62、No. 64 与其对照材在明场光、偏光和荧光下木材的微观构造图。在明场光下，与对照材相比，除 No. 35、No. 45、No. 54、No. 55 管胞细胞壁出现较为严重的破坏外，其余木构件管胞细胞壁均保持基本完好。在偏光显微镜下，与对照材相比，木构件 No. 33、No. 36、No. 46、No. 56 管胞细胞壁的结晶纤维素双折射亮度总体均较为明显，说明这些木构件管胞细胞壁中的纤维素没有降解或降解不太明显；木构件 No. 27、No. 32、No. 64 管胞

细胞壁的结晶纤维素双折射亮度有一定程度的减弱，说明这些木构件管胞细胞壁中的纤维素有一定程度的降解；木构件 No. 8、No. 29、No. 35、No. 39、No. 40、No. 43、No. 45、No. 54、No. 55、No. 57、No. 58、No. 62 管胞细胞壁的结晶纤维素双折射亮度均有较大程度的减弱，说明这些木构件管胞细胞壁中的纤维素有较大程度的降解。在荧光显微镜下，与对照材相比，这些木构件管胞细胞壁的绿色荧光亮度和红色荧光亮度总体均较为明显，但均稍弱于对照材，说明这些木构件管胞细胞壁中的木质素没有明显的降解。综合分析明场光、偏光以及荧光效果，得出，杉木木构件 No. 33、No. 36、No. 46、No. 56 轻微腐朽，木构件 No. 27、No. 32、No. 64 中等腐朽，而木构件 No. 8、No. 29、No. 35、No. 39、No. 40、No. 43、No. 45、No. 54、No. 55、No. 57、No. 58、No. 62 严重腐朽。

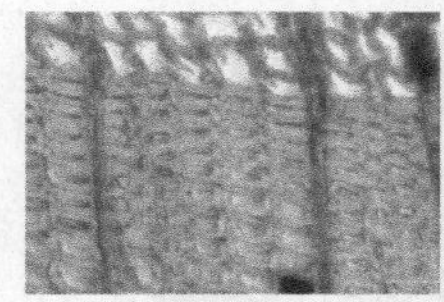
(a) 明场光40×

(b) 偏光40×

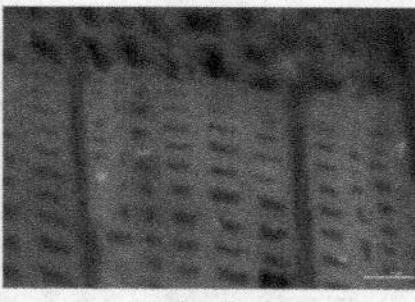
(c) 绿色荧光40×

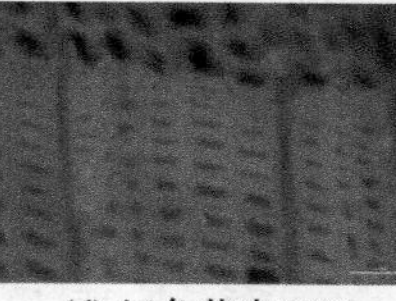
(d) 红色荧光40×

微观劣化程度结论：No.8 严重腐朽

图 8-22　木构件 No. 8 的明场光、偏光与荧光效果图

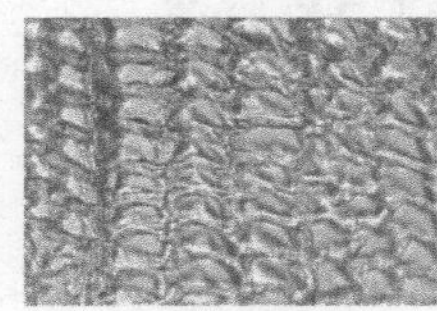
(a) 明场光40×

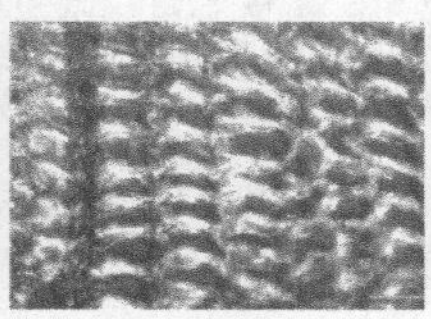
(b) 偏光40×

(c) 绿色荧光40×

(d) 红色荧光40×

微观劣化程度结论：No.27 中等腐朽

图 8-23　木构件 No. 27 的明场光、偏光与荧光效果图

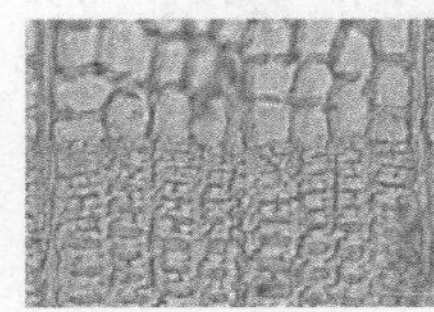
(a) 明场光40×

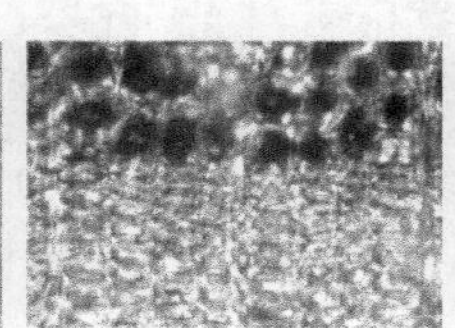
(b) 偏光40×

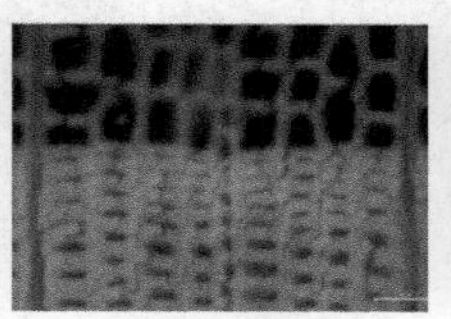
(c) 绿色荧光40×

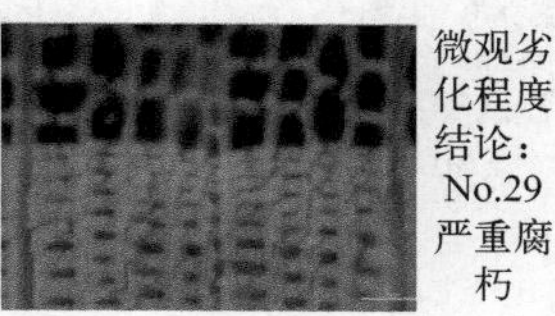
(d) 红色荧光40×

微观劣化程度结论：No.29 严重腐朽

图 8-24　木构件 No. 29 的明场光、偏光与荧光效果图

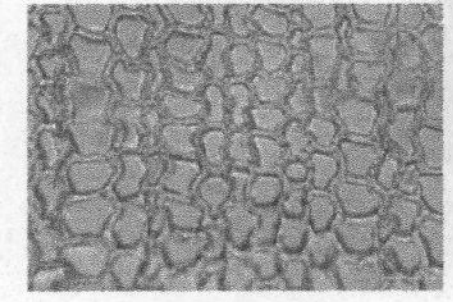
(a) 明场光40×

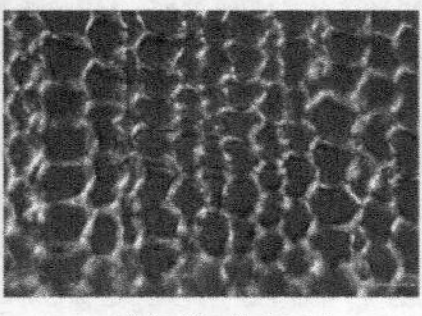
(b) 偏光40×

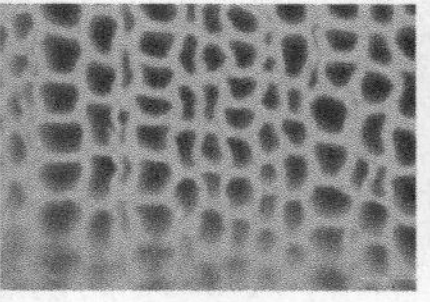
(c) 绿色荧光40×

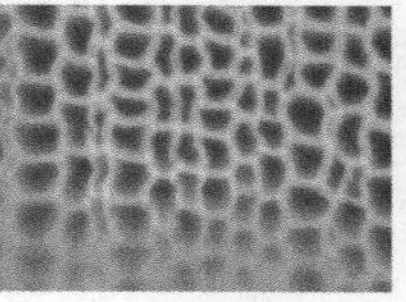
(d) 红色荧光40×

微观劣化程度结论：No.32 中等腐朽

图 8-25　木构件 No. 32 的明场光、偏光与荧光效果图

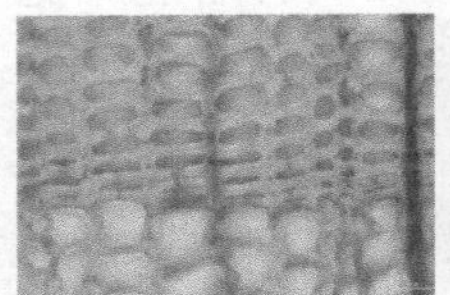
(a) 明场光40×

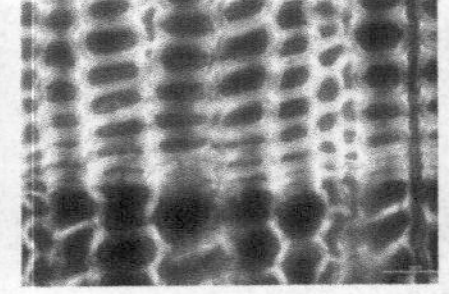
(b) 偏光40×

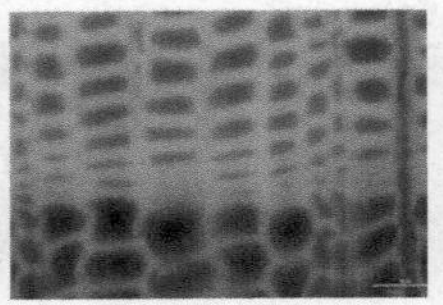
(c) 绿色荧光40×

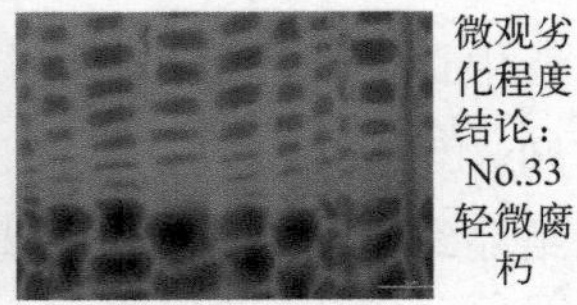
(d) 红色荧光40×

微观劣化程度结论：No.33轻微腐朽

图 8-26　木构件 No. 33 的明场光、偏光与荧光效果图

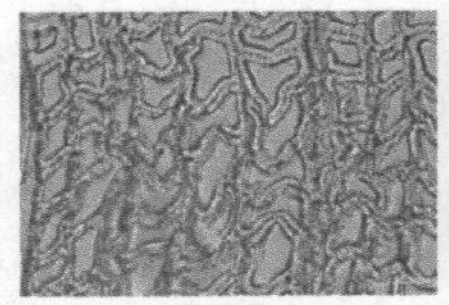
(a) 明场光40×

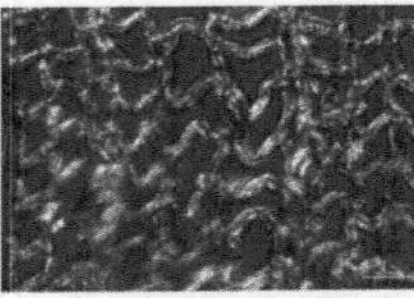
(b) 偏光40×

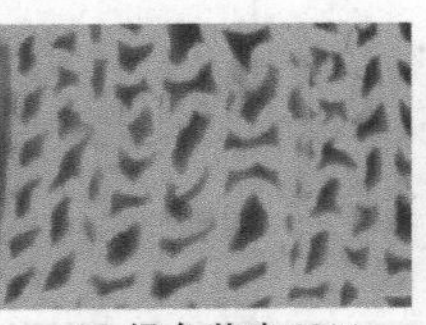
(c) 绿色荧光40×

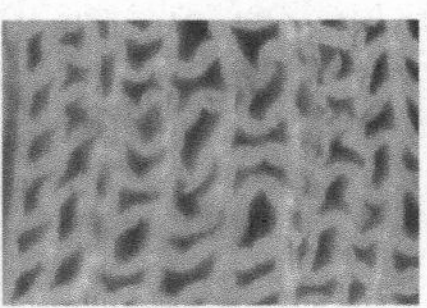
(d) 红色荧光40×

微观劣化程度结论：No.35严重腐朽

图 8-27　木构件 No. 35 的明场光、偏光与荧光效果图

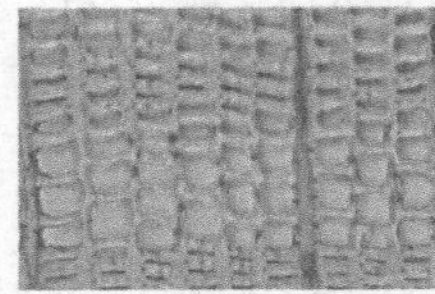
(a) 明场光40×

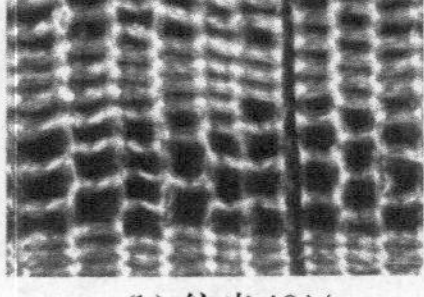
(b) 偏光40×

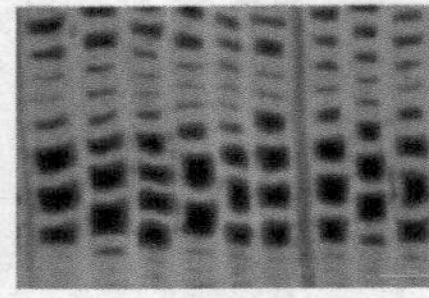
(c) 绿色荧光40×

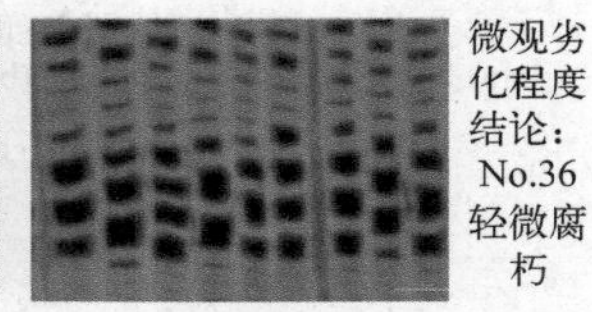
(d) 红色荧光40×

微观劣化程度结论：No.36轻微腐朽

图 8-28　木构件 No. 36 的明场光、偏光与荧光效果图

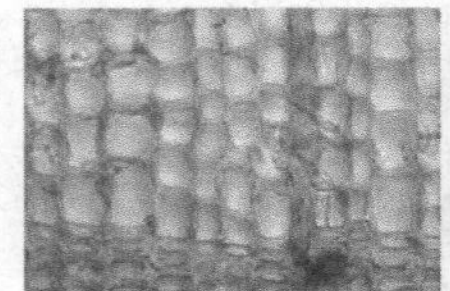
(a) 明场光40×

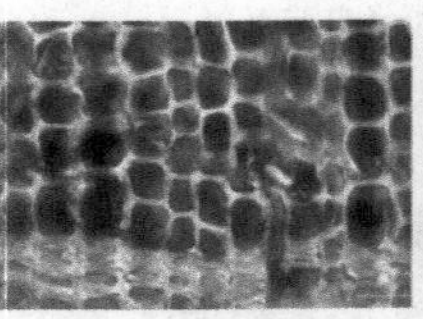
(b) 偏光40×

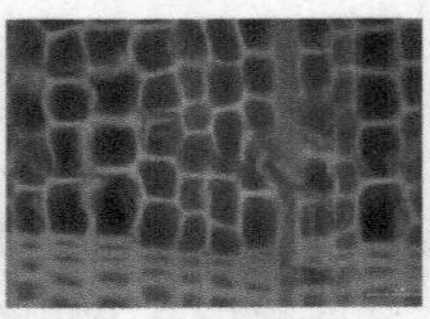
(c) 绿色荧光40×

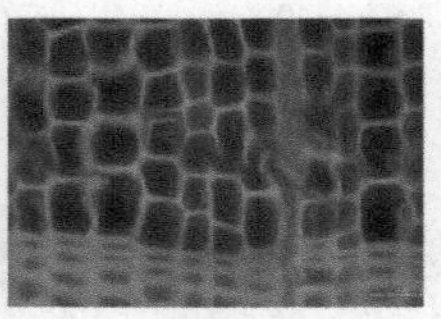
(d) 红色荧光40×

微观劣化程度结论：No.39严重腐朽

图 8-29　木构件 No. 39 的明场光、偏光与荧光效果图

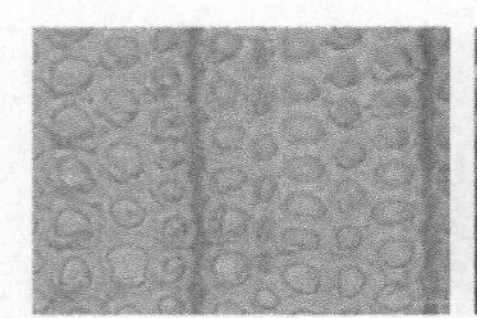
(a) 明场光40×

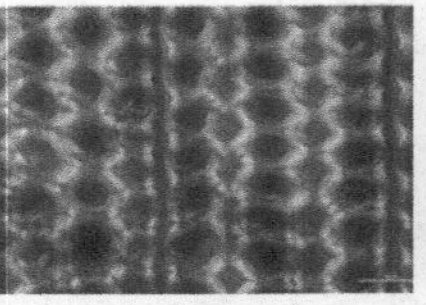
(b) 偏光40×

(c) 绿色荧光40×

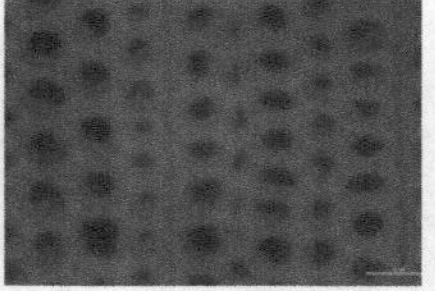
(d) 红色荧光40×

微观劣化程度结论：No.40严重腐朽

图 8-30　木构件 No. 40 的明场光、偏光与荧光效果图

(a) 明场光40×　(b) 偏光40×　(c) 绿色荧光40×　(d) 红色荧光40×

微观劣化程度结论：No.43严重腐朽

图 8-31　木构件 No. 43 的明场光、偏光与荧光效果图

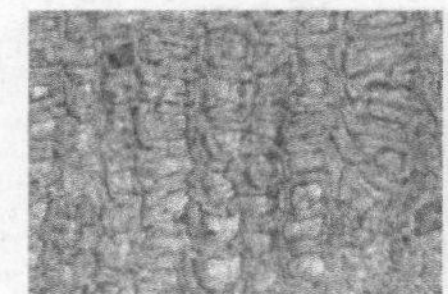
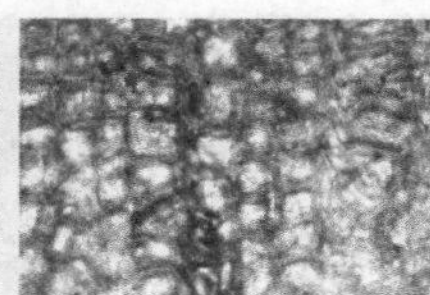
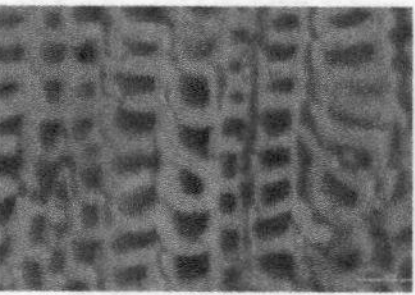
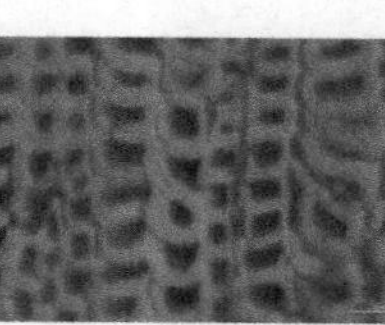

(a) 明场光40×　(b) 偏光40×　(c) 绿色荧光40×　(d) 红色荧光40×

微观劣化程度结论：No.45严重腐朽

图 8-32　木构件 No. 45 的明场光、偏光与荧光效果图

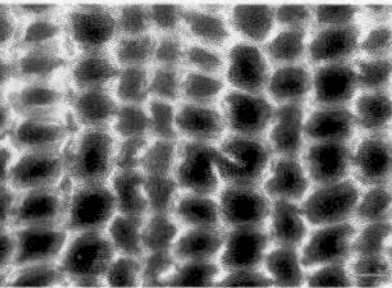
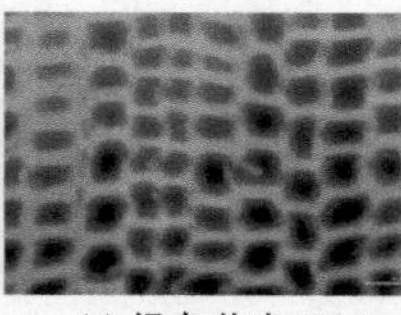
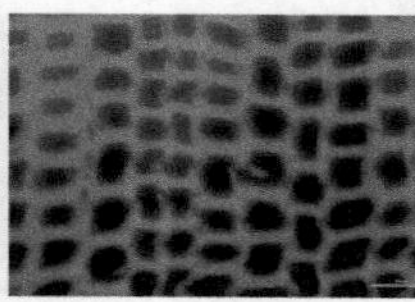

(a) 明场光40×　(b) 偏光40×　(c) 绿色荧光40×　(d) 红色荧光40×

微观劣化程度结论：No.46轻微腐朽

图 8-33　木构件 No. 46 的明场光、偏光与荧光效果图

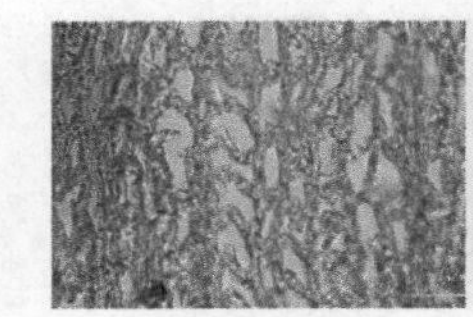
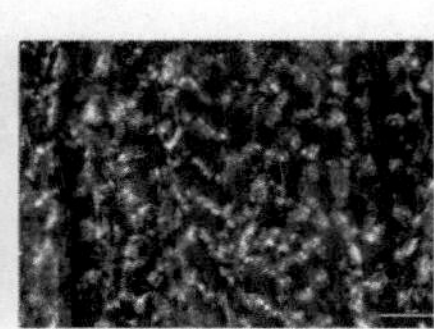
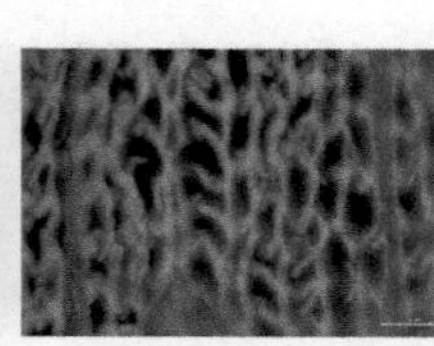
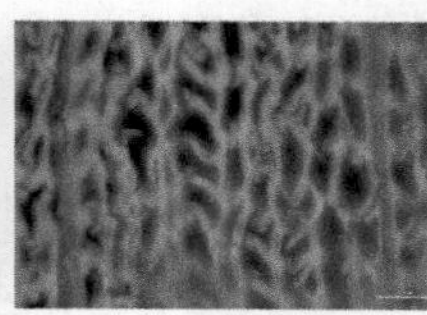

(a) 明场光40×　(b) 偏光40×　(c) 绿色荧光40×　(d) 红色荧光40×

微观劣化程度结论：No.54严重腐朽

图 8-34　木构件 No. 54 的明场光、偏光与荧光效果图

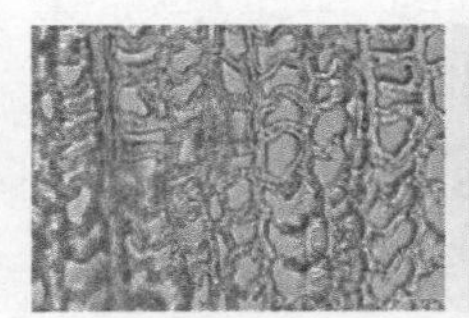

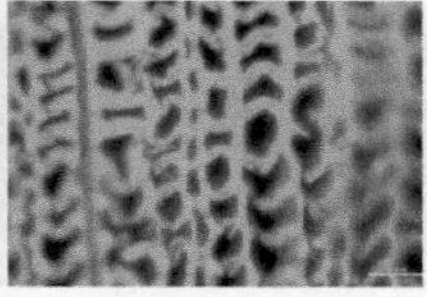
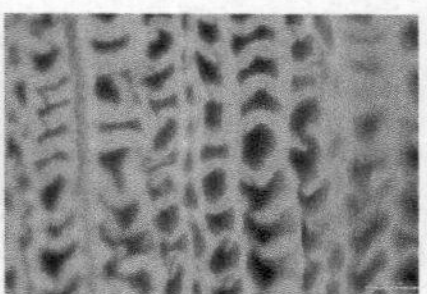

(a) 明场光40×　(b) 偏光40×　(c) 绿色荧光40×　(d) 红色荧光40×

微观劣化程度结论：No.55严重腐朽

图 8-35　木构件 No. 55 的明场光、偏光与荧光效果图

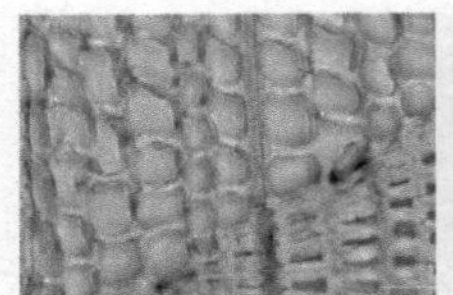
(a) 明场光40×

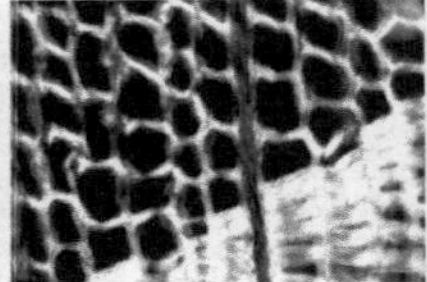
(b) 偏光40×

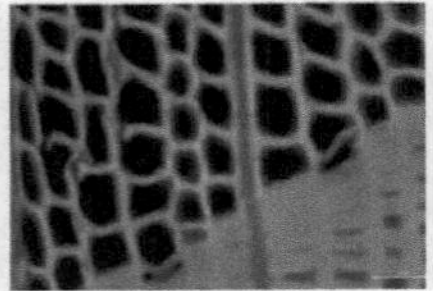
(c) 绿色荧光40×

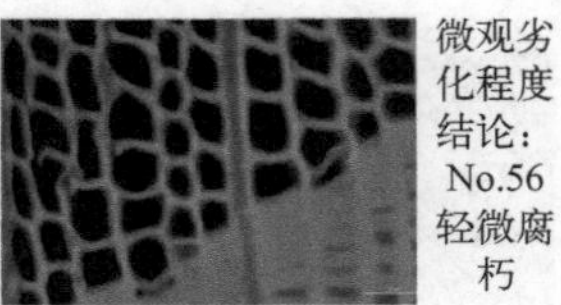
(d) 红色荧光40×

微观劣化程度结论：No.56轻微腐朽

图 8-36　木构件 No. 56 的明场光、偏光与荧光效果图

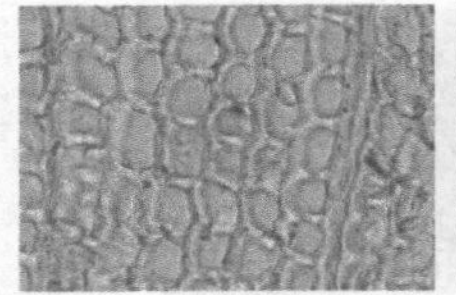
(a) 明场光40×

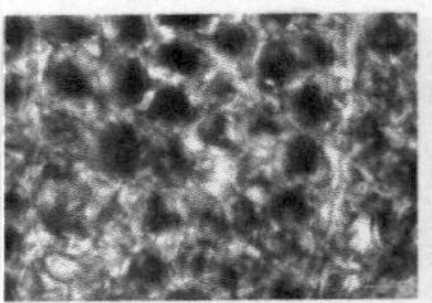
(b) 偏光40×

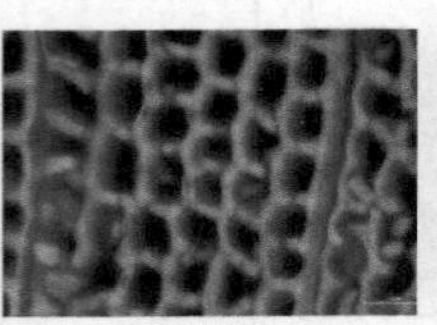
(c) 绿色荧光40×

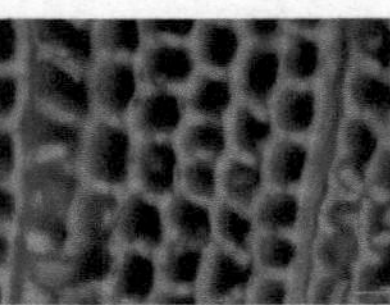
(d) 红色荧光40×

微观劣化程度结论：No.57严重腐朽

图 8-37　木构件 No. 57 的明场光、偏光与荧光效果图

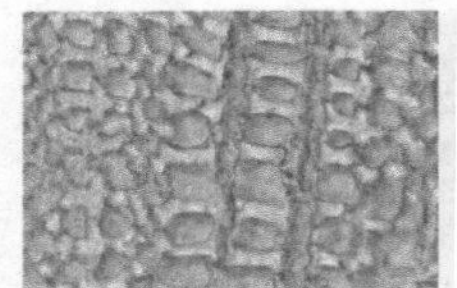
(a) 明场光40×

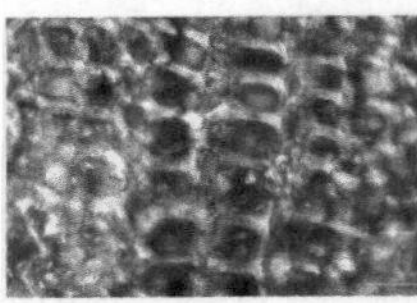
(b) 偏光40×

(c) 绿色荧光40×

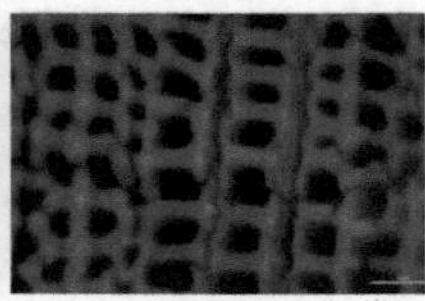
(d) 红色荧光40×

微观劣化程度结论：No.58严重腐朽

图 8-38　木构件 No. 58 的明场光、偏光与荧光效果图

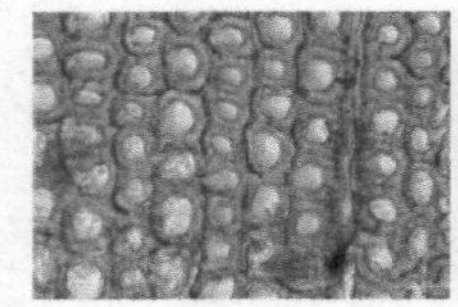
(a) 明场光40×

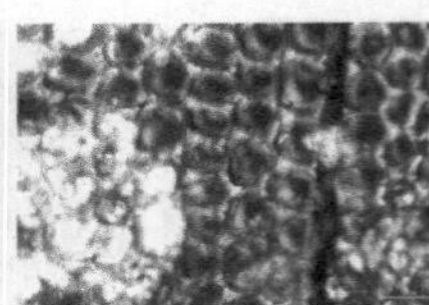
(b) 偏光40×

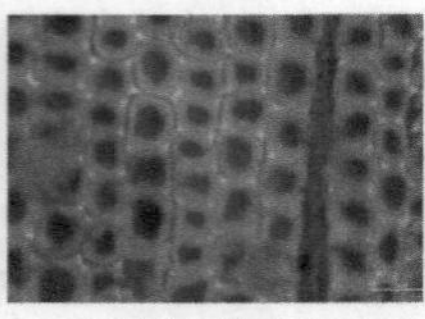
(c) 绿色荧光40×

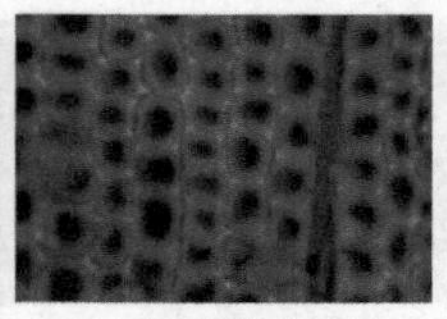
(d) 红色荧光40×

微观劣化程度结论：No.62严重腐朽

图 8-39　木构件 No. 62 的明场光、偏光与荧光效果图

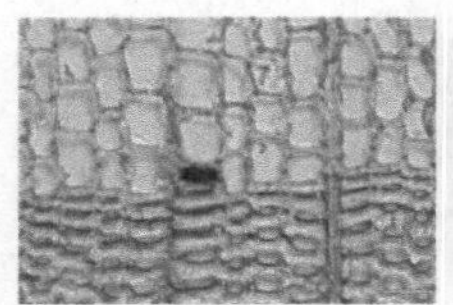
(a) 明场光40×

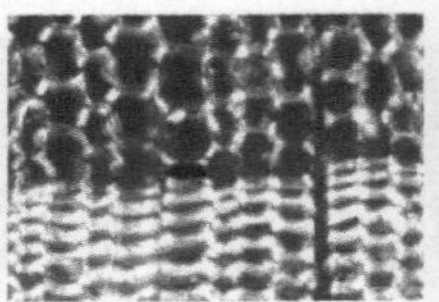
(b) 偏光40×

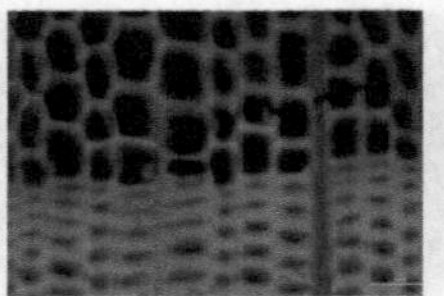
(c) 绿色荧光40×

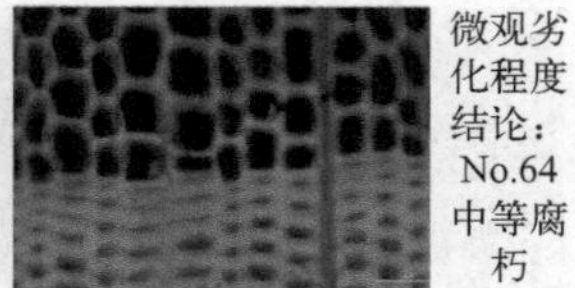
(d) 红色荧光40×

微观劣化程度结论：No.64中等腐朽

图 8-40　木构件 No. 64 的明场光、偏光与荧光效果图

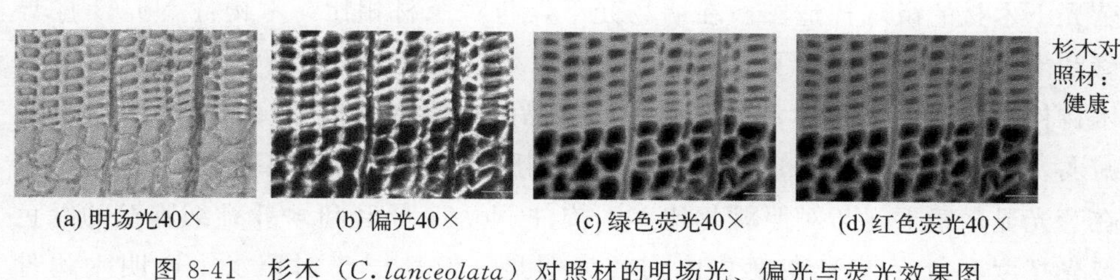

图 8-41　杉木（*C. lanceolata*）对照材的明场光、偏光与荧光效果图

8.2.7　板栗木构件的明场光、偏光和荧光效果

图 8-42 和图 8-43 分别为板栗木构件 No. 13 与其对照材在明场光、偏光和荧光下木材的微观构造图。在明场光下，与对照材相比，木构件 No. 13 的导管和木纤维细胞壁出现了较为严重的破坏。在偏光显微镜下，与对照材相比，木构件 No. 13 导管和木纤维细胞壁的结晶纤维素双折射亮度均有较大程度的减弱，说明木构件 No. 13 导管和木纤维细胞壁中的纤维素有较大程度的降解。在荧光显微镜下，与对照材相比，木构件 No. 13 导管和木纤维细胞壁的绿色荧光亮度和红色荧光亮度总体均较为明显，但稍弱于对照材，说明木构件 No. 13 导管和木纤维细胞壁中的木质素没有明显的降解。综合分析明场光、偏光以及荧光效果，得出，板栗木构件 No. 13 严重腐朽。

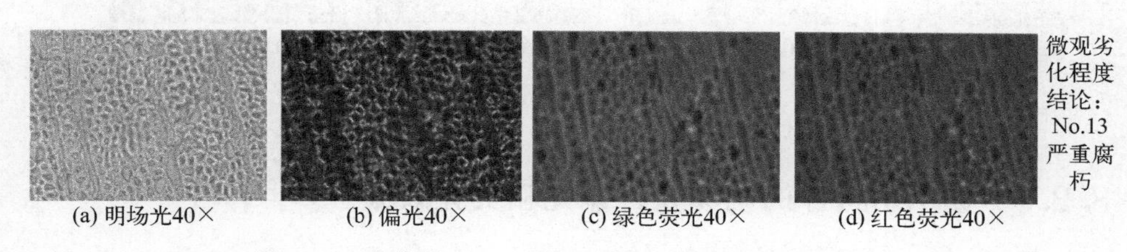

图 8-42　木构件 No. 13 的明场光、偏光与荧光效果图

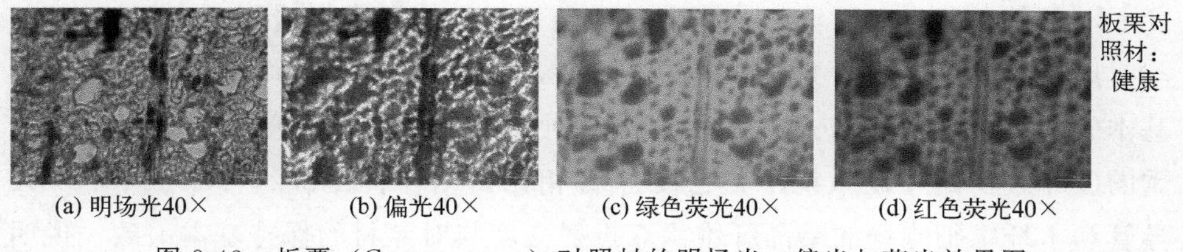

图 8-43　板栗（*Castanea* sp.）对照材的明场光、偏光与荧光效果图

8.2.8　槲栎木构件的明场光、偏光和荧光效果

图 8-44 和图 8-45 分别为槲栎木构件 No. 61 与其对照材在明场光、偏光和

荧光下木材的微观构造图。在明场光下，与对照材相比，木构件 No. 61 的导管和木纤维细胞壁出现了较为严重的破坏。在偏光显微镜下，与对照材相比，木构件 No. 61 导管和木纤维细胞壁的结晶纤维素双折射亮度均有较大程度的减弱，说明木构件 No. 61 导管和木纤维细胞壁中的纤维素有较大程度的降解。在荧光显微镜下，与对照材相比，木构件 No. 61 导管和木纤维细胞壁的绿色荧光亮度和红色荧光亮度总体均较为明显，但稍弱于对照材，说明木构件 No. 61 导管和木纤维细胞壁中的木质素没有明显的降解。综合分析明场光、偏光以及荧光效果，得出，槲栎木构件 No. 61 严重腐朽。

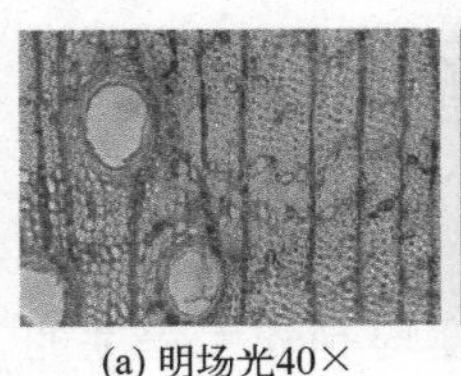
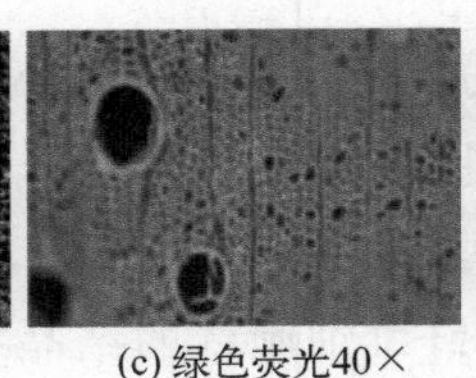
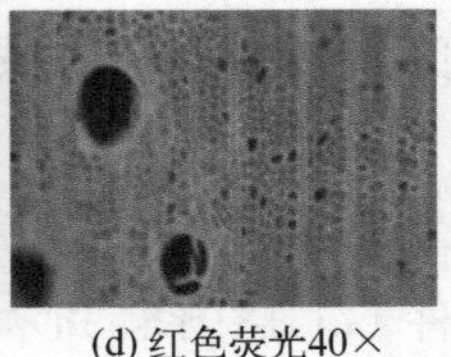

微观劣化程度结论：No.61严重腐朽

(a) 明场光40×　(b) 偏光40×　(c) 绿色荧光40×　(d) 红色荧光40×

图 8-44　木构件 No. 61 的明场光、偏光与荧光效果图

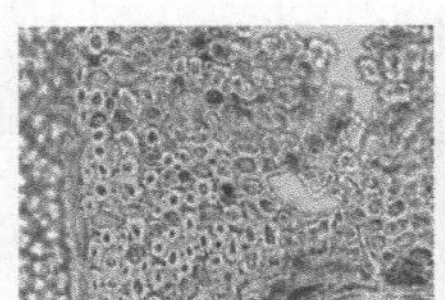
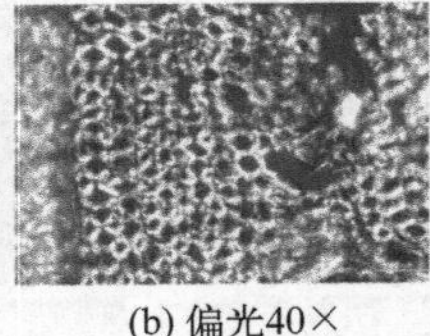
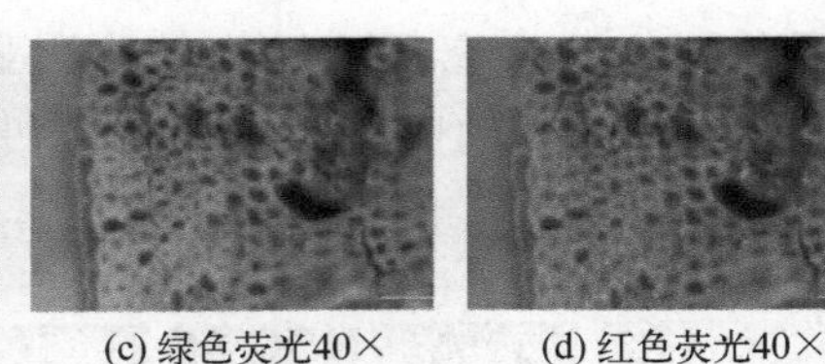
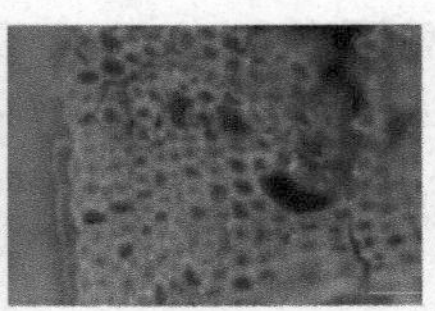

槲栎对照材：健康

(a) 明场光40×　(b) 偏光40×　(c) 绿色荧光40×　(d) 红色荧光40×

图 8-45　槲栎（*Q. aliena*）对照材的明场光、偏光与荧光效果图

8.2.9　杨木木构件的明场光、偏光和荧光效果

图 8-46～图 8-51 分别为杨木木构件 No. 2、No. 11、No. 12、No. 15、No. 48 与其对照材在明场光、偏光和荧光下木材的微观构造图。在明场光下，与对照材相比，木构件 No. 2、No. 11 和 No. 12 的导管和木纤维细胞壁均保持基本完好；而木构件 No. 15 和 No. 48 的导管和木纤维细胞壁则出现了较为严重的破坏。在偏光显微镜下，与对照材相比，木构件 No. 2、No. 11、No. 12 导管和木纤维细胞壁的结晶纤维素双折射亮度与对照材的保持基本一致，说明这些木构件导管和木纤维细胞壁中的纤维素没有被降解或没有降解太多；而木构件 No. 15 和 No. 48 导管和木纤维细胞壁的结晶纤维素双折射亮度均有较大程度的减弱，说明这些木构件导管细胞壁、木纤维细胞壁中的纤维素有较大程度的降解。在荧光显微镜下，与对照材相比，这些木构件导管细胞壁的绿色荧

光亮度和红色荧光亮度总体均较为明显，但均稍弱于对照材，说明这些木构件导管细胞壁中的木质素没有明显的降解。综合分析明场光、偏光以及荧光效果，得出，杨木木构件 No. 2、No. 11、No. 12 轻微腐朽，No. 15 和 No. 48 严重腐朽。

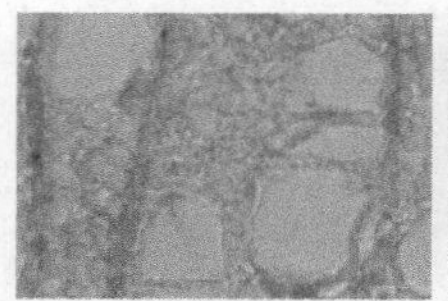
(a) 明场光40×
(b) 偏光40×
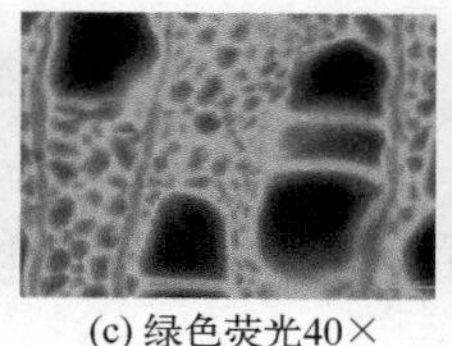
(c) 绿色荧光40×
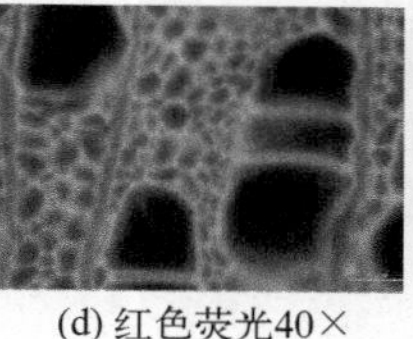
(d) 红色荧光40×

微观劣化程度结论：No.2 轻微腐朽

图 8-46　木构件 No. 2 的明场光、偏光与荧光效果图

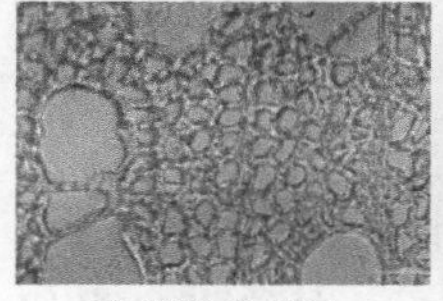

(a) 明场光40×
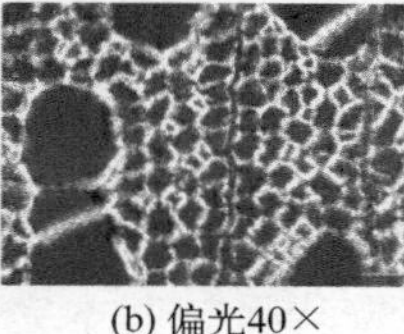
(b) 偏光40×
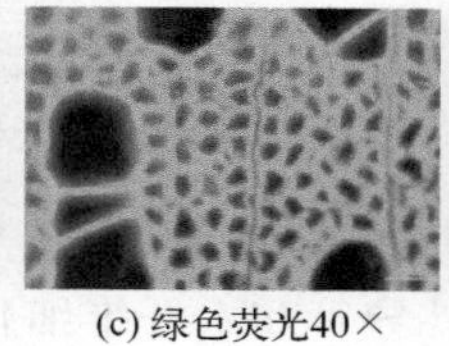
(c) 绿色荧光40×
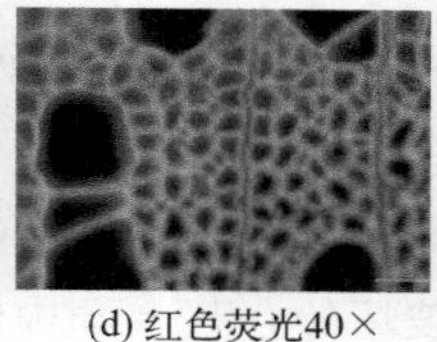
(d) 红色荧光40×

微观劣化程度结论：No.11 轻微腐朽

图 8-47　木构件 No. 11 的明场光、偏光与荧光效果图

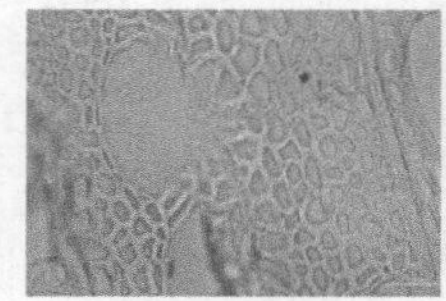
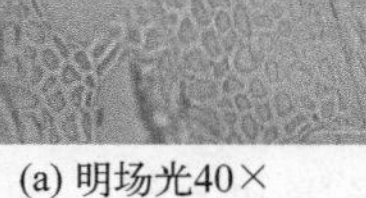
(a) 明场光40×
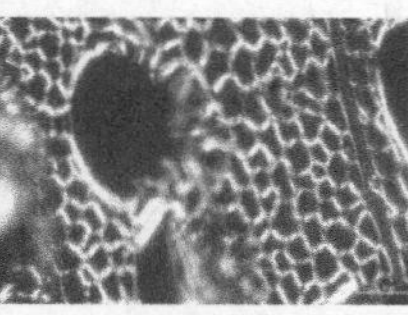
(b) 偏光40×
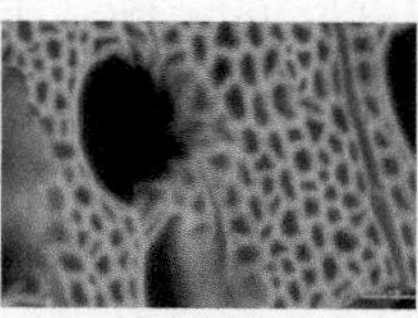
(c) 绿色荧光40×
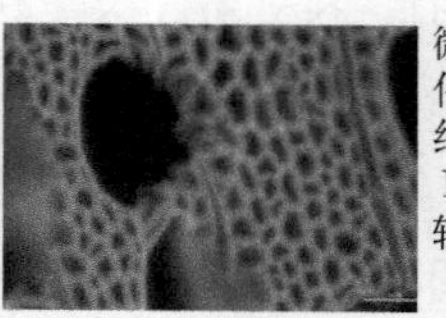
(d) 红色荧光40×

微观劣化程度结论：No.12 轻微腐朽

图 8-48　木构件 No. 12 的明场光、偏光与荧光效果图

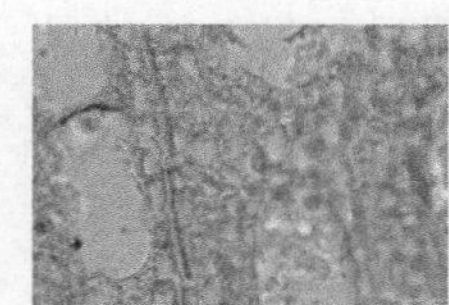
(a) 明场光40×
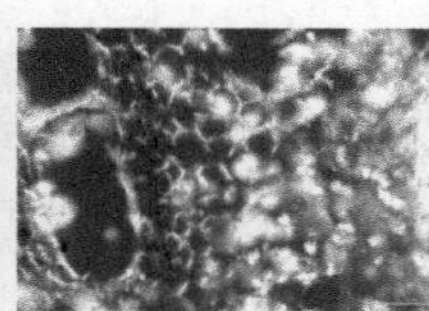
(b) 偏光40×
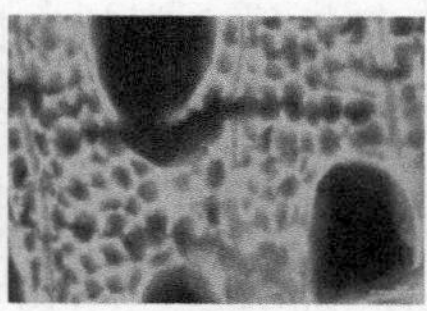
(c) 绿色荧光40×
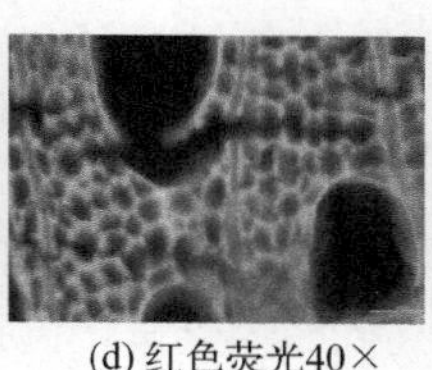
(d) 红色荧光40×

微观劣化程度结论：No.15 严重腐朽

图 8-49　木构件 No. 15 的明场光、偏光与荧光效果图

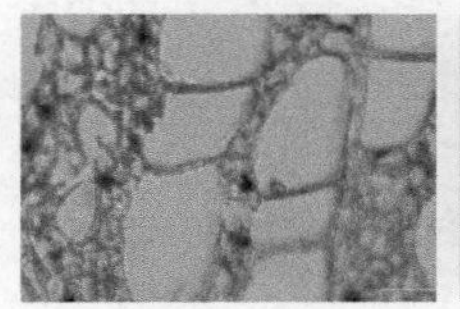
(a) 明场光40×
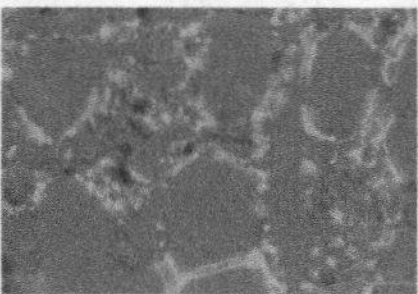
(b) 偏光40×
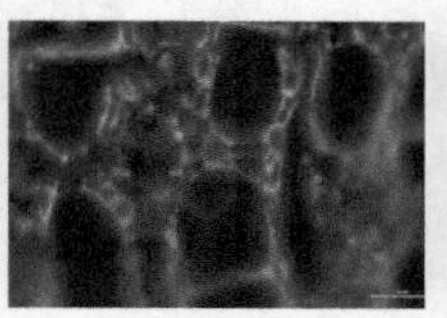
(c) 绿色荧光40×
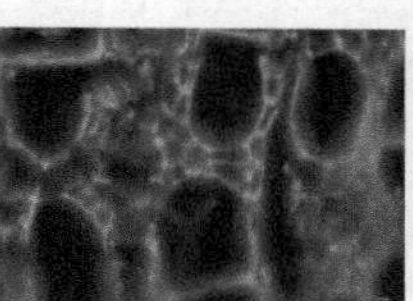
(d) 红色荧光40×

微观劣化程度结论：No.48 严重腐朽

图 8-50　木构件 No. 48 的明场光、偏光与荧光效果图

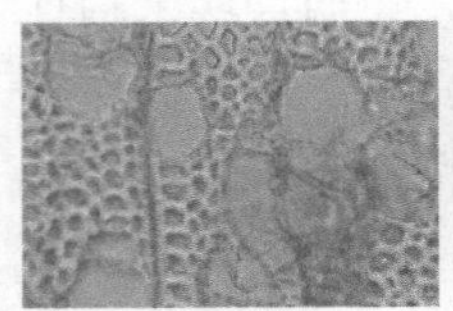
(a) 明场光40×

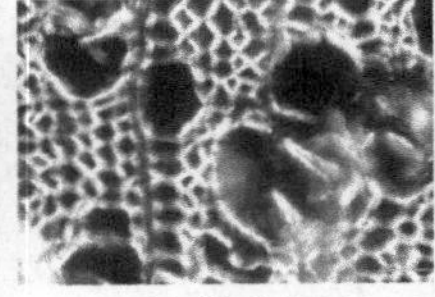
(b) 偏光40×

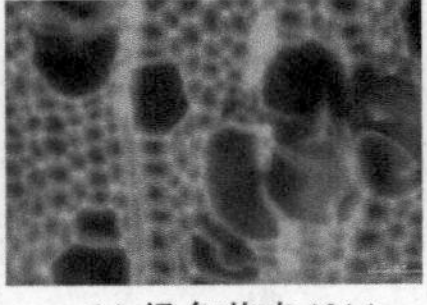
(c) 绿色荧光40×

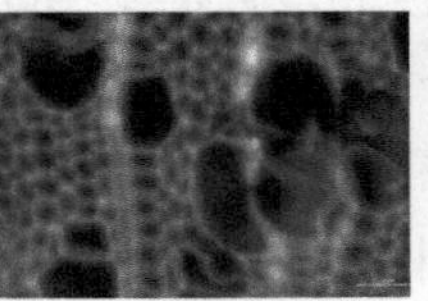
(d) 红色荧光40×

白毛杨对照材：健康

图 8-51　白毛杨（*P. tomentosa*）对照材的明场光、偏光与荧光效果图

8.2.10　榆木木构件的明场光、偏光和荧光效果

图 8-52～图 8-73 分别为榆木木构件 No. 3、No. 4、No. 5、No. 6、No. 7、No. 9、No. 10、No. 22、No. 23、No. 24、No. 25、No. 26、No. 30、No. 31、No. 34、No. 37、No. 49、No. 50、No. 51、No. 52 和 No. 63 与其对照材在明场光、偏光和荧光下木材的微观构造图。在明场光下，与对照材相比，除木构件 No. 4、No. 6、No. 10、No. 34 和 No. 63 的导管和木纤维细胞壁出现较为严重的破坏外，其余木构件导管和木纤维细胞壁均保持基本完好。在偏光显微镜下，与对照材相比，木构件 No. 3、No. 5、No. 7、No. 9、No. 24、No. 30、No. 31、No. 37、No. 49、No. 50、No. 51 和 No. 52 导管和木纤维细胞壁的结晶纤维素双折射亮度与对照材的保持基本一致，说明这些木构件导管和木纤维细胞壁中的纤维素没有被降解或没有降解太多；木构件 No. 4、No. 22、No. 23、No. 25、No. 26 和 No. 63 导管和木纤维细胞壁的结晶纤维素双折射亮度总体均较为明显，但均明显弱于对照材，说明这些木构件导管和木纤维细胞壁中的纤维素有一定程度的降解；而木构件 No. 6、No. 10 和 No. 34 导管和木纤维细胞壁的结晶纤维素双折射亮度均有较大程度的减弱，说明这些木构件导管细胞壁、木纤维细胞壁中的纤维素有较大程度的降解。在荧光显微镜下，与对照材相比，这些木构件导管和木纤维细胞壁的绿色荧光亮度和红色荧光亮度与对照材的保持基本一致，说明这些木构件导管和木纤维细胞壁中的木质素没有被降解或没有降解太多。综合分析明场光、偏光以及荧光效果，得出，榆木

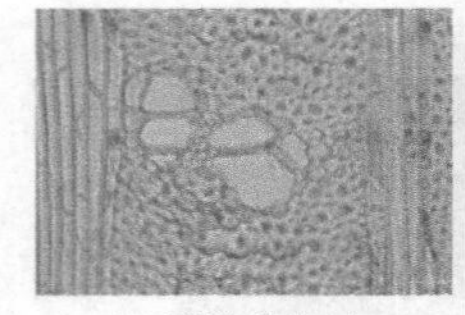
(a) 明场光40×

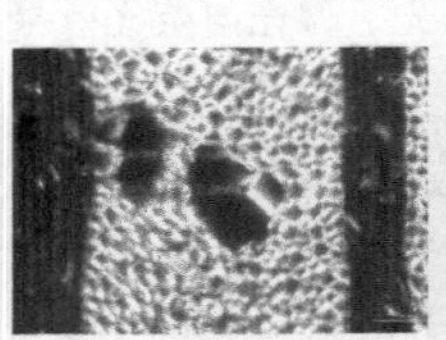
(b) 偏光40×

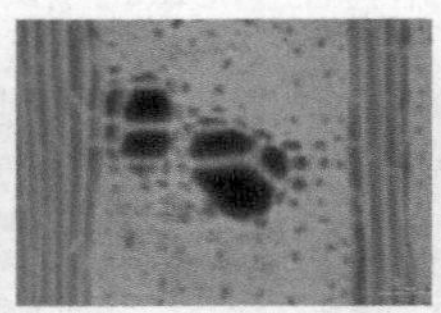
(c) 绿色荧光40×

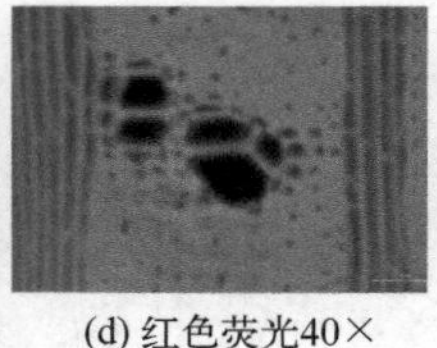
(d) 红色荧光40×

微观劣化程度结论：No.3轻微腐朽

图 8-52　木构件 No. 3 的明场光、偏光与荧光效果图

木构件 No. 3、No. 5、No. 7、No. 9、No. 24、No. 30、No. 31、No. 37、No. 49、No. 50、No. 51 和 No. 52 轻微腐朽，No. 4、No. 22、No. 23、No. 25、No. 26 和 No. 63 中等腐朽，No. 6、No. 10 和 No. 34 严重腐朽。

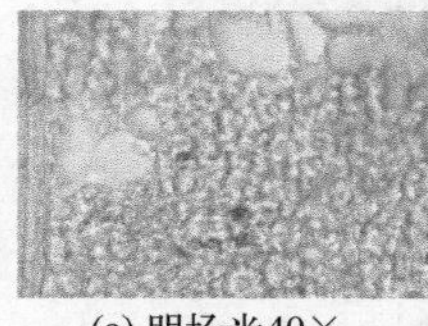
(a) 明场光40×

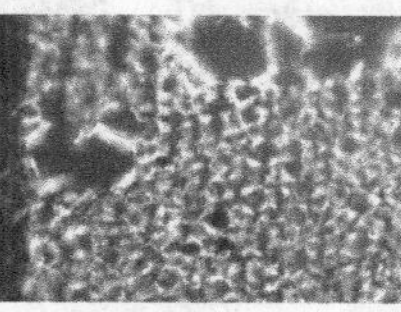
(b) 偏光40×

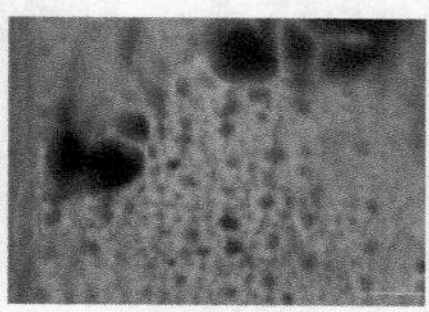
(c) 绿色荧光40×

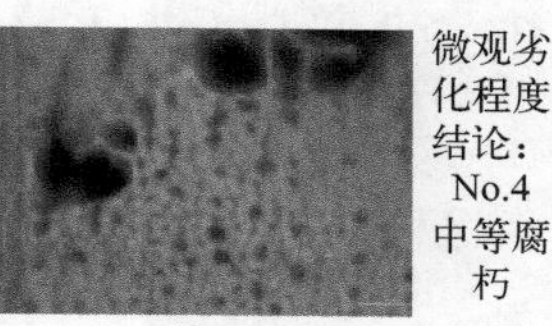

(d) 红色荧光40×

图 8-53　木构件 No. 4 的明场光、偏光与荧光效果图

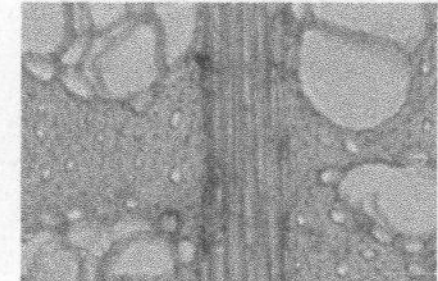
(a) 明场光40×

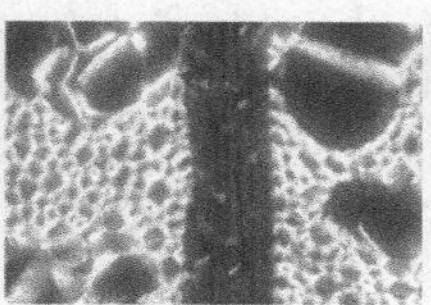
(b) 偏光40×

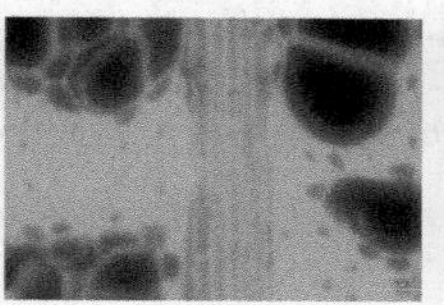
(c) 绿色荧光40×

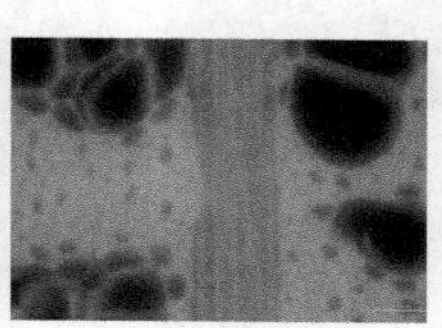
(d) 红色荧光40×

微观劣化程度结论：No.5 轻微腐朽

图 8-54　木构件 No. 5 的明场光、偏光与荧光效果图

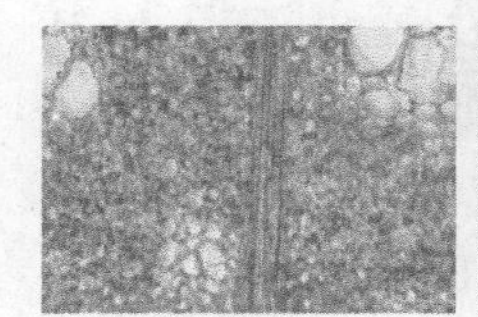
(a) 明场光40×

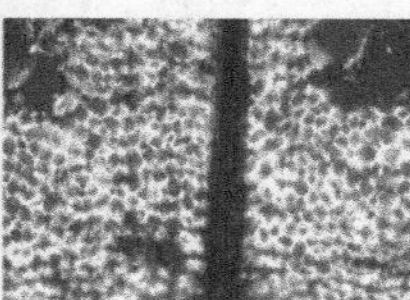
(b) 偏光40×

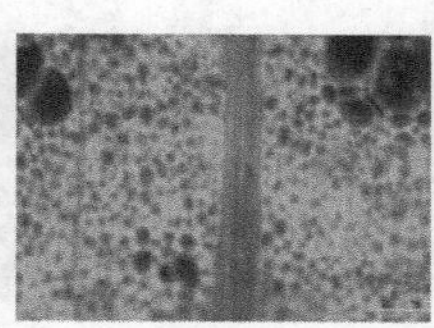
(c) 绿色荧光40×

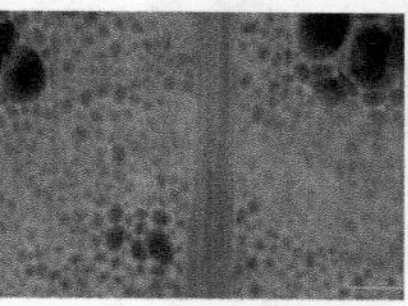
(d) 红色荧光40×

微观劣化程度结论：No.6 严重腐朽

图 8-55　木构件 No. 6 的明场光、偏光与荧光效果图

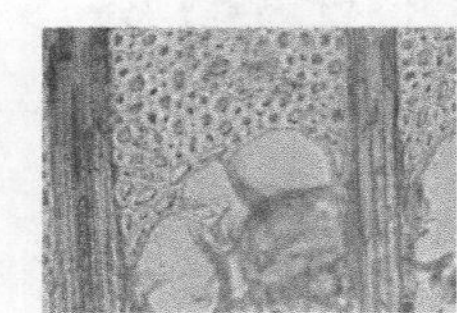
(a) 明场光40×

(b) 偏光40×

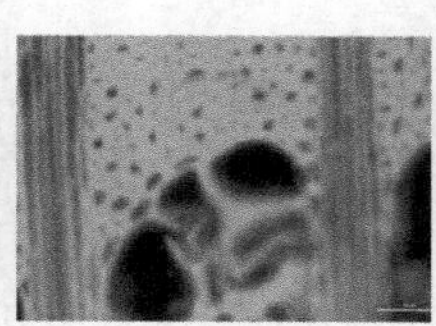
(c) 绿色荧光40×

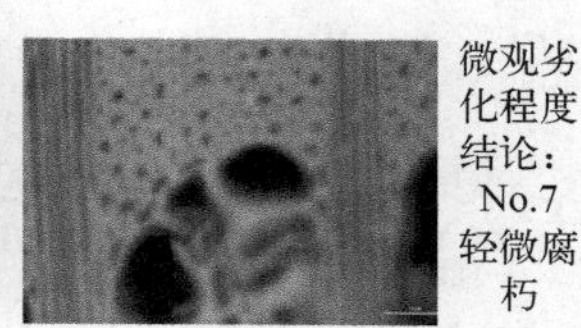

(d) 红色荧光40×

图 8-56　木构件 No. 7 的明场光、偏光与荧光效果图

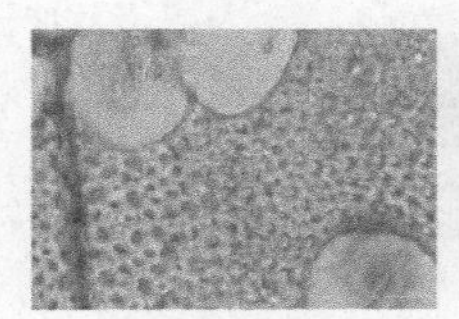
(a) 明场光40×

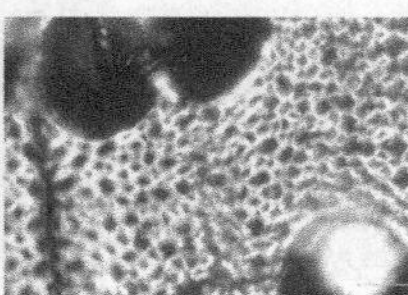
(b) 偏光40×

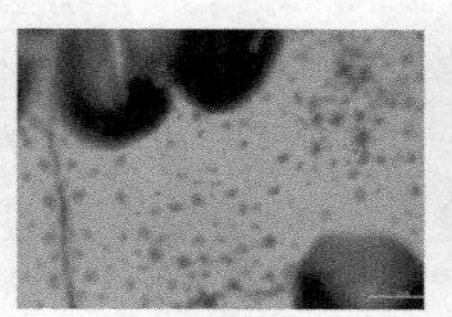
(c) 绿色荧光40×

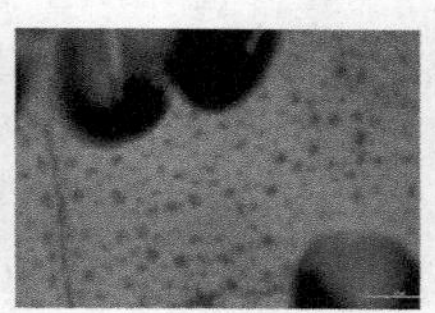
(d) 红色荧光40×

微观劣化程度结论：No.9 轻微腐朽

图 8-57　木构件 No. 9 的明场光、偏光与荧光效果图

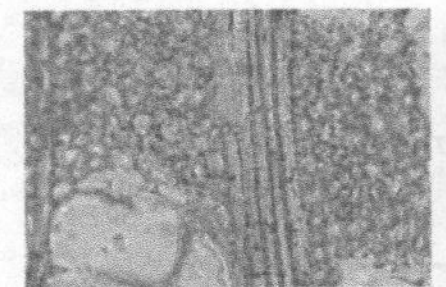

(a) 明场光40×

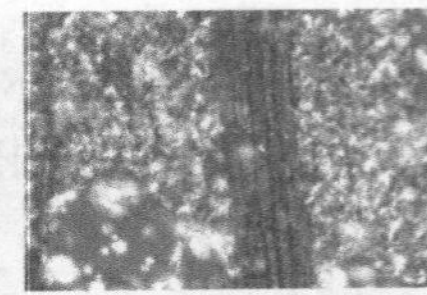

(b) 偏光40×

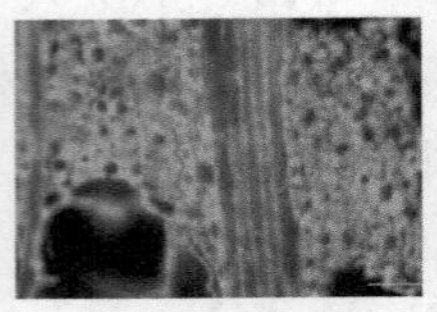

(c) 绿色荧光40×

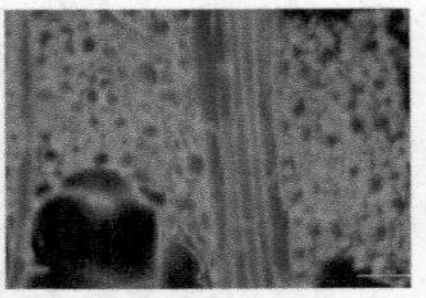

(d) 红色荧光40×

微观劣化程度结论：No.10严重腐朽

图 8-58　木构件 No. 10 的明场光、偏光与荧光效果图

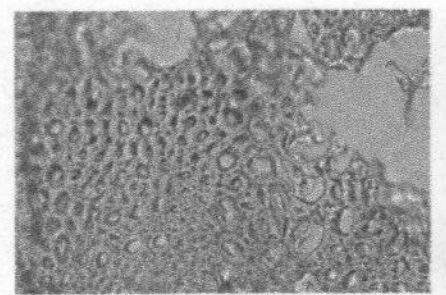

(a) 明场光40×

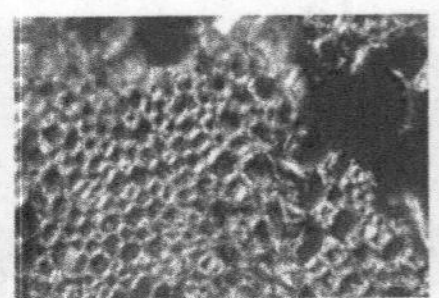

(b) 偏光40×

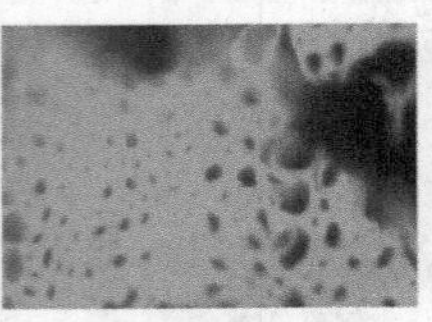

(c) 绿色荧光40×

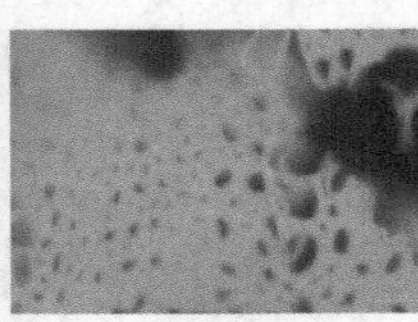

(d) 红色荧光40×

微观劣化程度结论：No.22中等腐朽

图 8-59　木构件 No. 22 的明场光、偏光与荧光效果图

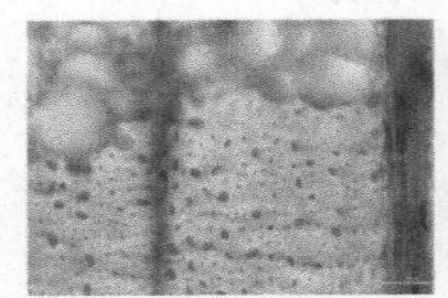

(a) 明场光40×

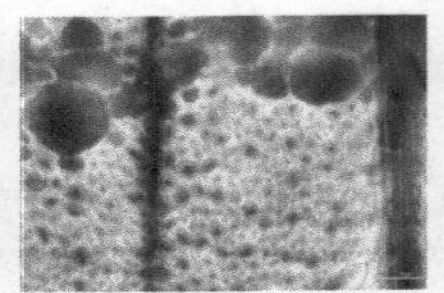

(b) 偏光40×

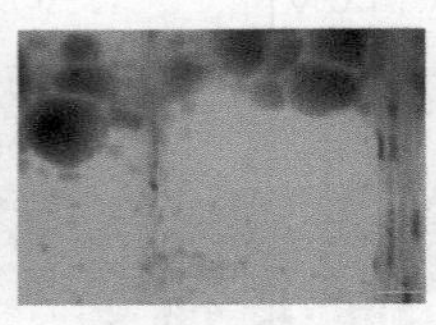

(c) 绿色荧光40×

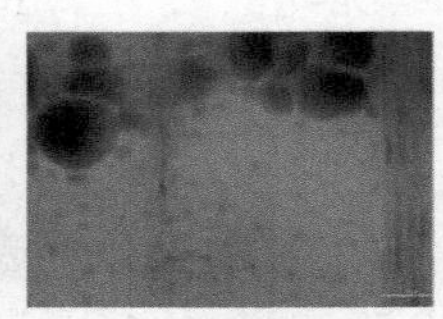

(d) 红色荧光40×

微观劣化程度结论：No.23中等腐朽

图 8-60　木构件 No. 23 的明场光、偏光与荧光效果图

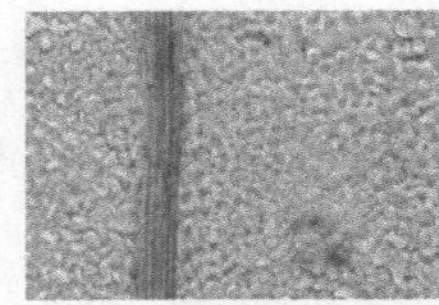

(a) 明场光40×

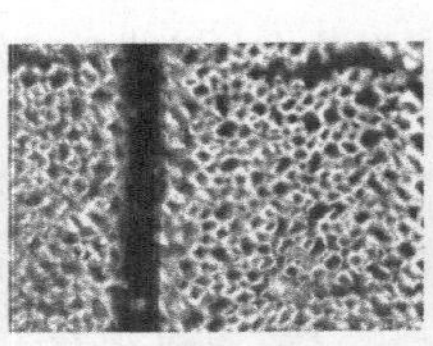

(b) 偏光40×

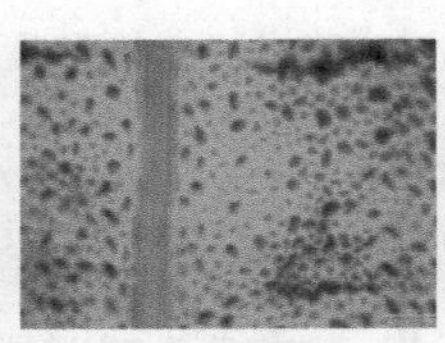

(c) 绿色荧光40×

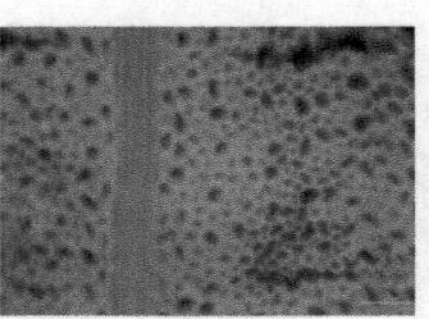

(d) 红色荧光40×

微观劣化程度结论：No.24轻微腐朽

图 8-61　木构件 No. 24 的明场光、偏光与荧光效果图

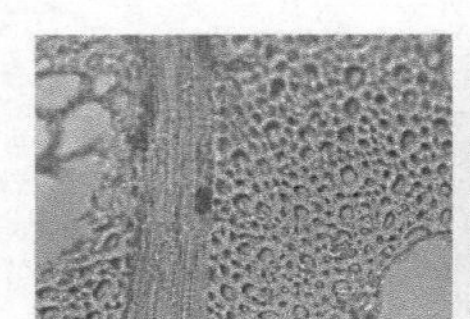

(a) 明场光40×

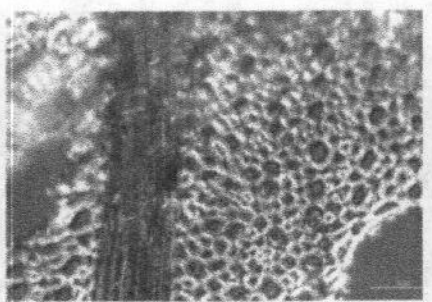

(b) 偏光40×

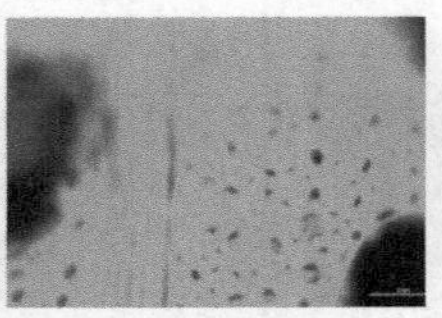

(c) 绿色荧光40×

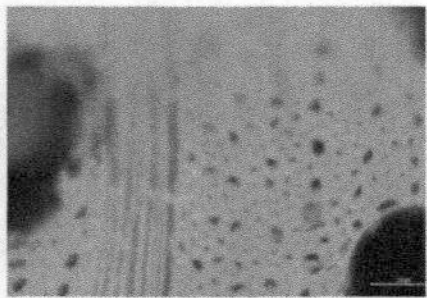

(d) 红色荧光40×

微观劣化程度结论：No.25中等腐朽

图 8-62　木构件 No. 25 的明场光、偏光与荧光效果图

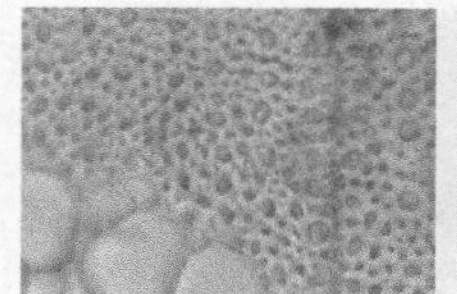
(a) 明场光40×

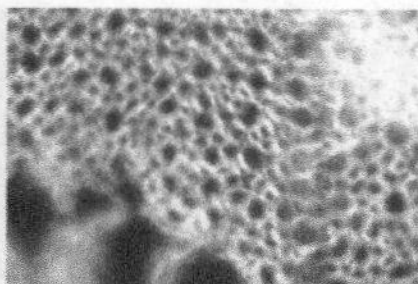
(b) 偏光40×

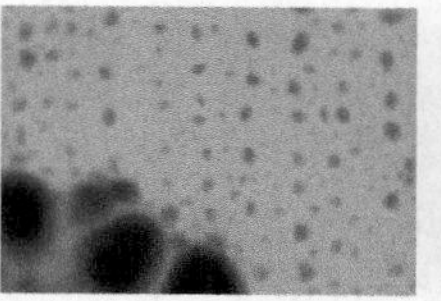
(c) 绿色荧光40×

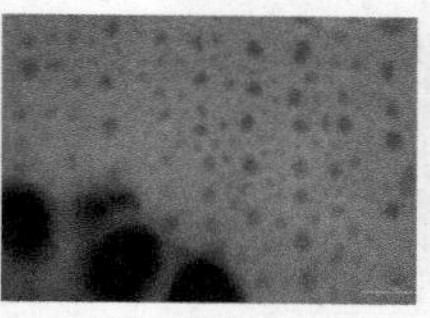
(d) 红色荧光40×

微观劣化程度结论：No.26 中等腐朽

图 8-63　木构件 No. 26 的明场光、偏光与荧光效果图

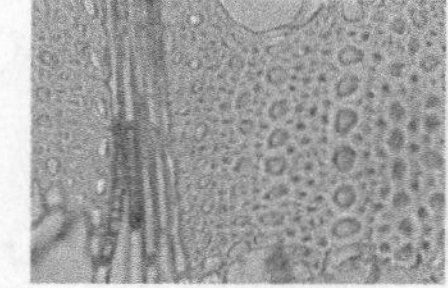
(a) 明场光40×

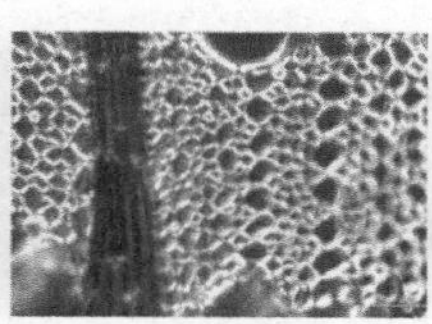
(b) 偏光40×

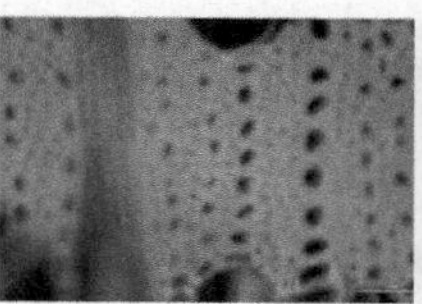
(c) 绿色荧光40×

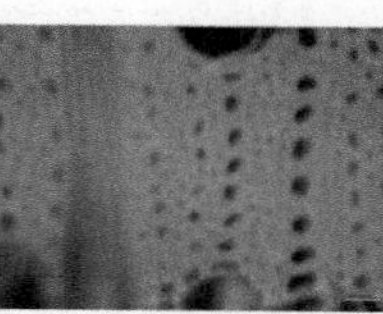
(d) 红色荧光40×

微观劣化程度结论：No.30 轻微腐朽

图 8-64　木构件 No. 30 的明场光、偏光与荧光效果图

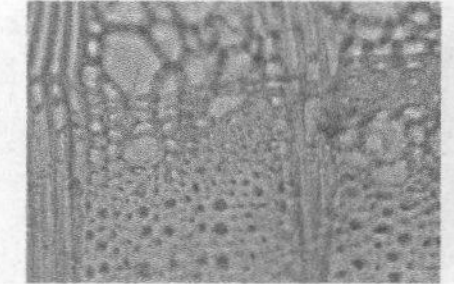
(a) 明场光40×

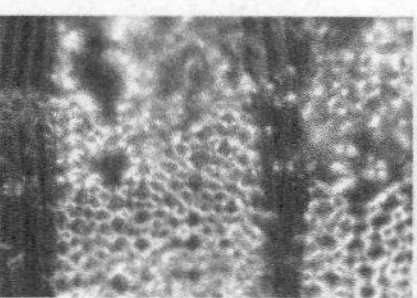
(b) 偏光40×

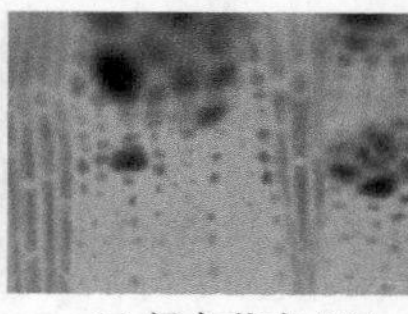
(c) 绿色荧光40×

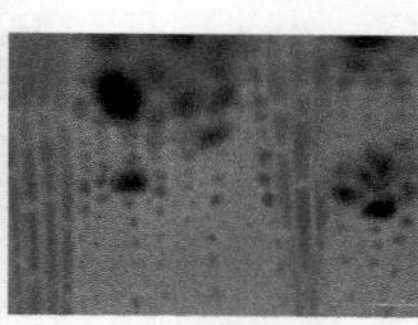
(d) 红色荧光40×

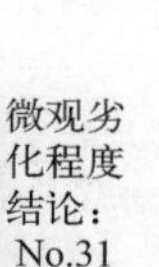

微观劣化程度结论：No.31 轻微腐朽

图 8-65　木构件 No. 31 的明场光、偏光与荧光效果图

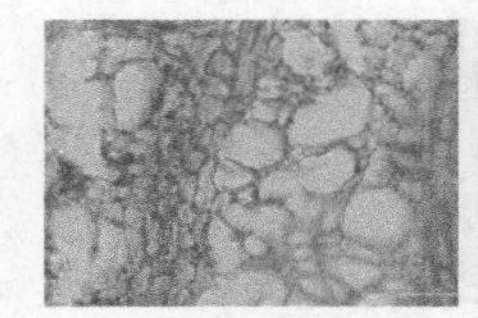
(a) 明场光40×

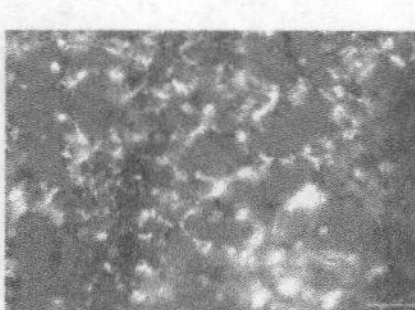
(b) 偏光40×

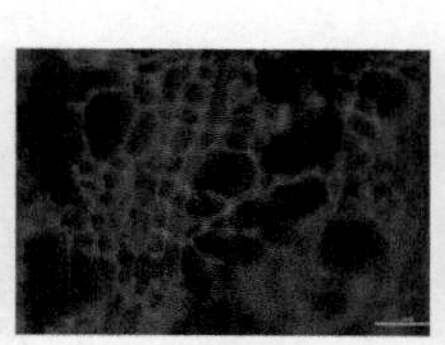
(c) 绿色荧光40×

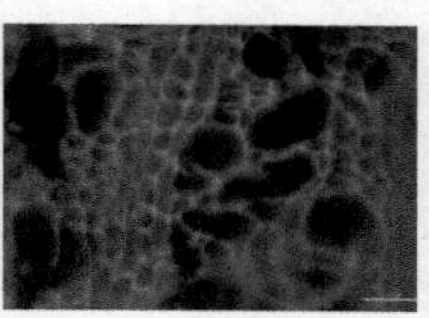
(d) 红色荧光40×

微观劣化程度结论：No.34 严重腐朽

图 8-66　木构件 No. 34 的明场光、偏光与荧光效果图

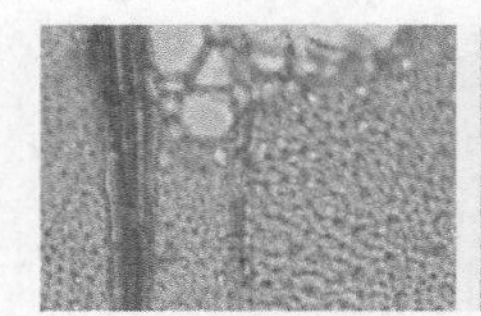
(a) 明场光40×

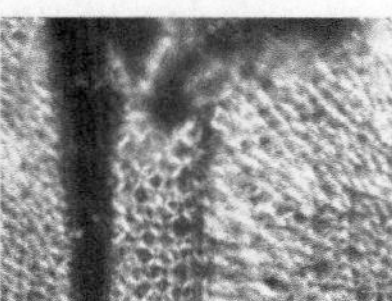
(b) 偏光40×

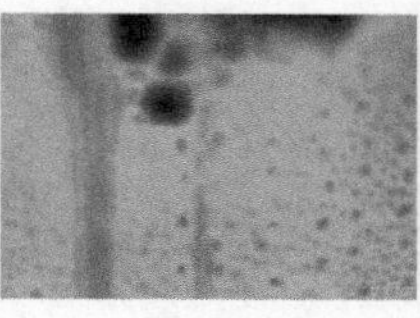
(c) 绿色荧光40×

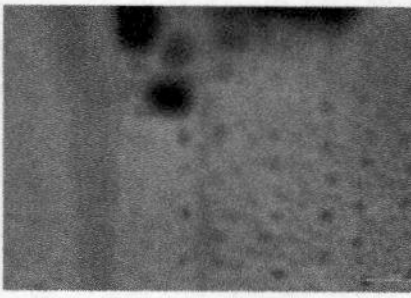
(d) 红色荧光40×

微观劣化程度结论：No.37 轻微腐朽

图 8-67　木构件 No. 37 的明场光、偏光与荧光效果图

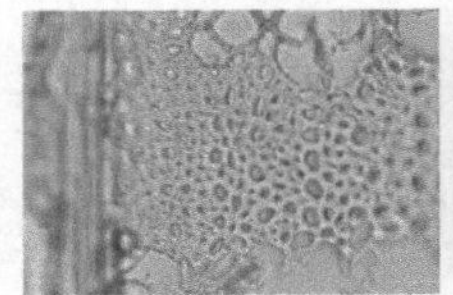
(a) 明场光40×

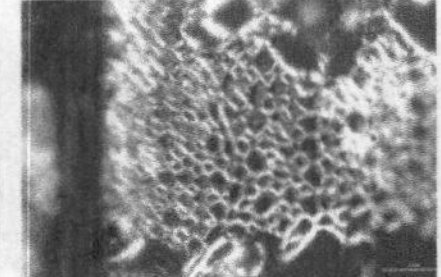
(b) 偏光40×

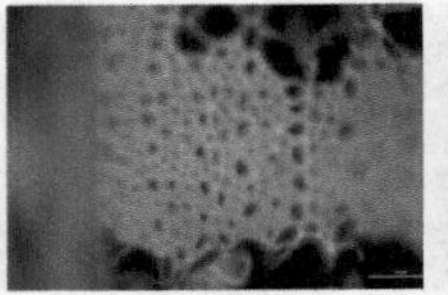
(c) 绿色荧光40×

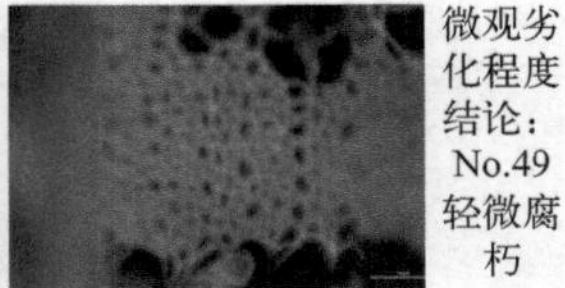
(d) 红色荧光40×

微观劣化程度结论：No.49 轻微腐朽

图 8-68　木构件 No. 49 的明场光、偏光与荧光效果图

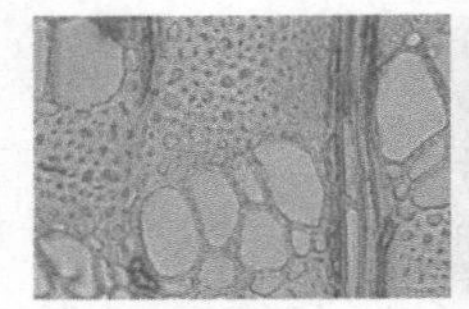
(a) 明场光40×

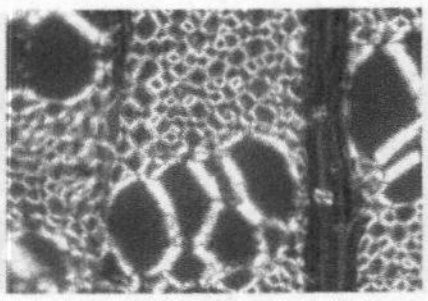
(b) 偏光40×

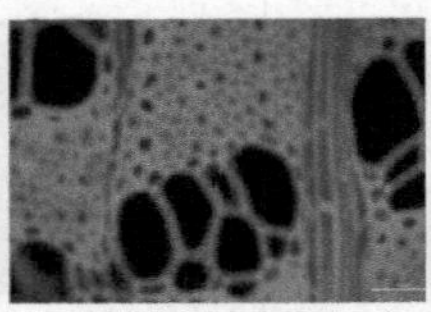
(c) 绿色荧光40×

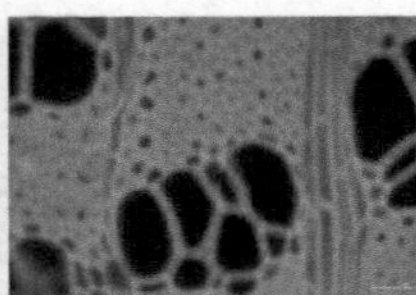
(d) 红色荧光40×

微观劣化程度结论：No.50 轻微腐朽

图 8-69　木构件 No. 50 的明场光、偏光与荧光效果图

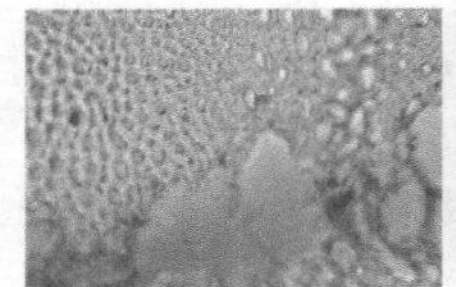
(a) 明场光40×

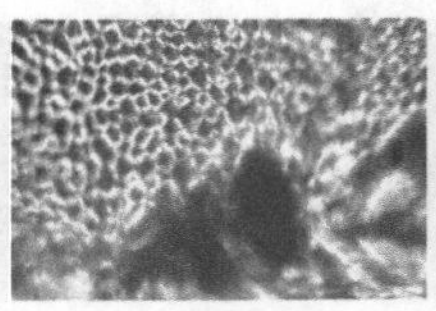
(b) 偏光40×

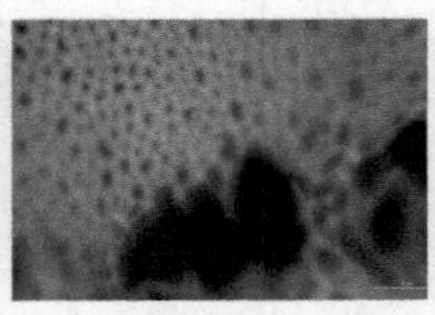
(c) 绿色荧光40×

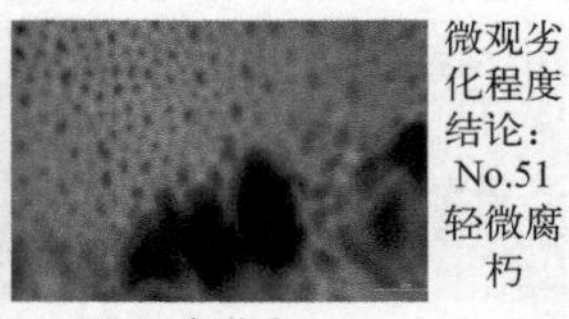
(d) 红色荧光40×

微观劣化程度结论：No.51 轻微腐朽

图 8-70　木构件 No. 51 的明场光、偏光与荧光效果图

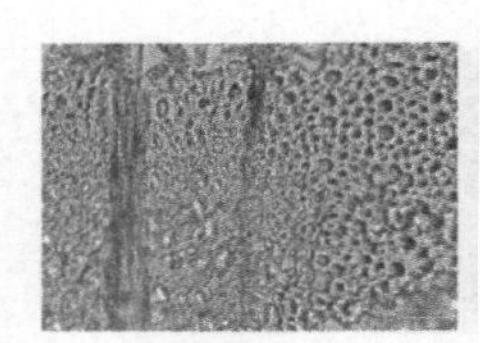
(a) 明场光40×

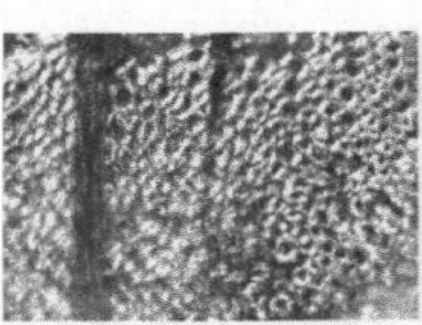
(b) 偏光40×

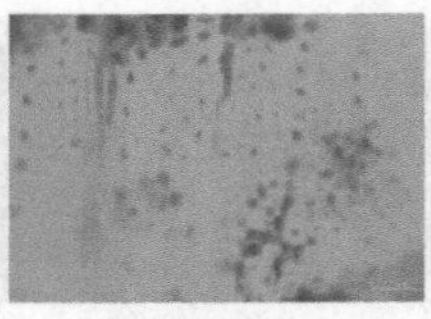
(c) 绿色荧光40×

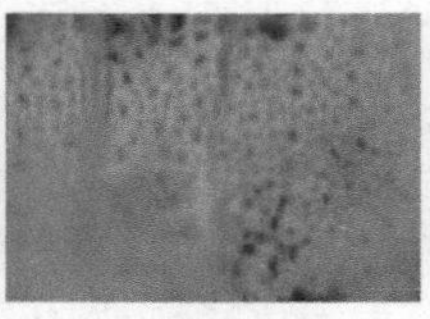
(d) 红色荧光40×

微观劣化程度结论：No.52 轻微腐朽

图 8-71　木构件 No. 52 的明场光、偏光与荧光效果图

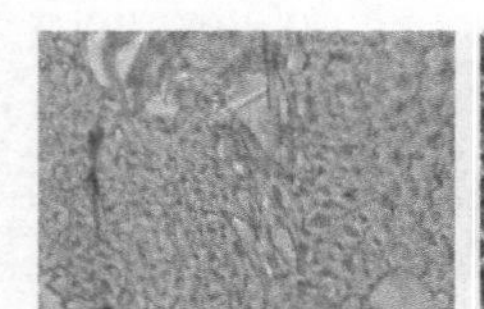
(a) 明场光40×

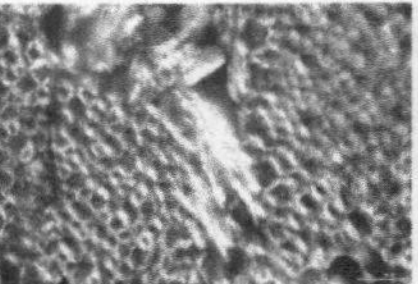
(b) 偏光40×

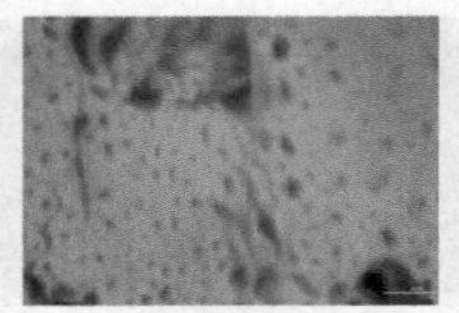
(c) 绿色荧光40×

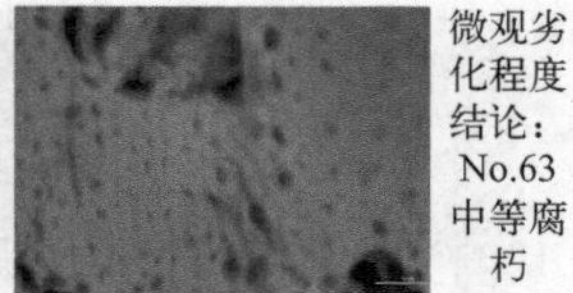
(d) 红色荧光40×

微观劣化程度结论：No.63 中等腐朽

图 8-72　木构件 No. 63 的明场光、偏光与荧光效果图

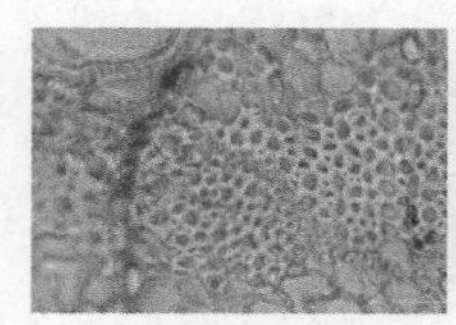
(a) 明场光40×

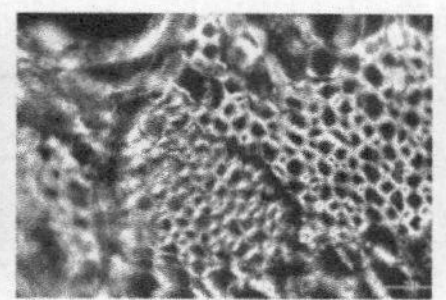
(b) 偏光40×

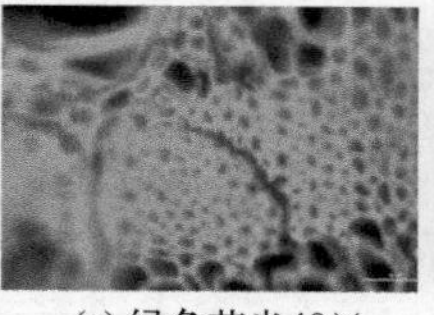
(c) 绿色荧光40×

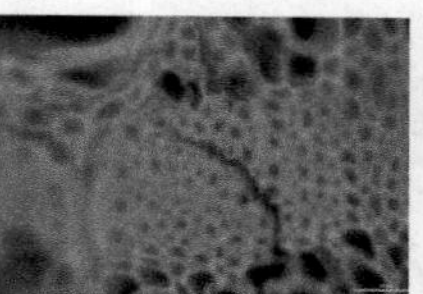
(d) 红色荧光40×

大果榆对照材：健康

图 8-73　大果榆（*U. macrocarpa*）对照材的明场光、偏光与荧光效果图

木构件偏光及荧光微观劣化效果总结于表 8-1。

表 8-1　木构件偏光及荧光微观劣化效果

试样编号	房间编号	试样的取样位置	用材树种名称	微观劣化程度
No. 42	2 号房	南次间南侧三架梁下前瓜柱[图 6-10(c)]	红杉	轻微腐朽
No. 47	2 号房	南次间前檐枋[图 6-11(l)]	红杉	轻微腐朽
No. 38	6 号房	明间前飞椽[图 6-39(j)]	红杉	严重腐朽
No. 14	2 号房	明间北侧后金柱[图 6-9(t)]	麦吊云杉	中等腐朽
No. 1	2 号房	南次间南侧前檐柱[图 6-9(a)]	白皮松	严重腐朽
No. 44	2 号房	南稍间前檐檩[图 6-11(i)]	白皮松	严重腐朽
No. 59	17 号房	明间右前金柱	马尾松	严重腐朽
No. 60	18 号房	前飞椽	马尾松	轻微腐朽
No. 41	2 号房	南次间南侧五架梁[图 6-10(b)]	黄杉	轻微腐朽
No. 16	5 号房	明间南侧后金柱[图 6-30(g)]	黄杉	中等腐朽
No. 17	5 号房	明间北侧后金柱[图 6-30(h)]	黄杉	严重腐朽
No. 18	5 号房	明间北侧前檐柱[图 6-30(c)]	黄杉	严重腐朽
No. 19	5 号房	明间南侧前檐柱[图 6-30(b)]	黄杉	严重腐朽
No. 20	5 号房	南次间南侧檐柱[图 6-30(a)]	黄杉	严重腐朽
No. 21	5 号房	北次间北侧檐柱[图 6-30(d)]	黄杉	严重腐朽
No. 28	5 号房	北稍间前檐檩下枋[图 6-32(v)]	黄杉	严重腐朽
No. 40	2 号房	南次间南侧穿插枋[图 6-10(f)]	杉木	严重腐朽
No. 43	2 号房	北稍间后檐椽[图 6-11(q)]	杉木	严重腐朽
No. 46	2 号房	南次间前檐檩[图 6-11(l)]	杉木	轻微腐朽
No. 8	3 号房	明间西侧前檐柱[图 6-16(d)]	杉木	严重腐朽
No. 54	4 号房	东次间前檐檩[图 6-25(e)]	杉木	严重腐朽
No. 55	4 号房	东次间前檐枋[图 6-25(e)]	杉木	严重腐朽
No. 27	5 号房	北稍间前檐檩[图 6-32(v)]	杉木	中等腐朽
No. 29	5 号房	明间前檐椽[图 6-32(r)]	杉木	严重腐朽
No. 35	6 号房	明间后檐檩[图 6-39(d)]	杉木	严重腐朽
No. 36	6 号房	明间东侧五架梁上后瓜柱[图 6-38(a)]	杉木	轻微腐朽

续表

试样编号	房间编号	试样的取样位置	用材树种名称	微观劣化程度
No. 39	6号房	明间前挑檐檩[图 6-39(j)]	杉木	严重腐朽
No. 45	6号房	左耳房檐椽	杉木	严重腐朽
No. 32	7号房	明间前檐椽[图 6-46(p)]	杉木	中等腐朽
No. 33	7号房	明间前挑檐檩[图 6-46(p)]	杉木	轻微腐朽
No. 56	11号房	明间左后檐柱	杉木	轻微腐朽
No. 57	11号房	明间右后檐柱	杉木	严重腐朽
No. 58	17号房	左次间左后金柱	杉木	严重腐朽
No. 64	21号房	前檐椽	杉木	中等腐朽
No. 62	22号房	明间右五架梁	杉木	严重腐朽
No. 13	2号房	明间北侧前檐柱[图 6-9(e)]	板栗	严重腐朽
No. 61	20号房	右次间金柱	槲栎	严重腐朽
No. 2	2号房	南次间南侧前金柱[图 6-9(h)]	杨木	轻微腐朽
No. 11	2号房	北次间北侧前金柱[图 6-9(p)]	杨木	轻微腐朽
No. 12	2号房	明间北侧前金柱[图 6-9(m)]	杨木	轻微腐朽
No. 15	2号房	明间南侧前金柱[图 6-9(l)]	杨木	严重腐朽
No. 48	2号房	南次间南侧抱头梁[图 6-10(g)]	杨木	严重腐朽
No. 3	2号房	明间南侧前檐柱[图 6-9(c)]	榆木	轻微腐朽
No. 10	2号房	北次间北侧前檐柱[图 6-9(f)]	榆木	严重腐朽
No. 6	3号房	明间东侧前金柱[图 6-16(c)]	榆木	严重腐朽
No. 7	3号房	明间西侧前金柱[图 6-16(d)]	榆木	轻微腐朽
No. 9	3号房	明间东侧前檐柱[图 6-16(a)]	榆木	轻微腐朽
No. 49	3号房	明间东侧五架梁[图 6-17(a)]	榆木	轻微腐朽
No. 50	3号房	明间东侧三架梁下后瓜柱[图 6-17(b)]	榆木	轻微腐朽
No. 4	4号房	明间西侧前金柱[图 6-23(a)]	榆木	中等腐朽
No. 5	4号房	明间东侧前金柱[图 6-23(d)]	榆木	轻微腐朽
No. 51	4号房	明间西侧五架梁[图 6-24(b)]	榆木	轻微腐朽
No. 52	4号房	明间西侧三架梁上后瓜柱[图 6-24(a)]	榆木	轻微腐朽
No. 22	5号房	明间南侧五架梁下枋[图 6-31(b)]	榆木	中等腐朽
No. 23	5号房	明间南侧五架梁[图 6-31(b)]	榆木	中等腐朽
No. 24	5号房	明间南侧五架梁上后单步梁瓜柱[图 6-31(b)]	榆木	轻微腐朽
No. 25	5号房	明间南侧后单步梁[图 6-31(b)]	榆木	中等腐朽
No. 26	5号房	明间南侧三架梁下后瓜柱[图 6-31(b)]	榆木	中等腐朽

续表

试样编号	房间编号	试样的取样位置	用材树种名称	微观劣化程度
No. 34	6 号房	明间东侧五架梁[图 6-38(a)]	榆木	严重腐朽
No. 37	6 号房	明间东侧三架梁下后瓜柱[图 6-38(a)]	榆木	轻微腐朽
No. 30	7 号房	明间东侧五架梁[图 6-45(e)]	榆木	轻微腐朽
No. 31	7 号房	明间东侧五架梁上前瓜柱[图 6-45(e)]	榆木	轻微腐朽
No. 63	21 号房	明间右五架梁	榆木	中等腐朽

8.3　本章小结

通过对红杉、麦吊云杉、白皮松、马尾松、黄杉、杉木、板栗、杨木以及榆木木构件材质劣化的明场光、偏光和荧光微观观察，得出：

① 红杉木构件的明场光、偏光和荧光效果：红杉木构件 No. 42、No. 47 的纤维素轻微腐朽，No. 38 的纤维素严重腐朽，而三个木构件管胞细胞壁中的木质素没有受到来自腐朽菌的侵害或侵害轻微，推测这三个木构件受到来自褐腐菌的侵害。

② 麦吊云杉木构件的明场光、偏光和荧光效果：麦吊云杉木构件 No. 14 的纤维素中等腐朽，而木质素没有受到来自腐朽菌的侵害或侵害轻微，推测 No. 14 受到来自褐腐菌的侵害。

③ 白皮松木构件的明场光、偏光和荧光效果：白皮松木构件 No. 1 和 No. 44 的纤维素严重腐朽，木质素有一定程度的降解，推测这三个木构件受到来自褐腐菌的侵害。

④ 马尾松木构件的明场光、偏光和荧光效果：马尾松木构件 No. 59 的纤维素严重腐朽，No. 60 的纤维素轻微腐朽，而木质素均没有受到来自腐朽菌的侵害或侵害轻微，推测这两个木构件受到来自褐腐菌的侵害。

⑤ 黄杉木构件的明场光、偏光和荧光效果：黄杉木构件 No. 41 的纤维素轻微腐朽，No. 16 的纤维素中等腐朽，No. 17～No. 21、No. 28 的纤维素严重腐朽，而木质素均没有受到来自腐朽菌的侵害或侵害轻微，推测这些木构件受到来自褐腐菌的侵害。

⑥ 杉木木构件的明场光、偏光和荧光效果：杉木木构件 No. 33、No. 36、No. 46、No. 56 的纤维素轻微腐朽，木构件 No. 27、No. 32、No. 64 的纤维素中等腐朽，而木构件 No. 8、No. 29、No. 35、No. 39、No. 40、No. 43、No. 45、No. 54、No. 55、No. 57、No. 58、No. 62 的纤维素严重腐朽，而木质

素均没有受到来自腐朽菌的侵害或侵害轻微，推测这些木构件受到来自褐腐菌的侵害。

⑦ 板栗木构件的明场光、偏光和荧光效果：板栗木构件 No.13 的纤维素严重腐朽，其木质素没有明显的降解，推测这些木构件受到来自褐腐菌的侵害。

⑧ 槲栎木构件的明场光、偏光和荧光效果：槲栎木构件 No.61 的纤维素严重腐朽，其木质素没有明显的降解，推测这些木构件受到来自褐腐菌的侵害。

⑨ 杨木木构件的明场光、偏光和荧光效果：杨木木构件 No.2、No.11、No.12 的纤维素轻微腐朽，No.15 和 No.48 的纤维素严重腐朽，而木质素均没有明显的降解，推测这些木构件被白蚁严重啃蚀的同时，受到来自褐腐菌的侵害。

⑩ 榆木木构件的明场光、偏光和荧光效果：榆木木构件 No.3、No.5、No.7、No.9、No.24、No.30、No.31、No.37、No.49、No.50、No.51 和 No.52 的纤维素轻微腐朽，No.4、No.22、No.23、No.25、No.26 和 No.63 的纤维素中等腐朽，No.6、No.10 和 No.34 的纤维素严重腐朽，而木质素均没有明显的降解，推测这些木构件被白蚁严重啃蚀的同时，受到来自褐腐菌的侵害。

图 8-1～图 8-73 明场光、偏光和荧光效果

| 第 9 章 |

杨家大院古建筑木构件材质劣化原因的探究

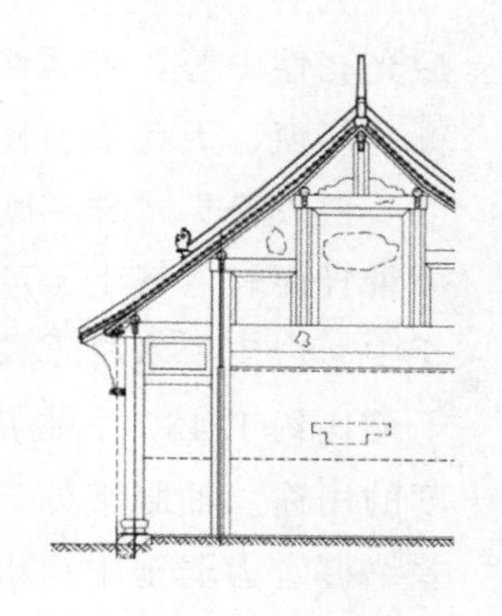

9.1 木构件用材树种性能的分析

9.1.1 木构件用材树种物理、力学性能的差异

木材物理、力学性能的高低关乎木构件结构安全性的高低。通常情况下，木材的气干密度、抗弯强度、抗压强度等性能越高，木构件的结构安全性则越高。本书中木构件用材树种的物理、力学性能相关数据源自《中国木材志》(表 9-1)（成俊卿等，1992)。

针叶树材落叶松属分两大组：落叶松组和红杉组。红杉组木材相比落叶松组木材，早晚材变化为渐变，其纹理直，结构中等，材质略均匀，质量轻而软（气干密度约 0.519g/cm^3），干缩变形较小或中等（弦径向干缩比约 2.173)，力学强度低，冲击韧性中等。该类木材干燥时稍有翘裂倾向，但未见轮裂，落叶松组则常见轮裂。在加工工艺方面，红杉组木材切削容易，切面光滑，油漆后光亮性能良好，胶黏性能中等，握钉力中，少劈裂。总体而言，红杉组木材的所有加工性质通常都比落叶松组木材更好。基于红杉组木材的性能，该类木材原木可做矿柱、枕木、电杆、木桩、桅杆、篱柱、桥梁、房架、柱子等，还适宜锯解板材，制作家具及旋切制作胶合板。

云杉类木材早晚材变化为渐变，其纹理直，结构中等，材质均匀，多数质量轻而软（气干密度约 0.4g/cm^3）。其中，麦吊云杉的质量稍重（气干密度约 0.5g/cm^3），力学强度中等，冲击韧性中等，强重比较高。麦吊云杉木材干燥容易，干缩变形甚小（弦径向干缩比约 1.599)。切削容易，切面光滑。油漆后光亮性中等，胶黏性能较差。握钉力弱至中。耐磨性略差。可用于建筑的格栅、门窗、天花板、柱、梁架等。

白皮松类木材早晚材变化为渐变，其纹理直，结构细至中等，材质均匀，质量轻而软（气干密度约 0.486g/cm^3），力学强度低，冲击韧性低，握钉力弱至中。白皮松木材干燥容易，气干速度快，不易开裂，干缩变形甚小（弦径向干缩比约 1.433）。白皮松类木材性脆，不适于运动器械、电杆等要求韧性强度的用途。油眼常见。切削容易，切面光滑。油漆后光亮性中等，胶黏性能较差。握钉力弱至中。耐磨性略差。白皮松树木生长慢，产量少，通常径级小，可做建筑材、包装材、室内装修等。

双维管束松类木材早晚材变化为急变，其纹理直或斜，结构粗，材质不均匀，质量轻至中（气干密度约 0.593g/cm^3），软至中，力学强度低至中，冲击韧性中等，握钉力比单维管束松类较强。双维管束松类木材干燥容易，干燥过程中容易产生裂纹，干缩变形中等（弦径向干缩比约 1.749）。该类木材切削较软松木困难，锯解时有夹锯现象，切面光滑。多油脂，油漆及胶黏性能较差。握钉力比单维管束松类如红松较强。原木经防腐处理后，适于做坑木、电杆、枕木、木桩等。房屋建筑上如用作房架、柱子、格栅、地板、墙板等，但使用前需要进行防腐防虫处理。还适于造纸及包装材料。

黄杉类木材早晚材变化为急变，其纹理直，结构粗，材质不均匀，质量（气干密度约 0.582g/cm^3）、硬度、干缩（弦径向干缩比约 1.608）、力学强度及冲击韧性指标中等，握钉力强。该类木材干燥容易，切削容易，切面光滑，油漆后光亮性颇佳，胶黏性能中等，握钉力强，但容易劈裂。黄杉木材产量少，适用于房屋结构及其他建筑用材。其原木可做胶合板、枕木、篱柱、矿柱、木桩、电杆、桥梁、房架及柱子等，板材可做门窗、地板、车厢、船舶、家具等。

杉木类木材早晚材变化为渐变，其纹理直，结构中等，材质均匀，质量甚轻至轻（气干密度约 0.355g/cm^3），甚软至软，干缩变形略大（弦径向干缩比约 2.370），力学强度低至中等，冲击韧性低至中等。该类木材干燥容易，干燥速度较快，无缺陷产生。切削容易，但切面有发毛现象。油漆后不光亮。胶黏容易。握钉力弱，比红松小 1/4。杉木原木适宜做电杆、木桩、篱柱、桥梁、枕木、脚手架、房屋格栅及柱子、造纸原料等。板材为优良的船舶、房架、屋顶、家具、包装及盆桶用材，在南方还广泛用作各种用具、门窗、地板及其他室内装修、车辆、机模和水泥盒子的板等。

板栗类木材为环孔材，其纹理直，结构中至粗等，材质不均匀，质量中（气干密度约 0.689g/cm^3），硬度中至高，干缩变形小至中等（弦径向干缩比约1.993)，力学强度及冲击韧性中等，握钉力大。板栗木材干燥后稍有翘曲、开裂、内裂、皱缩等倾向，但干后尺寸稳定性较麻栎属、青冈属木材稳定。板栗类木材切削较难，油漆后光亮性好，胶黏容易，握钉力大。原木及原条可做电杆、篱柱、木桩及枕木等，适宜做薪柴和煤炭，可旋制胶合板。板材用作家具、门窗及其他室内装修材、房屋修建材、木桶、工农具柄等。在不需要高强度的地方可以代替麻栎属木材使用。

杨木类木材的性质差别不大，其纹理直或略斜，结构甚细，材质均匀，质量轻（气干密度约0.40～0.50g/cm^3），甚软至软，干缩变形小（弦径向干缩比约2.10)，力学强度低，冲击韧性中。杨木类木材的生材含水率颇高。正常木材干燥容易，不翘曲，开裂现象较少。但杨属树种的应拉木普遍存在，干燥时容易产生翘曲，并有溃裂等现象，干燥终了亦常产生“湿心”现象。活立木不耐腐朽，常伴有立木腐朽，因之“红心材”非常普遍，但防腐处理最容易。因应拉木关系，胶质纤维普遍存在，除干燥产生缺陷外，锯解时有夹锯现象，刨切困难，刨切面发毛。油漆后光亮性一般。胶黏容易。握钉力弱，但易钉钉，不劈裂。杨木具有生长快，木材轻软，色浅，纹理直，结构均匀等特性，所以适宜做纸浆、纤维板、刨花板、胶合板等的原料。杨木无臭无味，色浅，容易钉钉，适宜做食品及衣物包装箱等，又可用于民房及制作一般家具和日常生活用具。还可利用杨木制作压缩木或胶压木。

榆属木材主要分为榆木类和榔榆类两大类。榆木类木材通常较榔榆类的轻软。榆木类木材的纹理直，结构中等，材质不均匀，质量（气干密度约0.60g/cm^3)、硬度中等，力学强度低至中等。榆木类木材干燥困难，易开裂和翘曲，干缩变形中等（弦径向干缩比约0.726～1.743)。该木材油漆性能优良，锯、刨等加工比较容易，刨面光滑，晚材管孔在横切面为波浪状排列，在弦切板上形成“鸡翅木”花纹，比榔榆的弦切板更为美观，所以榆木是优良的建筑构件、家具和室内装修材料。

本研究中十种木构件用材树种的力学强度存在一定的差异，以《中国木材志》(成俊卿等，1992)中的木材物理、力学性能数据为参考，针叶树种气干密度从大到小依次为：马尾松（约0.59g/cm^3)＞黄杉（约0.58g/cm^3)＞红杉（约0.50g/cm^3)≥麦吊云杉（约0.50g/cm^3)＞白皮松（约0.48g/cm^3)＞杉木（约0.35g/cm^3)；阔叶树种气干密度从大到小依次为：槲栎（约0.79g/cm^3)＞板栗（约0.66g/cm^3)＞榆木（约0.59g/cm^3)＞杨木（约0.46g/cm^3)。

针叶树种抗弯强度从大到小依次为：杉木（约96.3MPa)＞麦吊云杉（约89.1MPa)＞黄杉（约80.2MPa)＞马尾松（约79.4MPa)＞红杉（约73.6MPa)＞白皮松（约66.2MPa)；阔叶树种抗弯强度从大到小依次为：槲

栎（约 109.8MPa）＞板栗（约 103.4MPa）＞榆木（约 86.9MPa）＞杨木（约 74.4MPa）。马尾松、黄杉、杉木和榆木具有较高的抗弯强度，所以被广泛地使用于杨家大院古建筑的梁枋、檩和椽上，而白皮松、红杉和杨木的抗弯强度偏低，不适于承重性受弯木构件的使用。

针叶树种顺纹抗压强度从大到小依次为：黄杉（约 47.5MPa）＞麦吊云杉（约 45.9MPa）＞红杉（约 40.5MPa）＞马尾松（约 36.9MPa）＞白皮松（约 36.0MPa）＞杉木（约 32.0MPa）；阔叶树种顺纹抗压强度从大到小依次为：板栗（约 53.2MPa）＞槲栎（约 50.8MPa）＞榆木（约 36.3MPa）＞杨木（约 34.4MPa）（表 9-1）。云杉、黄杉、板栗和槲栎具有相对较高的顺纹抗压强度，所以被广泛地使用于杨家大院古建筑的承重木柱上。而红杉、白皮松、马尾松、杉木以及榆木和杨木的顺纹抗压强度偏低，不适于承重性受压木构件的使用。杨家大院古建筑木柱和瓜柱大量地使用榆木、杨木以及杉木于承重性木柱和瓜柱上。

以弦径向干缩比大于 2 作为木材易开裂的评价指标，针叶树种弦径向干缩比从大到小依次为：杉木（约 2.370）＞红杉（约 2.093）＞马尾松（约 1.749）＞黄杉（约 1.608）＞麦吊云杉（约 1.599）＞白皮松（约 1.433），阔叶树种弦径向干缩比从大到小依次为：杨木（约 2.095）＞板栗（约 1.959）＞槲栎（约 1.885）＞榆木（约 1.234）。木构件的开裂是常见的病害类型，杨家大院古建筑的木柱、梁枋、檩以及椽等木构件均有不同程度的开裂裂缝，其中，红杉、杉木和杨木开裂较为明显。

9.1.2　木构件用材树种生物病害种间差异

从树种差异上看，红杉木材耐腐性中等，但抗虫蚁性弱；麦吊云杉木材的耐腐性及抗虫蚁性均弱；白皮松木材不耐腐，抗蚁蛀性弱，不抗海生钻木动物危害；马尾松木材的边材通常较宽，而心材较小，该木材不耐腐朽，且容易遭受白蚁的袭击，不抗海生钻木动物危害，蓝变也较为严重；黄杉木材耐久性中等，防腐处理不容易；杉木木材耐腐性较低，边材易遭受白蚁袭击；板栗木材由于其单宁含量高，具有较强的耐腐性，但边材易遭受蛀虫危害并易感染蓝变色菌；榆木木材和杨木木材的抗蚁性弱，榆木木材稍耐腐朽，杨木木材不耐腐，其树木在生长的过程中特别容易产生心材腐朽。从木构件差异上看，木柱作为承重结构，接触地面部分最易受腐朽危害，其次是与雨水接触较多的椽头等木构件。总体而言，黄杉、红杉、板栗具有一定的耐腐朽性，云杉、白皮松、马尾松、杉木、榆木和杨木的耐腐性较低。榆木、杨木、红杉、云杉、马尾松、白皮松、杉木这几种木材抵抗虫蚁的能力较低（表 9-1）（成俊卿等，1992）。

9.1.3　木构件用材树种选材原则

（1）木构件用材树种的选择受木材性能的影响

我国以木结构为主的古建筑经过了几百年的风风雨雨，至今尚能保存良好，与合理的选材是分不开的。古建筑木构件用材树种的选择受木材性能的影响较大，通常情况下，古建筑师们会选择力学强度高且耐久性好的木材作为古建筑承重木构件使用。李诫在《营造法式》中记载，古建筑木构件常用的树种主要有杉木（*C. lanceolata*）、鸡毛松（*Podocarpus imbricatus*）、柏木（*Cupressus* spp.）、椴木（*Tilia* spp.）、槐木（*Sophora japonica*）、黄檀（*Dalbergia* spp.）、栎木（*Quercus* spp.）、楠木（*Phoebe zhennan*）等。考古研究发现，埃及古王国时代三大金字塔中古夫王金字塔的侧面地下室中的香柏（*Juniperus pingii* var. *wilsonii*）木船保存基本较好。自古以来香柏被认为是强度高、韧性好、耐久性强、具有光泽和芳香的价值很高的木材，用这种树木提取的精油浸泡棉布包裹死者，可使尸体能够长期保存（陈允适，2007；曹旗，2005）。另外，日本的平城宫遗址、太宰府遗址、御子谷遗址、藤原宫及周边遗址中使用最多的是耐腐性较强的日本扁柏（*Chamaecyparis obtusa*）以及部分材质坚硬且耐水性和耐腐性很强的日本金松（*Sciadopitys verticillata*）。"故宫古建筑木构件树种配置模式研究"课题组（2007）对故宫武英殿建筑群的木构件进行了系统的调查，发现武英殿建筑群多使用针叶材如双维管束松亚属（Subgen. *Pinus*）、单维管束松亚属（Subgen. *Strobus*）、落叶松（*Larix* spp.）、冷杉（*Abies* spp.）、云杉（*Picea* spp.）、黄杉（*Pseudotsuga* spp.）、柏木（*Cupressus* spp.）、杉木（*C. lanceolata*）、圆柏（*Sabina* spp.）、金钱松（*Pseudolarix amabilis*）等 10 种针叶材，此外还有少量的楠木（*P. zhennan*）、润楠（*Machilus* spp.）、椴木（*Tilia* spp.）、喃喃果（*cynometra* spp.）、印茄（*Intsia* spp.）等阔叶材。对古建筑木构件的树种进行鉴定和统计，发现古建筑多以力学强度较高且耐腐性效果高的木材作为古建筑的主要承重构件，说明古代建筑师在营建过程中对木构件树种的选择有着一定的经验积累和判断，并对各种木材的材性已经有了较为全面、成熟的认识，以此做到对木材的合理利用。

在杨家大院古建筑木构件用材树种的选择上，古建筑师们大量地使用了杉木、榆木和杨木以及部分红杉、云杉、白皮松、马尾松、黄杉和板栗等木材。其中，杉木和榆木具有较高的抗弯强度，所以被广泛地使用于梁枋、檩和椽。

云杉、板栗、榆木和杨木具有相对较高的顺纹抗压强度，所以被广泛地使用在承重木柱和瓜柱上。但这十种用材树种中，红杉、云杉、白皮松、马尾松、杉木、榆木和杨木的耐腐性和抵抗虫蚁的能力较低，也使得其腐朽和虫蛀现象多有发生。

（2）木构件用材树种的“就地选材”原则

古建筑木构件用材树种的选择通常会考虑运输成本，所以往往遵循“就地选材”原则。中国新疆维吾尔自治区的尼雅遗址中的柱以及出土的木制品如棺木、木瓶、弓箭、木箭、木碗、木斧、木锁等，绝大多数使用的是胡杨（*P. euphratica*），此外还有旱柳（*Salix matsudana*）、杨木（*Populus* spp.）、沙枣（*Elaeagnus angustifolia*）（曹旗，2005）。胡杨林主要分布在中国内蒙古西部、甘肃、青海、新疆等地区；沙枣原产于亚洲西部，现在主要分布在中国西北、华北北部、东北西部等地区。以上这些树种在新疆维吾尔自治区分布广泛，说明尼雅遗址中的建筑材和木制品使用的几乎都是当地的树种。山西省古建筑用材亦以本地森林资源为主，如落叶松属（*Larix*）、杨属（*Populus*）、栎属（*Quercus*）、榆属（*Ulmus*）等，还有部分的柏木属（*Cupressus*）、云杉属（*Picea*）及双维管束松亚属（Subgen. *Pinus*）、苹果属（*Malus*）、槐树属（*Sophora*）、花楸属（*Sorbus*）、枣属（*Ziziphus*）等（董梦妤，2017）。

通过对杨家大院木构件树种的鉴定和河南省森林资源的分布的研究，发现杨家大院木构件对用材树种的选择也遵循了“就地选材”的选材原则。其中，针叶材主要用材树种选取了当地的白皮松（*P. bungeana*）、马尾松（*P. massoniana*）及杉木（*C. lanceolata*）；阔叶材主要用材树种选取了当地的茅栗（*C. seguinii*）、银白杨（*P. alba*）、清溪杨（*P. rotundifolia* var. *duclouxiana*）、青杨（*P. cathayana*）、冬瓜杨（*P. purdomii*）、大果榆（*U. macrocarpa*）、白榆（*U. pumila*）、毛榆（*U. wilsoniana*）等木材。

9.2 外界环境条件的影响

外在环境条件直接影响着木构件内部含水率的变化，当木材含水率达到26%以上就极易遭到微生物和昆虫的侵害，含水率越高，腐朽情况越严重（陈允适等，2007）。从木构件位置差异上看，木柱作为承重结构，接触地面部分最易受到雨水的溅蚀以及柱础周围冷凝水的侵蚀，进而导致腐朽的产生；其次是与雨水接触较多的木构件如飞椽椽头、屋面破损处的檩和椽等；另外，包裹在墙体或木块内的木柱，因透气性较差，其内部含水率偏高，这也是木构件腐朽的主要原因。

杨家大院红杉木构件No.42为2号房的南次间南侧三架梁下前瓜柱[图6-10(c)]，No.47为2号房南次间前檐枋[图6-11(l)]，两个构件不易接触到雨水；而No.38为6号房明间前檐椽飞椽[图6-39(j)]，其屋面的滴水瓦当缺失，所以最易受到屋面雨水的侵害，在雨水的滴漏下，前檐椽飞椽内部含水率就会增高，从而导致其严重腐朽。

麦吊云杉木构件No.14为2号房明间北侧后金柱[图6-9(t)]，其室内地面为现代瓷砖铺装，室内地面的抬升使得柱础下陷，而石柱础多半是青石或者花岗岩制成的，能够有效地阻隔地下毛细水的上升，但空气中水蒸气遇冷形成的冷凝水则会停留在石柱础的周围，冷凝水逐渐聚集使得木柱根部的含水率增高（陈彦等，2018），从而导致了No.14的严重腐朽。

白皮松木构件No.1为2号房南次间南侧前檐柱[图6-9(a)]，其表面没有油饰保护，完全暴露在外，在雨水的作用下逐渐严重腐朽；No.44为2号房南稍间前檐檩[图6-11(i)]，其屋面的滴水瓦当缺失，在雨水的滴漏下，后檐檩和后檐枋内部含水率增高，从而逐渐导致严重腐朽。

马尾松木构件No.59为17号房明间右前金柱[图9-1(a)]，其表面完全被木块包裹，通风性较差，含水率长期保持较高，从而导致了严重腐朽现象的发生；No.60为18号房前飞椽[图9-1(b)]，其屋面的滴水瓦当均保持完好，雨水对其没有明显的侵害，腐朽程度较轻。

黄杉木构件No.41为2号房南次间南侧五架梁[图6-10(b)]，由于屋面局部破坏，使得雨水顺流至梁架，从而导致五架梁腐朽；No.28为5号房北稍间前檐檩下枋[图6-32(v)]，由于其前檐屋面局部破坏且滴水瓦当大量缺失，使得雨水流经前檐檩及下面的檐枋，导致其严重腐朽；No.16～No.21为5号房的金柱和檐柱，其中，明间北侧后金柱No.17[图6-30(h)]被包裹在墙体内，长期透风性欠佳，而明间南侧后金柱No.16[图6-30(g)]暴露在空气中，与No.17相比其腐朽程度较轻；另外，明间北侧前檐柱No.18[图6-30(c)]、明间南侧前檐柱No.19[图6-30(b)]、南次间南侧前檐柱No.20[图6-30(a)]、北次间北侧前檐柱No.21[图6-30(d)]长期暴露在外，由于室外地面的抬升使得柱础相对高度下降，檐柱柱根在柱础周围冷凝水以及雨水的长期溅蚀下，腐朽逐渐严重，在前期修缮中虽然已进行了高位墩接处理并在其周围砌筑部分墙体予以阻隔水分的进入，但目前的柱根腐朽程度仍为严重腐朽。

在杉木木构件中，而 No. 46 为 2 号房南次间前檐檩[图 6-11(l)]，No. 43 为 2 号房北稍间后檐椽[图 6-11(q)]，No. 54 和 No. 55 分别为 4 号房东次间前檐檩和前檐枋[图 6-25(e)]，No. 27 和 No. 29 分别为 5 号房北稍间前檐檩[图 6-32(v)]和明间前檐椽[图 6-32(r)]，No. 35 和 No. 39 分别为 6 号房明间后檐檩[图 6-39(d)]和明间前挑檐檩[图 6-39(j)]，No. 32 和 No. 33 分别为 7 号房明间前檐椽和明间前挑檐檩[图 6-46(p)]，这些构件腐朽的发生和屋面滴水瓦当的缺失以及屋面局部的破损有密切的关系，屋面局部破坏、滴水瓦当大量缺失，使得雨水渗漏，导致这些前檐椽、飞椽、檐檩等木构件腐朽；No. 40 为 2 号房南次间南侧穿插枋[图 6-10(f)]，穿插枋的长度超出屋檐，雨水对其侵害加强，从而导致其腐朽；No. 8 为 3 号房明间西侧前檐柱[图 6-16(d)]，No. 58 为 17 号房左次间左后金柱[图 9-1(c)]，由于这些木柱被包裹在墙体中，透气性较差，较高的含水率导致其腐朽；No. 36 为 6 号房明间东侧五架梁上后瓜柱[图 6-38(a)]，No. 64 为 21 号房前檐椽[图 9-1(d)]，其屋面保存完好，构件不易接触到雨水，所以其腐朽程度甚微。

杨木木构件 No. 48 为 2 号房南次间南侧抱头梁[图 6-10(g)]，由于其前檐屋面局部的破损且滴水瓦当大量缺失，使得雨水对抱头梁的侵害频繁，逐渐导致其严重腐朽；No. 15 和 No. 2 分别为 2 号房明间南侧前金柱[图 6-9(l)]和南次间南侧前金柱[图 6-9(h)]，这两根金柱的柱身部分被包裹在墙体内部，透气性较差，内部含水率长期较高，逐渐导致腐朽；No. 11 和 No. 12 分别为 2 号房北次间北侧前金柱[图 6-9(p)]和明间北侧前金柱[图 6-9(m)]，这两根金柱暴露在外，透气性相对较好，但由于室内地面的抬升，使得地面与柱础的距离缩小，且室内地面采用瓷砖铺地，使得空气中的水蒸气遇冷后产生的冷凝水聚集在金柱的柱根，从而导致这两根金柱也出现一定程度的腐朽。

榆木构件 No. 10 为 2 号房北次间北侧前檐柱[图 6-9(f)]，此檐柱暴露在外，透气性相对较好，但室内地面的抬升，使得地面与柱础的距离缩小，且室内地面采用瓷砖铺地，使得空气中的水蒸气遇冷后产生的冷凝水聚集在金柱的柱根，从而导致这根金柱也出现一定程度的腐朽；No. 3 为 2 号房明间南侧前檐柱[图 6-9(c)]，No. 6 为 3 号房明间东侧前金柱[图 6-16(c)]，No. 9 为 3 号房明间东侧前檐柱[图 6-16(a)]，No. 4 和 No. 5 分别为 4 号房明间西侧前金柱[图 6-23(a)]和明间东侧前金柱[图 6-23(d)]，这些木柱柱身部分被包裹在木板或墙体内，透气性较差，内部含水率长期较高，逐渐导致腐朽；No. 49 和 No. 50 分别为 3 号房明间东侧五架梁[图 6-17(a)]和明间东侧三架梁下后瓜柱[图 6-17(b)]，No. 51 和 No. 52 分别为 4 号房明间西侧五架梁[图 6-24(b)]和明间西侧三架梁上后瓜柱[图 6-24(a)]，No. 22～No. 26 分别为 5 号房明间南侧五架梁下枋[图 6-31(b)]、明间南侧五架梁[图 6-31(b)]、明间南侧五架梁上后单步梁瓜柱[图 6-31(b)]、明间南侧后单步梁[图 6-31(b)]、明间南侧三架梁下后瓜柱[图 6-31(b)]，No. 34 和 No. 37 分别为 6 号房明间东侧五架梁和三架梁下后瓜柱[图 6-38(a)]，No. 30～No. 31 分别为 7 号房明间东侧五架梁和五架梁上前瓜柱[图 6-45(e)]，No. 63 为 21 号房明间右五架梁[图 9-1(e)]。由于 3 号房、4 号房、5 号房、6 号房、7 号房和 21 号房屋面大面积破损，使得雨水对梁架上的木构件的侵害频繁，逐渐导致其不同程度的腐朽。

(a) 马尾松木构件No.59

(b) 马尾松木构件No.60

(c) 杉木木构件No.58

(d) 杉木木构件No.64

(e) 榆木木构件No.63

图 9-1　木构件宏观现状图片

9.3　本章小结

众所周知，外部环境条件是诱因，而木构件是劣化的载体。通过对杨家大院木构件用材树种自身属性以及外部环境条件的分析，得出：

① 在力学性能上，马尾松、黄杉、杉木和榆木具有较高的抗弯强度，被大量地用于承重梁枋、檩和椽等木构件上；云杉、黄杉、板栗和槲栎具有相对较高的顺纹抗压强度，被大量地用于承重木柱上，见表 9-1。在天然耐久性方面，黄杉、红杉、板栗具有一定的耐腐朽性，云杉、白皮松、马尾松、杉木、榆木和杨木的耐腐性较低；榆木、杨木、红杉、云杉、马尾松、白皮松、杉木

这几种木材抵抗虫蚁的能力较低。杨家大院用材树种的天然耐久性均不高，这是其在使用过程中产生腐朽及虫蛀的内在原因。

② 外部环境条件的改变是诱导杨家大院木构件性能降低的重要外因，一是多数建筑屋面的破坏以及部分屋面滴水瓦当的缺失，使得雨水渗漏至梁架、檩及椽等木构件，从而导致木构件内部含水率的增加；二是部分建筑室内外地面抬升，且部分室内采用现代瓷砖铺装，使得柱根受到来自柱础表面冷凝水的威胁增加，从而大大加大了腐朽的程度；三是部分木构件被包裹在墙体或木块中，透风效果较差从而提高了腐朽的发生概率。

表 9-1　木构件用材树种物理、力学性能及耐久性能（成俊卿等，1992）

树种名称		密度/(g/cm^3)		干缩系数/%			抗弯强度/MPa	抗弯弹性模量/GPa	顺纹抗压强度/MPa	耐腐性	耐虫蛀性
		基本	气干	径向	弦向	弦径向干缩比					
红杉类 Larch	红杉 *L. potaninii*	0.428	0.519	0.150	0.326	2.173	60.7	10.1	39.3	强耐腐	不抗虫蚁
	四川红杉 *L. mastersiana*	—	0.458	0.145	0.311	2.144	76.1	10.6	39.8	中等耐腐	—
	怒江红杉 *L. speciosa*	0.414	0.505	0.138	0.251	1.964	83.9	8.50	42.5	中等耐腐	—
云杉类 Spruce	麦吊云杉 *P. brachytyla*	—	0.500	0.192	0.305	1.599	89.1	12.2	45.9	不耐腐	不抗虫蚁
白皮松类 White bark pine	白皮松 *P. bungeana*	—	0.486	0.120	0.172	1.433	66.2	6.6	36.0	不耐腐	不抗虫蚁
双维管束松类 Hard pine	高山松 *P. densata*	0.413	0.509	0.151	0.307	2.033	77.7	10.7	37.1	不耐腐	不抗虫蚁
	马尾松 *P. massoniana*	—	0.593	0.187	0.327	1.749	79.4	12.0	36.9	不耐腐	不抗虫蚁
黄杉类 Douglas Fir	黄杉 *P. sinensis*	0.470	0.582	0.176	0.283	1.608	80.2	11.9	47.5	中等耐腐	—
杉木类 Chinese Fir	杉木 *C. lanceolata*	0.298	0.355	0.127	0.301	2.370	96.3	8.3	32.0	中等耐腐	不抗虫蚁
板栗类 Chestnut	板栗 *C. mollissima*	0.570	0.689	0.142	0.283	1.993	104.7	14.0	54.4	中等耐腐	—
	茅栗 *C. seguinii*	0.549	0.625	0.161	0.310	1.925	102.0	12.2	52.0	强耐腐	—

续表

树种名称		密度/(g/cm³)		干缩系数/%			抗弯强度/MPa	抗弯弹性模量/GPa	顺纹抗压强度/MPa	耐腐性	耐虫蛀性
		基本	气干	径向	弦向	弦径向干缩比					
槲栎 Oak	槲栎 *Q. aliena*	0.627	0.789	0.192	0.336	1.750	97.9	12.4	44.6	强耐腐	—
	抱树 *Q. glandulifera*	0.668	0.830	0.201	0.432	2.149	113.0	—	53.4	强耐腐	—
	柞木 *Q. mongolica*	0.603	0.748	0.181	0.318	1.757	118.6	13.2	54.5	稍耐腐	不抗虫蚁
榆木类 Elm	春榆 *U. davidiana* var. *japonica*	0.431	0.590	—	—	—	90.5	9.3	36.4	稍耐腐	不抗虫蚁
	裂叶榆 *U. laciniata*	0.456	0.548	0.463	0.336	0.726	80.9	11.9	32.4	稍耐腐	不抗虫蚁
	白榆 *U. pumila*	0.537	0.639	0.191	0.333	1.743	89.3	10.8	40.2	稍耐腐	不抗虫蚁
杨木 Poplar	加杨 *P. canadensis*	0.379	0.458	0.141	0.268	1.901	72.9	11.4	33.6	稍耐腐	不抗虫蚁
	毛白杨 *P. tomentosa*	0.433	0.525	0.142	0.289	2.035	78.6	10.4	39.0	稍耐腐	不抗虫蚁
	大叶杨 *P. lasiocarpa*	0.401	0.486	0.148	0.310	2.095	71.7	—	34.7	稍耐腐	不抗虫蚁

第三篇

木结构古建筑修缮保护设计案例篇：以南阳市杨家大院为例

|第 10 章|

木结构古建筑修缮保护措施的研究

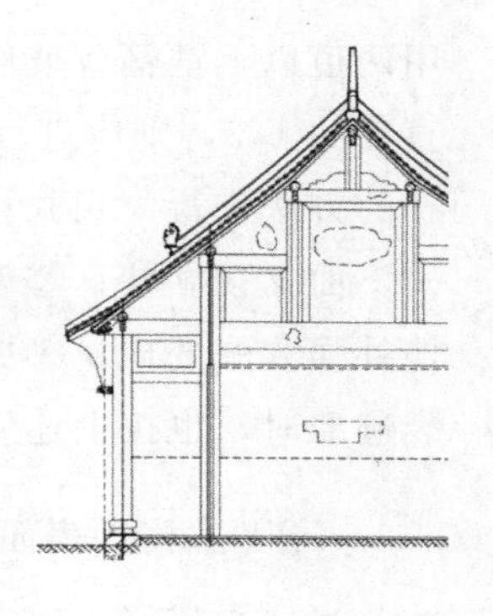

10.1 木构件残损的抢救性与预防性保护措施

10.1.1 木构件残损的抢救性保护措施

对于木柱、木梁枋等大木构件，主要的修缮措施有挖补法、嵌补法、局部更换、整体更换、化学加固和机械加固等。

（1）木构件开裂裂缝的嵌补法和机械加固法

对木柱的干缩裂缝，当其裂缝深度不超过柱径或该方向截面尺寸 1/3 时，可按下列嵌补方法进行修整：①裂缝宽度小于 3mm 时，可在柱的油饰或断白过程中用腻子勾抹严实或用环氧树脂填充；②裂缝宽度在 3～30mm 时，可用木条嵌补，并用耐水性胶黏剂粘牢；③当裂缝宽度大于 30mm 时，除用木条嵌补，并用耐水性胶黏剂粘牢外，还应在柱的开裂段内加铁箍或纤维复合材料箍 2～3 道，若柱的开裂段较长，则箍距不宜大于 0.5m，铁箍应嵌入柱内，使其外皮与柱外皮齐平。当裂缝深度超过柱径或该方向截面尺寸 1/3，但裂缝长度不超过柱长的 1/4 时，可局部更换和机械加固；当裂缝超过柱长的 1/4 或有较大的扭转裂缝，影响柱子的承重时，应考虑更换新柱（GB/T 50165—2020）。

对梁枋的干缩裂缝，当水平裂缝深度小于梁宽或梁直径的 1/3 时，可采取嵌补的方法进行修整，即先用木条和耐水性胶黏剂，将缝隙嵌补粘接严实，再用两道以上铁箍或玻璃钢箍、碳纤维箍箍紧。若构件的裂缝深度超过梁宽或梁直径的1/3，则应进行承载能力验算，验算结果能满足受力要求，仍可采取嵌补的方法进行。当验算结果不能满足受力要求，可采取下列方法处理：①在梁枋下面支顶立柱；②若条件允许时，可在梁枋内埋设碳纤维板、型钢或采取其他补强方法处理；③更换构件。当梁枋构件的挠度超过规定的限值或发现有断裂迹象时，也按上述处理方法进行处理（GB/T 50165—2020）。

（2）木构件表面局部腐朽的挖补法

当柱心完好、仅有表层腐朽（即表面腐朽深度不超过柱根直径的1/2），且经验算剩余截面尚能满足受力要求时，可采用挖补法进行处理，即将腐朽部分剔除干净，经防腐处理后，用干燥木材依原样和原尺寸修补整齐，并用耐水性胶黏剂粘接，可加设铁箍2～3道（GB/T 50165—2020）。

当梁枋、檩构件有不同程度的腐朽而需修补、加固时，应根据其承载能力的验算结果采取不同的方法。若验算表明，其剩余截面面积尚能满足使用要求时，可采用挖补的方法进行修复。挖补前，应先将腐朽部分剔除干净，经防腐处理后，用干燥木材按所需形状及尺寸制成粘补块件，以耐水性胶黏剂粘补严实，再用铁箍或螺栓紧固。若验算表明，其承载能力已不能满足使用要求时，则须更换构件，更换时，宜选用与原构件相同树种的干燥木材来制作新的构件，并预先做好防腐处理（GB/T 50165—2020）。

（3）木柱柱根严重腐朽的墩接法

当柱脚腐朽严重，自柱根底面向上未超过柱高的1/4时，可采用墩接柱脚的方法处理。墩接技术是解决古建木构件腐朽问题的常用方法，即截取腐朽部分，接上新的材料，保证构件功能。当柱根腐朽超过柱根直径的1/2，或柱心腐朽，腐朽高度为柱高的1/5～1/3时，采用木料墩接的方法。用木料墩接，先将腐朽部分剔除，再根据剩余部分选择墩接的榫卯式样，常用的有巴掌榫、抄手榫、平头榫、斜阶梯榫、螳螂头榫等式样（GB/T 50165—2020）。

（4）木构件腐朽或虫蛀严重木构件的化学加固处理

木构件外表完好而内部已成中空的现象多为被白蚁蛀蚀的结果，或者由于原建时选材不当，使用了心腐木材，时间一久，便会出现柱子的内部腐朽。当木构件腐朽或虫蛀较为严重，但又具有较高的价值而不能更换时，可采用化学加固的方法以提高其机械支撑能力。

常用的化学加固试剂有：无机化合物和有机化合物两类。其中，无机化合物主要有铝化物（硫酸铝、硫酸铝钾）和硅化物（硅酸钠，俗称水玻璃）。有机化合物主要有：①天然胶，如皮胶、骨胶、明胶、鱼胶、豆胶等；②油类，如干性油、半干性油、非干性油等；③羊毛脂；④蜡；⑤树脂和虫胶，如：山达树脂、达玛树脂、玛蒂树脂、琥珀、松香、虫胶等；⑥多元醇和糖，如：聚乙二醇 PEG（不同分子量，200、400、600、1000、1500、2000、4000、6000）、蔗糖等；⑦甲醛树脂类，如：甲醛树脂、酚醛树脂、脲醛树脂、间苯二酚甲醛树脂、三聚氰胺甲醛树脂、醛酮树脂等（陈允适，2007）。

（5）梁枋弯垂

在实际中，有的构件弯垂度超过规定范围，但没有严重糟朽或劈裂现象，而且卸载后可以回弹至允许弯垂的范围，这样的构件一般可以照旧使用或适当补强。若卸载后弯垂变形不能恢复，应计算该梁是否超载或检测材质是否有问题。对弯垂构件的处理，现状加固可以直接在它的受力点加支撑，在大梁折断处的底皮或是弯垂最大的部位，支顶木柱。还可通过在构件两端加斜撑的方式，调整受力长度，以适当补强。如果落架，可以考虑增加随梁的方法或者直接用钢材贴补或嵌入的方法加固弯垂（GB/T 50165—2020）。

（6）梁枋脱榫

对梁枋脱榫的维修，应根据其发生原因，采用下列修复方法（GB/T 50165—2020）：①榫头完整，仅因柱倾斜而脱榫。此情况可随梁架拨正时，重新归位吊正安好，再用铁件拉结榫卯；②梁枋完整，仅因榫头腐朽、断裂而脱榫。此情况应先将破损部分剔除干净，并在梁枋端部开卯口，经防腐处理后，用新制的硬木榫头嵌入卯口内。嵌接时，榫头与原构件用耐水性胶黏剂粘牢并用螺栓固紧。榫头的截面尺寸及其与原构件嵌接的长度，应按计算确定。并应在嵌接长度内用玻璃钢箍或两道铁箍箍紧。

10.1.2　木构件预防性保护措施

（1）天然耐久性低木材的防腐防虫处理

对于天然耐久性低的木构件需要提前进行防腐及防虫处理，以避免日后腐朽和昆虫蛀蚀的发生。常用的化学防腐剂有三类：防腐油（如：环烷酸、萘及酚类等）、油溶性防腐剂（如：五氯苯酚、环烷酸铜、喹啉铜等）和水溶性防腐剂（如：铬化砷酸铜、碱性铜化物、烷基季铵防腐剂、无机硼氧化物、铜硼唑化合物）（郭梦麟等，2010）。古建筑木结构常用的防腐防虫药剂见表 10-1

(GB/T 50165—2020)。

（2）木构件表面的涂饰处理

对于长期暴露在外的木构件如檐柱，可采用油漆（如醇酸类油性漆）对其进行表面的涂饰以防止紫外光的照射所带来的光降解，同时还可阻碍空气中的水蒸气通过横向纹理进入檐柱体内。

（3）木柱柱根的防潮密封处理

木柱柱根的腐朽远严重于柱身的腐朽，主要原因在于木柱柱根与石柱础相接，石柱础多数是由青石或者花岗岩制成的，能够基本阻隔地下毛细水的上升，但空气中的水蒸气遇冷所产生的冷凝水容易在石柱础表面聚集，产生的冷凝水会通过毛细作用并沿木材纹理方向从柱根逐渐向上移动，导致柱根的含水率增加。当木构件含水量达到30%时，极易发生腐朽及遭到昆虫的侵害。因此，防止水分从柱根进入柱体尤其关键。目前常用的方法有以下两种（陈彦等，2018）：

① 在石柱础与木柱中间放置一个与木柱纤维方向相垂直的木柱础。将木柱础看作是牺牲性材料，它直接吸收了石柱础上所产生的冷凝水，从而保护了木柱。

② 柱根防水的处理。常用的防水材料主要有聚氨酯类、丙烯酸酯类、纳米防水剂、环氧树脂、生桐油、熟桐油、亚麻籽油、生漆、油性沥青、醇酸清漆、石蜡油等防水材料。

表10-1　古建筑木结构的防腐防虫药剂表

药剂名称	代号	主要成分组成/%	剂型	有效成分用量（按单位木材计）	药剂特点及适用范围
二硼合剂	BB	硼酸40；硼砂40；重铬酸钠20	5%～10%水溶液或高含量浆膏	5～6kg/m^3或300g/m^2	不耐水，略能阻燃，适用于室内与人有接触的部位
氟酚合剂	FP或W-2	氟化钠35；五氯酚钠60；碳酸钠5	4%～6%水溶液或高含量浆膏	5～6kg/m^3或300g/m^2	较耐水，略有气味，对白蚁的效力较大，适用于室内结构的防腐防虫防霉
铜铬砷合剂	CCA或W-4	硫酸铜22；重铬酸钠33；五氧化二砷45	4%～6%水溶液或高含量浆膏	9～15kg/m^3或300g/m^2	耐水，具有持久而稳定的防腐防虫效力，适用于室内外潮湿环境中

续表

药剂名称	代号	主要成分组成/%	剂型	有效成分用量（按单位木材计）	药剂特点及适用范围
有机氯合剂	OS-1	五氯酚5；林丹1；柴油94	油溶液或乳化油	6～7kg/m³ 或 300g/m²	耐水，具有可靠而耐久的防腐防虫效力，可用于室外或用于处理与砌体、灰背接触的木构件
菊酯合剂	E-1	二氯苯醚菊酯10（或氟胺氰菊酯）；溶剂及乳化剂90	油溶液或乳化油或	0.3～0.5kg/m³ 或 300g/m²	为低毒高效杀虫剂，若改用氟胺氰菊酯还可防腐。本合剂宜与“7504”有机氯制剂合用，以提高药效持久性
氯化苦	G-25	氯化苦	96%药液	0.02～0.07kg/m³（按处理空间计算）	通过熏蒸吸附于木材中，起杀虫防腐作用，适用于内朽虫蛀中空的木构件

对于柱脚表层腐朽的处理，剔除朽木后，用高含量水溶性浆膏敷于柱脚周边，并围以绷带密封，使药剂向内渗透扩散。

对于柱脚心腐处理，可采用氯化苦熏蒸，施药时，柱脚周边须密封，药剂应能达柱脚的中心部位。一次施药，其药效可保持3～5年，需要时可定期换药。

对于柱头及其卯口处的处理，可将浓缩的药液用注射法注入柱头和卯口部位，让其自然渗透扩散。

对于古建筑中檩、椽和斗的防腐或防虫，宜在重新油漆或彩画前，采用全面喷涂方法进行处理。

对于梁枋的榫头和埋入墙内的构件端部，尚应用刺孔压注法进行局部处理。

对于屋面木基层的防腐和防虫，应以木材与灰背接触的部位和易受雨水浸湿的构件为重点。

对望板、扶脊木、角梁及由戗等的上表面宜用喷涂法处理。

对角梁、檐椽和封檐板等构件，宜用压注法处理；不得采用含氟化钠和五氯酚钠的药剂处理灰背屋顶。

对于古建筑中小木作部分的防腐或防虫，应采用速效、无害、无臭、无刺激性的药剂。对门窗，可采用针注法重点处理其榫头部位，必要时还可用喷涂法处理其余部位，新配门窗材。若为易虫腐的树种，可采用压注法处理。

10.2　墙体的修缮保护措施

10.2.1　结构变形的加固技术

对于砌体局部松动、臌闪、开裂严重，局部濒临坍塌或已出现坍塌的部分，应进行局部拆砌维修。按原规格式样补配相同式样或相似的砖块；新的砖块的强度不能低于原来砖块的强度。

对于砖石砌体倾斜可增加扶壁柱或扶壁墙以补充和增强其承载能力。增设扶壁墙时要注意，后砌的基础埋深应与原砌体基础相同，且底面与顶面应与原基础平齐；新老砌体之间可采用锚拉钢筋，或咬砌的方式，或加预制砌块连接；后砌扶壁柱或扶壁墙的砂浆等级应比原砌体提高一级。

当墙体变形较明显，对结构整体刚度、强度削弱较大时，应考虑采用整体加固如腰箍或圈梁，以增强结构的整体性、抗震性，抵御不均匀沉降，防止或减轻墙体开裂等。

当结构体完全损毁，失去承载能力，构件呈散落状态时，即需要重建结构体。重建时，尽量使用旧有构件；按“原材料”“原工艺”“原形制”“原结构”完整恢复原结构体。

10.2.2　机械损伤的砖块破损、裂缝的修补、石构件断裂或缺失的修补

（1）砖块破损

当砖块破坏严重时，可采用局部挖镶补强法，将裂缝处断裂、酥碎的砖及松散的砂浆剔除干净，镶砌整块长砖。

（2）裂缝的修补

对于砌体灰缝脱落和出现细小裂缝的情况，应采用与原砌体相同的勾缝材料进行封堵。如：青白麻刀灰（白灰：青灰：麻刀＝100：8：8）、油灰（白灰：生桐油：麻刀＝100：20：8）、黄泥、混合砂浆[黄泥/石灰膏：水泥：沙＝1：1：(6～8)]、改性黄泥等将砖石表面的砌缝重新勾抹严实。封堵的目的是减少砌体的透风性，减少灰浆的老化、粉化，保护砌体强度不受损害，延续其完整性和耐久性。

对已开裂且裂缝较大的墙体、砂浆饱满度差的砖石砌体，可采用压力灌浆修补的方法。浆液的强度和配比要和原材料近似和匹配。常用的灌浆材料有两类：一类为无机材料，如白灰膏（或黏土膏）、沙以及少量水泥按合适比例配制而成的混合砂浆浆液，水玻璃砂浆做黏合剂等。另一类为有机材料，如：硅酸乙酯等。另外，还可将无机材料和有机材料相结合使用，如107胶（聚乙烯醇缩甲醛）结合水泥浆（或水泥砂浆）做黏合剂。如无特别需要，灌浆材料采用无机材料为宜，这是由于无机材料能够与砖、石、土等原料匹配，易与原砌体强度、刚度相协调；无机材料成本低。如有特别需要，经试验后可采用适宜的有机材料。应注意浆液需具有良好的流动性，以保证灌浆的质量。

当墙体裂缝贯通或开裂较严重时，除采取压力灌浆修补外，还应沿裂缝进行挖镶或增设加强拉接的竹筋、木筋、钢板筋、钢筋混凝土箍、砖筋箍等。

（3）石构件断裂或缺失的修补

对于石构件断裂或缺失的修补，一般情况下，能粘接修补的，都尽可能不要更换；需要更换时，新的构件材料要求和原材料在规格尺寸、质感、雕刻纹样等外观方面相配。粘接可采用“焊药”粘接、漆片粘接等。

“焊药”粘接石料配法一：每平方寸（营造尺[1]）用白蜡或黄蜡二分四厘，芸香一分二厘，松香一分二厘木炭四钱，白蜡/黄蜡：芸香：松香：木炭＝2：1：1：33（质量比）；配法二：每平方寸用白蜡或黄蜡二分四厘、松香一分二厘、白矾一分二厘，白蜡/黄蜡：松香：白矾＝2：1：1（质量比）。“焊药”具有较好粘接石料的效果，将任意一种配方的材料拌和均匀，加热熔化后，涂在断裂石构件的两面，趁热黏合压紧即可。

民间俗语说，“漆粘石头，鳔粘木”，说明漆粘石料是一种简易的传统方法，通常按“生漆：土籽面＝100：7（质量比）”掺和。漆片粘接是将石料的粘接面清理干净，然后将粘接面烤热，趁热把漆片撒在上面，待漆片熔化后即能粘接。

10.2.3 表面风化的防潮、酥碱及泛碱的治理

（1）防潮处理

采用化学注射方法，将渗透憎水材料（如：硅烷、硅氧烷、硅酸乙酯类等

[1] 古代度量衡。1寸为3.2cm；1钱为3.125g；1分为0.3125g；1厘为0.03125g。

有机硅，甲基硅醇钠、甲基硅酸钠0.3%的水溶液等硅酸盐）通过无压或加压的方法注射到墙体，固化后，将砌筑砂浆层和砖层变成憎水层，形成防水带，阻止液态毛细水上升，以达到防潮的目的。

（2）泛碱处理

当砌体表面出现泛碱时，可采用排盐法、中和法、清洗法、吸附法等方法进行处理。排盐法即让盐析出，是一种主动治理泛碱的方法，用化学试剂涂抹于墙面，使砌体内可溶盐物质提前析出。中和法即指施工中为降低灰层中的孔隙率，在抹灰材料和砌筑浆料中添加一定比例的抗碱添加剂，抑制灰层内部的化学反应，此法适用于新砌筑墙体和抹灰层，属于提前预防。清洗法是对砌体表面析出的可溶盐结晶用清水清洗，用柔性材料擦拭。吸附法是用敷剂材料（黏土类，纤维类如纸、脱脂棉、棉布、纱布等，多孔材料如活性炭、活性白土等，凝胶胶体类如石膏、石灰、水玻璃等）贴附于砌体表面，对可溶盐进行吸附。

（3）酥碱处理

当砌体整段墙体完好，仅局部表面风化酥碱十分严重时，可采取剔补修缮、反转砖块、砖粉修复、灰浆打点等方法。剔补修缮是将原砌体表层剔除一定的深度，采用与原材料相同的新材料修补，材质的颜色与现在实物相同或近似。剔补时先用錾子将需修复的地方凿掉，凿去的面积应是单个整砖的整倍数，然后按原砖的规格重新砍制，砍磨后按照原样用原做法重新补砌好，里面要用砖灰填实。剔补修缮对砌体伤害比较大，价值丧失较多，剔补量过大会破坏其沧桑的历史风貌，剔补措施不合理会影响砌体的安全性，实施时应慎重。依据最小干预原则，应严格控制剔补量。在无安全风险的前提下应尽量保持现状，不剔或少剔。

反转砖块是当遇到砖块靠近外墙的部分出现破损等劣化现象时，可以将该砖块进行原位180°反转，将位于墙体内侧的部分转到外侧。

砖粉修复是将砖块研磨成粉末，再配上某些矿物类的材料，配置成所需要的修复材料。优点是不用将砖面剔除，而是直接在破损的部位涂抹相应的砖粉。

灰浆打点是指用“砖药”或“补石配药”找补墙面坑洼不平处，再刷一遍砖面水，俗称墁水活。“砖药”的配制为70%白灰、30%古砖面，少许青灰加水调匀；“补石配药”的配制为白蜡：黄蜡：芸香：木炭：石面＝3：1：1：30：56（质量比）。砖面和石面应选用与原有砖材和石料材质相同的材料。

10.2.4　污染物的清洗技术

砌体表面受到紫外线照射，很容易发生变色现象。由于砖石表面均存在大量孔隙，非常容易遭到污染。砖石材墙体的表面通常会有泛白的盐类、锈斑、灰尘、烟尘、污物，以及植物、苔藓、地衣、藻类等生物有机体等。变色和污染对砌体的强度无影响，但对砌体的风貌影响较大，需对其进行清洗。清洗时，严格依据文物保护法规定和可逆性原则，不能给砖石材建筑造成破坏，不能留下潜在危害。

通常采用的清洗技术包括：清水清洗法、喷砂法、化学试剂法、激光法、超声波清洗法、生物降解法、机械法等（刘明飞，2017；焦杨，2016；孙书同，2015；申彬利，2017；包晓晖，2016）。

（1）清水清洗法

清水清洗法是指用水或者水蒸气对墙面进行清洗，清洗对象主要是墙体表面的灰尘以及比较容易清洗的污垢、沥青、真菌、苔藓等。清水清洗法是最廉价、成熟和破坏性最小的清洗方法，主要包括低压喷水清洗、高压喷水清洗、高压蒸汽清洗、雾化水淋四种方法。

（2）喷砂法

喷砂法主要通过在高压下将石英砂等颗粒喷射在被清洗的墙面上，利用外力将污垢从墙面清除。常用的方法有干喷砂、湿喷砂、旋转高压喷砂三种。

（3）化学试剂法

化学试剂法是利用相应的化学溶剂与污物发生化学反应，使其转变为易溶于水的物质。常用的化学清洗溶剂主要有：①中性溶剂：阴离子表面活性剂，如硬脂酸，十二烷基苯磺酸钠，阳离子表面活性剂，如季铵化物，主要使污物发生湿润、溶胀以及乳化等变化，比较适用于表面污染范围和程度较小且光滑的墙体，在选择溶剂时，尽量使用挥发性较强的，以保证在溶剂蒸发之后不会有残留物质；②碱性溶剂：如肥皂、洗衣粉、皂粉，主要与污物发生化学反应使其变成可溶性的物质；③酸性溶剂：如草酸、乙酸、柠檬酸等，与碱性溶剂的清洗方法相似，都是通过与污物发生相应的化学反应而使其转化为易溶物质，该方法适用于致密度及硬度相对较高的墙体；④有机溶剂：卤代烃以及烃类，比如丙酮溶液等。

（4）激光法

激光法主要是通过将能量很高的激光束对着墙面或者砖材进行照射，污物在这种作用下会瞬间蒸发掉或者被剥落。激光清洗是目前已经较为成熟的一项砖石材清洗技术，它有着传统清洗无法比拟的优势，省时省力、节能节水，安全且易控制，不会对砖石材表面造成损伤，清洗效果令人满意。激光清洗主要应用在高档大理石及花岗岩上。目前，常用的激光清洗方法有：干洗法、激光配液膜法、激光配惰性气体法、激光配清水或化学试剂清洗法。

（5）超声波清洗法

超声波清洗法清洗对象为砖材表面或缝隙内部的污垢以及微生物等。原理是采用特殊的电机产生高频声波，利用超声波的空化作用，产生瞬间、连续的高压，在与水接触时，水剧烈震动破碎成许多微小的雾滴，从而使砖石材表面污垢被震碎，在强大的冲击力下被剥落，同时也能够使清洗液与污物充分接触并发生反应，达到清除目的。一般微生物细胞在频率为 20～50kHz 的超声波作用下会破裂死亡。因此，该方法对微生物以及真菌等劣化现象的清洗效果较为明显。

（6）生物降解法

生物降解法的工作原理主要有三种：①生物的物理作用。通过生物的繁殖导致结壳以及劣化表层的水解、电离或者质子化等，将其降解为对墙面没有损坏作用的低聚物等物质；②生物的化学作用。通过微生物的新陈代谢反应，与污渍产生化学作用，生成新物质；③酶的直接作用。利用蛋白酶直接分解污物。生物降解法的清洗对象为砖石砌体表面由硫酸盐或者碳酸盐造成的结壳，以及微生物污染、昆虫以及鸟类的排泄物等。该方法效果好、速度快、操作方便，如果配置方法和操作方法合理，可实现无损清洗，不会造成任何污染。

10.3　屋面的修缮保护措施

屋面维修主要包括屋面保养和屋面修缮。屋面主要存在以下病害类型：①瓦垄或瓦缝内积土、植物根部生长造成屋面灰背破坏，最终导致屋面漏雨、望板椽子糟朽，更严重则导致屋顶坍塌；②之前的工程质量存在问题，防水措施不合理、防护不当引起屋面渗水；③结构性破坏，如下部梁架出现歪闪、下沉等残损导致屋面破坏。

凡能维修的瓦顶不得揭顶大修。屋顶人工除草后，应随即勾灰堵洞，松动的瓦件，应坐灰黏固。对灰皮剥落、酥裂、而瓦灰尚坚固的瓦顶维修时，应先铲除灰皮，用清水冲刷后勾抹灰缝；对琉璃瓦、削割瓦应捉节夹垄，青筒瓦应裹垄，均应赶压严实平滑。对底瓦完整，盖瓦松动灰皮剥落的瓦顶维修时，应只揭去盖瓦，扫净灰渣，刷水，将两行底瓦间的空当用麻刀灰塞严，再按原样要冟（瓦）盖瓦。

对底瓦松动而出现渗漏的维修，应先揭下盖瓦和底瓦，按原层次和做法分层铺抹灰背，新旧灰背应衔接牢固，并应对灰背缝进行防水处理。当瓦顶局部损坏、木构架个别构件位移或腐朽，需拆下望板、椽条进行维修。黄琉璃瓦屋面瓦件的灰缝以及捉节夹垄的麻刀灰应掺 5%的红土子；绿琉璃瓦和青瓦屋面，均应用月白灰。对历史、艺术价值较高的瓦件应全部保留。如有碎裂，应加固粘牢，再置于原处。对碎裂过大难以黏固者，可收藏保存，作为历史资料。阴阳瓦屋顶，干搓瓦顶，以及无灰背的瓦顶应按原样维修，不得改变形制。

古建筑屋顶维修时，应采取有效措施进行屋顶防草。古建筑除草可根据具体情况采用人工拔草和化学除草两种方法，不得采用机械铲除或火焰喷烧方法。人工拔草要避开草籽成熟的秋季，且要斩草除根。化学除草可选择灭生性除草剂，如氯酸盐、硼酸盐等。

10.4　地面的修缮保护措施

砖墁地的修缮方法一般分为剔凿挖补、局部揭墁、全部揭墁和钻生养护。剔凿挖补适用于地面较好，只需零星添补的细墁地面。揭墁时必须重新铺泥、揭趟和坐浆。钻生养护，是指砖表面泼生桐油保护。

文物价值较高的地面，可进行现状保护，喷涂防护层增强耐磨性。对于室外地面的处理，清理地面杂草、灰土，清除原地面损毁严重的阶砖、水泥地面，恢复原地面的铺砖。对于室内地面的处理，清除原地面损毁严重的阶砖、水泥地面，恢复原地面铺砖。对于散水的处理，结合院落地势高差，院内增设排水系统，用砖砌排水道，散水缺失的按原形制做补配。踏跺缺失的用环氧树脂按原形制做粘接补配。对于阶条石断裂，采用水泥涂抹的，应铲除水泥修补，采用环氧树脂粘接。

10.5　小木作的修缮保护措施

古建筑装修是易损部件。装修主要是门窗、板壁、各类隔扇、各类罩等。损坏现象一般有：门板散落，门外框松散，风门、隔扇边抹榫卯松动、开散、断榫，槛框边框松动、裙板开裂缺损，装修仔屉、边抹、棂条残破缺损等。针对不同的损坏情况，木装修修缮可采取剔补、嵌缝、添配或更换等方法。如剔补门板、门芯板嵌缝、换隔扇边抹、花罩雕饰修补或添配仔屉棂条、楹子、转轴、栓杆、面叶、大门包叶及其他钢铁饰件如门钉等。配换或添配木装修构件，均应与原有构件、花纹、断面尺寸一致，保持原有风格，所用木材也应尽量与原木材一致。

|第 11 章|

杨家大院古建筑修缮保护设计说明

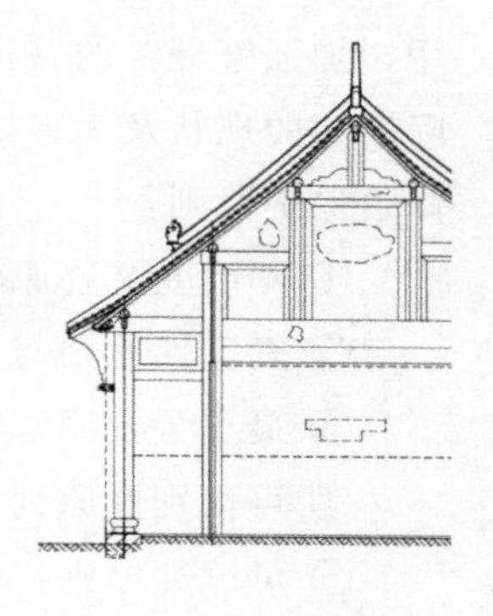

11.1 设计依据

法律、行政法规：《中华人民共和国文物保护法》（2017 年修正本）、《中华人民共和国文物保护法实施条例》（2017 年修正本）。

部门规章：《文物保护工程管理办法》（2003 年）。

地方性法规：《南阳市文物保护条例》（2020）、《河南省革命文物保护条例》。

标准规范：《中国文物古迹保护准则》（2015 年）、《古建筑木结构维护与加固技术标准》（GB/T 50165—2020）、《文物保护工程设计文件编制深度要求（试行）》（2013 年）、《古建筑修缮项目施工规程（试行）》（2018 年）。

国际公约：《威尼斯宪章》（1964）、《马丘比丘宪章》、《雅典宪章》、《北京文件》（2007）、《奈良真实性文件》等各种国际宪章及文件。

其他相关文件：《河南省文物局关于杨廷宝故居一期维修保护设计方案的批复》（豫文物审批〔2022〕99 号）、杨家大院现场测绘数据、残损调查记录与照片、历史档案文献等。

11.2 设计的基本原则和指导思想

在坚持不改变文物原状的前提下，坚持“保护为主，抢救第一，合理利用，加强管理”的保护方针，真实、完整地保存历史原貌和建筑特色。根据实际勘察的现状及病害情况，依据文物建筑保护的相关法律法规，确定本工程的修缮保护原则：

① 不改变文物原状原则；

② 真实性原则与完整性原则；

③ 最小干预原则；

④ 可识别性原则；

⑤ 可读性原则；

⑥ 可逆性原则；

⑦ 安全为主的原则；

⑧ 不破坏文物价值的原则；

⑨ 风格统一的原则。

11.3　修缮保护的范围

本次方案涉及的范围包括杨家大院一进院倒座（1 号房）、一进院过厅（2 号房）、一进院南厢房（3 号房）、一进院北厢房（4 号房）、二进院正房（5 号房）、二进院南厢房（6 号房）、二进院北厢房（7 号房）（图 5-1）。

11.4　修缮保护的性质

根据《古建筑木结构维护与加固技术标准》（GB/T 50165—2020），古建筑木结构维护与加固工程可分为三大类型，即保养维护工程，修缮、加固工程，抢险加固工程。在对杨家大院全面、系统地勘察、测绘和研究的基础上，确定杨家大院本次的修缮性质为“修缮、加固工程”。

11.5　结果与分析

11.5.1　一进院倒座（1 号房）修缮方案

（1）大门

抢救性保护：拆除包裹东面屋盖的装饰木板；采用腻子将西侧檩条与枋表

面的细小开裂裂缝勾抹严实；采用相同的油漆对西侧檩条与枋脱落的漆进行补修；拆除钉在墙体之间的装饰木格栅天花板；拆除墙体两侧的木质花纹装饰；清除大门门板外侧的联系方式。

预防性保护：采用氟酚合剂防腐剂对屋盖系统、门板进行防腐及防虫处理；采用聚氨酯类防水剂对屋盖系统、门板进行防水处理。

（2）倒座（1 号房）木柱

预防性保护措施：采用氟酚合剂对金柱（B5）进行防腐及防虫处理；采用聚氨酯类防水剂对四根前檐柱（A2、A3、A4、A5）、四根金柱（B2、B3、B4、B5）、四根后檐柱（C2、C3、C4、C5）柱身及柱根进行防水处理。

抢救性保护措施：采用腻子将前檐柱（A2、A3、A4、A5）柱身表面的细小开裂裂缝勾抹严实；采用打牮拨正法进行金柱（B4）柱根与柱础偏心的纠偏处理；拆除包裹四根后檐柱（C2、C3、C4、C5）的后檐墙，以提高木柱的透气性。

（3）倒座（1 号房）木梁枋

预防性保护措施：清理南次间南侧梁架（②—②）、明间南侧梁架（③—③）、明间北侧梁架（④—④）、北次间北侧梁架（⑤—⑤）上的灰尘。

抢救性保护措施：清理南次间南侧梁架（②—②）、明间南侧梁架（③—③）、明间北侧梁架（④—④）、北次间北侧梁架（⑤—⑤）上的灰尘，并采用腻子将梁架上出现的细小开裂裂缝勾抹严实；采用经防腐处理的木条嵌补北次间北侧梁架（⑤—⑤）五架梁西端底部出现劈裂裂缝，并采用改性结构胶粘牢。

（4）倒座（1 号房）屋盖系统

抢救性保护措施：清理屋盖系统上的灰尘，并采用腻子将脊檩、上金檩、下金檩以及檐檩上出现的细小开裂裂缝勾抹严实，采用经防腐处理的木条嵌补明间后坡下金檩、明间檐檩、北次间檐檩檩身的较大开裂裂缝，并采用改性结构胶粘牢；采用腻子将部分椽细小的开裂裂缝勾抹严实；采用氟酚合剂对部分后檐轻微腐朽的飞椽进行防腐及防虫处理。

（5）倒座（1 号房）屋面

东坡和西坡屋面的正脊、垂脊、吻兽、瓦件、滴水、瓦当均保存完好，保持现状，无须修缮。

（6）倒座（1号房）墙体

拆除东立面墙体现有玻璃门窗，按原有形制恢复封后檐墙体；拆除西立面现有墙体，在金柱位置上按原有形制恢复门窗和前廊；对南立面下部墙体涂刷甲基硅酸钠0.3%的水溶液防水剂，补砌墙体上缺失的砖块，并拆除配置的电箱；按原有形制恢复内墙涂饰。

（7）倒座（1号房）地面

采用古代“焊药”对东面断裂阶条石进行粘接；按原形制恢复东面、南面传统方砖散水铺装；拆除东面现存水泥踏垛；按原形制替换断裂或丢失的砖块，固定松动的砖块；按原形制降低室外地面高度；按原形制降低室内地面高度。

（8）倒座（1号房）木装修

拆除东立面现有玻璃门窗；清理东立面南稍间、北稍间走马板上起皮剥落的油漆，并重新涂刷新的油漆；拆除西立面明间檐墙上现有的门洞。

11.5.2 一进院过厅（2号房）修缮方案

（1）木柱

预防性保护措施：采用氟酚合剂防腐剂对六根前檐柱（A1、A2、A3、A4、A5、A6）、六根前金柱（B1、B2、B3、B4、B5、B6）和两根后金柱（C3、C4）进行防腐及防虫处理，并采用聚氨酯类防水剂对其柱身及柱根进行防水处理。

抢救性保护措施：拆除固定在前檐柱A2柱身上的电线限位器；采用松香（12%）和虫胶（8%）的甲醇混合溶液（化学加固剂）对前檐柱（A2、A4、A5）、前金柱B3进行化学加固处理；采用经防腐处理的榆木木条嵌补前檐柱A3柱身表面的开裂裂缝，并采用改性结构胶粘牢；采用经防腐处理的杨木木条嵌补前金柱（B2、B4、B5）柱身表面的开裂裂缝，并采用改性结构胶粘牢；采用经防腐处理的杨木木块包镶前金柱（B4、B5）柱根的矩形缺口，并采用改性结构胶粘牢；采用经防腐处理的麦吊云杉木块包镶后金柱C4柱根的矩形缺口，并采用改性结构胶粘牢；拆除隔墙，提高后金柱C3的透风效果。

（2）木梁枋

预防性保护措施：清理南次间南侧梁架（⑤—⑤）、明间南侧梁架（④—

④)、明间北侧梁架(③—③)、北次间北侧梁架(②—②)上的灰尘;采用氟酚合剂防腐剂对南次间南侧梁架(⑤—⑤)、明间南侧梁架(④—④)、明间北侧梁架(③—③)、北次间北侧梁架(②—②)进行防腐及防虫处理,并采用聚氨酯类防水剂对其进行防水处理。

抢救性保护措施:去除钉入在南次间南侧梁架(②—②)五架梁、明间南侧梁架(③—③)五架梁梁身上的铁钉;采用松香(12%)和虫胶(8%)的甲醇混合溶液化学加固剂对南次间南侧梁架(②—②)后檐穿插枋及抱头梁进行化学加固处理;采用腻子将南次间南侧梁架(②—②)三架梁梁身、南次间南侧梁架(②—②)五架梁梁身及五架梁上的瓜柱、明间南侧梁架(③—③)三架梁梁身及五架梁上的瓜柱、明间北侧梁架(④—④)三架梁梁身及五架梁上的瓜柱柱身细小的开裂裂缝勾抹严实。

(3)屋盖系统

预防性保护措施:清理南稍间、南次间、明间、北次间、北稍间的檩条系统和椽条系统上的灰尘;采用氟酚合剂防腐剂对南稍间、南次间、明间、北次间、北稍间的檩条系统和椽条系统进行防腐及防虫处理,并采用聚氨酯类防水剂对其进行防水处理。

抢救性保护措施:采用松香(12%)和虫胶(8%)的甲醇混合溶液化学加固剂对南稍间、南次间、明间、北次间、北稍间的腐朽严重的檩条系统和椽条系统进行化学加固处理;按原材质、原形制补配南次间东西两坡、明间东西两坡断裂缺失的椽;按原有形制补配南稍间、南次间、明间、北次间和北稍间前檐、后檐缺失的滴水和瓦当,以防止雨水顺流至前檐椽。

(4)屋面

清理东坡和西坡屋面上的杂草,整理滑落的瓦件,并按原形制补配缺失和碎裂的瓦件;揭除南次间遮盖的防水布;打开南次间、明间和北次间东坡屋面,重新铺装屋面;参考北次间正脊,按原形制补配南稍间南侧、南次间和明间缺失的局部正脊,参考北次间南侧垂脊,按原形制补配北次间北侧破损的垂脊;按原形制补配南稍间和北稍间缺失的正脊吻兽;按原形制补配东坡和西坡屋面缺失的滴水和瓦当;按原形制补配南稍间东坡破损的屋面;去除东西两坡新的望板、现代石棉瓦以及望砖下腐朽严重的秸秆,按原形制恢复望砖;按原形制补配南稍间、南次间、北稍间东坡缺失的大连檐。

(5)墙体

铲除东立面南稍间外墙体的现代瓷砖,恢复其原有砖墙体;拆除设置的现代卫生间；拆除东立面南次间前檐柱 D5 和前金柱 C5 之间、前檐柱 D4 和后檐柱 A4 之间、两前金柱 C5 和 C4 之间、东立面明间、东立面北次间新加建的墙体；按原形制补配东立面北稍间外墙体缺失的土坯，西立面南稍间以及北立面北稍间外墙体上部缺失的砖块；按原形制修补东立面北稍间破损的墀头；铲除西立面北次间、明间及南次间、北立面北稍间外墙体下部涂抹的仿砖纹涂料和上部涂抹的白灰；拆除内墙体下部装饰的 1.2m 高木质板材，采用白灰涂抹。

（6）地面

铲除东面和西面室外地面、南次间前檐室内地面现有水泥覆盖，按原形制恢复传统方砖铺装以及传统方砖散水铺装；铲除其余房间室内现有瓷砖覆盖，按原形制恢复传统方砖铺装；按原形制降低室外地面高度；按原形制降低室内地面高度。

（7）木装修

采用清水擦拭南稍间东和南次间立面走马板上的霉斑，并采用木板将其压平，按原形制补配缺失部分，清理其上剥落的漆面，拆除下面配置的现代铝合金门窗和修补的塑料板；拆除明间和北稍间东立面上新添加的窗户以及其上的塑料防水布；拆除北次间东立面上新添加的门；拆除北次间西立面上的方形玻璃现代窗户、北稍间和南次间西立面上新改设的门，按原形制恢复四开六抹隔扇窗户；按原形制恢复明间四开六抹隔扇门；拆除室内加设的现代吊顶装饰。

11.5.3　一进院南厢房（3号房）修缮方案

（1）木柱

预防性保护措施：采用氟酚合剂防腐剂对两根檐柱（B2、B3）和两根金柱（C2、C3）进行防腐及防虫处理，并采用聚氨酯类防水剂对其柱身及柱根进行防水处理。

抢救性保护措施：拆除人为包裹在明间东侧金柱 C2 柱身上的木板；采用松香（12%）和虫胶（8%）的甲醇混合溶液对明间东侧金柱 C2、明间西侧檐柱 B3 进行化学加固处理；采用经防腐处理的榆木木条嵌补明间东侧金柱 C2 柱身表面的局部缺损，并采用改性结构胶粘牢；拆除包裹明间西侧檐柱 B3 和金柱 C3 的隔墙，以提高两根木柱的透气性。

（2）木梁枋

预防性保护措施：清理明间东侧梁架（②—②）、明间西侧梁架（③—③）

上的灰尘；采用氟酚合剂防腐剂对明间东侧梁架（②—②）、明间西侧梁架（③—③）进行防腐及防虫处理，并采用聚氨酯类防水剂对其进行防水处理。

抢救性保护措施：采用经防腐处理的榆木木条嵌补明间东侧梁架（②—②）五架梁梁身的开裂裂缝，并采用改性结构胶胶黏剂粘牢。

（3）屋盖系统

预防性保护措施：清理东次间、明间、西次间的檩条系统和椽条系统上的灰尘；采用氟酚合剂防腐剂对东次间、明间、西次间的檩条系统和椽条系统进行防腐及防虫处理，并采用聚氨酯类防水剂对其进行防水处理。

抢救性保护措施：等间距进行明间椽条的铺装。

（4）屋面

清理北坡整个屋面上的杂草；按原形制补配缺失的正脊和吻兽；拆除西侧盖瓦铺装的垂脊，按原形制恢复筒瓦铺装的垂脊；拆除明间椽条系统下的芦苇秸秆铺设，按原形制恢复望砖铺装。

（5）墙体

拆除北立面新加建的前檐墙，在檐柱位置上按原有形制恢复门窗和前廊；铲除南立面后檐墙体表面的白灰，采用原形制的砖块对风化酥碱严重的砖块进行替换，采用清水对熏黑严重的挑檐进行清洗；采用清水对东立面山墙熏黑严重的挑檐进行清洗，按原有形制恢复被损毁的山墙戗檐，按原有形制补砌墙身丢失的墙砖，铲除墙体表面铺装的白瓷砖；按原有形制补配东立面缺失的搏风；采用勾缝封闭修补法进行东立面山墙与前檐墙连接处缝隙的封堵；按原有形制恢复东立面及西立面山墙原有的前檐门洞；按原有形制修复东立面残破的山花；按原有形制恢复西立面被损毁的山墙戗檐，按原有形制补砌墙身丢失的墙砖；按原有形制补砌西立面墙身丢失的墙砖，拆除修补过的红砖，按原有形制进行修补；铲除西立面墙体表面水泥涂抹的痕迹以及表面铺装的白瓷砖；拆除西立面散装补砌过的红砖，按原有形制修补破损的搏风；采用勾缝封闭修补法进行西立面山墙与前檐墙连接处缝隙的封堵，拆除后期人为加砌的厚度20cm 的水泥挡墙；拆除西立面山墙上部连接的电线以及钉在上面的木块；拆除后人在东立面山墙与倒座（1 号房）中间新加砌的墙体；拆除后人在西立面山墙与过厅（2 号房）南稍间中间新加砌的卫生间墙体；拆除后人在明间新加砌的右隔墙；铲除内墙体下部表面涂抹的仿砖纹涂料，采用白灰涂抹。

（6）地面

铲除室外地面上的现代方砖，按原形制恢复传统方砖铺装，按原形制降低室外地面高度；按原形制恢复传统方砖散水铺装；按原形制降低室内地面高度，按原形制恢复传统方砖铺装。

（7）木装修

按原形制恢复东次间和西次间四开六抹隔扇窗户；按原形制恢复明间四开六抹隔扇门；拆除室内加设的现代吊顶装饰。

11.5.4　一进院北厢房（4号房）修缮方案

（1）木柱

预防性保护措施：采用氟酚合剂防腐剂对两根檐柱（A2、A3）和两根金柱（B2、B3）进行防腐及防虫处理，并采用聚氨酯类防水剂对其柱身及柱根进行防水处理。

抢救性保护措施：拆除包裹明间西侧檐柱 A2 和金柱 B2、东侧檐柱 A3 和金柱 B3 的隔墙，以提高四根木柱的透气性；采用经防腐处理的榆木木块包镶明间西侧金柱 B2 柱根，并采用改性结构胶胶黏剂粘牢；采用腻子将明间东侧金柱 B3 柱身表面的细小开裂裂缝勾抹严实。

（2）木梁枋

预防性保护措施：清理明间西侧梁架（②—②）、明间东侧梁架（③—③）上的灰尘；采用氟酚合剂防腐剂对明间东侧梁架（②—②）、明间西侧梁架（③—③）进行防腐及防虫处理，并采用聚氨酯类防水剂对其进行防水处理。

抢救性保护措施：采用经防腐处理的榆木木条嵌补明间西侧梁架（②—②）三架梁、明间东侧梁架（③—③）五架梁及三架梁梁身的开裂裂缝，并采用改性结构胶粘牢。

（3）屋盖系统

预防性保护措施：清理东次间、明间、西次间的檩条系统和椽条系统上的灰尘；采用氟酚合剂防腐剂对东次间、明间、西次间的檩条系统和椽条系统进行防腐及防虫处理，并采用聚氨酯类防水剂对其进行防水处理。

抢救性保护措施：采用松香（12%）和虫胶（8%）的甲醇混合溶液（化学加固剂）对东次间、明间、西次间檩和椽进行化学加固处理。

（4）屋面

按原形制补配缺失的正脊和吻兽；拆除南坡屋面盖瓦铺装的垂脊，按原形制恢复筒瓦铺装的垂脊；铲除水泥修补，采用青白麻刀灰进行修补；按原形制恢复望砖铺装。

（5）墙体

拆除南立面新加建的前檐墙，按原有形制恢复门窗和前廊；拆除南立面新加建的前檐墙，并按原有形制恢复摶风和两山墙戗檐；拆除红砖补砌，按原有形制恢复被损毁的东立面山墙戗檐；按原有形制补砌东立面山墙丢失的墙砖；拆除红砖补砌，按原形制恢复被损毁的东立面山墙摶风前半段端，并补配后半段局部丢失的摶风砖；铲除东立面山墙戗檐以下铺装的白瓷砖；采用勾缝封闭修补法进行东立面山墙与前檐墙连接处、西立面山墙与前檐墙连接处缝隙的封堵，并拆除西立面山墙位置加砌的厚度 20cm 的水泥挡墙；按原有形制恢复东立面及西立面山墙原有前檐门洞；按原有形制补配东立面局部残破的山花；采用原形制的砖块对西立面山墙风化酥碱严重的砖块进行替换；对西立面下部墙体涂刷甲基硅酸钠 0.3%的水溶液防水剂；清理西立面墙基处的植物；按原有形制补配西立面山墙局部丢失的墙砖；拆除红砖补砌，按原形制恢复被损毁的西立面山墙摶风前半段以及山墙戗檐；铲除水泥修补，采用勾缝封闭修补法进西立面山墙与后檐墙连接处缝隙的封堵；按原形制恢复北立面青砖后檐墙；铲除北立面后檐墙墙体的白灰、仿砖纹涂料，拆除其表面的管线以及西次间、明间、东次间内墙体的现代瓷砖铺装；采用改性黄泥对东立面山墙和西立面山墙风化酥碱、剥落严重的夯土墙体进行修补加固；拆除后人在室内新增三堵隔墙以及后人在西立面山墙与过厅（2 号房）前面新加砌的墙体。

（6）地面

铲除室外地面上的现代方砖，按原形制恢复传统方砖铺装，按原形制降低室外地面高度；按原形制恢复传统方砖散水铺装；按原形制降低室内地面高度，按原形制恢复传统方砖铺装。

（7）木装修

按原形制恢复东次间和西次间四开六抹隔扇窗户；按原形制恢复明间四开六抹隔扇门；拆除室内加设的现代吊顶装饰。

11.5.5　二进院正房（5号房）修缮方案

（1）木柱

预防性保护措施：采用氟酚合剂防腐剂对四根前檐柱（A2、A3、A4、A5）、两根前金柱（B3、B4）和两根后金柱（C3、C4）进行防腐及防虫处理，并采用聚氨酯类防水剂对其柱身及柱根进行防水处理。

抢救性保护措施：拆除人为包裹在南次间南侧檐柱A2、明间南侧檐柱A3、明间北侧檐柱A4、北次间北侧檐柱A5柱身上的人为后加砌的墙体，拆除包裹明间南侧前金柱B3、北侧前金柱B4和明间北侧后金柱C4的隔墙，以提高木柱的透气性；采用打牮拨正法进行南次间南侧檐柱A2、明间南侧檐柱A3、明间北侧檐柱A4、北次间北侧檐柱A5柱身倾斜的纠偏处理；采用松香（12%）和虫胶（8%）的甲醇混合溶液（化学加固剂）对南次间南侧檐柱A2、明间南侧檐柱A3、明间北侧檐柱A4、北次间北侧檐柱A5、明间北侧后金柱C4进行化学加固处理。

（2）木梁枋

预防性保护措施：清理南次间南侧梁架（⑤—⑤）、明间南侧梁架（④—④）、明间北侧梁架（③—③）、北次间北侧梁架（②—②）上的灰尘；采用氟酚合剂防腐剂对南侧梁架（⑤—⑤）、明间南侧梁架（④—④）、明间北侧梁架（③—③）、北次间北侧梁架（②—②）进行防腐及防虫处理，并采用聚氨酯类防水剂对其进行防水处理。

抢救性保护措施：采用腻子将明间南侧梁架（③—③）五架梁梁身细小的开裂裂缝勾抹严实；采用经防腐处理的木块包镶明间南侧梁架（③—③）五架梁下的随梁枋局部缺失的部分，并采用改性结构胶粘牢；采用经防腐处理的木条嵌补明间南侧梁架（③—③）五架梁上三根瓜柱柱身表面的开裂裂缝，并采用改性结构胶粘牢；采用经防腐处理的木条嵌补明间北侧梁架（④—④）五架梁柱身表面的开裂裂缝，并采用改性结构胶粘牢，对劈裂严重的采用碳纤维布进行机械加固；采用腻子将明间北侧梁架（④—④）三架梁上的脊瓜柱细小的开裂裂缝勾抹严实。

（3）屋盖系统

预防性保护措施：清理南稍间、南次间、明间、北次间、北稍间的檩条系统和椽条系统上的灰尘；采用氟酚合剂防腐剂对南稍间、南次间、明间、北次间、北稍间的檩条系统和椽条系统进行防腐及防虫处理，并采用聚氨酯类防水剂对其进行防水处理。

抢救性保护措施：拆除南稍间、南次间、明间、北次间不规则带树皮圆木的脊檩和东坡金檩，采用经防腐处理过的同材质同形制的原木进行构件的替换；采用松香（12%）和虫胶（8%）的甲醇混合溶液（化学加固剂）对南稍间、南次间、明间、北次间、北稍间檩和椽进行化学加固处理。

（4）屋面

清理东坡和西坡屋面上的杂草；按原形制补配缺失的正脊和吻兽；按原形制补配北稍间东坡和西坡屋面缺失的部分望砖；拆除南稍间、南次间、明间、北次间东坡屋面后期修缮中补配的秸秆，拆除南稍间、南次间前檐屋面后期修缮中补配的秸秆和望板，拆除明间前檐屋面后期修缮中补配的秸秆，拆除北稍间前檐腐朽严重的望板，按原形制采用望砖进行补配。

（5）墙体

铲除东立面前檐外墙体下部涂抹的仿砖纹涂料和上部涂抹的白灰；拆除四根前檐柱周围后人修缮时新加建的墙体，以提高檐柱的透气性；铲除南立面前檐、北立面前檐外墙体下部涂抹的仿砖纹涂料和上部涂抹的白灰；清理北立面墙基处的植物，采用原形制的砖块对北立面山墙风化酥碱严重的砖块进行替换，并对下部墙体涂刷甲基硅酸钠 0.3%的水溶液（防水剂）；采用改性黄泥对风化酥碱剥落严重的泥坯内墙体进行修补加固，拆除内墙体下部装饰的 1.2m 高木质板材，采用白灰对南稍间、南次间、明间、北次间、北稍间的内墙体进行涂抹；按明间北侧隔墙形制，补砌南侧隔墙。

（6）地面

铲除东面室外现有水泥覆盖，按原形制恢复传统方砖铺装，按原形制降低室外地面高度；按原形制恢复明间台阶，采用古代“焊药”对明间断裂阶条石进行粘接；铲除东面散水现有的水泥覆盖，按原形制恢复散水铺装；铲除前檐室外地面现有水泥覆盖，按原形制恢复传统方砖铺装；铲除室内现有瓷砖铺装，按原形制恢复传统方砖铺装。

（7）木装修

拆除门窗上后人修缮时新做的木质装饰，按原形制恢复东立面的门窗；拆除西立面后檐墙上后人修缮时新做的窗户，并按原形制进行封堵；拆除室内加设的现代吊顶装饰。

11.5.6　二进院南厢房（6号房）修缮方案

（1）木柱

预防性保护措施：采用氟酚合剂防腐剂对两根檐柱（A2、A3）和两根金柱（B2、B3）进行防腐及防虫处理，并采用聚氨酯类防水剂对其柱身及柱根进行防水处理。

抢救性保护措施：拆除包裹明间东侧檐柱A2和金柱B2以及明间西侧檐柱A3和金柱B3的隔墙，以提高木柱的透气性。

（2）木梁枋

预防性保护措施：清理明间东侧梁架（②—②）、明间西侧梁架（③—③）上的灰尘；采用氟酚合剂防腐剂对明间东侧梁架（②—②）、明间西侧梁架（③—③）进行防腐及防虫处理，并采用聚氨酯类防水剂对其进行防水处理。

抢救性保护措施：采用松香（12%）和虫胶（8%）的甲醇混合溶液（化学加固剂）对明间东侧梁架（②—②）五架梁、明间西侧梁架（③—③）五架梁及支撑后檐檩的瓜柱进行化学加固处理。

（3）屋盖系统

预防性保护措施：清理东次间、明间、西次间的檩条系统和椽条系统上的灰尘；采用氟酚合剂防腐剂对东次间、明间、西次间的檩条系统和椽条系统进行防腐及防虫处理，并采用聚氨酯类防水剂对其进行防水处理。

抢救性保护措施：采用松香（12%）和虫胶（8%）的甲醇混合溶液化学加固剂对明间后檐檩和后檐椽、西次间后檐檩和后檐椽、前檐的檐檩和檐椽及飞椽进行化学加固处理。

（4）屋面

清理北坡整个屋面上的杂草；按原形制补配缺失的正脊和吻兽；铲除西次间脊座上的混凝土；拆除盖瓦铺装的垂脊，按原形制恢复筒瓦铺装的垂脊；铲除东次间垂脊上的混凝土，按原形制补配缺失的屋面滴水和瓦当；拆除腐朽严重的望板，按原形制恢复望砖铺装。

（5）墙体

铲除北立面前檐墙、东立面前檐墙、西立面前檐墙上部涂抹的白灰和下部表面涂抹的仿砖纹涂料；拆除后人在东立面山墙与过厅（2号房）中间新加砌的一间小屋；铲除东西山墙以及前后檐内墙体下部装饰的 1.2m 高的木板；拆除后人在两根檐柱以及两根金柱周围加砌的隔墙。

（6）地面

铲除室外地面上的水泥覆盖，按原形制恢复传统方砖铺装，按原形制降低室外地面高度；铲除北向散水的水泥覆盖，按原形制恢复传统方砖散水铺装；铲除前檐室外地面的水泥覆盖，按原形制恢复传统方砖铺装；铲除室内地面的瓷砖铺装，按原形制恢复传统方砖铺装。

（7）木装修

拆除门窗上后人修缮时新做的木质装饰，按原形制恢复北立面的门窗；拆除西次间西立面后檐墙上后人修缮时新做的窗户，并按原形制进行封堵。

11.5.7　二进院北厢房（7 号房）修缮方案

（1）木柱

预防性保护措施：采用氟酚合剂防腐剂对两根檐柱（A2、A3）和两根金柱（B2、B3）进行防腐及防虫处理，并采用聚氨酯类防水剂对其柱身及柱根进行防水处理。

抢救性保护措施：拆除包裹明间西侧檐柱 A2 和金柱 B2、东侧檐柱 A3 和金柱 B3 的隔墙，以提高四根木柱的透气性。

（2）木梁枋

预防性保护措施：清理明间西侧梁架（②—②）、明间东侧梁架（③—③）上的灰尘；采用氟酚合剂防腐剂对明间东侧梁架（②—②）、明间西侧梁架（③—③）进行防腐及防虫处理，并采用聚氨酯类防水剂对其进行防水处理。

抢救性保护措施：采用经防腐处理的榆木木条嵌补明间西侧梁架（②—②）、明间东侧梁架（③—③）五架梁及三架梁梁身、三架梁上的脊瓜柱的开裂裂缝，并采用改性结构胶粘牢。

（3）屋盖系统

预防性保护措施：清理东次间、明间、西次间的檩条系统和椽条系统上的灰尘；采用氟酚合剂防腐剂对东次间、明间、西次间的檩条系统和椽条系统进行防腐及防虫处理，并采用聚氨酯类防水剂对其进行防水处理。

抢救性保护措施：采用松香（12%）和虫胶（8%）的甲醇混合溶液（化

学加固剂）对东次间、明间、西次间檩和椽进行化学加固处理；对东次间北坡劈裂严重的上金檩采用碳纤维布进行机械加固；对东次间部分断裂的椽条进行同种或同材质木材的替换。

（4）屋面

清理南坡和北坡整个屋面上的杂草；按原形制补配缺失的正脊和吻兽；拆除南坡屋面西侧前端盖瓦铺装的垂脊，按原形制恢复筒瓦铺装的垂脊；按原形制补配南坡屋面缺失的滴水和瓦当；按原形制补配北坡西侧前端缺失的垂脊；拆除东次间和明间部分望板，按原形制恢复为望砖。

（5）墙体

铲除南立面前后两檐墙、东西两立面山墙中部涂抹的白灰和下部表面涂抹的仿砖纹涂料；铲除东西山墙以及前后檐内墙体下部装饰的 1.2m 高的木板；拆除后人在两根檐柱以及两根金柱周围加砌的墙体；拆除后人在明间西侧新加砌的一堵墙体。

（6）地面

铲除室外地面上的水泥覆盖，按原形制恢复传统方砖铺装，按原形制降低室外地面高度；铲除南向散水的水泥覆盖，按原形制恢复传统方砖散水铺装；铲除前檐室外地面的水泥覆盖，按原形制恢复传统方砖铺装；拆除室外地面上生长的植物；铲除室内地面的瓷砖铺装，按原形制恢复传统方砖铺装。

（7）木装修

拆除门窗上后人修缮时新做的木质装饰，按原形制恢复南立面的门窗；拆除北立面后檐墙上后人修缮时新做的窗户，并按原形制进行封堵；拆除室内加设的现代吊顶装饰。

11.6　本章小结

众所周知，外部环境条件是诱因，而材料本身是劣化的载体。因此，对杨家大院木构件的保护应将外部环境和材料（尤其是木构件用材树种）自身属性特征相结合，以实现科学合理有效的保护。总的保护策略如下：

① 杨家大院木构件的用材树种红杉、麦吊云杉、白皮松、马尾松、黄杉、杉木、杨木、榆木的耐久性均偏低，针对轻微腐朽或暂时未发生腐朽的木构件

应进行防腐防虫处理（如氟酚合剂防腐剂）以预防或阻止其进一步的恶化，对中等腐朽和严重腐朽的木构件应进行化学试剂加固处理［松香（12%）和虫胶（8%）的甲醇混合溶液］以提高其机械支承强度。

② 针对部分屋面的破坏、滴水瓦当的缺失所导致的雨水渗漏对构件的威胁，应及时地按原有形制对破损屋面进行修缮，及时地按原形制对缺失的滴水和瓦当进行补配。

③ 针对室内外地面抬升、室内采用现代瓷砖铺装所导致的柱础周围聚集的冷凝水对柱根的威胁问题，应及时地按原有地面高度进行恢复、按原形制对室内地砖进行恢复，并对木柱柱根进行防水处理以减少柱础上的水分沿木柱顺纹方向向上移动。

④ 针对部分被包裹在墙体或木块内木柱含水率偏高的现象，应及时进行木柱的透风处理，以减少内部水分含量过高对木柱的威胁。

⑤ 对严重影响建筑风貌的装修（如：吊顶、贴纸、瓷砖、门窗等）、新砌砖墙（如：一进院倒座前檐墙、一进院南厢房前檐墙、一进院北厢房前后檐墙及室内新增隔墙等）进行拆除，按原有形制进行恢复。

附录

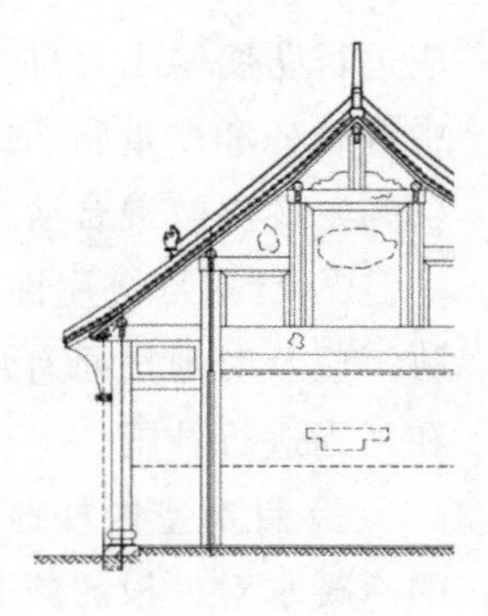

附录 I　杨家大院古建筑残损现状测绘图纸

工程名称：杨家大院古建筑修缮保护工程　　　设计阶段：现状测绘

序号	图别	图号	图纸名称	比例	图幅	备注
1	测绘图	第 1/56 张	倒座平面图	1∶75	A3	倒座
2	测绘图	第 2/56 张	倒座东立面图	1∶75	A3	倒座
3	测绘图	第 3/56 张	倒座南立面图	1∶50	A3	倒座
4	测绘图	第 4/56 张	倒座 1—1 剖面图	1∶50	A3	倒座
5	测绘图	第 5/56 张	倒座 2—2 剖面图	1∶50	A3	倒座
6	测绘图	第 6/56 张	倒座 3—3 剖面图	1∶50	A3	倒座
7	测绘图	第 7/56 张	倒座 4—4 剖面图	1∶50	A3	倒座
8	测绘图	第 8/56 张	倒座 5—5 剖面图	1∶75	A3	倒座
9	测绘图	第 9/56 张	倒座 5—6 剖面图	1∶75	A3	倒座
10	测绘图	第 10/56 张	过厅平面图	1∶75	A3	过厅
11	测绘图	第 11/56 张	过厅东立面图	1∶75	A3	过厅
12	测绘图	第 12/56 张	过厅 1—1 剖面图	1∶50	A3	过厅
13	测绘图	第 13/56 张	过厅 2—2 剖面图	1∶50	A3	过厅
14	测绘图	第 14/56 张	过厅 3—3 剖面图	1∶50	A3	过厅

续表

序号	图别	图号	图纸名称	比例	图幅	备注
15	测绘图	第 15/56 张	过厅 4—4 剖面图	1∶50	A3	过厅
16	测绘图	第 16/56 张	过厅 5—5 剖面图	1∶75	A3	过厅
17	测绘图	第 17/56 张	过厅 6—6 剖面图	1∶75	A3	过厅
18	测绘图	第 18/56 张	一进院南厢房平面图	1∶50	A3	一进院南厢房
19	测绘图	第 19/56 张	一进院南厢房北立面图	1∶50	A3	一进院南厢房
20	测绘图	第 20/56 张	一进院南厢房西立面图	1∶50	A3	一进院南厢房
21	测绘图	第 21/56 张	一进院南厢房东立面图	1∶50	A3	一进院南厢房
22	测绘图	第 22/56 张	一进院南厢房 1—1 剖面图	1∶50	A3	一进院南厢房
23	测绘图	第 23/56 张	一进院南厢房 2—2 剖面图	1∶50	A3	一进院南厢房
24	测绘图	第 24/56 张	一进院南厢房 3—3 剖面图	1∶50	A3	一进院南厢房
25	测绘图	第 25/56 张	一进院南厢房 4—4 剖面图	1∶50	A3	一进院南厢房
26	测绘图	第 26/56 张	一进院北厢房平面图	1∶50	A3	一进院北厢房
27	测绘图	第 27/56 张	一进院北厢房南立面图	1∶50	A3	一进院北厢房
28	测绘图	第 28/56 张	一进院北厢房北立面图	1∶50	A3	一进院北厢房
29	测绘图	第 29/56 张	一进院北厢房西立面图	1∶50	A3	一进院北厢房
30	测绘图	第 30/56 张	一进院北厢房东立面图	1∶50	A3	一进院北厢房
31	测绘图	第 31/56 张	一进院北厢房 1—1 剖面图	1∶50	A3	一进院北厢房
32	测绘图	第 32/56 张	一进院北厢房 2—2 剖面图	1∶50	A3	一进院北厢房
33	测绘图	第 33/56 张	一进院北厢房 3—3 剖面图	1∶50	A3	一进院北厢房
34	测绘图	第 34/56 张	一进院北厢房 4—4 剖面图	1∶50	A3	一进院北厢房
35	测绘图	第 35/56 张	正房平面图	1∶75	A3	正房
36	测绘图	第 36/56 张	正房东立面图	1∶75	A3	正房
37	测绘图	第 37/56 张	正房北立面图	1∶50	A3	正房
38	测绘图	第 38/56 张	正房 1—1 剖面图	1∶50	A3	正房
39	测绘图	第 39/56 张	正房 2—2 剖面图	1∶50	A3	正房
40	测绘图	第 40/56 张	正房 3—3 剖面图	1∶50	A3	正房
41	测绘图	第 41/56 张	正房 4—4 剖面图	1∶50	A3	正房
42	测绘图	第 42/56 张	正房 5—5 剖面图	1∶75	A3	正房
43	测绘图	第 43/56 张	正房 6—6 剖面图	1∶75	A3	正房
44	测绘图	第 44/56 张	二进院南厢房平面图	1∶50	A3	二进院南厢房
45	测绘图	第 45/56 张	二进院南厢房北立面图	1∶50	A3	二进院南厢房
46	测绘图	第 46/56 张	二进院南厢房西立面图	1∶50	A3	二进院南厢房
47	测绘图	第 47/56 张	二进院南厢房 1—1 剖面图	1∶50	A3	二进院南厢房
48	测绘图	第 48/56 张	二进院南厢房 2—2 剖面图	1∶50	A3	二进院南厢房
49	测绘图	第 49/56 张	二进院南厢房 3—3 剖面图	1∶50	A3	二进院南厢房
50	测绘图	第 50/56 张	二进院南厢房 4—4 剖面图	1∶50	A3	二进院南厢房
51	测绘图	第 51/56 张	二进院北厢房平面图	1∶50	A3	二进院北厢房

续表

序号	图别	图号	图纸名称	比例	图幅	备注
52	测绘图	第 52/56 张	二进院北厢房南立面图	1∶50	A3	二进院北厢房
53	测绘图	第 53/56 张	二进院北厢房 1—1 剖面图	1∶50	A3	二进院北厢房
54	测绘图	第 54/56 张	二进院北厢房 2—2 剖面图	1∶50	A3	二进院北厢房
55	测绘图	第 55/56 张	二进院北厢房 3—3 剖面图	1∶50	A3	二进院北厢房
56	测绘图	第 56/56 张	二进院北厢房 4—4 剖面图	1∶50	A3	二进院北厢房

附录Ⅱ　杨家大院古建筑修缮保护设计图纸

工程名称：杨家大院古建筑修缮保护工程　　　　设计阶段：修缮设计

序号	图别	图号	图纸名称	比例	图幅	备注
1	修缮设计图	第 1/56 张	倒座平面图	1∶75	A3	倒座
2	修缮设计图	第 2/56 张	倒座东立面图	1∶75	A3	倒座
3	修缮设计图	第 3/56 张	倒座南立面图	1∶50	A3	倒座
4	修缮设计图	第 4/56 张	倒座 1—1 剖面图	1∶50	A3	倒座
5	修缮设计图	第 5/56 张	倒座 2—2 剖面图	1∶50	A3	倒座
6	修缮设计图	第 6/56 张	倒座 3—3 剖面图	1∶50	A3	倒座
7	修缮设计图	第 7/56 张	倒座 4—4 剖面图	1∶50	A3	倒座
8	修缮设计图	第 8/56 张	倒座 5—5 剖面图	1∶75	A3	倒座
9	修缮设计图	第 9/56 张	倒座 5—6 剖面图	1∶75	A3	倒座
10	修缮设计图	第 10/56 张	过厅平面图	1∶75	A3	过厅
11	修缮设计图	第 11/56 张	过厅东立面图	1∶75	A3	过厅
12	修缮设计图	第 12/56 张	过厅 1—1 剖面图	1∶50	A3	过厅
13	修缮设计图	第 13/56 张	过厅 2—2 剖面图	1∶50	A3	过厅
14	修缮设计图	第 14/56 张	过厅 3—3 剖面图	1∶50	A3	过厅
15	修缮设计图	第 15/56 张	过厅 4—4 剖面图	1∶50	A3	过厅
16	修缮设计图	第 16/56 张	过厅 5—5 剖面图	1∶75	A3	过厅
17	修缮设计图	第 17/56 张	过厅 6—6 剖面图	1∶75	A3	过厅
18	修缮设计图	第 18/56 张	一进院南厢房平面图	1∶50	A3	一进院南厢房
19	修缮设计图	第 19/56 张	一进院南厢房北立面图	1∶50	A3	一进院南厢房

续表

序号	图别	图号	图纸名称	比例	图幅	备注
20	修缮设计图	第 20/56 张	一进院南厢房西立面图	1∶50	A3	一进院南厢房
21	修缮设计图	第 21/56 张	一进院南厢房东立面图	1∶50	A3	一进院南厢房
22	修缮设计图	第 22/56 张	一进院南厢房 1—1 剖面图	1∶50	A3	一进院南厢房
23	修缮设计图	第 23/56 张	一进院南厢房 2—2 剖面图	1∶50	A3	一进院南厢房
24	修缮设计图	第 24/56 张	一进院南厢房 3—3 剖面图	1∶50	A3	一进院南厢房
25	修缮设计图	第 25/56 张	一进院南厢房 4—4 剖面图	1∶50	A3	一进院南厢房
26	修缮设计图	第 26/56 张	一进院北厢房平面图	1∶50	A3	一进院北厢房
27	修缮设计图	第 27/56 张	一进院北厢房南立面图	1∶50	A3	一进院北厢房
28	修缮设计图	第 28/56 张	一进院北厢房北立面图	1∶50	A3	一进院北厢房
29	修缮设计图	第 29/56 张	一进院北厢房西立面图	1∶50	A3	一进院北厢房
30	修缮设计图	第 30/56 张	一进院北厢房东立面图	1∶50	A3	一进院北厢房
31	修缮设计图	第 31/56 张	一进院北厢房 1—1 剖面图	1∶50	A3	一进院北厢房
32	修缮设计图	第 32/56 张	一进院北厢房 2—2 剖面图	1∶50	A3	一进院北厢房
33	修缮设计图	第 33/56 张	一进院北厢房 3—3 剖面图	1∶50	A3	一进院北厢房
34	修缮设计图	第 34/56 张	一进院北厢房 4—4 剖面图	1∶50	A3	一进院北厢房
35	修缮设计图	第 35/56 张	正房平面图	1∶75	A3	正房
36	修缮设计图	第 36/56 张	正房东立面图	1∶75	A3	正房
37	修缮设计图	第 37/56 张	正房北立面图	1∶50	A3	正房
38	修缮设计图	第 38/56 张	正房 1—1 剖面图	1∶50	A3	正房
39	修缮设计图	第 39/56 张	正房 2—2 剖面图	1∶50	A3	正房
40	修缮设计图	第 40/56 张	正房 3—3 剖面图	1∶50	A3	正房
41	修缮设计图	第 41/56 张	正房 4—4 剖面图	1∶50	A3	正房
42	修缮设计图	第 42/56 张	正房 5—5 剖面图	1∶75	A3	正房
43	修缮设计图	第 43/56 张	正房 6—6 剖面图	1∶75	A3	正房
44	修缮设计图	第 44/56 张	二进院南厢房平面图	1∶50	A3	二进院南厢房
45	修缮设计图	第 45/56 张	二进院南厢房北立面图	1∶50	A3	二进院南厢房
46	修缮设计图	第 46/56 张	二进院南厢房西立面图	1∶50	A3	二进院南厢房
47	修缮设计图	第 47/56 张	二进院南厢房 1—1 剖面图	1∶50	A3	二进院南厢房
48	修缮设计图	第 48/56 张	二进院南厢房 2—2 剖面图	1∶50	A3	二进院南厢房
49	修缮设计图	第 49/56 张	二进院南厢房 3—3 剖面图	1∶50	A3	二进院南厢房
50	修缮设计图	第 50/56 张	二进院南厢房 4—4 剖面图	1∶50	A3	二进院南厢房
51	修缮设计图	第 51/56 张	二进院北厢房平面图	1∶50	A3	二进院北厢房
52	修缮设计图	第 52/56 张	二进院北厢房南立面图	1∶50	A3	二进院北厢房
53	修缮设计图	第 53/56 张	二进院北厢房 1—1 剖面图	1∶50	A3	二进院北厢房
54	修缮设计图	第 54/56 张	二进院北厢房 2—2 剖面图	1∶50	A3	二进院北厢房
55	修缮设计图	第 55/56 张	二进院北厢房 3—3 剖面图	1∶50	A3	二进院北厢房
56	修缮设计图	第 56/56 张	二进院北厢房 4—4 剖面图	1∶50	A3	二进院北厢房

附录Ⅲ　残损现状及修缮保护措施表格汇总

附录Ⅲ-1　一进院倒座（1号房）残损现状及修缮保护措施表

一进院大门残损现状及修缮保护措施表

构件名称	残损情况	木构件树种名称	偏光荧光劣化效果	修缮保护措施
屋盖系统	1. 东面屋盖下的构造被装饰木板包裹[图6-1(a)]			(1)抢救性保护:拆除包裹东面屋盖的装饰木板； (2)预防性保护—防水法:采用聚氨酯类防水剂对东面屋盖系统进行防水处理
	2. 西侧檩条与枋漆面脱落,其侧面与底部有细微的干缩裂缝[图6-1(d)]			(1)抢救性保护—嵌补法:采用腻子将西侧檩条与枋表面的细小开裂裂缝勾抹严实； (2)抢救性保护:采用相同的油漆对西侧檩条与枋脱落的漆进行补修； (3)预防性保护—防水法:采用聚氨酯类防水剂对东面屋盖系统进行防水处理
木装修	1. 门板上用油漆写上联系方式[图6-1(a)],门板内侧下方有轻微的糟朽[图6-1(b)]			(1)抢救性保护:清除大门门板外侧的联系方式； (2)预防性保护—化学防腐法:采用氟酚合剂防腐剂对门板进行防腐及防虫处理； (3)预防性保护—防水法:采用聚氨酯类防水剂对门板进行防水处理
	2. 木格栅天花板出现断裂[图6-1(e)]			拆除钉在墙体之间的装饰木格栅天花板
墙体	墙体两侧有木质花纹装饰[图6-1(f)]			拆除墙体两侧的木质花纹装饰

续表

一进院倒座(1号房)残损现状及修缮保护措施表

构件名称	残损情况	木构件树种名称	偏光荧光劣化效果	修缮保护措施
木柱	1. 南次间南侧前檐柱(A2)柱身漆面剥落，柱身表面出现细小开裂裂缝，柱根有明显节子缺陷[图 6-2(b)]			(1)抢救性保护—嵌补法：采用腻子将前檐柱(A2)柱身表面的细小开裂裂缝勾抹严实； (2)预防性保护—防水法：采用聚氨酯类防水剂对前檐柱(A2)柱身及柱根进行防水处理
	2. 明间南侧前檐柱(A3)柱身表面出现细小开裂裂缝[图 6-2(c)～(d)]			(1)抢救性保护—嵌补法：采用腻子将前檐柱(A3)柱身表面的细小开裂裂缝勾抹严实； (2)预防性保护—防水法：采用聚氨酯类防水剂对前檐柱(A3)柱身及柱根进行防水处理
	3. 明间北侧前檐柱(A4)柱身表面出现细小开裂裂缝[图 6-2(e)～(f)]			(1)抢救性保护—嵌补法：采用腻子将前檐柱(A4)柱身表面的细小开裂裂缝勾抹严实； (2)预防性保护—防水法：采用聚氨酯类防水剂对前檐柱(A4)柱身及柱根进行防水处理
	4. 北次间北侧前檐柱(A5)柱根表面出现轻微腐朽现象[图 6-2(g)]			(1)抢救性保护—嵌补法：采用腻子将前檐柱(A5)柱身表面的细小开裂裂缝勾抹严实； (2)预防性保护—防水法：采用聚氨酯类防水剂对前檐柱(A5)柱身及柱根进行防水处理
	5. 明间南侧金柱(B4)柱根与柱础有偏心现象[图 6-2(k)]			(1)抢救性保护—打牮拨正法：采用打牮拨正法进行金柱(B4)柱根与柱础偏心的纠偏处理； (2)预防性保护—防水法：采用聚氨酯类防水剂对金柱(B4)柱身及柱根进行防水处理
	6. 北次间北侧金柱(B5)柱根出现腐朽现象[图 6-2(l)]			(1)预防性保护—化学防腐法：采用氟酚合剂对金柱(B5)进行防腐及防虫处理； (2)预防性保护—防水法：采用聚氨酯类防水剂对金柱(B5)柱身及柱根进行防水处理

续表

一进院倒座(1号房)残损现状及修缮保护措施表

构件名称	残损情况	木构件树种名称	偏光荧光劣化效果	修缮保护措施
木柱	7. 四根后檐柱(C2、C3、C4、C5),均被后人砌筑的后檐墙包裹[图 6-2(h)]			(1)抢救性保护:拆除包裹四根后檐柱(C2、C3、C4、C5)的后檐墙,以提高木柱的透气性; (2)预防性保护—防水法:采用聚氨酯类防水剂对四根后檐柱(C2、C3、C4、C5)柱身及柱根进行防水处理
梁架	1. 南次间南侧梁架(②—②)五架梁东端梁头出现细小开裂裂缝[图 6-3(c)]			抢救性保护—嵌补法:采用腻子将五架梁东端梁头细小的开裂裂缝勾抹严实
	2. 南次间南侧梁架(②—②)五架梁东端侧面和底部出现细小开裂裂缝[图 6-3(d)]			抢救性保护—嵌补法:采用腻子将五架梁东端侧面和底部细小的开裂裂缝勾抹严实
	3. 南次间南侧梁架(②—②)五架梁西端底部出现细小开裂裂缝[图 6-3(e)]			抢救性保护—嵌补法:采用腻子将五架梁西端底部细小的开裂裂缝勾抹严实
	4. 明间南侧梁架(③—③)五架梁东端梁头出现细小开裂裂缝,局部出现糟朽现象[图 6-3(g)]			抢救性保护—嵌补法:采用腻子将五架梁东端梁头细小的开裂裂缝勾抹严实
	5. 明间南侧梁架(③—③)五架梁东端侧面出现细小开裂裂缝[图 6-3(h)]			抢救性保护—嵌补法:采用腻子将五架梁东端侧面细小的开裂裂缝勾抹严实
	6. 明间南侧梁架(③—③)三架梁底部出现细小开裂裂缝[图 6-3(i)]			抢救性保护—嵌补法:采用腻子将三架梁底部细小的开裂裂缝勾抹严实
	7. 明间北侧梁架(④—④)五架梁东端梁头出现细小开裂裂缝[图 6-3(k)]			抢救性保护—嵌补法:采用腻子将五架梁东端梁头细小的开裂裂缝勾抹严实
	8. 明间北侧梁架(④—④)五架梁中部侧面出现细小开裂裂缝[图 6-3(l)]			抢救性保护—嵌补法:采用腻子将五架梁中部侧面细小的开裂裂缝勾抹严实

续表

一进院倒座(1 号房)残损现状及修缮保护措施表

构件名称	残损情况	木构件树种名称	偏光荧光劣化效果	修缮保护措施
梁架	9. 明间北侧梁架(④—④)东端单步梁底部以及五架梁东端侧面及底部出现细小开裂裂缝[图 6-3(m)]			抢救性保护—嵌补法:采用腻子将东端单步梁底部以及五架梁东端侧面及底部细小的开裂裂缝勾抹严实
	10. 北次间北侧梁架(⑤—⑤)五架梁东端侧面出现细小开裂裂缝[图 6-3(o)]			抢救性保护—嵌补法:采用腻子将五架梁东端侧面细小的开裂裂缝勾抹严实
	11. 北次间北侧梁架(⑤—⑤)五架梁西端底部出现劈裂裂缝,裂缝宽度达 30mm[图 6-3(p)～(q)]			抢救性保护—嵌补法:采用经防腐处理的木条嵌补五架梁西端底部的开裂裂缝,并采用改性结构胶胶黏剂粘牢
屋盖系统	1. 明间脊檩檩身出现细小开裂裂缝[图 6-4(b)]			抢救性保护—嵌补法:采用腻子将明间脊檩檩身细小的开裂裂缝勾抹严实
	2. 明间后坡上金檩檩身出现细小开裂裂缝[图 6-4(c)]			抢救性保护—嵌补法:采用腻子将明间后坡上金檩檩身细小的开裂裂缝勾抹严实
	3. 明间前坡上金檩檩身出现细小开裂裂缝[图 6-4(d)]			抢救性保护—嵌补法:采用腻子将明间前坡上金檩檩身细小的开裂裂缝勾抹严实
	4. 明间后坡下金檩檩身出现开裂裂缝,裂缝宽度达 20mm[图 6-4(e)]			抢救性保护—嵌补法:采用经防腐处理的木条嵌补明间后坡下金檩檩身的开裂裂缝,并采用改性结构胶胶黏剂粘牢
	5. 南稍间檐檩檩身出现细小开裂裂缝[图 6-4(h)～(l)]			抢救性保护—嵌补法:采用腻子将南稍间檐檩檩身细小的开裂裂缝勾抹严实
	6. 明间檐檩檩身出现开裂裂缝,裂缝宽度达 20mm[图 6-4(k)]			抢救性保护—嵌补法:采用经防腐处理的木条嵌补明间檐檩檩身的开裂裂缝,并采用改性结构胶胶黏剂粘牢
	7. 北次间檐檩檩身出现开裂裂缝,裂缝宽度达 20mm[图 6-4(l)]			抢救性保护—嵌补法:采用经防腐处理的木条嵌补北次间檐檩檩身的开裂裂缝,并采用改性结构胶胶黏剂粘牢

续表

一进院倒座(1号房)残损现状及修缮保护措施表

构件名称	残损情况	木构件树种名称	偏光荧光劣化效果	修缮保护措施
屋盖系统	8. 部分椽出现细小开裂裂缝[图 6-4(a)～(c)、(e)]			抢救性保护—嵌补法:采用腻子将部分椽细小的开裂裂缝勾抹严实
	9. 部分后檐檐椽的飞椽椽头出现轻微腐朽现象[图 6-4(h)～(l)]			预防性保护—化学防腐法:采用氟酚合剂对部分后檐的飞椽进行防腐及防虫处理
屋面	1. 东坡屋面正脊、垂脊、吻兽、瓦件、滴水、瓦当均保存完好			无须修缮
	2. 西坡屋面正脊、垂脊、吻兽、瓦件、滴水、瓦当均保存完好			无须修缮
墙体	1. 东立面墙体为倒座原后檐墙,现已破墙开窗,槛墙为后人按现代工艺所做[图 6-6(a)～(c)]			拆除现有玻璃门窗,按原有形制恢复封后檐墙体
	2. 西立面墙体为倒座原前廊,现为后人按封后檐和七层冰盘檐所做砖挑檐墙,砌筑方式五顺一丁[图 6-6(d)～(f)]			拆除现有墙体,在金柱位置上按原有形制恢复门窗和前廊
	3. 西立面北次间和北稍间外墙体上面有现代瓷砖铺装,墙砖局部丢失,局部面积 16cm×12cm,部分位置被白瓷砖贴面,个别墙砖有风化起酥迹象,局部有烟熏火烧造成的污物附着,管线附着[图 6-6(d)]			拆除现有墙体
	4. 西立面明间外墙体有潮湿现象[图 6-6(e)]			拆除现有墙体
	5. 西立面南次间和南稍间外墙体上面有现代白瓷砖贴面,管线附着[图 6-6(f)]			拆除现有墙体

续表

一进院倒座(1号房)残损现状及修缮保护措施表

构件名称	残损情况	木构件树种名称	偏光荧光劣化效果	修缮保护措施
墙体	6. 南立面外墙体下部受潮，轻微酥碱同时泛碱，局部墙砖残损，上面配置有电箱[图 6-6(g)]			涂刷甲基硅酸钠 0.3%的水溶液防水剂；补砌缺失的砖块；拆除配置的电箱
	7. 东立面内墙体上部为玻璃窗户，下部仿砖纹涂料涂抹[图 6-6(i)]			按原有形制恢复内墙涂饰
	8. 南立面内墙体上部白灰涂抹并有壁画，下部仿砖纹涂料涂抹[图 6-6(j)]			按原有形制恢复内墙涂饰
	9. 西立面内墙体上部白灰涂抹，下部仿砖纹涂料涂抹，明间上方加置木质屋檐[图 6-6(k)]			按原有形制恢复内墙涂饰
	10. 北立面内墙体上部白灰涂抹并有壁画，下部仿砖纹涂料涂抹[图 6-6(l)]			按原有形制恢复内墙涂饰
地面	1. 东面阶条石普遍风化剥蚀，局部断裂；砖块风化酥碱[图 6-7(a)～(c)]			采用古代“焊药”对断裂阶条石进行粘接
	2. 东面散水已被水泥地面覆盖[图 6-7(d)]			按原有形制恢复传统方砖散水铺装
	3. 明间增加现代工艺水泥踏垛[图 6-7(e)]			拆除现存水泥踏垛
	4. 室内地面的部分砖块存在断裂、丢失、松动[图 6-7(f)～(g)]			按原有形制替换断裂或丢失的砖块，固定松动的砖块
	5. 室内地面抬升，与后檐台基几乎齐平，易形成内涝，雨水倒灌[图 6-7(h)]			按原有形制降低室外地面高度；按原形制降低室内地面高度

续表

一进院倒座(1 号房)残损现状及修缮保护措施表

构件名称	残损情况	木构件 树种名称	偏光荧光 劣化效果	修缮保护措施
木装修	1. 东立面现存玻璃门窗原为其后墙体,改变了原有形制[图 6-8(a)]			拆除现有玻璃门窗,按原形制恢复东立面墙体
	2. 东立面南稍间走马板油漆局部起皮剥落[图 6-8(b)]			拆除现有玻璃门窗,按原形制恢复东立面墙体
	3. 东立面北稍间走马板油漆局部起皮剥落[图 6-8(c)]			拆除现有玻璃门窗,按原形制恢复东立面墙体
	4. 西立面明间槍墙门洞为后期改制[图 6-8(d)]			拆除西立面明间槍墙上现有的门洞

附录Ⅲ-2　一进院过厅（2 号房）残损现状及修缮保护措施表

构件名称	残损情况	木构件 树种名称	偏光荧光 劣化效果	修缮保护措施
木柱	1. 南次间南侧前檐柱(A2)整根柱严重腐朽,上部出现竖向劈裂,柱身上部有数条细微裂缝且其上固定有电线限位器,结构可靠性严重降低[图 6-9(a)～(c)]	No. 1 白皮松	严重腐朽	(1)抢救性保护:拆除固定在前檐柱(A2)柱身上的电线限位器; (2)抢救性保护—化学加固法:采用松香(12%)和虫胶(8%)的甲醇混合溶液(化学加固剂)对前檐柱(A2)进行化学加固处理; (3)预防性保护—防水法:采用聚氨酯类防水剂对前檐柱(A2)柱身及柱根进行防水处理
	2. 明间南侧前檐柱(A3)柱身出现开裂裂缝,裂缝宽度达 15mm[图 6-9(d)]	No. 3 榆木	轻微腐朽	(1)抢救性保护—嵌补法:采用经防腐处理的榆木木条嵌补前檐柱(A3)柱身表面的开裂裂缝,并采用改性结构胶粘牢; (2)预防性保护—化学防腐法:采用氟酚合剂防腐剂对前檐柱(A3)进行防腐及防虫处理; (3)预防性保护—防水法:采用聚氨酯类防水剂对前檐柱(A3)柱身及柱根进行防水处理

续表

构件名称	残损情况	木构件树种名称	偏光荧光劣化效果	修缮保护措施
木柱	3. 明间北侧前檐柱(A4)柱根糟朽严重[图6-9(e)]	No. 13 板栗	严重腐朽	(1)抢救性保护—化学加固法:采用松香(12%)和虫胶(8%)的甲醇混合溶液(化学加固剂)对前檐柱(A4)进行化学加固处理; (2)预防性保护—化学防腐法:采用氟酚合剂防腐剂对前檐柱(A4)进行防腐及防虫处理; (3)预防性保护—防水法:采用聚氨酯类防水剂对前檐柱(A4)柱身及柱根进行防水处理
	4. 北次间北侧前檐柱(A5)柱根糟朽严重[图6-9(f)~(g)]	No. 10 榆木	严重腐朽	(1)抢救性保护—化学加固法:采用松香(12%)和虫胶(8%)的甲醇混合溶液(化学加固剂)对前檐柱(A5)进行化学加固处理; (2)预防性保护—化学防腐法:采用氟酚合剂防腐剂对前檐柱(A5)进行防腐及防虫处理; (3)预防性保护—防水法:采用聚氨酯类防水剂对前檐柱(A5)柱身及柱根进行防水处理
	5. 南次间南侧前金柱(B2)柱身出现开裂裂缝,裂缝宽度达20mm,柱根处糟朽严重,柱身上部产生受力劈裂[图6-9(h)~(k)]	No. 2 杨木	轻微腐朽	(1)抢救性保护—嵌补法:采用经防腐处理的杨木木条嵌补前金柱(B2)柱身表面的开裂裂缝,并采用改性结构胶粘牢; (2)预防性保护—化学防腐法:采用氟酚合剂防腐剂对前金柱(B2)进行防腐及防虫处理; (3)预防性保护—防水法:采用聚氨酯类防水剂对前金柱(B2)柱身及柱根进行防水处理
	6. 明间南侧前金柱(B3)柱根糟朽严重,有铁箍加固痕迹[图6-9(l)]	No. 15 杨木	严重腐朽	(1)抢救性保护—化学加固法:采用松香(12%)和虫胶(8%)的甲醇混合溶液(化学加固剂)对前金柱(B3)进行化学加固处理; (2)预防性保护—化学防腐法:采用氟酚合剂防腐剂对前金柱(B3)进行防腐及防虫处理; (3)预防性保护—防水法:采用聚氨酯类防水剂对前金柱(B3)柱身及柱根进行防水处理

续表

构件名称	残损情况	木构件树种名称	偏光荧光劣化效果	修缮保护措施
木柱	7. 明间北侧前金柱(B4)柱根有矩形缺口，缺口处糟朽严重；柱身产生开裂裂缝，有铁箍加固痕迹[图 6-9(m)～(o)]	No. 12 杨木	轻微腐朽	(1)抢救性保护—嵌补法：采用经防腐处理的杨木木条嵌补前金柱(B4)柱身表面的开裂裂缝，并采用改性结构胶粘牢； (2)抢救性保护—挖补法：采用经防腐处理的杨木木块包镶前金柱(B4)柱根的矩形缺口，并采用改性结构胶粘牢； (3)预防性保护—化学防腐法：采用氟酚合剂防腐剂对前金柱(B4)进行防腐及防虫处理； (4)预防性保护—防水法：采用聚氨酯类防水剂对前金柱(B4)柱身及柱根进行防水处理
	8. 北次间北侧前金柱(B5)柱根东面有矩形缺口，缺口处糟朽严重；柱身产生斜纹理开裂裂缝，裂缝宽度达 30mm[图 6-9(p)～(r)]	No. 11 杨木	轻微腐朽	(1)抢救性保护—嵌补法：采用经防腐处理的杨木木条嵌补前金柱(B5)柱身表面的开裂裂缝，并采用改性结构胶粘牢； (2)抢救性保护—挖补法：采用经防腐处理的杨木木块包镶前金柱(B5)柱根的矩形缺口，并采用改性结构胶粘牢； (3)预防性保护—化学防腐法：采用氟酚合剂防腐剂对前金柱(B5)进行防腐及防虫处理； (4)预防性保护—防水法：采用聚氨酯类防水剂对前金柱(B5)柱身及柱根进行防水处理
	9. 明间南侧后金柱(C3)被墙体包裹[图 6-9(s)]			抢救性保护：拆除隔墙，提高后金柱(C3)的透风效果
	10. 明间北侧后金柱(C4)柱根有矩形缺口，缺口处糟朽严重[图 6-9(t)]	No. 14 麦吊云杉	中等腐朽	(1)抢救性保护—挖补法：采用经防腐处理的麦吊云杉木块包镶后金柱(C4)柱根的矩形缺口，并采用改性结构胶粘牢； (2)预防性保护—化学防腐法：采用氟酚合剂防腐剂对后金柱(C4)进行防腐及防虫处理； (3)预防性保护—防水法：采用聚氨酯类防水剂对后金柱(C4)柱身及柱根进行防水处理

续表

构件名称	残损情况	木构件树种名称	偏光荧光劣化效果	修缮保护措施
梁架	1. 南次间南侧梁架(②—②)、明间南侧梁架(③—③)、明间北侧梁架(④—④)、北次间北侧梁架(⑤—⑤)均落满灰尘[图 6-10(a)、(h)、(m)、(p)]			预防性保护—日常维护:清理南次间南侧梁架(②—②)、明间南侧梁架(③—③)、明间北侧梁架(④—④)、北次间北侧梁架(⑤—⑤)上的灰尘
	2. 南次间南侧梁架(②—②)五架梁梁身侧面出现开裂裂缝,梁身多处有铁钉钉入[图 6-(a)~(b)]	No. 41 黄杉	轻微腐朽	(1)抢救性保护—嵌补法:采用腻子将南次间南侧梁架(②—②)五架梁梁身侧面细小的开裂裂缝勾抹严实; (2)抢救性保护:去除钉入南次间南侧梁架(②—②)五架梁梁身上的铁钉; (3)预防性保护—化学防腐法:采用氟酚合剂防腐剂对南次间南侧梁架(②—②)五架梁进行防腐及防虫处理; (4)预防性保护—防水法:采用聚氨酯类防水剂对南次间南侧梁架(②—②)五架梁进行防水处理
	3. 南次间南侧梁架(②—②)三架梁梁身出现开裂裂缝[图 6-(c)]	No. 42 红杉	轻微腐朽	(1)抢救性保护—嵌补法:采用腻子将南次间南侧梁架(②—②)三架梁梁身细小的开裂裂缝勾抹严实; (2)预防性保护—化学防腐法:采用氟酚合剂防腐剂对南次间南侧梁架(②—②)三架梁进行防腐及防虫处理; (3)预防性保护—防水法:采用聚氨酯类防水剂对南次间南侧梁架(②—②)三架梁进行防水处理
	4. 南次间南侧梁架(②—②)五架梁上的瓜柱柱身出现贯穿柱身的裂缝[图 6-10(d)]			(1)抢救性保护—嵌补法:采用腻子将南次间南侧梁架(②—②)五架梁上的瓜柱细小的开裂裂缝勾抹严实; (2)预防性保护—化学防腐法:采用氟酚合剂防腐剂对南次间南侧梁架(②—②)五架梁上的瓜柱进行防腐及防虫处理; (3)预防性保护—防水法:采用聚氨酯类防水剂对南次间南侧梁架(②—②)五架梁上的瓜柱进行防水处理

续表

构件名称	残损情况	木构件树种名称	偏光荧光劣化效果	修缮保护措施
梁架	5. 南次间南侧梁架(②—②)后檐穿插枋腐朽严重[图 6-10(e)～(f)]	No. 40 杉木	严重腐朽	(1)抢救性保护—化学加固法:采用松香(12%)和虫胶(8%)的甲醇混合溶液(化学加固剂)对南次间南侧梁架(②—②)后檐穿插枋进行化学加固处理; (2)预防性保护—化学防腐法:采用氟酚合剂防腐剂对南次间南侧梁架(②—②)后檐穿插枋进行防腐及防虫处理; (3)预防性保护—防水法:采用聚氨酯类防水剂对南次间南侧梁架(②—②)后檐穿插枋进行防水处理
	6. 南次间南侧梁架(②—②)后檐抱头梁腐朽严重[图 6-10(e)、(g)]	No. 48 杨木	严重腐朽	(1)抢救性保护—化学加固法:采用松香(12%)和虫胶(8%)的甲醇混合溶液(化学加固剂)对南次间南侧梁架(②—②)后檐抱头梁进行化学加固处理; (2)预防性保护—化学防腐法:采用氟酚合剂防腐剂对南次间南侧梁架(②—②)后檐抱头梁进行防腐及防虫处理; (3)预防性保护—防水法:采用聚氨酯类防水剂对南次间南侧梁架(②—②)后檐抱头梁进行防水处理
	7. 明间南侧梁架(③—③)五架梁梁身多处有铁钉钉入[图 6-10(h)～(j)]			(1)抢救性保护:去除钉入明间南侧梁架(③—③)五架梁梁身上的铁钉; (2)预防性保护—化学防腐法:采用氟酚合剂防腐剂对明间南侧梁架(③—③)五架梁进行防腐及防虫处理; (3)预防性保护—防水法:采用聚氨酯类防水剂对明间南侧梁架(③—③)五架梁进行防水处理
	8. 明间南侧梁架(③—③)三架梁出现开裂裂缝[图 6-10(k)]			(1)抢救性保护—嵌补法:采用腻子将明间南侧梁架(③—③)三架梁梁身细小的开裂裂缝勾抹严实; (2)预防性保护—化学防腐法:采用氟酚合剂防腐剂对明间南侧梁架(③—③)三架梁进行防腐及防虫处理; (3)预防性保护—防水法:采用聚氨酯类防水剂对明间南侧梁架(③—③)三架梁进行防水处理

续表

构件名称	残损情况	木构件树种名称	偏光荧光劣化效果	修缮保护措施
梁架	9. 明间南侧梁架(③—③)五架梁上的瓜柱柱身出现贯穿柱身的裂缝[图 6-10(l)]			(1)抢救性保护—嵌补法:采用腻子将明间南侧梁架(③—③)五架梁上的瓜柱细小的开裂裂缝勾抹严实; (2)预防性保护—化学防腐法:采用氟酚合剂防腐剂对明间南侧梁架(③—③)五架梁上的瓜柱进行防腐及防虫处理; (3)预防性保护—防水法:采用聚氨酯类防水剂对明间南侧梁架(③—③)五架梁上的瓜柱进行防水处理
	10. 明间北侧梁架(④—④)三架梁出现开裂裂缝[图 6-10(n)]			(1)抢救性保护—嵌补法:采用腻子将明间北侧梁架(④—④)三架梁细小的开裂裂缝勾抹严实; (2)预防性保护—化学防腐法:采用氟酚合剂防腐剂对明间北侧梁架(④—④)三架梁进行防腐及防虫处理; (3)预防性保护—防水法:采用聚氨酯类防水剂对明间北侧梁架(④—④)三架梁进行防水处理
	11. 明间北侧梁架(④—④)五架梁上的瓜柱柱身出现细小开裂裂缝[图 6-10(o)]			(1)抢救性保护—嵌补法:采用腻子将明间北侧梁架(④—④)五架梁上的瓜柱柱身细小的开裂裂缝勾抹严实; (2)预防性保护—化学防腐法:采用氟酚合剂防腐剂对明间北侧梁架(④—④)五架梁上的瓜柱进行防腐及防虫处理; (3)预防性保护—防水法:采用聚氨酯类防水剂对明间北侧梁架(④—④)五架梁上的瓜柱进行防水处理
屋盖系统	1. 南稍间、南次间、明间、北次间、北稍间的檩条系统和椽条系统均落满灰尘[图 6-11(a)～(t)]			预防性保护—日常维护:清理南稍间、南次间、明间、北次间、北稍间的檩条系统和椽条系统上的灰尘

续表

构件名称	残损情况	木构件树种名称	偏光荧光劣化效果	修缮保护措施
屋盖系统	2. 南稍间东坡檩和椽糟朽严重[图 6-11(a)～(c)]			(1)抢救性保护—化学加固法：采用松香(12%)和虫胶(8%)的甲醇混合溶液(化学加固剂)对南稍间东坡檩和椽进行化学加固处理； (2)预防性保护—化学防腐法：采用氟酚合剂防腐剂对南稍间东坡檩和椽进行防腐及防虫处理； (3)预防性保护—防水法：采用聚氨酯类防水剂对南稍间东坡檩和椽进行防水处理
	3. 南次间东西两坡下金檩和椽糟朽严重，椽多处断裂缺失[图 6-11(d)～(e)]			(1)抢救性保护—化学加固法：采用松香(12%)和虫胶(8%)的甲醇混合溶液(化学加固剂)对南次间东西两坡下金檩和椽进行化学加固处理； (2)抢救性保护：按原材质、原形制补配南次间东西两坡断裂缺失的椽； (3)预防性保护—化学防腐法：采用氟酚合剂防腐剂对南次间东西两坡下金檩和椽进行防腐及防虫处理； (4)预防性保护—防水法：采用聚氨酯类防水剂对南次间东西两坡下金檩和椽进行防水处理
	4. 明间东西两坡檩和椽糟朽严重，椽多处断裂缺失[图 6-11(f)]			(1)抢救性保护—化学加固法：采用松香(12%)和虫胶(8%)的甲醇混合溶液(化学加固剂)对明间东西两坡檩和椽进行化学加固处理； (2)抢救性保护：按原材质、原形制补配明间东西两坡断裂缺失的椽； (3)预防性保护—化学防腐法：采用氟酚合剂防腐剂对明间东西两坡檩和椽进行防腐及防虫处理； (4)预防性保护—防水法：采用聚氨酯类防水剂对明间东西两坡檩和椽进行防水处理
	5. 北次间东西两坡檩和椽糟朽严重[图 6-11(g)～(h)]			(1)抢救性保护—化学加固法：采用松香(12%)和虫胶(8%)的甲醇混合溶液(化学加固剂)对北次间东西两坡檩和椽进行化学加固处理； (2)预防性保护—化学防腐法：采用氟酚合剂防腐剂对北次间东西两坡檩和椽进行防腐及防虫处理； (3)预防性保护—防水法：采用聚氨酯类防水剂对北次间东西两坡檩和椽进行防水处理

续表

构件名称	残损情况	木构件树种名称	偏光荧光劣化效果	修缮保护措施
屋盖系统	6. 南稍间[图 6-11(i)～(k)]、南次间[图 6-11(l)～(n)]、北稍间[图 6-11(o)～(p)]前檐檩和檐椽椽头糟朽严重	No. 44 白皮松	严重腐朽	(1)抢救性保护:按原有形制补配南稍间、南次间、明间、北次间和北稍间前檐缺失的滴水和瓦当,以防止雨水顺流至前檐椽; (2)抢救性保护—化学加固法:采用松香(12%)和虫胶(8%)的甲醇混合溶液(化学加固剂)对前檐椽进行化学加固处理; (3)预防性保护—化学防腐法:采用氟酚合剂防腐剂对前檐檩和檐椽进行防腐及防虫处理; (4)预防性保护—防水法:采用聚氨酯类防水剂对前檐檩和檐椽进行防水处理
		No. 46 杉木	轻微腐朽	
		No. 47 红杉	轻微腐朽	
	7. 北稍间[图 6-11(q)]、北次间[图 6-11(r)]后檐的飞椽腐朽严重,明间[图 6-11(s)]、南次间和南稍间[图 6-11(t)]后檐的飞椽、大连檐现已被更换	No. 43 杉木	严重腐朽	(1)抢救性保护:按原有形制补配北稍间、北次间、明间、南次间和南稍间后檐缺失的滴水和瓦当,以防止雨水顺流至前檐椽; (2)抢救性保护—化学加固法:采用松香(12%)和虫胶(8%)的甲醇混合溶液(化学加固剂)对后檐椽进行化学加固处理; (3)预防性保护—化学防腐法:采用氟酚合剂防腐剂对后檐椽进行防腐及防虫处理; (4)预防性保护—防水法:采用聚氨酯类防水剂对后檐椽进行防水处理
屋面	1. 东坡[图 6-12(a)～(d)]和西坡[图 6-12(e)～(l)]整个屋面杂草丛生,部分瓦件有滑落、缺失、碎裂现象,且上面有黑色附着物			清理东坡和西坡屋面上的杂草; 整理滑落的瓦件,按原形制补配缺失和碎裂的瓦件
	2. 南次间目前用防水布遮盖,和原有形制不一致[图 6-12(a)～(b)]			揭除南次间遮盖的防水布
	3. 南次间、明间和北次间东坡中间出现凹陷现象[图 6-12(b)]			打开南次间、明间和北次间东坡屋面,重新铺装屋面
	4. 南次间和明间正脊全部缺失[图 6-12(a)～(b)],北次间正脊基本保留完好,但有水泥砂浆修补的痕迹,和原有形制不一致[图 6-12(b)～(d)]			参考北次间正脊,按原形制补配南次间和明间缺失的正脊; 铲除北次间正脊上修补的水泥砂浆

续表

构件名称	残损情况	木构件树种名称	偏光荧光劣化效果	修缮保护措施
屋面	5. 南稍间和北稍间正脊吻兽全部缺失[图6-12(a)~(d)]			按原形制补配南稍间和北稍间缺失的正脊吻兽
	6. 东坡[图6-12(a)~(d)]和西坡[图6-12(i)~(k)]屋面滴水和瓦当几乎全部缺失			按原形制补配东坡和西坡屋面缺失的滴水和瓦当
	7. 南稍间东坡部分屋面存在露天孔洞[图6-11(a)]			按原形制补配南稍间东坡破损的屋面
	8. 北次间南侧垂脊基本保存完好，但北侧垂脊破损严重，有水泥砂浆修补的痕迹，和原有形制不一致[图6-12(e)~(h)]			参考北次间南侧垂脊，按原形制补配北侧破损的垂脊，并铲除其上修补的水泥砂浆
	9. 南稍间南侧正脊局部缺失，南北垂脊基本保留完好[图6-12(k)~(l)]			参考北次间正脊，按原形制补配南稍间南侧缺失的局部正脊
	10. 南稍间东坡部分望砖缺失[图6-11(a)]			按原形制补配南稍间东坡缺失的部分望砖
	11. 南次间东西两坡部分望砖缺失且采用新的望板进行修补，和原有形制不一致[图6-11(e)]			去除南次间东西两坡新的望板，按原形制恢复缺失的部分望砖
	12. 明间东西两坡部分望砖缺失且采用现代石棉瓦进行修补，和原有形制不一致[图6-11(f)]			去除明间东西两坡现代石棉瓦，按原形制恢复缺失的部分望砖
	13. 南稍间、南次间、北稍间东坡大连檐缺失，望砖下铺装的秸秆腐朽严重[图6-11(i)~(p)]			按原形制补配南稍间、南次间、北稍间东坡缺失的大连檐； 去除南稍间、南次间、北稍间东坡望砖下腐朽严重的秸秆，按原形制恢复缺失的望砖
	14. 北稍间、北次间、明间、南次间和南稍间西坡的望砖缺失且采用新的望板进行修补，和原有形制不一致[图6-11(q)~(t)]			去除北稍间、北次间、明间、南次间和南稍间西坡新的望板，按原形制恢复缺失的望砖

续表

构件名称	残损情况	木构件树种名称	偏光荧光劣化效果	修缮保护措施
墙体	1. 东立面南稍间外墙体采用现代瓷砖铺装，且前面设置现代卫生间，且墙体采用现代瓷砖铺装，与原有形制不一致[图 6-13(a)]			铲除东立面南稍间外墙体的现代瓷砖，恢复其原有砖墙体； 拆除设置的现代卫生间
	2. 东立面南次间原本无外墙体，目前状况为：在前檐柱(D5)和前金柱(C5)之间重新加建一堵新墙体，在前檐柱(D4)和前檐柱(A4)之间重新加建一堵新墙体，在两后金柱(C5 和 C4)之间重新加建一堵新墙体，与原有形制不一致[图 6-13(b)]			拆除东立面南次间前檐柱(D5)和前金柱(C5)之间、前檐柱(D4)和后檐柱(A4)之间、两前金柱(C5 和 C4)之间新加建的墙体
	3. 东立面明间原本无外墙体，目前状况为表面涂抹白灰，白灰层局部出现脱落现象，局部砖块酥碱、缺失，局部采用水泥砂浆修补，与原有形制不一致[图 6-13(c)～(d)]			拆除东立面明间新加建的墙体
	4. 东立面北次间原本无外墙体，目前状况为外墙体表面涂抹白灰，白灰层局部出现脱落现象，且局部砖块酥碱、缺失[图 6-13(d)～(e)]			拆除东立面北次间新加建的墙体
	5. 东立面北稍间外墙体采用土坯砌筑，表面涂抹白灰，局部土坯缺失，局部白灰层出现脱落现象，墀头破损严重[图 6-13(f)～(i)]			按原形制补配东立面北稍间外墙体缺失的土坯，并涂抹脱落缺失的白灰层； 按原形制修补东立面北稍间破损的墀头
	6. 北立面北稍间外墙体上部局部砖块缺失，中部涂抹白灰，下部涂抹仿砖纹涂料，与原有形制不一致，且白灰层大面积脱落[图 6-13(j)～(l)]			按原形制补配北立面北稍间外墙体上部缺失的砖块； 铲除北立面北稍间外墙体下部涂抹的仿砖纹涂料和上部涂抹的白灰

续表

构件名称	残损情况	木构件树种名称	偏光荧光劣化效果	修缮保护措施
墙体	7. 西立面北次间、明间及南次间外墙体上部涂抹白灰，下部涂抹仿砖纹涂料，与原有形制不一致[图 6-13(m)]			铲除西立面北次间、明间及南次间外墙体下部涂抹的仿砖纹涂料和上部涂抹的白灰
	8. 西立面南稍间外墙体局部砖块缺失，且前面设置简易屋棚，与原有形制不一致[图 6-13(n)]			按原形制补配西立面南稍间外墙体上缺失的砖块； 拆除前面设置的简易屋棚
	9. 内墙体上部涂抹白灰，下部装饰有 1.2m 高木质板材，与原有形制不一致，且白灰层局部出现脱落现象[图 6-13(o)～(p)]			拆除内墙体下部装饰的 1.2m 高木质板材，采用白灰涂抹
地面	1. 东面室外地面抬高，台明与室外地面高度基本一致，散水和室外地面采用水泥覆盖，且表面凹凸不平，局部破损严重，与原有形制不一致[图 6-14(a)]			按原形制降低东面室外地面高度； 铲除东面室外现有水泥覆盖，按原形制恢复传统方砖铺装以及传统方砖散水铺装
	2. 西面室外地面抬高，台明与室外地面高差不足 5cm，散水和室外地面采用水泥覆盖，且表面凹凸不平，局部破损严重，与原有形制不一致[图 6-14(b)～(d)]			按原形制降低西面室外地面高度； 铲除西面室外现有水泥覆盖，按原形制恢复传统方砖铺装以及传统方砖散水铺装
	3. 南次间前檐室内地面局部采用水泥覆盖，与原有形制不一致[图 6-14(e)]			铲除南次间前檐室内地面现有水泥覆盖，按原形制恢复传统方砖铺装
	4. 其余房间室内地面均采用瓷砖铺装，室内地面整体抬升，使得柱础下陷，与原有形制不一致，且局部出现破坏现象[图 6-14(f)～(h)]			铲除其余房间室内现有瓷砖覆盖，按原形制恢复传统方砖铺装； 按原形制降低室内地面高度

续表

构件名称	残损情况	木构件树种名称	偏光荧光劣化效果	修缮保护措施
木装修	1. 南稍间东立面走马板漆面剥落，霉斑严重，受潮弯曲，边角翘起，部分缺失[图 6-15(a)]			采用清水擦拭南稍间东立面走马板上的霉斑，并采用木板将其压平，按原形制补配缺失部分，清理其上剥落的漆面
	2. 南稍间东立面檐柱(D5)与金柱(C5)间走马板漆面剥落，霉斑严重，下面配置现代铝合金门窗[图 6-15(b)]			采用清水擦拭南稍间东立面檐柱(D5)与金柱(C5)间走马板上的霉斑，清理其上剥落的漆面；拆除下面配置的现代铝合金门窗
	3. 南次间东立面金柱(C5 和 C4)间走马板部分缺失，有使用塑料板修补的痕迹[图 6-15(c)]			采用清水擦拭南次间东立面金柱(C5 和 C4)间走马板上的霉斑；按原形制补配其上缺失的部分走马板；拆除其上修补的塑料板
	4. 明间东立面原本没有窗户，现添加新的窗户并用塑料防水布封闭，与原有形制不一致[图 6-15(d)～(e)]			拆除明间东立面上新添加的窗户以及其上的塑料防水布
	5. 北次间东立面原本没有门，现添加新的门又用砖块堵砌，与原有形制不一致[图 6-15(f)]			拆除北次间东立面上新添加的门
	6. 北稍间东立面原本没有窗户，现添加新的窗户并用塑料防水布封闭，与原有形制不一致[图 6-15(g)]			拆除北稍间东立面新添加的窗户以及其上的塑料防水布
	7. 北次间西立面窗户改设为方形玻璃现代窗户，与原有形制不一致[图 6-15(h)]			拆除北次间西立面的方形玻璃现代窗户，按原形制恢复四开六抹隔扇窗户
	8. 北稍间和南次间西立面窗户改设为门，明间门有所变化，与原有形制不一致[图 6-15(h)]			拆除北稍间和南次间西立面上新改设的门，按原形制恢复四开六抹隔扇窗户； 按原形制恢复明间四开六抹隔扇门
	9. 内部采用现代吊顶进行装饰，与原有形制不一致[图 6-13(o)]			拆除室内加设的现代吊顶装饰

附录Ⅲ-3　一进院南厢房（3号房）残损现状及修缮保护措施表

构件名称	残损情况	木构件树种名称	偏光荧光劣化效果	修缮保护措施
木柱	1. 明间东侧檐柱(B2)柱根轻微腐朽[图 6-16(a)]	No. 9 榆木	轻微腐朽	(1)预防性保护—化学防腐法:采用氟酚合剂防腐剂对明间东侧檐柱(B2)进行防腐及防虫处理; (2)预防性保护—防水法:采用聚氨酯类防水剂对明间东侧檐柱(B2)柱身及柱根进行防水处理
	2. 明间东侧金柱(C2)四周有人为包裹木板的修缮痕迹,呈方形,破坏了原有风貌,其中,西面木板包裹缺失,其原有漆面局部脱落;柱根处出现局部缺损,有剐蹭痕迹[图 6-16(b)～(c)]	No. 6 榆木	严重腐朽	(1)抢救性保护:拆除人为包裹在明间东侧金柱(C2)柱身上的木板,以提高木柱的透气性; (2)抢救性保护—化学加固法:采用松香(12%)和虫胶(8%)的甲醇混合溶液对明间东侧金柱(C2)进行化学加固处理; (3)抢救性保护—嵌补法:采用经防腐处理的榆木木条嵌补明间东侧金柱(C2)柱身表面的局部缺损,并采用改性结构胶粘牢; (4)预防性保护—化学防腐法:采用氟酚合剂防腐剂对明间东侧金柱(C2)进行防腐及防虫处理; (5)预防性保护—防水法:采用聚氨酯类防水剂对明间东侧金柱(C2)柱身及柱根进行防水处理
	3. 明间西侧檐柱(B3)和金柱(C3)被隔墙包裹,残损情况不详[图 6-16(d)]	No. 8 杉木	严重腐朽	(1)抢救性保护:拆除包裹明间西侧檐柱(B3)和金柱(C3)的隔墙,以提高木柱的透气性; (2)抢救性保护—化学加固法:采用松香(12%)和虫胶(8%)的甲醇混合溶液对明间西侧檐柱(B3)进行化学加固处理; (3)预防性保护—化学防腐法:采用氟酚合剂防腐剂对明间西侧檐柱(B3)和金柱(C3)进行防腐及防虫处理; (4)预防性保护—防水法:采用聚氨酯类防水剂对明间西侧檐柱(B3)和金柱(C3)柱身及柱根进行防水处理
		No. 7 榆木	轻微腐朽	

续表

构件名称	残损情况	木构件树种名称	偏光荧光劣化效果	修缮保护措施
梁架	1. 明间东侧梁架(②—②)、明间西侧梁架(③—③)均落满灰尘和鸟屎[图 6-17(a)～(d)]			预防性保护—日常维护:清理明间东侧梁架(②—②)、明间西侧梁架(③—③)上的灰尘和鸟屎
	2. 明间东侧梁架(②—②)五架梁表层油饰防护层脱落;梁身侧面出现开裂裂缝,裂缝宽度达 10mm;梁身表面有轻微腐朽和老化变质[图 6-17(a)]	No. 49 榆木 No. 50 榆木	轻微腐朽 轻微腐朽	(1)抢救性保护—嵌补法:采用经防腐处理的榆木木条嵌补明间东侧梁架(②—②)五架梁梁身的开裂裂缝,并采用改性结构胶粘牢; (2)预防性保护—化学防腐法:采用氟酚合剂防腐剂对明间东侧梁架(②—②)五架梁进行防腐及防虫处理; (3)预防性保护—防水法:采用聚氨酯类防水剂对明间东侧梁架(②—②)五架梁进行防水处理
	3. 明间东侧梁架(②—②)三架梁表层油饰防护层脱落;梁身有铁箍加固的痕迹;梁身表面有轻微腐朽和老化变质[图 6-17(b)]			(1)预防性保护—化学防腐法:采用氟酚合剂防腐剂对明间东侧梁架(②—②)三架梁进行防腐及防虫处理; (2)预防性保护—防水法:采用聚氨酯类防水剂对明间东侧梁架(②—②)三架梁进行防水处理
	4. 明间西侧梁架(③—③)五架梁梁身有上凸的自然挠度;表层油饰防护层脱落;梁身表面有表层腐朽和老化变质[图 6-17(c)]			(1)预防性保护—化学防腐法:采用氟酚合剂防腐剂对明间西侧梁架(③—③)五架梁进行防腐及防虫处理; (2)预防性保护—防水法:采用聚氨酯类防水剂对明间西侧梁架(③—③)五架梁进行防水处理
	5. 明间西侧梁架(③—③)三架梁表层油饰防护层脱落;梁身表面有轻微腐朽和老化变质[图 6-17(d)]			(1)预防性保护—化学防腐法:采用氟酚合剂防腐剂对明间西侧梁架(③—③)三架梁进行防腐及防虫处理; (2)预防性保护—防水法:采用聚氨酯类防水剂对明间西侧梁架(③—③)三架梁进行防水处理

续表

构件名称	残损情况	木构件树种名称	偏光荧光劣化效果	修缮保护措施
屋盖系统	1. 东次间、明间、西次间的檩条系统和椽条系统均落满灰尘[图 6-18(a)～(d)]			预防性保护—日常维护：清理东次间、明间、西次间的檩条系统和椽条系统上的灰尘
	2. 东次间檩和椽表面有轻微糟朽[图 6-18(a)]			(1)预防性保护—化学防腐法：采用氟酚合剂防腐剂对东次间檩和椽进行防腐及防虫处理； (2)预防性保护—防水法：采用聚氨酯类防水剂对东次间檩和椽进行防水处理
	3. 明间东檩和椽表面有轻微糟朽，脊檩与脊瓜柱交接处开裂裂缝较为明显，其上瓜柱表层腐朽和老化变质较为明显，椽条铺装间距不等[图 6-18(b)～(d)]			(1)预防性保护—化学防腐法：采用氟酚合剂防腐剂对明间檩和椽进行防腐及防虫处理； (2)预防性保护—防水法：采用聚氨酯类防水剂对明间檩和椽进行防水处理。 (3)抢救性保护：等间距进行明间椽条的铺装
	4. 西次间有吊顶装饰，无法观测其檩条系统和椽条系统的现状情况[图 6-21(d)]			(1)预防性保护—化学防腐法：采用氟酚合剂防腐剂对西次间檩和椽进行防腐及防虫处理； (2)预防性保护—防水法：采用聚氨酯类防水剂对西次间檩和椽进行防水处理
屋面	1. 北坡整个屋面杂草丛生[图 6-19 (a)～(c)]			清理北坡整个屋面上的杂草
	2. 北坡屋面正脊两端起翘，正脊和吻兽全部缺失，仅剩下脊座[图 6-19 (a)]			按原形制补配缺失的正脊和吻兽
	3. 北坡屋面原垂脊为筒瓦，目前东侧保留筒瓦，西侧为后人修缮时采用盖瓦铺装，和原有形制不一致[图 6-19 (b)～(c)]			拆除西侧盖瓦铺装的垂脊，按原形制恢复筒瓦铺装的垂脊
	4. 明间屋面基层做法直接在椽条系统下采用芦苇、秸秆铺设，秸秆老化变质，原始做法应为望砖铺设，和原有形制不一致[图 6-18(b)～(d)]			拆除明间椽条系统下的芦苇、秸秆铺设，按原形制恢复望砖铺装

续表

构件名称	残损情况	木构件树种名称	偏光荧光劣化效果	修缮保护措施
墙体	1. 北立面前檐墙原为前廊，墙体为后期修缮所加，采用红色机制砖砌筑，墙体表面涂抹仿砖纹涂料，使用材料与原材料不符；菱角红砖挑檐，前檐墙的加砌破坏原有飞椽出檐，同时破坏了搏风和两山墙戗檐，其形制和与原有形制不一致[图 6-20(a)～(e)]			拆除北立面新加建的前檐墙，在檐柱位置上按原有形制恢复门窗和前廊
	2. 南立面后檐墙采用菱角红砖挑檐，墙体表层涂抹白灰，白灰层风化泛碱严重，墙基1m以下处白灰完全脱落，暴露在外的砖块风化酥碱较为严重，砖缝泛碱深度大于 10mm，屋檐部分砖挑檐熏黑严重[图 6-20(f)]			铲除南立面后檐墙体表面的白灰，采用原形制的砖块对风化酥碱严重的砖块进行替换，采用清水对熏黑严重的挑檐进行清洗
	3. 东立面山墙上部砖块材质劣化不明显，但局部被熏黑严重，山墙戗檐被毁，墙身有七处墙砖丢失，墙体中下部采用白瓷砖铺装，与原有风貌不一致[图 6-20(g)～(j)]			采用清水对东立面山墙熏黑严重的挑檐进行清洗，按原有形制恢复被损毁的山墙戗檐，按原有形制补砌墙身丢失的墙砖，铲除墙体表面铺装的白瓷砖
	4. 东立面搏风部分缺失[图 6-20(h)]			按原有形制补配东立面缺失的搏风
	5. 东立面山墙与前檐墙连接处出现沿砖缝的缝隙[图 6-20(g)]			采用勾缝封闭修补法进行东立面山墙与前檐墙连接处缝隙的封堵
	6. 东立面山墙原有前檐门洞，现被封砌[图 6-20(g)～(h)]			按原有形制恢复东立面山墙原有的前檐门洞
	7. 东立面山花局部残破[图 6-20(i)]			按原有形制修复东立面残破的山花
	8. 西立面山墙上部墙砖材质劣化不明显，山墙戗檐被毁，墙身局部墙砖丢失[图 6-20(k)～(l)]			按原有形制恢复西立面被损毁的山墙戗檐，按原有形制补砌墙身丢失的墙砖

续表

构件名称	残损情况	木构件树种名称	偏光荧光劣化效果	修缮保护措施
墙体	9. 西立面山墙左上部砖块局部缺失，有红砖修补的痕迹，与原有形制不一致[图 6-20(k)～(m)]			按原有形制补砌西立面墙身丢失的墙砖，拆除修补过的红砖，按原有形制进行修补
	10. 西立面山墙中下部左边采用水泥涂抹，局部水泥涂抹出现脱落现象，墙体中下部右边采用白瓷砖铺装，与原有风貌不一致[图 6-20(m)～(n)]			铲除西立面墙体表面水泥涂抹的痕迹以及表面铺装的白瓷砖
	11. 西立面摶风前半段端头破损明显，采用红砖散装补砌，和原有形制不一致[图 6-20(m)]			拆除西立面散装补砌过的红砖，按原有形制修补破损的摶风
	12. 西立面山墙与前檐墙连接处出现沿砖缝的缝隙，并在此位置加砌厚度 20cm 的水泥挡墙，与原有风貌不一致[图 6-20(m)]			采用勾缝封闭修补法进行西立面山墙与前檐墙连接处缝隙的封堵，拆除后期人为加砌的厚度 20cm 的水泥挡墙
	13. 西立面山墙上部连接有电线，上面钉有木块[图 6-20(o)]			拆除西立面山墙上部连接的电线以及钉在上面的木块
	14. 西立面山墙原有前檐门洞，现被封砌[图 6-20(m)]			按原有形制恢复西立面山墙原有的前檐门洞
	15. 后人在东立面山墙与倒座(1 号房)中间新加砌一堵墙体，与原有风貌不一致[图 6-20(a)]			拆除后人在东立面山墙与倒座(1 号房)中间新加砌的墙体
	16. 后人在西立面山墙与过厅(2 号房)南稍间中间新加砌卫生间墙体，与原有风貌不一致[图 6-20(k)、(p)]			拆除后人在西立面山墙与过厅(2 号房)南稍间中间新加砌的卫生间墙体
	17. 明间右隔墙采用红砖砌筑，为后人加建，与原有形制不一致[图 6-16(d)]			拆除后人在明间新加砌的右隔墙

续表

构件名称	残损情况	木构件树种名称	偏光荧光劣化效果	修缮保护措施
墙体	18. 内墙体上部采用白灰涂抹，下部 50cm 以下墙体表面涂抹仿砖纹涂料，与原有形制不一致[图 6-16(a)和(d)]			铲除内墙体下部表面涂抹的仿砖纹涂料，采用白灰涂抹
地面	1. 室外地面采用现代方砖在原有地面的基础上重新铺装，破坏建筑物原有风貌[图 6-21(a)]			铲除室外地面上的现代方砖，按原形制恢复传统方砖铺装
	2. 室外地面人为抬高，使得一进院院外地面与阶条石几乎齐平，仅能见 8cm 阶条石露明部分，破坏建筑物原有风貌[图 6-21(a)]			按原形制降低室外地面高度
	3. 原有散水被现代方砖覆盖，破坏建筑物原有风貌[图 6-21(a)]			按原形制恢复传统方砖散水铺装
	4. 室内地面为后人在原铺装的基础上采用仿花岗岩瓷砖铺装，此做法使得室内地面与室外地面几乎齐平，有雨水倒灌迹象，破坏建筑物原有风貌[图 6-21(b)～(d)]			铲除室内地面的仿花岗岩瓷砖铺装，按原形制降低室内地面高度，按原形制恢复传统方砖铺装
	5. 明间室内地面局部破损严重[图 6-21(b)～(c)]			按原形制降低室内地面高度，按原形制恢复传统方砖铺装
木装修	1. 前檐墙的门窗为现代门窗式样，为后人所加[图 6-21(a)]			按原形制恢复东次间和西次间四开六抹隔扇窗户； 按原形制恢复明间四开六抹隔扇门
	2. 屋顶吊顶装修为后人所加，且局部破损严重，与原有风貌不一致[图 6-22(a)～(d)]			拆除室内加设的现代吊顶装饰

附录Ⅲ-4　一进院北厢房（4号房）残损现状及修缮保护措施表

构件名称	残损情况	木构件树种名称	偏光荧光劣化效果	修缮保护措施
木柱	1. 两根檐柱（A2、A3）被前檐墙完全包裹，残损情况不详			(1)抢救性保护：拆除包裹明间西侧檐柱（A2）和东侧檐柱（A3）的隔墙，以提高木柱的透气性； (2)预防性保护—化学防腐法：采用氟酚合剂防腐剂对明间西侧檐柱（A2）和东侧檐柱（A3）进行防腐及防虫处理； (3)预防性保护—防水法：采用聚氨酯类防水剂对明间西侧檐柱（A2）和东侧檐柱（A3）柱身及柱根进行防水处理
	2. 明间西侧金柱（B2）被隔墙包裹，但部分裸露在外，其表面漆面剥落，有数条细微裂缝，柱根糟朽严重，柱脚底面与柱础间实际抵承面积与柱脚处柱的原截面面积之比小于3/5[图6-23(a)～(c)]	No. 4 榆木	中等腐朽	(1)抢救性保护：拆除包裹明间西侧金柱（B2）的隔墙，以提高木柱的透气性； (2)抢救性保护—挖补法：采用经防腐处理的榆木木块包镶明间西侧金柱（B2）柱根，并采用改性结构胶粘牢； (3)预防性保护—化学防腐法：采用氟酚合剂防腐剂对明间西侧金柱（B2）进行防腐及防虫处理； (4)预防性保护—防水法：采用聚氨酯类防水剂对明间西侧檐柱（B3）和金柱（C3）柱身及柱根进行防水处理
	3. 明间东侧金柱（B3）被隔墙包裹，但部分裸露在外，其表面漆面剥落，有数条细微裂缝，柱身糟朽严重[图6-23(d)]	No. 5 榆木	轻微腐朽	(1)抢救性保护：拆除包裹明间东侧金柱（B3）的隔墙，以提高木柱的透气性； (2)抢救性保护—嵌补法：采用腻子将明间东侧金柱（B3）柱身表面的细小开裂裂缝勾抹严实； (3)预防性保护—化学防腐法：采用氟酚合剂防腐剂对明间东侧金柱（B3）进行防腐及防虫处理； (4)预防性保护—防水法：采用聚氨酯类防水剂对明间东侧金柱（B3）柱身及柱根进行防水处理

续表

构件名称	残损情况	木构件树种名称	偏光荧光劣化效果	修缮保护措施
梁架	1. 明间西侧梁架(②—②)、明间东侧梁架(③—③)均落满灰尘[图 6-24 (a)～(h)]			预防性保护—日常维护：清理明间西侧梁架(②—②)、明间东侧梁架(③—③)上的灰尘
	2. 明间西侧梁架(②—②)五架梁及三架梁梁身表层油饰防护层脱落，且烟熏油污严重；五架梁及三架梁梁身表面腐朽和老化变质明显，尤其是五架梁梁身中间腐朽较为严重；三架梁南端与瓜柱连接处发生明显的开裂裂缝现象[图 6-24 (a)～(d)]	No. 51 榆木 No. 52 榆木	轻微腐朽 轻微腐朽	(1)抢救性保护—嵌补法：采用经防腐处理的榆木木条嵌补明间西侧梁架(②—②)三架梁梁身的开裂裂缝，并采用改性结构胶粘牢； (2)预防性保护—化学防腐法：采用氟酚合剂防腐剂对明间西侧梁架(②—②)五架梁及三架梁进行防腐及防虫处理； (3)预防性保护—防水法：采用聚氨酯类防水剂对明间西侧梁架(②—②)五架梁及三架梁进行防水处理
	3. 明间东侧梁架(③—③)五架梁及三架梁表层油饰防护层脱落，且烟熏油污严重；五架梁及三架梁梁身表面腐朽和老化变质、干缩裂缝均明显[图 6-24 (e)～(h)]			(1)抢救性保护—嵌补法：采用经防腐处理的榆木木条嵌补明间东侧梁架(③—③)五架梁及三架梁梁身的开裂裂缝，并采用改性结构胶粘牢； (2)预防性保护—化学防腐法：采用氟酚合剂防腐剂对明间东侧梁架(③—③)五架梁及三架梁进行防腐及防虫处理； (3)预防性保护—防水法：采用聚氨酯类防水剂对明间东侧梁架(③—③)五架梁及三架梁进行防水处理
屋盖系统	1. 檩条系统和椽条系统均落满灰尘[图 6-25(a)～(h)]			预防性保护—日常维护：清理东次间、明间、西次间的檩条系统和椽条系统上的灰尘
	2. 明间檩和椽烟熏油污严重，表面腐朽和老化变质明显，檩身均未见劈裂和明显挠度产生[图 6-25(c)～(d)、(f)～(h)]			(1)抢救性保护—化学加固法：采用松香(12%)和虫胶(8%)的甲醇混合溶液对明间东坡檩和椽进行化学加固处理； (2)预防性保护—化学防腐法：采用氟酚合剂防腐剂对明间檩和椽进行防腐及防虫处理； (3)预防性保护—防水法：采用聚氨酯类防水剂对明间檩和椽进行防水处理

续表

构件名称	残损情况	木构件树种名称	偏光荧光劣化效果	修缮保护措施
屋盖系统	3. 西次间檩条两端支承在山墙上，檩枋和椽烟熏油污严重，油饰防护层脱落，表面腐朽和老化变质明显，檩身均未见劈裂和明显挠度产生[图 6-25(a)～(b)]			(1)抢救性保护—化学加固法：采用松香(12%)和虫胶(8%)的甲醇混合溶液对西次间檩和椽进行化学加固处理； (2)预防性保护—化学防腐法：采用氟酚合剂防腐剂对西次间檩和椽进行防腐及防虫处理； (3)预防性保护—防水法：采用聚氨酯类防水剂对西次间檩和椽进行防水处理
	4. 东次间檩条两端支承在山墙上，檩枋和椽烟熏油污严重，油饰防护层脱落，表面腐朽和老化变质明显，檩身均未见劈裂和明显挠度产生[图 6-25(e)]	No. 54 杉木	严重腐朽	(1)抢救性保护—化学加固法：采用松香(12%)和虫胶(8%)的甲醇混合溶液对东次间檩和椽进行化学加固处理； (2)预防性保护—化学防腐法：采用氟酚合剂防腐剂对东次间檩和椽进行防腐及防虫处理； (3)预防性保护—防水法：采用聚氨酯类防水剂对东次间檩和椽进行防水处理
		No. 55 杉木	严重腐朽	
屋面	1. 南坡屋面正脊两端起翘，正脊吻兽全部缺失[图 6-26 (a)～(g)]			按原形制补配缺失的正脊吻兽
	2. 南坡屋面垂脊破坏严重，原垂脊为筒瓦，目前东侧和西侧中上部保留筒瓦，下部为后人修缮时采用盖瓦铺装，和原有形制不一致[图 6-26 (b)～(c)]			拆除南坡屋面盖瓦铺装的垂脊，按原形制恢复筒瓦铺装的垂脊
	3. 南坡屋面瓦件局部破碎，局部采用水泥修补，和原有形制不一致[图 6-26 (d)～(g)]			铲除水泥修补，采用青白麻刀灰进行修补
	4. 东次间采用红砖替代望砖进行修缮，和原有形制不一致[图 6-25 (e)]			按原形制恢复望砖铺装

续表

构件名称	残损情况	木构件树种名称	偏光荧光劣化效果	修缮保护措施
墙体	1. 南立面前檐墙原为前廊，墙体为后期修缮所加，采用红色机制砖砌筑，墙体表面涂抹仿砖纹涂料，使用材料与原材料不符			拆除南立面新加建的前檐墙，按原有形制恢复门窗和前廊
	2. 南立面前檐墙为抽屉型砖挑檐，前檐墙的加砌破坏原有飞椽出檐，同时破坏了搏风和两山墙戗檐，其形制和与原有形制不一致；另外，西次间前檐墙局部破坏严重[图 6-27(a)～(b)]			拆除南立面新加建的前檐墙，并按原有形制恢复搏风和两山墙戗檐
	3. 东立面山墙戗檐被毁，采用红砖补砌，与原有材料不一致[图 6-27(c)～(d)]			拆除红砖补砌，按原有形制恢复被损毁的东立面山墙戗檐
	4. 东立面山墙局部有墙砖丢失[图 6-27(c)～(e)]			按原有形制补砌东立面山墙丢失的墙砖
	5. 东立面山墙搏风前半段端头破坏明显，采用红砖散装搏风做法修补，后半段局部搏风砖丢失，和与原有形制不一致[图 6-27 (d)]			拆除红砖补砌，按原形制恢复被损毁的东立面山墙搏风前半段，并补配后半段局部丢失的搏风砖
	6. 东立面山墙戗檐以下采用白瓷砖铺装，与原有风貌不一致[图 6-27(c)]			铲除东立面山墙戗檐以下铺装的白瓷砖
	7. 东立面山墙与前檐墙连接处出现沿砖缝的缝隙[图 6-27(d)]			采用勾缝封闭修补法进行东立面山墙与前檐墙连接处缝隙的封堵
	8. 东立面山墙原有前檐门洞，现被封砌[图 6-27(c)～(d)]			按原有形制恢复东立面山墙原有前檐门洞
	9. 东立面山花局部残破[图 6-27(e)]			按原有形制补配东立面局部残破的山花

续表

构件名称	残损情况	木构件树种名称	偏光荧光劣化效果	修缮保护措施
墙体	10. 西立面山墙砖块材质风化酥碱明显，墙基潮湿，有植物生长，生墙部分破坏严重[图 6-27(f)～(l)]			采用原形制的砖块对西立面山墙风化酥碱严重的砖块进行替换； 对西立面下部墙体涂刷甲基硅酸钠 0.3%的水溶液防水剂； 清理西立面墙基处的植物
	11. 西立面山墙局部有墙砖丢失[图 6-27(f)～(g)、(i)]			按原有形制补配西立面山墙局部丢失的墙砖
	12. 西立面山墙搏风前半段端头破坏明显，采用红砖散装搏风做法修补[图 6-27 (i)～(j)			拆除红砖补砌，按原形制恢复被损毁的西立面山墙搏风前半段端
	13. 西立面山墙戗檐被毁，采用红砖补砌，与原有材料不一致[图 6-27(l)]			拆除红砖补砌，按原形制恢复被损毁的西立面山墙戗檐
	14. 西立面山墙与后檐墙连接处出现沿砖缝的缝隙，并采用水泥修补，与原有风貌不一致[图 6-27(l)]			铲除水泥修补，采用勾缝封闭修补法进西立面山墙与后檐墙连接处缝隙的封堵
	15. 西立面山墙与前檐墙连接处出现沿砖缝的缝隙，并在此位置加砌厚度 20cm 的水泥挡墙，与原有风貌不一致[图 6-27(i)]			采用勾缝封闭修补法进西立面山墙与前檐墙连接处缝隙的封堵，并拆除在此位置加砌的厚度 20cm 的水泥挡墙
	16. 西立面山墙原有前檐门洞，现被封砌[图 6-27(k)]			按原有形制恢复西立面山墙原有前檐门洞
	17. 北立面后檐墙在后期修缮时采用红砖替换原青砖砌墙，使用材料与原材料不符[图 6-27(m)～(o)]			按原形制恢复北立面青砖后檐墙
	18. 北立面后檐墙采用抽屉型砖挑檐，新砌后檐墙严重破坏了两山墙的戗檐以及西山墙的搏风，其形制和与原有形制不一致，导致整体风貌大为改观[图 6-27(m)～(o)]			按原形制恢复北立面青砖后檐墙

续表

构件名称	残损情况	木构件树种名称	偏光荧光劣化效果	修缮保护措施
墙体	19. 北立面后檐墙墙体中间表层涂抹白灰，下部涂抹仿砖纹涂料，表面有管线附着[图6-27(m)～(o)]			铲除北立面后檐墙墙体的白灰、仿砖纹涂料，拆除其表面的管线
	20. 北厢房室内新增三堵隔墙，将室内空间划分为南北两个部分，南边划分为三个房间，北边一个房间，与原有形制不一致[图6-27(p)～(q)]			拆除后人在室内新增的三堵隔墙
	21. 西次间、明间、东次间后半部分内墙体采用现代瓷砖铺装，前半部分内墙体上面采用白灰涂抹，下面采用灰色瓷砖铺装，与原有形制不一致[图6-27(p)～(q)]			铲除西次间、明间、东次间内墙体的现代瓷砖铺装
	22. 东立面山墙和西立面山墙上部保持夯土墙体原貌，但风化酥碱、剥落现象严重[图6-27(r)～(s)]			采用改性黄泥对东立面山墙和西立面山墙风化酥碱、剥落严重的夯土墙体进行修补加固
	23. 后人在西立面山墙与过厅(2号房)前面新加砌一堵墙体，与原有风貌不一致[图6-27(t)]			拆除后人在西立面山墙与过厅(2号房)前面新加砌的墙体
地面	1. 南向室外地面采用现代方砖在原有地面的基础上重新铺装，破坏建筑物原有风貌[图6-28(a)]			铲除室外地面上的现代方砖
	2. 南向室外地面人为抬高，使得一进院院外地面与阶条石几乎齐平，仅能见8cm阶条石露明部分，破坏建筑物原有风貌[图6-28(a)]			按原形制降低室外地面高度，并恢复传统方砖铺装

续表

构件名称	残损情况	木构件树种名称	偏光荧光劣化效果	修缮保护措施
地面	3. 南向原有散水被现代方砖覆盖[图 6-28(a)];西向散水为水泥铺装[图 6-28(b)],东向散水为白瓷砖铺装[图 6-28(c)],北向散水为不规则大理石铺装[图 6-28(d)],破坏建筑物原有风貌			按原形制恢复传统方砖散水铺装
	4. 前面三间室内地面为后人在原铺装的基础上采用规制为(14～15)cm×(29～30)cm 的青砖铺地[图 6-28(e)～(g)];后面一大间为后人在原铺装的基础上采用现代瓷砖铺地,此做法使得室内地面与室外地面几乎齐平,有雨水倒灌迹象,破坏建筑物原有风貌[图 6-28(h)]			按原形制降低室内地面高度,并恢复传统方砖铺装
	5. 室内地面局部破损严重[图 6-28(e)～(g)]			按原形制降低室内地面高度,并恢复传统方砖铺装
木装修	1. 前檐墙和后檐墙的门窗为现代门窗式样,为后人所加[图 6-28(a),图 6-29(a)～(c)]			按原形制恢复东次间和西次间四开六抹隔扇窗户; 按原形制恢复明间四开六抹隔扇门
	2. 屋顶吊顶装修为后人所加,且局部破损严重,与原有风貌不一致[图 6-29(d)]			拆除室内加设的现代吊顶装饰

附录Ⅲ-5　二进院正房（5 号房）残损现状及修缮保护措施表

构件名称	残损情况	木构件树种名称	偏光荧光劣化效果	修缮保护措施
木柱	1. 南次间南侧檐柱(A2)东西两面被包裹在后加砌的墙体内,与原有风貌不一致,且裸露在外的柱身表面油饰起皮,柱根出现严重的腐朽现象,柱身向里有倾斜现象[图 6-30(a)]	No. 20 黄杉	严重腐朽	(1)抢救性保护:拆除包裹在南次间南侧檐柱(A2)柱身上的后加砌的墙体,以提高木柱的透气性; (2)抢救性保护—打牮拨正法:采用打牮拨正法进行南次间南侧檐柱(A2)柱身倾斜的纠偏处理;

续表

构件名称	残损情况	木构件 树种名称	偏光荧光 劣化效果	修缮保护措施
				(3)抢救性保护—化学加固法:采用松香(12%)和虫胶(8%)的甲醇混合溶液对南次间南侧檐柱(A2)进行化学加固处理; (4)预防性保护—化学防腐法:采用氟酚合剂防腐剂对南次间南侧檐柱(A2)进行防腐及防虫处理; (5)预防性保护—防水法:采用聚氨酯类防水剂对南次间南侧檐柱(A2)柱身及柱根进行防水处理
木柱	2. 明间南侧檐柱(A3)东西两面被包裹在后加砌的墙体内,与原有风貌不一致,且裸露在外的柱身表面油饰起皮,柱根出现严重的腐朽现象,柱身向里有倾斜现象[图 6-30(b)]	No. 19 黄杉	严重腐朽	(1)抢救性保护:拆除包裹在明间南侧檐柱(A3)柱身上的后加砌的墙体,以提高木柱的透气性; (2)抢救性保护—打牮拨正法:采用打牮拨正法进行明间南侧檐柱(A3)柱身倾斜的纠偏处理; (3)抢救性保护—化学加固法:采用松香(12%)和虫胶(8%)的甲醇混合溶液对明间南侧檐柱(A3)进行化学加固处理; (4)预防性保护—化学防腐法:采用氟酚合剂防腐剂对明间南侧檐柱(A3)进行防腐及防虫处理; (5)预防性保护—防水法:采用聚氨酯类防水剂对明间南侧檐柱(A3)柱身及柱根进行防水处理
	3. 明间北侧檐柱(A4)东西两面被包裹在后加砌的墙体内,与原有风貌不一致,且裸露在外的柱身表面油饰起皮,柱根出现严重的腐朽现象,柱身向里有倾斜现象[图 6-30(c)]	No. 18 黄杉	严重腐朽	(1)抢救性保护:拆除包裹在明间北侧檐柱(A4)柱身上的后加砌的墙体,以提高木柱的透气性; (2)抢救性保护—打牮拨正法:采用打牮拨正法进行明间北侧檐柱(A4)柱身倾斜的纠偏处理; (3)抢救性保护—化学加固法:采用松香(12%)和虫胶(8%)的甲醇混合溶液对明间北侧檐柱(A4)进行化学加固处理; (4)预防性保护—化学防腐法:采用氟酚合剂防腐剂对明间北侧檐柱(A4)进行防腐及防虫处理; (5)预防性保护—防水法:采用聚氨酯类防水剂对明间北侧檐柱(A4)柱身及柱根进行防水处理

续表

构件名称	残损情况	木构件树种名称	偏光荧光劣化效果	修缮保护措施
木柱	4. 北次间北侧檐柱(A5)东西两面被包裹在后加砌的墙体内,与原有风貌不一致,且裸露在外的柱身表面油饰起皮,柱根出现严重的腐朽现象,柱身向里有倾斜现象[图 6-30(d)]	No. 21 黄杉	严重腐朽	(1)抢救性保护:拆除包裹在北次间北侧檐柱(A5)柱身上的后加砌的墙体,以提高木柱的透气性; (2)抢救性保护—打牮拨正法:采用打牮拨正法进行北次间北侧檐柱(A5)柱身倾斜的纠偏处理; (3)抢救性保护—化学加固法:采用松香(12%)和虫胶(8%)的甲醇混合溶液对北次间北侧檐柱(A5)进行化学加固处理; (4)预防性保护—化学防腐法:采用氟酚合剂防腐剂对北次间北侧檐柱(A5)进行防腐及防虫处理; (5)预防性保护—防水法:采用聚氨酯类防水剂对北次间北侧檐柱(A5)柱身及柱根进行防水处理
	5. 明间南侧前金柱(B3)[图 6-30(e)~(f)]和北侧前金柱(B4)[图 6-30(e)]被包裹在墙内,无法勘察其残损情况			(1)抢救性保护:拆除包裹明间南侧前金柱(B3)和北侧前金柱(B4)的隔墙,以提高木柱的透气性; (2)预防性保护—化学防腐法:采用氟酚合剂防腐剂对明间南侧前金柱(B3)和北侧前金柱(B4)进行防腐及防虫处理; (3)预防性保护—防水法:采用聚氨酯类防水剂对明间南侧前金柱(B3)和北侧前金柱(B4)柱身及柱根进行防水处理
	6. 明间南侧后金柱(C3)裸露在外,为方形柱,表面涂饰红油漆,柱顶部腐朽严重[图 6-30(g)]	No. 16 黄杉	中等腐朽	(1)预防性保护—化学防腐法:采用氟酚合剂防腐剂对明间南侧后金柱(C3)进行防腐及防虫处理; (2)预防性保护—防水法:采用聚氨酯类防水剂对明间南侧后金柱(C3)柱身及柱根进行防水处理
	7. 明间北侧后金柱(C4)被包裹在墙内,为方形柱,下部局部裸露在外,表面漆面脱落,存在竖向开裂裂缝,柱根出现严重腐朽现象[图 6-30(h)]	No. 17 黄杉	严重腐朽	(1)抢救性保护:拆除包裹在明间北侧后金柱(C4)的隔墙,以提高木柱的透气性; (2)抢救性保护—化学加固法:采用松香(12%)和虫胶(8%)的甲醇混合溶液对明间北侧后金柱(C4)进行化学加固处理; (3)预防性保护—化学防腐法:采用氟酚合剂防腐剂对明间北侧后金柱(C4)进行防腐及防虫处理;

续表

构件名称	残损情况	木构件树种名称	偏光荧光劣化效果	修缮保护措施
木柱		No. 17 黄杉	严重腐朽	(4)预防性保护—防水法：采用聚氨酯类防水剂对明间西侧檐柱(B3)和金柱(C3)柱身及柱根进行防水处理
梁架	1. 明间南侧梁架(③—③)、明间北侧梁架(④—④)均落满灰尘[图 6-31 (a)]			预防性保护—日常维护：清理南次间南侧梁架(⑤—⑤)、明间南侧梁架(④—④)、明间北侧梁架(③—③)、北次间北侧梁架(②—②)上的灰尘
	2. 明间南侧梁架(③—③)五架梁表面有开裂裂缝，整体腐朽严重，尤其是五架梁东端梁头腐朽严重，使得其梁头局部缺失，已无承载能力，目前在其下方砌筑一堵墙体以支撑其五架梁的机械强度[图 6-31(b)～(d)]	No. 22 榆木 No. 23 榆木 No. 24 榆木 No. 25 榆木 No. 26 榆木	中等腐朽 中等腐朽 轻微腐朽 中等腐朽 中等腐朽	(1)抢救性保护—嵌补法：采用腻子将明间南侧梁架(③—③)五架梁梁身细小的开裂裂缝勾抹严实； (2)预防性保护—化学防腐法：采用氟酚合剂防腐剂对明间南侧梁架(③—③)五架梁进行防腐及防虫处理； (3)预防性保护—防水法：采用聚氨酯类防水剂对明间南侧梁架(③—③)五架梁进行防水处理
	3. 明间南侧梁架(③—③)五架梁下的随梁枋表面油饰有脱落现象，底部有凹槽，部分缺失，且表面有火烧发黑痕迹[图 6-31(e)]			(1)抢救性保护—挖补法：采用经防腐处理的木块包镶明间南侧梁架(③—③)五架梁下的随梁枋局部缺失的部分，并采用改性结构胶粘牢； (2)预防性保护—化学防腐法：采用氟酚合剂防腐剂对明间南侧梁架(③—③)五架梁进行防腐及防虫处理； (3)预防性保护—防水法：采用聚氨酯类防水剂对明间南侧梁架(③—③)五架梁进行防水处理
	4. 明间南侧梁架(③—③)五架梁上三根瓜柱均出现裂缝，尤其是东端瓜柱出现严重劈裂现象，西端瓜柱出现明显的开裂裂缝，裂缝宽度达 10mm[图 6-31(f)～(g)]			(1)抢救性保护—嵌补法：采用经防腐处理的木条嵌补明间南侧梁架(③—③)五架梁上三根瓜柱柱身表面的开裂裂缝，并采用改性结构胶粘牢； (2)预防性保护—化学防腐法：采用氟酚合剂防腐剂对明间南侧梁架(③—③)五架梁上三根瓜柱进行防腐及防虫处理； (3)预防性保护—防水法：采用聚氨酯类防水剂对明间南侧梁架(③—③)五架梁上三根瓜柱进行防水处理

续表

构件名称	残损情况	木构件树种名称	偏光荧光劣化效果	修缮保护措施
梁架	5. 明间南侧梁架(③—③)三架梁和单步梁梁身表面均有不同程度的腐朽现象[图 6-31(b)～(c)]			(1)预防性保护—化学防腐法:采用氟酚合剂防腐剂对明间南侧梁架(③—③)三架梁和单步梁进行防腐及防虫处理; (2)预防性保护—防水法:采用聚氨酯类防水剂对明间南侧梁架(③—③)三架梁和单步梁进行防水处理
	6. 明间北侧梁架(④—④)五架梁表面有不同程度的腐朽现象,且表面有开裂裂缝,五架梁西端梁头有严重的劈裂现象[图 6-31(h)～(j)]			(1)抢救性保护—嵌补法:采用经防腐处理的木条嵌补明间北侧梁架(④—④)五架梁柱身表面的开裂裂缝,并采用改性结构胶粘牢,对劈裂严重的采用碳纤维布进行机械加固; (2)预防性保护—化学防腐法:采用氟酚合剂防腐剂对明间北侧梁架(④—④)五架梁进行防腐及防虫处理; (3)预防性保护—防水法:采用聚氨酯类防水剂对明间北侧梁架(④—④)五架梁进行防水处理
	7. 明间北侧梁架(④—④)五架梁下的随梁枋表面油饰有脱落现象,腐朽较为严重[图 6-31(j)]			(1)预防性保护—化学防腐法:采用氟酚合剂防腐剂对明间北侧梁架(④—④)五架梁下的随梁枋进行防腐及防虫处理; (2)预防性保护—防水法:采用聚氨酯类防水剂对明间北侧梁架(④—④)五架梁下的随梁枋进行防水处理
	8. 明间北侧梁架(④—④)三架梁和单步梁梁身表面均有不同程度的腐朽现象[图 6-31(i)]			(1)预防性保护—化学防腐法:采用氟酚合剂防腐剂对明间北侧梁架(④—④)三架梁和单步梁进行防腐及防虫处理; (2)预防性保护—防水法:采用聚氨酯类防水剂对明间北侧梁架(④—④)三架梁和单步梁进行防水处理
	9. 明间北侧梁架(④—④)三架梁上的脊瓜柱表面有腐朽现象,且出现局部开裂现象[图 6-31(l)]			(1)抢救性保护—嵌补法:采用腻子将明间北侧梁架(④—④)三架梁上的脊瓜柱细小的开裂裂缝勾抹严实; (2)预防性保护—化学防腐法:采用氟酚合剂防腐剂对明间北侧梁架(④—④)三架梁上的脊瓜柱进行防腐及防虫处理; (3)预防性保护—防水法:采用聚氨酯类防水剂对明间北侧梁架(④—④)三架梁上的脊瓜柱进行防水处理

续表

构件名称	残损情况	木构件树种名称	偏光荧光劣化效果	修缮保护措施
屋盖系统	1. 南稍间、南次间、明间、北次间、北稍间的檩条系统和椽条系统均落满灰尘[图 6-32)]			预防性保护—日常维护：清理南稍间、南次间、明间、北次间、北稍间的檩条系统和椽条系统上的灰尘
	2. 南稍间脊檩和东坡金檩为后人修缮换新，其材为不规则带树皮圆木，且檩下没有枋，与原有形制不一致[图 6-32(a)]			抢救性保护：拆除南稍间不规则带树皮圆木的脊檩和东坡金檩，采用经防腐处理过的同材质同形制的原木进行构件的替换
	3. 南稍间檩和椽均腐朽严重，其中，东坡椽均为后人修缮换新；西坡檩和椽炭化变色发黑，脊檩和上金檩间椽条腐朽严重，后人在其旁边简单加置新的椽条以增加其机械支撑强度，与原有形制不一致[图 6-32(a)]			(1)抢救性保护—化学加固法：采用松香(12%)和虫胶(8%)的甲醇混合溶液化学加固剂对南稍间檩和椽进行化学加固处理； (2)预防性保护—化学防腐法：采用氟酚合剂防腐剂对南稍间檩和椽进行防腐及防虫处理； (3)预防性保护—防水法：采用聚氨酯类防水剂对南稍间檩和椽进行防水处理
	4. 南次间脊檩和东坡金檩为后人修缮换新，其材为不规则带树皮圆木，且檩下没有枋，与原有形制不一致[图 6-32(b)～(c)]			抢救性保护：拆除南次间不规则带树皮圆木的脊檩和东坡金檩，采用经防腐处理过的同材质同形制的原木进行构件的替换
	5. 南次间檩和椽均腐朽严重，其中，东坡椽均为后人修缮换新；西坡檩和椽炭化变色发黑，脊檩和上金檩间椽条腐朽严重，后人在其旁边简单加置新的椽条以增加其机械支承强度，与原有形制不一致[图 6-32(b)～(c)]			(1)抢救性保护—化学加固法：采用松香(12%)和虫胶(8%)的甲醇混合溶液对南次间檩和椽进行化学加固处理； (2)预防性保护—化学防腐法：采用氟酚合剂防腐剂对南次间檩和椽进行防腐及防虫处理； (3)预防性保护—防水法：采用聚氨酯类防水剂对南次间檩和椽进行防水处理
	6. 明间脊檩和东坡金檩为后人修缮换新，其材为不规则带树皮圆木，且檩下没有枋，与原有形制不一致[图 6-32(c)～(d)]			抢救性保护：拆除明间不规则带树皮圆木的脊檩和东坡金檩，采用经防腐处理过的同材质同形制的原木进行构件的替换

续表

构件名称	残损情况	木构件树种名称	偏光荧光劣化效果	修缮保护措施
屋盖系统	7. 明间檩和椽均腐朽严重，其中，东坡椽均为后人修缮换新；西坡檩和椽炭化变色发黑，脊檩和上金檩间椽条腐朽严重，后人在其旁边简单加置新的椽条以提高其机械支承强度，与原有形制不一致[图 6-32(c)～(d)]			(1)抢救性保护—化学加固法：采用松香(12%)和虫胶(8%)的甲醇混合溶液对明间檩和椽进行化学加固处理； (2)预防性保护—化学防腐法：采用氟酚合剂防腐剂对明间檩和椽进行防腐及防虫处理； (3)预防性保护—防水法：采用聚氨酯类防水剂对明间檩和椽进行防水处理
	8. 北次间脊檩和东坡金檩为后人修缮换新，其材为不规则带树皮圆木，且檩下没有枋，与原有形制不一致[图 6-32(e)]			抢救性保护：拆除北次间不规则带树皮圆木的脊檩和东坡金檩，采用经防腐处理过的同材质同形制的原木进行构件的替换
	9. 北次间檩和椽均腐朽严重，其中，东坡椽均为后人修缮换新；西坡檩和椽炭化变色发黑，脊檩和上金檩间椽条腐朽严重，后人在其旁边简单加置新的椽条以提高其机械支承强度，与原有形制不一致[图 6-32(e)]			(1)抢救性保护—化学加固法：采用松香(12%)和虫胶(8%)的甲醇混合溶液对北次间檩和椽进行化学加固处理； (2)预防性保护—化学防腐法：采用氟酚合剂防腐剂对北次间檩和椽进行防腐及防虫处理； (3)预防性保护—防水法：采用聚氨酯类防水剂对北次间檩和椽进行防水处理
	10. 北稍间檩和椽均腐朽严重，檩和椽炭化变色发黑，且部分椽条缺失[图 6-32(f)～(h)]			(1)抢救性保护—化学加固法：采用松香(12%)和虫胶(8%)的甲醇混合溶液对北稍间檩和椽进行化学加固处理； (2)预防性保护—化学防腐法：采用氟酚合剂防腐剂对北稍间檩和椽进行防腐及防虫处理； (3)预防性保护—防水法：采用聚氨酯类防水剂对北稍间檩和椽进行防水处理
	11. 南稍间东坡檐檩、檐檩下枋、檐椽、飞椽椽头糟朽严重，部分飞椽被更换；檐檩与枋侧面漆面脱落，表面存在干缩裂缝[图 6-32(i)～(m)]			(1)抢救性保护—化学加固法：采用松香(12%)和虫胶(8%)的甲醇混合溶液对南稍间东坡檐檩、檐檩下枋、檐椽、飞椽进行化学加固处理； (2)预防性保护—化学防腐法：采用氟酚合剂防腐剂对南稍间东坡檐檩、檐檩下枋、檐椽、飞椽进行防腐及防虫处理； (3)预防性保护—防水法：采用聚氨酯类防水剂对南稍间东坡檐檩、檐檩下枋、檐椽、飞椽椽头进行防水处理

续表

构件名称	残损情况	木构件树种名称	偏光荧光劣化效果	修缮保护措施
屋盖系统	12. 南次间东坡前檐檩、檐檩下枋、檐椽、飞椽椽头糟朽严重，全部飞椽被更换，且飞椽上没有安置挡板，与原形制不一致，挑檐檩有钉子钉入现象；檐檩与枋侧面漆面脱落，表面存在干缩裂缝[图 6-32(m)～(q)]			(1)抢救性保护—化学加固法：采用松香(12%)和虫胶(8%)的甲醇混合溶液对南次间东坡檐檩、檐檩下枋、檐椽、飞椽进行化学加固处理； (2)抢救性保护：在更换的新飞椽上安置挡板； (3)预防性保护—化学防腐法：采用氟酚合剂防腐剂对南次间东坡檐檩、檐檩下枋、檐椽、飞椽进行防腐及防虫处理； (4)预防性保护—防水法：采用聚氨酯类防水剂对南次间东坡檐檩、檐檩下枋、檐椽、飞椽椽头进行防水处理
	13. 明间东坡前檐檩、檐檩下枋、檐椽、飞椽椽头糟朽严重，明间南侧 2/3 檐椽被更换，其上没有设置飞椽，亦没有安置挡板，与原形制不一致；檐檩与枋侧面漆面脱落，表面存在干缩裂缝[图 6-32(r)～(s)]	No. 29 杉木	严重腐朽	(1)抢救性保护—化学加固法：采用松香(12%)和虫胶(8%)的甲醇混合溶液对明间东坡檐檩、檐檩下枋、檐椽、飞椽进行化学加固处理； (2)抢救性保护：在更换的新檐椽上设置飞椽并在其上安置挡板； (3)预防性保护—化学防腐法：采用氟酚合剂防腐剂对明间东坡檐檩、檐檩下枋、檐椽、飞椽进行防腐及防虫处理； (4)预防性保护—防水法：采用聚氨酯类防水剂对明间东坡檐檩、檐檩下枋、檐椽、飞椽椽头进行防水处理
	14. 北次间东坡前檐檩、檐檩下枋、檐椽、飞椽椽头糟朽严重；檐檩与枋侧面漆面脱落，表面存在干缩裂缝[图 6-32(t)～(u)]			(1)抢救性保护—化学加固法：采用松香(12%)和虫胶(8%)的甲醇混合溶液对北次间东坡檐檩、檐檩下枋、檐椽、飞椽进行化学加固处理； (2)预防性保护—化学防腐法：采用氟酚合剂防腐剂对北次间东坡檐檩、檐檩下枋、檐椽、飞椽进行防腐及防虫处理； (3)预防性保护—防水法：采用聚氨酯类防水剂对北次间东坡檐檩、檐檩下枋、檐椽、飞椽椽头进行防水处理
	15. 北稍间东坡前檐檩、檐檩下枋、檐椽、飞椽椽头糟朽严重；檐檩与枋侧面漆面脱落，表面存在干缩裂缝[图 6-32(v)～(x)]	No. 27 杉木 No. 28 黄杉	中等腐朽 严重腐朽	(1)抢救性保护—化学加固法：采用松香(12%)和虫胶(8%)的甲醇混合溶液对北稍间东坡檐檩、檐檩下枋、檐椽、飞椽进行化学加固处理； (2)预防性保护—化学防腐法：采用氟酚合剂防腐剂对北稍间东坡檐檩、檐檩下枋、檐椽、飞椽进行防腐及防虫处理； (3)预防性保护—防水法：采用聚氨酯类防水剂对北稍间东坡檐檩、檐檩下枋、檐椽、飞椽椽头进行防水处理

续表

构件名称	残损情况	木构件树种名称	偏光荧光劣化效果	修缮保护措施
屋面	1. 东坡和西坡屋面局部有杂草生长[图 6-33(a)～(c)]			清理东坡和西坡屋面上的杂草
	2. 屋面正脊全部缺失,仅保留脊座,正脊吻兽全部缺失[图 6-33(a)～(c)]			按原形制补配缺失的正脊和吻兽
	3. 北稍间东坡和西坡屋面部分望砖缺失,出现两个露天孔洞[图 6-32(f)～(h)]			按原形制补配北稍间东坡和西坡屋面缺失的部分望砖
	4. 南稍间、南次间、明间、北次间东坡屋面望砖缺失,采用新的桔秆进行修补,和原有形制不一致[图 6-32(a)～(e)]			拆除南稍间、南次间、明间、北次间东坡屋面后期修缮中补配的桔秆,按原形制采用望砖进行补配
	5. 南稍间、南次间前檐采用新的桔秆和望板进行修补处理,和原有形制不一致[图 6-32(i)～(q)]			拆除南稍间、南次间前檐屋面后期修缮中补配的桔秆和望板,按原形制采用望砖进行补配
	6. 明间前檐采用新的桔秆进行修补,和原有形制不一致[图 6-32 (r)～(s)]			拆除明间前檐屋面后期修缮中补配的桔秆,按原形制采用望砖进行补配
	7. 北稍间前檐望板腐朽严重,出现孔洞现象[图 6-32(v)～(x)]			拆除北稍间前檐腐朽严重的望板,按原形制采用望砖进行补配
墙体	1. 东立面前檐墙体上部表面涂抹白灰,下部 50cm 涂抹现代仿砖纹涂料,与原有形制不一致[图 6-34(a)～(d)]			铲除东立面前檐外墙体下部涂抹的仿砖纹涂料和上部涂抹的白灰
	2. 北稍间外墙体白灰和现代砖纹涂料脱落严重[图 6-34(d)]			铲除东立面前檐外墙体下部涂抹的仿砖纹涂料和上部涂抹的白灰
	3. 四根前檐柱周围为后人修缮时加砌墙体,与原有形制不一致[图 6-34(a)]			拆除四根前檐柱周围后人修缮时新加建的墙体,以提高檐柱的透气性
	4. 南立面前檐山墙内墙体上部表面涂抹白灰,下部 50cm 涂抹现代仿砖纹涂料,与原有形制不一致[图 6-34(e)]			铲除南立面前檐外墙体下部涂抹的仿砖纹涂料和上部涂抹的白灰

续表

构件名称	残损情况	木构件树种名称	偏光荧光劣化效果	修缮保护措施
墙体	5. 北立面前檐山墙内墙体上部表面涂抹白灰，下部 50cm 涂抹现代仿砖纹涂料，与原有形制不一致[图 6-34(f)]			铲除北立面前檐外墙体下部涂抹的仿砖纹涂料和上部涂抹的白灰
	6. 北立面山墙外墙体下部砖块风化酥碱严重，且有植物生长[图 6-34(g)～(h)]			采用原形制的砖块对北立面山墙风化酥碱严重的砖块进行替换； 清理北立面墙基处的植物； 对北立面下部墙体涂刷甲基硅酸钠 0.3%的水溶液防水剂
	7. 南稍间南侧山墙、北侧隔墙以及前后檐墙的内墙体上的白灰均出现不同程度的脱落现象，泥坯出现不同程度的风化酥碱现象，下部装饰有 1.2m 高木质板材，与原有形制不一致[图 6-34(i)～(j)]			采用改性黄泥对风化酥碱剥落严重的泥坯墙体进行修补加固，拆除内墙体下部装饰的 1.2m 高木质板材，采用白灰对南稍间南侧山墙、北侧隔墙以及前后檐墙的内墙体进行涂抹
	8. 南次间南侧隔墙以及前后檐墙的内墙体上的白灰均出现不同程度的脱落现象，泥坯出现不同程度的风化酥碱现象，下部装饰有 1.2m 高木质板材，与原有形制不一致[图 6-34(k)]			采用改性黄泥对风化酥碱剥落严重的泥坯墙体进行修补加固，拆除内墙体下部装饰的 1.2m 高木质板材，采用白灰对南次间南侧隔墙以及前后檐墙的内墙体进行涂抹
	9. 明间北侧隔墙以及前后檐墙的内墙体上的白灰均出现不同程度的脱落现象，泥坯出现不同程度的风化酥碱现象，下部装饰有 1.2m 高木质板材，与原有形制不一致[图 6-34(l)～(o)]			采用改性黄泥对风化酥碱剥落严重的泥坯墙体进行修补加固，拆除内墙体下部装饰的 1.2m 高木质板材，采用白灰对明间北侧隔墙以及前后檐墙的内墙体进行涂抹

续表

构件名称	残损情况	木构件树种名称	偏光荧光劣化效果	修缮保护措施
墙体	10. 北次间南侧隔墙、北侧隔墙体以及前后檐墙的内墙体上的白灰均出现不同程度的脱落现象，泥坯出现不同程度的风化酥碱现象，下部装饰有 1.2m 高木质板材，与原有形制不一致[图 6-34(p)～(s)]			采用改性黄泥对风化酥碱剥落严重的泥坯墙体进行修补加固，拆除内墙体下部装饰的 1.2m 高木质板材，采用白灰对北次间南侧隔墙、北侧隔墙体以及前后檐墙的内墙体进行涂抹
	11. 北稍间南侧隔墙、北侧山墙以及前后檐墙的内墙体上的白灰均出现不同程度的脱落现象，泥坯出现不同程度的风化酥碱现象，下部装饰有 1.2m 高木质板材，与原有形制不一致[图 6-34(t)～(w)]			采用改性黄泥对风化酥碱剥落严重的泥坯墙体进行修补加固，拆除内墙体下部装饰的 1.2m 高木质板材，采用白灰对北稍间南侧隔墙、北侧山墙以及前后檐墙的内墙体进行涂抹
	12. 明间南侧隔墙缺失，与原有形制不一致[图 6-31(b)]			按明间北侧隔墙形制，补砌南侧隔墙
地面	1. 室外地面采用水泥覆盖，表面凹凸不平，局部破损严重，与原有形制不一致[图 6-35(a)]			铲除东面室外现有水泥覆盖，按原形制恢复传统方砖铺装
	2. 室外地面人为抬高，台明与地面高差不足 20cm，与原有形制不一致[图 6-35(b)]			铲除东面室外现有水泥覆盖，按原形制降低室外地面高度
	3. 明间台阶为后人修缮时新砌，与原风貌不一致[图 6-35(b)]			按原形制恢复明间台阶
	4. 明间阶条石整体局部断裂[图 6-35(c)]			采用古代“焊药”对明间断裂阶条石进行粘接
	5. 东面散水铺装均缺失，现采用水泥铺装，与原有形制不一致[图 6-35(d)]			铲除东面散水现有的水泥覆盖，按原形制恢复传统方砖散水铺装
	6. 前檐室外地面均采用水泥覆盖，与原有形制不一致[图 6-35(e)～(f)]			铲除前檐室外地面现有水泥覆盖，按原形制恢复传统方砖铺装
	7. 室内地面均采用瓷砖铺装，与原有形制不一致[图 6-35(g)]			铲除室内现有瓷砖铺装，按原形制恢复传统方砖铺装

续表

构件名称	残损情况	木构件树种名称	偏光荧光劣化效果	修缮保护措施
木装修	1. 东立面的门窗均为后人修缮时新做，其位置和形制发生了变化，与原有形制不一致[图 6-36(a)～(e)]			拆除门窗上后人修缮时新做的木质装饰，按原形制恢复东立面的门窗
	2. 西立面后檐墙上的窗户均为后人修缮时新做，与原有风貌不一致[图 6-36(f)]			拆除西立面后檐墙上后人修缮时新做的窗户，并按原形制进行封堵
	3. 内部采用现代吊顶进行装饰，与原有风貌不一致，且吊顶部分已拆除，有诸多铁丝和木龙骨零乱悬挂[图 6-36(g)～(h)]			拆除室内加设的现代吊顶装饰

附录Ⅲ-6　二进院南厢房（6号房）残损现状及修缮保护措施表

构件名称	残损情况	木构件树种名称	偏光荧光劣化效果	修缮保护措施
木柱	1. 明间东侧檐柱(A2)和金柱(B2)包裹在墙体内，残损情况不详[图 6-37(a)]			(1)抢救性保护：拆除包裹明间东侧檐柱(A2)和金柱(B2)的隔墙，以提高木柱的透气性； (2)预防性保护—化学防腐法：采用氟酚合剂防腐剂对明间东侧檐柱(A2)和金柱(B2)进行防腐及防虫处理； (3)预防性保护—防水法：采用聚氨酯类防水剂对明间东侧檐柱(A2)和金柱(B2)柱身及柱根进行防水处理
	2. 明间西侧檐柱(A3)和金柱(B3)包裹在墙体内，残损情况不详[图 6-37(b)]。			(1)抢救性保护：拆除包裹明间西侧檐柱(A3)和金柱(B3)的隔墙，以提高木柱的透气性； (2)预防性保护—化学防腐法：采用氟酚合剂防腐剂对明间西侧檐柱(A3)和金柱(B3)进行防腐及防虫处理； (3)预防性保护—防水法：采用聚氨酯类防水剂对明间西侧檐柱(A3)和金柱(B3)柱身及柱根进行防水处理

续表

构件名称	残损情况	木构件树种名称	偏光荧光劣化效果	修缮保护措施
梁架	1. 明间东侧梁架(②—②)、明间西侧梁架(③—③)均落满灰尘[图 6-38(a)～(d)]			预防性保护—日常维护:清理明间东侧梁架(②—②)、明间西侧梁架(③—③)上的灰尘
	2. 明间东侧梁架(②—②)五架梁梁身用报纸包裹,底部有木条嵌补的痕迹并用铁丝简单加固,梁身表面腐朽严重,其上瓜柱表面有轻微腐朽和老化变质[图 6-38(a)～(b)]	No. 34 榆木	严重腐朽	(1)抢救性保护—化学加固法:采用松香(12%)和虫胶(8%)的甲醇混合溶液化学加固剂对明间东侧梁架(②—②)五架梁进行化学加固处理;
		No. 36 杉木	轻微腐朽	(2)预防性保护—化学防腐法:采用氟酚合剂防腐剂对明间东侧梁架(②—②)五架梁及其上的瓜柱进行防腐及防虫处理;
		No. 37 榆木	轻微腐朽	(3)预防性保护—防水法:采用聚氨酯类防水剂对明间东侧梁架(②—②)五架梁及其上的瓜柱进行防水处理
	3. 明间东侧梁架(②—②)三架梁梁身表面有轻微腐朽和老化变质[图 6-38(a)]			(1)预防性保护—化学防腐法:采用氟酚合剂防腐剂对明间东侧梁架(②—②)三架梁进行防腐及防虫处理; (2)预防性保护—防水法:采用聚氨酯类防水剂对明间东侧梁架(②—②)三架梁进行防水处理
	4. 明间西侧梁架(③—③)五架梁梁身表面腐朽严重,尤其是插入后檐墙部分的南端梁头完全腐朽;支承后檐檩的瓜柱腐朽严重,基于该瓜柱与其后檐檩存在错位,采用简易斜支承以支承后檐檩防止其滑落;支承三架梁的瓜柱表面有轻微腐朽和老化变质[图 6-38(c)]			(1)抢救性保护—化学加固法:采用松香(12%)和虫胶(8%)的甲醇混合溶液对明间西侧梁架(③—③)五架梁、支承后檐檩的瓜柱进行化学加固处理; (2)预防性保护—化学防腐法:采用氟酚合剂防腐剂对明间东侧梁架(②—②)五架梁及其上的瓜柱进行防腐及防虫处理; (3)预防性保护—防水法:采用聚氨酯类防水剂对明间东侧梁架(②—②)五架梁及其上的瓜柱进行防水处理
	5. 明间西侧梁架(③—③)三架梁梁身表面有轻微腐朽和老化变质[图 6-38(d)]			(1)预防性保护—化学防腐法:采用氟酚合剂防腐剂对明间东侧梁架(②—②)三架梁进行防腐及防虫处理; (2)预防性保护—防水法:采用聚氨酯类防水剂对明间东侧梁架(②—②)三架梁进行防水处理
屋盖系统	1. 檩条系统和椽条系统均落满灰尘[图 6-39(a)～(d)]			预防性保护—日常维护:清理东次间、明间、西次间的檩条系统和椽条系统上的灰尘

续表

构件名称	残损情况	木构件树种名称	偏光荧光劣化效果	修缮保护措施
屋盖系统	2. 东次间檩条两端支承在西山墙上，檩和椽表面发黑均严重，油饰防护层脱落，表面有轻微腐朽和老化变质[图 6-39(a)]			(1)预防性保护—化学防腐法：采用氟酚合剂防腐剂对东次间檩和椽进行防腐及防虫处理； (2)预防性保护—防水法：采用聚氨酯类防水剂对东次间檩和椽进行防水处理
	3. 明间檩和椽表面炭化发黑均严重，油饰防护层脱落，后檐檩和后檐椽椽头腐朽严重，其他檩和椽表面有轻微腐朽和老化变质[图 6-39(b)～(d)]	No. 35 杉木	严重腐朽	(1)抢救性保护—化学加固法：采用松香(12%)和虫胶(8%)的甲醇混合溶液对明间后檐檩和后檐椽进行化学加固处理； (2)预防性保护—化学防腐法：采用氟酚合剂防腐剂对明间檩和椽进行防腐及防虫处理； (3)预防性保护—防水法：采用聚氨酯类防水剂对明间檩和椽进行防水处理
	4. 西次间檩条两端支承在东山墙上，檩和椽表面炭化发黑均严重，油饰防护层脱落，后檐檩和后檐椽椽头腐朽严重，其他檩和椽表面有轻微腐朽和老化变质[图 6-39(e)～(f)]			(1)抢救性保护—化学加固法：采用松香(12%)和虫胶(8%)的甲醇混合溶液对西次间后檐檩和后檐椽进行化学加固处理； (2)预防性保护—化学防腐法：采用氟酚合剂防腐剂对西次间檩和椽进行防腐及防虫处理； (3)预防性保护—防水法：采用聚氨酯类防水剂对明间檩和椽进行防水处理
	5. 前檐檐檩、檐椽及飞椽端头腐朽严重，小连檐缺失[图 6-39(g)～(l)]	No. 38 红杉	严重腐朽	(1)抢救性保护—化学加固法：采用松香(12%)和虫胶(8%)的甲醇混合溶液对前檐檐檩、檐椽及飞椽进行化学加固处理； (2)预防性保护—化学防腐法：采用氟酚合剂防腐剂对前檐檐檩、檐椽及飞椽进行防腐及防虫处理； (3)预防性保护—防水法：采用聚氨酯类防水剂对前檐檐檩、檐椽及飞椽进行防水处理
		No. 39 杉木	严重腐朽	
屋面	1. 北坡整个屋面瓦件整体保存较为完好，但杂草丛生[图 6-40(a)～(c)]			清理北坡整个屋面上的杂草
	2. 北坡屋面正脊缺失，正脊吻兽全部缺失，仅剩下脊座，西次间脊座上面抹有混凝土[图 6-40(a)]			按原形制补配缺失的正脊和吻兽； 铲除西次间脊座上的混凝土。

续表

构件名称	残损情况	木构件树种名称	偏光荧光劣化效果	修缮保护措施
屋面	3. 北坡屋面垂脊为盖瓦铺装，和原有形制不一致，东次间垂脊上面抹有混凝土[图 6-40(b)～(c)]			拆除盖瓦铺装的垂脊，按原形制恢复筒瓦铺装的垂脊；铲除东次间垂脊上的混凝土
	4. 北坡屋面滴水和瓦当全部缺失[图 6-40(b)～(c)]			按原形制补配缺失的屋面滴水和瓦当
	5. 前檐望板腐朽严重[图 6-39(g)～(l)]			拆除腐朽严重的望板，按原形制恢复望砖铺装
墙体	1. 北立面前檐墙上部采用白灰涂抹，下部表面涂抹仿砖纹涂料，与原有形制不一致[图 6-41(a)]			铲除北立面前檐墙上部涂抹的白灰和下部表面涂抹的仿砖纹涂料；
	2. 东立面山墙右前方的上部采用白灰涂抹，下部表面涂抹仿砖纹涂料，与原有形制不一致[图 6-41(b)～(c)]			铲除东立面前檐墙上部涂抹的白灰和下部表面涂抹的仿砖纹涂料
	3. 西立面山墙中部采用白灰涂抹，下部表面涂抹仿砖纹涂料，与原有形制不一致[图 6-41(d)～(f)]			铲除西立面前檐墙上部涂抹的白灰和下部表面涂抹的仿砖纹涂料
	4. 后人在东立面山墙与过厅(2 号房)中间新加砌一间小屋，与原有风貌不一致[图 6-41(b)]			拆除后人在东立面山墙与过厅(2 号房)中间新加砌的一间小屋
	5. 东西山墙以及前后檐内墙体采用白灰涂抹，墙体熏黑严重，下部装饰 1.2m 高度的木板，与原有形制不一致[图 6-41(g)]			铲除东西山墙以及前后檐内墙体下部装饰的 1.2m 高度的木板
	6. 后人在两根檐柱以及两根金柱周围加砌墙体将其包裹，与原有形制不一致[图 6-41(g)]			拆除后人在两根檐柱以及两根金柱周围加砌的隔墙

续表

构件名称	残损情况	木构件树种名称	偏光荧光劣化效果	修缮保护措施
地面	1. 室外地面采用水泥覆盖,表面凹凸不平,局部破损严重,与原有形制不一致[图 6-42(a)]			铲除室外地面上的水泥覆盖,按原形制恢复传统方砖铺装
	2. 室外地面人为抬高,台明与地面高差不足 8cm,与原有形制不一致[图 6-42(a)]			按原形制降低室外地面高度
	3. 北向散水铺装均缺失,现采用水泥铺装,与原有形制不一致[图 6-42(a)]			铲除北向散水的水泥覆盖,按原形制恢复传统方砖散水铺装
	4. 前檐室外地面均采用水泥覆盖,与原有形制不一致[图 6-42(a)]			铲除前檐室外地面的水泥覆盖,按原形制恢复传统方砖铺装
	5. 室内地面均采用瓷砖铺装,与原有形制不一致[图 6-42(b)～(c)]			铲除室内地面的瓷砖铺装,按原形制恢复传统方砖铺装
木装修	1. 北立面的门窗以及西次间西立面的门均为后人修缮时新做,与原有形制不一致[图 6-43(a)～(d)]			拆除门窗上后人修缮时新做的木质装饰,按原形制恢复北立面的门窗; 拆除西次间西立面后檐墙上后人修缮时新做的窗户,并按原形制进行封堵
	2. 内部采用现代吊顶进行装饰,与原有风貌不一致,且吊顶部分已拆除,有诸多铁丝和木龙骨零乱悬挂[图 6-39(a)～(b)、(e)]			拆除室内加设的现代吊顶装饰

附录Ⅲ-7 二进院北厢房（7 号房）残损现状及修缮保护措施表

构件名称	残损情况	木构件树种名称	偏光荧光劣化效果	修缮保护措施
木桩	1. 明间西侧檐柱(A2)和金柱(B2)包裹在墙体内,残损情况不详[图 6-44(a)]			(1)抢救性保护:拆除包裹明间西侧檐柱(A2)和金柱(B2)的墙体,以提高木柱的透气性; (2)预防性保护—化学防腐法:采用氟酚合剂防腐剂对明间西侧檐柱(A2)和金柱(B2)进行防腐及防虫处理; (3)预防性保护—防水法:采用聚氨酯类防水剂对明间西侧檐柱(A2)和金柱(B2)柱身及柱根进行防水处理

续表

构件名称	残损情况	木构件树种名称	偏光荧光劣化效果	修缮保护措施
木柱	2. 明间东侧檐柱(A3)和金柱(B3)包裹在墙体内,残损情况不详[图 6-44(b)]			(1)抢救性保护:拆除包裹明间东侧檐柱(A3)和金柱(B3)的墙体,以提高木柱的透气性; (2)预防性保护—化学防腐法:采用氟酚合剂防腐剂对明间东侧檐柱(A3)和金柱(B3)进行防腐及防虫处理; (3)预防性保护—防水法:采用聚氨酯类防水剂对明间东侧檐柱(A3)和金柱(B3)柱身及柱根进行防水处理
梁架	1. 明间西侧梁架(②—②)、明间东侧梁架(③—③)均落满灰尘[图 6-45(a)～(h)]			预防性保护—日常维护:清理明间西侧梁架(②—②)、明间东侧梁架(③—③)上的灰尘
	2. 明间西侧梁架(②—②)五架梁及三架梁梁身表层油饰防护层脱落,且烟熏油污严重;五架梁及三架梁梁身表面腐朽和老化变质明显,尤其是五架梁梁身腐朽较为严重;五架梁及三架梁梁身均有明显的开裂裂缝;五架梁及三架梁上的脊瓜柱均出现开裂裂缝[图 6-45(a)～(d)]			(1)抢救性保护—嵌补法:采用经防腐处理的榆木木条嵌补明间西侧梁架(②—②)五架梁及三架梁梁身、三架梁上的脊瓜柱的开裂裂缝,并采用改性结构胶粘牢; (2)预防性保护—化学防腐法:采用氟酚合剂防腐剂对明间西侧梁架(②—②)五架梁及三架梁进行防腐及防虫处理; (3)预防性保护—防水法:采用聚氨酯类防水剂对明间西侧梁架(②—②)五架梁及三架梁进行防水处理
	3. 明间东侧梁架(③—③)五架梁及三架梁梁身表层油饰防护层脱落,且烟熏油污严重;五架梁及三架梁梁身表面腐朽和老化变质明显,尤其是五架梁梁身腐朽较为严重;五架梁及三架梁梁身均有明显的开裂裂缝;五架梁及三架梁上的脊瓜柱均出现开裂裂缝[图 6-45(e)～(h)]	No. 30 榆木 No. 31 榆木	轻微腐朽 轻微腐朽	(1)抢救性保护—嵌补法:采用经防腐处理的榆木木条嵌补明间西侧梁架(②—②)五架梁及三架梁梁身、三架梁上的脊瓜柱的开裂裂缝,并采用改性结构胶胶黏剂粘牢; (2)预防性保护—化学防腐法:采用氟酚合剂防腐剂对明间西侧梁架(②—②)五架梁及三架梁进行防腐及防虫处理; (3)预防性保护—防水法:采用聚氨酯类防水剂对明间西侧梁架(②—②)五架梁及三架梁进行防水处理

续表

构件名称	残损情况	木构件树种名称	偏光荧光劣化效果	修缮保护措施
屋盖系统	1. 檩条系统和椽条系统均落满灰尘[图 6-46(a)～(p)]			预防性保护—日常维护：清理东次间、明间、西次间的檩条系统和椽条系统上的灰尘
	2. 西次间檩条两端支承在西山墙上，檩和椽表面炭化发黑均严重，油饰防护层脱落，表面腐朽和老化变质明显[图 6-46(a)～(c)]			(1)抢救性保护—化学加固法：采用松香(12%)和虫胶(8%)的甲醇混合溶液对西次间檩和椽进行化学加固处理； (2)预防性保护—化学防腐法：采用氟酚合剂防腐剂对西次间檩和椽进行防腐及防虫处理； (3)预防性保护—防水法：采用聚氨酯类防水剂对西次间檩和椽进行防水处理
	3. 明间檩和椽表面炭化发黑均严重，油饰防护层脱落，表面腐朽和老化变质明显，部分椽出现断裂现象[图 6-46(d)～(g)]			(1)抢救性保护—化学加固法：采用松香(12%)和虫胶(8%)的甲醇混合溶液对明间东坡檩和椽进行化学加固处理； (2)预防性保护—化学防腐法：采用氟酚合剂防腐剂对明间檩和椽进行防腐及防虫处理； (3)预防性保护—防水法：采用聚氨酯类防水剂对明间檩和椽进行防水处理
	4. 东次间檩条两端支承在东山墙上，檩和椽表面炭化发黑均严重，油饰防护层脱落，表面腐朽和老化变质明显，北坡上金檩与三架梁交界处出现明显的劈裂现象，部分椽出现断裂现象[图 6-46(h)～(l)]			(1)抢救性保护—机械加固法：对东次间北坡劈裂严重的上金檩采用碳纤维布进行机械加固； (2)抢救性保护—构件替换法：对东次间部分断裂的椽条进行同种或同材质木材的替换； (3)抢救性保护—化学加固法：采用松香(12%)和虫胶(8%)的甲醇混合溶液对东次间檩和椽进行化学加固处理； (4)预防性保护—化学防腐法：采用氟酚合剂防腐剂对东次间檩和椽进行防腐及防虫处理； (5)预防性保护—防水法：采用聚氨酯类防水剂对东次间檩和椽进行防水处理

续表

构件名称	残损情况	木构件树种名称	偏光荧光劣化效果	修缮保护措施
屋盖系统	5. 前檐檐檩、檐椽及飞椽端头腐朽均严重，部分飞椽及檐椽端头开裂严重[图 6-46(m)～(p)]	No. 33 杉木	轻微腐朽	(1)抢救性保护—化学加固法：采用松香(12%)和虫胶(8%)的甲醇混合溶液对前檐檐檩、檐椽及飞椽进行化学加固处理；(2)预防性保护—化学防腐法：采用氟酚合剂防腐剂对前檐檐檩、檐椽及飞椽进行防腐及防虫处理；(3)预防性保护—防水法：采用聚氨酯类防水剂对前檐檐檩、檐椽及飞椽进行防水处理
		No. 32 杉木	中等腐朽	
屋面	1. 南坡和北坡整个屋面瓦件整体保存较为完好，但杂草丛生[图 6-47(a)～(c)]			清理南坡和北坡整个屋面上的杂草
	2. 南坡屋面正脊缺失，正脊吻兽全部缺失，仅剩下脊座[图 6-47(a)]			按原形制补配缺失的正脊和吻兽
	3. 南坡屋面垂脊为筒瓦铺装，西侧前端修缮时采用盖瓦铺装，和原有形制不一致[图 6-47(a)]			拆除南坡屋面西侧前端盖瓦铺装的垂脊，按原形制恢复筒瓦铺装的垂脊
	4. 南坡屋面滴水和瓦当全部缺失[图 6-47(a)]			按原形制补配南坡屋面缺失的滴水和瓦当
	5. 北坡西侧前端垂脊部分缺失[图 6-47(c)]			按原形制补配北坡西侧前端缺失的垂脊
	6. 东次间和明间部分望砖采用望板进行替换，和原有形制不一致[图 6-46(g)～(l)]			拆除东次间和明间部分望板，按原形制恢复为望砖
墙体	1. 南立面前檐墙上部采用白灰涂抹，下部表面涂抹仿砖纹涂料，与原有形制不一致[图 6-48(a)]			铲除南立面前檐墙上部涂抹的白灰和下部表面涂抹的仿砖纹涂料
	2. 东立面山墙中部采用白灰涂抹，下部表面涂抹仿砖纹涂料，与原有形制不一致[图 6-48(b)～(c)]			铲除东立面山墙中部涂抹的白灰和下部表面涂抹的仿砖纹涂料

续表

构件名称	残损情况	木构件树种名称	偏光荧光劣化效果	修缮保护措施
墙体	3. 西立面山墙中部采用白灰涂抹，下部表面涂抹仿砖纹涂料，与原有形制不一致[图 6-48(d)]			铲除西立面山墙中部涂抹的白灰和下部表面涂抹的仿砖纹涂料
	4. 北立面后檐墙体中部采用白灰涂抹，下部表面涂抹仿砖纹涂料，与原有形制不一致[图 6-48(e)]			铲除北立面后檐墙中部涂抹的白灰和下部表面涂抹的仿砖纹涂料
	5. 东西山墙以及前后檐内墙体采用白灰涂抹，墙体熏黑严重，下部装饰 1.2m 高的木板[图 6-48(f)～(i)]			铲除东西山墙以及前后檐内墙体下部装饰的 1.2m 高的木板
	6. 后人在两根檐柱以及两根金柱周围加砌墙体将其包裹，与原有形制不一致[图 6-48(h)～(i)]			拆除后人在两根檐柱以及两根金柱周围加砌的墙体
	7. 后人在明间西侧新加砌一堵墙体，与原有风貌不一致[图 6-48(h)]			拆除后人在明间西侧新加砌的一堵墙体
地面	1. 室外地面采用水泥覆盖，表面凹凸不平，局部破损严重，与原有形制不一致[图 6-49(a)]			铲除室外地面上的水泥覆盖，按原形制恢复传统方砖铺装
	2. 室外地面人为抬高，台明与地面高差不足 8cm，与原有形制不一致[图 6-49(a)]			按原形制降低室外地面高度
	3. 南向散水铺装均缺失，现采用水泥铺装，与原有形制不一致[图 6-49(a)]			铲除南向散水的水泥覆盖，按原形制恢复传统方砖散水铺装
	4. 前檐室外地面均采用水泥覆盖，与原有形制不一致，且有植物生长[图 6-49(a)]			铲除前檐室外地面的水泥覆盖，按原形制恢复传统方砖铺装；拆除室外地面上生长的植物
	5. 室内地面均采用瓷砖铺装，与原有形制不一致[图 6-49(b)～(c)]			铲除室内地面的瓷砖铺装，按原形制恢复传统方砖铺装

续表

构件名称	残损情况	木构件树种名称	偏光荧光劣化效果	修缮保护措施
木装修	1. 南立面的门窗以及后檐窗户均为后人修缮时新做,与原有形制不一致[图 6-50(a)～(c)]			按原形制恢复南立面的门窗
	2. 北立面后檐墙上的窗户均为后人新做,与原有风貌不一致[图 6-50(d)]			拆除北立面后檐墙上后人修缮时新做的窗户,并按原形制进行封堵
	3. 内部采用现代吊顶进行装饰,与原有风貌不一致,且吊顶部分已拆除,有诸多铁丝和木龙骨零乱悬挂[图 6-46(h)、(j)]			拆除室内加设的现代吊顶装饰

参考文献

［1］ 国家技术监督局．中国主要木材名称：GB/T 16734—1997［S］．北京:中国标准出版社，1997.

［2］ 中华人民共和国住房和城乡建设部．古建筑木结构维护与加固技术标准：GB/T 50165—2020［S］．北京：中国建筑工业出版社，2020.

［3］ Richter H G，Grosser D，Heinz I，et al. IAWA list of microscopic features for softwood identification［J］. IAWA Journal，2004，25（1）：1-70.

［4］ Wheeler E A，Baas P，Gasson P E. IAWA list of microscopic features for hardwood［J］. IAWA Bull，1989，10（3）：219-332.

［5］ Yang Y，Li B，Liu Y Q，et al. Identification of tree species and extent of material deterioration of wood components in the Yangjia Courtyard Ancient Building［J］. Forest Products Journal，2023，73（2）：82-93.

［6］ Yang Y，Sun H，Li B，et al. Study on the identification and the extent of decay of the wooden components in the Xichuan Guild Hall ancient architectures［J］. International journal of architectural heritage，2022，16（3）：405-414.

［7］ 包晓晖．20世纪遗产建筑外立面石材劣化机理定量研究与修复［D］．北京工业大学，2016.

［8］ 曹旗．故宫古建筑木构件物理力学性质的变异性研究［D］．北京：北京林业大学，2005.

［9］ 陈彦，陈琳，戴仕炳．历史建筑木柱防腐措施研究［J］．文物保护与考古科学，2018，30（01）：63-71.

［10］ 陈允适．古建筑木结构与木质文物保护［M］．北京：中国建筑工业出版社，2007.

［11］ 成俊卿，杨家驹，刘鹏．中国木材志［M］．北京：中国林业出版社，1992.

［12］ 崔新婕，邱坚，高景然．利用荧光偏光技术对古木进行腐朽等级判定及加固程度的辨析［J］．文物保护与考古科学，2016，28（04）：48-53.

［13］ 崔新婕．海门口遗址木质遗存树种判定及腐朽标准的划分［D］．昆明：西南林业大学，2015.

［14］ 丁宝章，王遂义．河南植物志：第一册［M］．郑州：河南科学技术出版社，1997.

［15］ 董梦妤．古建筑和出土饱水木材鉴别与细胞壁结构变化［D］．北京:中国林业科学研究院，2017.

［16］ 故宫古建筑木构件树种配置模式研究课题组．故宫武英殿建筑群木构件树种及其配置研究［J］．故宫博物院院刊，2007，132（4）：6-27.

［17］ 郭梦麟，蓝浩繁，邱坚．木材腐朽与维护［M］．北京：中国计量出版社，2010.

［18］ 焦杨．基于劣化定量分析的遗产建筑砖墙外立面评估体系研究［D］．北京:北京工业大学，2016.

［19］ 刘明飞．北京20世纪遗产建筑砖材保护修复策略整合研究［D］．北京：北京工业大学，2017.

［20］ 刘元本，蒋建平，张玉祥．河南省马尾松、杉木的分布与生长［J］．林业科学，1960，（01）：24-43.

［21］ 鲁黎明．基于地域文化的豫西南传统村落公共空间景观优化研究［D］．郑州：河南农业大学，2022.

[22] 申彬利．北京20世纪遗产建筑石材保护修复策略整合研究［D］．北京：北京工业大学，2017.
[23] 孙书同．优秀近现代砖砌体建筑清洗技术研究与适宜性评价［D］．北京：北京工业大学，2015.
[24] 王小平，王九龄，刘晶岚，等．白皮松分布区的气候区划［J］．林业科学，1999，(04)：102-107.
[25] 杨燕，李斌，罗蓓．历史建筑保护技术［M］．北京：化学工业出版社，2023.
[26] 赵焱，张学忠，王孝安．白皮松天然林地理分布规律研究［J］．西北植物学报，1995，(02)：161-166.
[27] 中国科学院中国植物志编辑委员会．中国植物志［M］．北京：科学出版社，1978.
[28] 马玉敏．中国野生板栗（Castanea mollissim Blume）群体遗传结构和核心种质构建方法［D］．泰安：山东农业大学，2009.